21 世纪化学精编教材·化学基础课系列

无机化学

（下册）

张兴晶　常立民　张　凤　朱国巍　编著

图书在版编目 (CIP) 数据

无机化学 . 下册 / 张兴晶等编著 .—北京：北京大学出版社，2018. 4
（21 世纪化学精编教材 · 化学基础课系列）
ISBN 978-7-301-29332-4

Ⅰ . ①无…　Ⅱ . ①张…　Ⅲ . ①无机化学—高等学校—教材　Ⅳ . ① O61

中国版本图书馆 CIP 数据核字（2018）第 037313 号

书　　名　无机化学（下册）
　　　　　　WUJI HUAXUE
著作责任者　张兴晶　常立民　张　凤　朱国巍　编著
责 任 编 辑　郑月娥
标 准 书 号　ISBN 978-7-301-29332-4
出 版 发 行　北京大学出版社
地　　址　北京市海淀区成府路 205 号　100871
网　　址　http://www. pup. cn　新浪微博：@ 北京大学出版社
电　　话　邮购部 62752015　发行部 62750672　编辑部 62767347
电 子 信 箱　zye@pup. cn
印 刷 者　北京大学印刷厂
经 销 者　新华书店
　　　　　　787 毫米 ×1092 毫米　16 开本　18. 75 印张　470 千字
　　　　　　2018 年 4 月第 1 版　2018 年 4 月第 1 次印刷
定　　价　49. 00 元

内容提要

全书共23章，分上、下两册出版。上册12章，讲述化学基本原理，包括气体、溶液和固体、化学热力学初步和化学动力学基础、化学平衡、酸碱电离平衡、沉淀溶解平衡、氧化还原反应、原子结构与元素周期律、分子结构、晶体结构和配位化合物等内容。下册11章，讲述元素化学中最重要的知识内容，包括碱金属和碱土金属、硼族元素、碳族元素、氮族元素、氧族元素、卤素、铜族和锌族、铬族和锰族、铁系元素和铂系元素、钛族和钒族、镧系元素和锕系元素等。本书章节主题鲜明，内容详实丰富，既有理论阐述，又有实际应用举例。每章末配有适量的习题，附有习题答案与提示，以便教师教学和学生自学。

本书可作为高等师范院校及综合大学化学专业、应用化学专业的教材，亦可作为化学、化学工程技术人员的参考书。

为了方便教师多媒体教学，作者提供与教材配套的相关内容的电子资源，需要者请电子邮件联系 xjzhang128@163.com。

前　言

目前,我国的高等教育改革已经进入一个关键阶段。教育部、财政部《关于实施高等学校本科教学质量与教学改革工程的意见》〔教高 2007 年 1 号〕和教育部《关于进一步深化本科教学改革全面提高教学质量的若干意见》〔教高 2007 年 2 号〕,为我国高等教育改革进一步指明了方向,教育部高等学校化学类专业教学指导委员会的《高等学校化学类专业指导性专业规范》(以下简称《规范》)为高等化学教育改革提出了规范,培养高素质复合型应用人才为社会服务已经成为高等院校的必然选择。因此,本书以 21 世纪对化学人才的知识和能力结构的要求为依据,结合化学和应用化学专业的培养目标,寻求“无机化学”课程的最佳编排体系和适应的教学内容编写而成。

无机化学是化学类本科生的第一门化学基础课。无机化学课的一个重要特点是,它既要完成无机化学学科本身丰富的教学内容,又承担着为后续课程作好必要准备的特殊任务。因此,本课程的教学任务和目的为:

(1) 教会学生初步掌握元素周期律、化学热力学、物质结构、化学平衡以及基础电化学等基本理论。

(2) 培养学生运用上述原理去掌握有关无机化学中元素和化合物的基本知识,并具有对一般无机化学问题进行理论分析和计算的能力。

(3) 为今后学习后续课程和新理论、新实验技术打下必要的无机化学基础。

哈尔滨师范大学张凤老师,北华大学朱国巍老师等参与编写了本书。在本书的编写过程中,得到了全国十余所兄弟院校同行的大力支持,本书的出版也得到了北京大学出版社的大力支持,我们在此表示诚挚的谢意。

本书在编写中参考了诸多的相关书籍和国内外资料,在此对有关作者表示谢意。

本书内容虽然经过各编者多次讨论、审阅、修改,但限于编者的水平,不妥之处仍然会存在,诚恳希望广大同行和读者给予批评指正。

编　者

2018 年 2 月

目　　录

第13章　碱金属和碱土金属

周期系ⅠA族元素包括锂(Li)、钠(Na)、钾(K)、铷(Rb)、铯(Cs)、钫(Fr)六种金属元素，由于本族元素的氢氧化物溶于水呈强碱性，因而称为碱金属。周期系ⅡA族元素包括铍(Be)、镁(Mg)、钙(Ca)、锶(Sr)、钡(Ba)、镭(Ra)六种元素，由于钙、锶、钡的氧化物性质介于“碱”族和“土”族元素(难溶于水和难熔融)之间，所以又称为碱土金属。由于ⅠA族和ⅡA族元素的价层电子构型分别为 ns^1 和 ns^2，它们的原子最外层有1～2个s电子，因此这些元素称为s区元素。s区元素中，锂、铷、铯、铍是稀有金属元素，钫和镭是放射性元素。

碱金属和碱土金属是最活泼的两族金属元素，因此在自然界中不存在碱金属和碱土金属的单质，这些元素多以离子型化合物的形式存在。钠和钾的元素丰度较大，分布广泛，主要以氯化物的形式存在于海水和盐湖中，它们的矿物主要有钠长石($Na[AlSi_3O_8]$)、钾长石($K[AlSi_3O_8]$)、光卤石($KCl \cdot MgCl_2 \cdot 6H_2O$)和明矾石($K(AlO)_3(SO_4)_2 \cdot 3H_2O$)；锂、铷、铯以稀有的硅铝酸盐形式存在，例如锂辉石($LiAlSi_2O_6$)等；铍的主要矿物是绿柱石($3BeO \cdot Al_2O_3 \cdot 6SiO_2$)；镁主要以菱镁矿($MgCO_3$)、白云石($CaCO_3 \cdot MgCO_3$)形式存在；钙、锶、钡以碳酸盐、硫酸盐形式存在，如方解石($CaCO_3$)、石膏($CaSO_4 \cdot 2H_2O$)、天青石($SrSO_4$)、重晶石($BaSO_4$)。

13.1　金属单质

13.1.1　物理性质

碱金属和碱土金属都是轻金属，具有金属光泽，密度小(均小于 $5\ g \cdot cm^{-3}$)，锂、钠、钾的密度均小于 $1\ g \cdot cm^{-3}$，锂是最轻的金属；它们的熔点和沸点都比较低，碱土金属的原子有两个价电子，形成的金属键较强，熔、沸点较相应的碱金属要高；由于熔点低，碱金属在常温下就能形成液态合金，其中最重要的有用于核反应堆冷却剂的钠钾合金及在有机合成反应中用作还原剂的钠汞齐。碱金属和碱土金属的硬度也很小，其中最软的是铯。碱金属和钙、锶、钡可以用刀切开，露出银白色的切面；由于和空气中的氧气反应，切面很快便失去光泽。碱金属和碱土金属的导电性和导热性能都较好。在碱金属中，钠的导电性最好。在光的作用下，铷和铯的电子容易获得能量从金属表面逸出而产生光电效应，常用来制造光电管。碱土金属中实际用途较大的是镁。镁铝合金和电子合金(约含90%的镁)密度小、硬度大、韧性高，可用于制造飞机、火箭和汽车等。

13.1.2　化学性质

1. 碱金属的化学反应

由于碱金属化学性质都很活泼，一般将它们放在矿物油中或封在稀有气体中保存，以防止与空气或水发生反应。在自然界中，碱金属只在盐中发现，从不以单质形式存在。碱金属单质的标准电极电势很小，具有很强的反应活性，能直接与很多非金属元素形成离子化合物，与水反应生成氢气,并随相对原子质量增大反应能力增强。能还原许多盐类(比如四氯化钛),除锂外,所有碱金属单质都不能和氮气直接化合。

(1) 与水反应

$$2M(s)+2H_2O(l)=\!=\!=2MOH(aq)+H_2(g) \qquad (\text{M 代表碱金属})$$

Li 在上述反应中不熔化,作用较平稳;Na 与水反应很剧烈,放出的热使钠熔化成小球;K 在反应过程中更剧烈,产生的 H_2 会燃烧;Rb、Cs 与水剧烈反应并发生爆炸。Li 与水的反应速率比其他碱金属慢得多,这是动力学的原因而不是热力学的原因。一般认为:① Li 的熔点较高,反应放出的热量不足以使其熔化,而钠、钾的熔点低,反应所产生的热量可使它们熔化,导致钠、钾与水的反应变快。② LiOH 的溶解度较小,它覆盖在 Li 的表面,影响其与水的充分接触,对反应起阻碍作用。

(2) 与氧气反应

$$4Li(s)+O_2(g)=\!=\!=2Li_2O(s)$$

$$4Na(s)+O_2(g)\xlongequal{\text{常温}}2Na_2O(s)$$

$$2Na(s)+O_2(g)\xlongequal{\text{点燃}}Na_2O_2(s)$$

$$M(s)+O_2(g)=\!=\!=MO_2(s) \qquad (M=\text{K、Rb、Cs})$$

碱金属在常温下就能迅速与空气中的氧发生反应,因此碱金属在空气中放置一段时间后,金属表面就生成一层氧化物,氧化物易吸收空气中的 CO_2 生成碳酸盐。在锂的表面上除了生成氧化物外还有氮化物生成。钠、钾在空气中稍微加热就会燃烧,铷和铯在室温下与空气接触就立即燃烧。在充足的空气中,钠燃烧的产物是过氧化物,而钾、铷、铯燃烧时则生成超氧化物,但锂只生成普通的氧化物。

碱金属还能与其他许多非金属元素(如卤素、硫、磷和氢气等)直接作用生成相应的化合物,如下:

(3) 与卤素反应

$$2M(s)+X_2(g)=\!=\!=2MX(s)$$

(4) 与硫反应

$$2M(s)+S(s)=\!=\!=M_2S(s)$$

(5) 与磷反应

$$3M(s)+P(s)\xlongequal{\triangle}M_3P(s)$$

(6) 与氢气反应

$$2M(s)+H_2(g)\xlongequal{\triangle}2MH(s)$$

(7) 锂与氮气反应

$$6Li(s)+N_2(g)=\!=\!=2Li_3N(s)$$

2. 碱土金属的化学反应

碱土金属最外电子层上有两个价电子,易失去而呈现+2 价,是化学活泼性较强的金属,但活泼性不如碱金属,能与大多数的非金属反应,所生成的盐多半很稳定,遇热不易分解,在室温下也不发生水解反应。它们与其他元素化合时,一般生成离子型的化合物。但 Be^{2+} 和 Mg^{2+} 离子具有较小的离子半径,在一定程度上容易形成共价键的化合物。钙、锶、钡和镭及其化合物的化学性质,随着它们原子序数的递增而有规律地变化。

(1) 与水反应

$$M(s)+2H_2O(l)=\!=\!=M(OH)_2(s)+H_2\uparrow(g) \qquad (M\text{代表碱土金属})$$

碱土金属与水作用时，放出氢气，生成氢氧化物，碱性比碱金属的氢氧化物弱，但钙、锶、钡、镭的氢氧化物仍属强碱。铍表面生成致密的氧化膜，在空气中不易被氧化，与水也不反应。镁与热水反应，钙与冷水作用缓慢，锶和钡易与冷水反应。

(2) 与氧气反应

$$2M(s)+O_2(g)=\!=\!=2MO(s)$$

碱土金属在室温下与空气中氧气缓慢反应生成氧化膜。在空气中，镁表面生成一薄层氧化膜，这层氧化物致密而坚硬，对内部的镁有保护作用，有抗腐蚀性能，所以镁可以保存在干燥的空气里。钙、锶、钡等更易被氧化，生成的氧化物疏松，内部的金属会继续被氧化，所以钙、锶、钡等金属要密封保存。碱土金属在空气中加热也能燃烧，燃烧时只有钡能生成过氧化物，其他碱土金属只能生成普通氧化物，同时有氮化物生成。

碱土金属也能与其他许多非金属元素（如卤素、硫、磷和氢气等）直接作用生成相应的化合物，如下：

(3) 与卤素反应

$$M(s)+X_2(g)=\!=\!=MX_2(s)$$

(4) 与硫反应

$$M(s)+S(s)=\!=\!=MS(s)$$

(5) 与磷反应

$$6M(s)+P_4(s)\xlongequal{\text{高温}}2M_3P_2(s)$$

(6) 与氢气反应

$$M(s)+H_2(g)\xlongequal{\text{高温}}MH_2(s) \qquad (M=Ca、Sr、Ba)$$

13.1.3　金属单质的制备

1. 电解法

钠和镁的制备通常都是采用电解熔融盐的方法。这是因为它们具有很强的还原性，而相应的离子几乎没有氧化性，若用还原剂将其还原是相当困难的，所以必须采用强力的方法——电解来实现。一般电解的原料是它们的氯化物。例如：以石墨为阳极，以铁为阴极，电解熔融的氯化钠。

$$\text{阳极：}\quad 2Cl^- - 2e^- =\!=\!= Cl_2$$

$$\text{阴极：}\quad 2Na^+ + 2e^- =\!=\!= 2Na$$

Na 的沸点(bp)与 NaCl 的熔点(mp)相近，易挥发失掉 Na，要加助熔剂，如 $CaCl_2$，这样，在比 Na 的沸点低的温度下即可熔化。Na 液态，密度小，浮在熔盐上面，易于收集。但产物中总有少许 Ca。

2. 化学还原法

工业上制备金属镁采用高温热还原法，在电弧炉内将氧化镁与炭（或碳化钙）加热至 1000 ℃以上，反应自发进行，得到金属镁。

$$MgO+C\xlongequal{\text{高温}}CO+Mg$$

高温热还原法也用来制备金属钾,以 Na 为还原剂在 850 ℃下从熔融的 KCl 中还原出 K,成为蒸气。

$$KCl + Na \xlongequal{} NaCl + K$$

3. 热分解法

碱金属的某些化合物如氰化物、叠氮化物和亚铁氰化物等,加热也能分解生成碱金属。铷通常在 395 ℃的温度下制备,而铯除了需要 395 ℃的温度,还需在高真空条件下来制备。

$$4KCN \xlongequal{\triangle} 4K + 4C + 2N_2\uparrow$$

$$2MN_3 \xlongequal{\triangle} 2M + 3N_2\uparrow \qquad (M = Na、K、Rb、Cs)$$

碱金属的叠氮化物比较容易纯化,且不容易发生爆炸。分解叠氮化物是精确定量制备纯净碱金属的理想方法。由于 LiN_3 分解生成很稳定的 Li_3N,因此不能用这种方法制备金属锂。

13.2 氧化物和氢氧化物

13.2.1 氧化物

碱金属、碱土金属与氧能形成四种类型的氧化物,即正常氧化物、过氧化物、超氧化物和臭氧化物。s 区元素与氧所形成的各种氧化物列入表 13-1 中。

表 13-1 s 区元素形成的氧化物

	阴离子	直接形成	间接形成
正常氧化物	O^{2-}	Li,Be,Mg,Ca,Sr,Ba	ⅠA、ⅡA
过氧化物	O_2^{2-}	Na,Ba	除 Be 外的所有元素
超氧化物	O_2^-	Na,K,Rb,Cs	除 Be、Mg、Li 外的所有元素

1. 正常氧化物

碱金属中的锂和所有碱土金属在空气中燃烧时,生成正常氧化物 Li_2O 和 MO:

$$4Li + O_2 \xlongequal{} 2Li_2O$$

$$2M + O_2 \xlongequal{} 2MO$$

其他碱金属的正常氧化物是用金属与它们的过氧化物或硝酸盐作用而得到的。例如:

$$Na_2O_2 + 2Na \xlongequal{} 2Na_2O$$

$$2KNO_3 + 10K \xlongequal{} 6K_2O + N_2$$

碱土金属的碳酸盐、硝酸盐、氢氧化物等热分解也能得到氧化物 MO。例如:

$$MCO_3 \xlongequal{\triangle} MO + CO_2\uparrow$$

碱金属氧化物由 Li_2O(白色)过渡到 Cs_2O(橙红)颜色依次加深。由于 Li^+ 的离子半径特别小,Li_2O 的熔点很高。Na_2O 的熔点也较高,其余的氧化物未达熔点时便开始分解。碱金属氧化物与水化合生成碱性氢氧化物 MOH。Li_2O 与水反应很慢,Rb_2O 和 Cs_2O 与水发生剧烈反应。碱土金属的氧化物都是难溶于水的白色粉末。与 M^+ 相比,M^{2+} 的电荷多,离子半径小,所以碱土金属氧化物具有较大的晶格能，熔点都很高，硬度也较大。除 BeO 外，由 MgO 到 BaO，熔点依次降低。

2. 过氧化物

除铍和镁外，所有碱金属和碱土金属都能分别形成相应的过氧化物 $M^{I}_{2}O_2$ 和 $M^{II}O_2$，其中只有钠和钡的过氧化物可由金属在空气中燃烧直接得到。

过氧化钠是化工中最常用的碱金属过氧化物。纯的 Na_2O_2 为白色粉末，工业品一般为浅黄色。工业上制备 Na_2O_2 是用熔钠(金属钠在铝制容器中加热至 300 ℃)和已除去 CO_2 的干燥空气反应。

$$2Na+O_2 = Na_2O_2$$

过氧化钠与水或稀酸在室温下反应生成过氧化氢：

$$Na_2O_2 + 2H_2O = 2NaOH + H_2O_2$$

$$Na_2O_2 + H_2SO_4(稀) = Na_2SO_4 + H_2O_2$$

过氧化钠与二氧化碳反应，放出氧气：

$$2Na_2O_2+2CO_2 = 2Na_2CO_3+O_2$$

过氧化钠是一种强氧化剂，工业上用作漂白剂，也可以用来作为制得氧气的来源。Na_2O_2 在熔融时几乎不分解，但遇到棉花、木炭或铝粉等还原性物质时，就会发生爆炸，使用 Na_2O_2 时应当注意安全。

钙、锶、钡的氧化物与过氧化氢作用，得到相应的过氧化物：

$$MO+H_2O_2+7H_2O = MO_2 \cdot 8H_2O$$

工业上把 BaO 在空气中加热到 600 ℃以上，使它转化为过氧化钡：

$$2BaO+O_2 \xlongequal{600\sim800\ ℃} 2BaO_2$$

3. 超氧化物

除了锂、铍和镁外，所有碱金属和碱土金属都能分别形成超氧化物 MO_2 和 $M(O_2)_2$，其中钾、铷、铯在空气中燃烧能直接生成超氧化物 MO_2。一般说来，金属性很强的元素容易形成含氧较多的氧化物，因此钾、铷、铯易生成超氧化物。

超氧化物与水反应立即产生氧气和过氧化氢。例如：

$$2KO_2+2H_2O = 2KOH+H_2O_2+O_2$$

因此，超氧化物也是强氧化剂，超氧化钾与二氧化碳作用放出氧气：

$$4KO_2+2CO_2 = 2K_2CO_3+3O_2$$

KO_2 比较容易制备，常用于急救中，利用上述反应提供氧气。

4. 臭氧化物

金属元素与臭氧生成的化合物称为臭氧化物，臭氧化物均为强氧化剂。干燥的钾、铷、铯的氢氧化物固体与 O_3 反应或将 O_3 通入 K 等的液氨溶液，均能得到臭氧化物，其中以 KO_3 最为重要。

$$4KOH+4O_3 = 4KO_3+2H_2O+O_2$$

KO_3 与 H_2O 发生剧烈的反应：

$$4KO_3+2H_2O = 4KOH+5O_2$$

橘红色的 KO_3 晶体不稳定，在室温下放置会缓慢分解：

$$KO_3 \xlongequal{} KO_2 + \frac{1}{2}O_2$$

碱金属臭氧化物是典型的盐,其热稳定性随着钠、钾、铷、铯的顺序而增强。钾和钠的臭氧化物可作为高能氧化剂。

13.2.2 氢氧化物

碱金属和碱土金属的氧化物(除 BeO、MgO 外)与水作用,即可得到相应的氢氧化物,并伴随着释放出大量热。

$$M_2O + H_2O \xlongequal{} 2MOH$$

$$MO + H_2O \xlongequal{} M(OH)_2$$

碱金属和碱土金属的氢氧化物均为白色固体,易潮解,在空气中吸收 CO_2 生成碳酸盐,故固体 NaOH 和 $Ca(OH)_2$ 常用作干燥剂。由于碱金属氢氧化物对纤维、皮肤有强烈的腐蚀作用,故称为苛性碱。碱金属和碱土金属氢氧化物,除 $Be(OH)_2$ 显两性外,其余均为碱性,同族元素氢氧化物的碱性均随金属元素原子序数的增加而增强。碱金属与碱土金属的碱性强弱列于表 13-2。碱金属的氢氧化物在水中都是易溶的,碱土金属的氢氧化物溶解度则较小,其中 $Be(OH)_2$ 和 $Mg(OH)_2$ 是难溶的氢氧化物。两性的 $Be(OH)_2$ 既溶于酸,也溶于碱:

$$Be(OH)_2 + 2H^+ \xlongequal{} Be^{2+} + 2H_2O$$

$$Be(OH)_2 + 2OH^- \xlongequal{} [Be(OH)_4]^{2-}$$

表 13-2 碱金属与碱土金属的酸碱性

LiOH	NaOH	KOH	RbOH	CsOH
中强碱	强碱	强碱	强碱	强碱
$Be(OH)_2$	$Mg(OH)_2$	$Ca(OH)_2$	$Sr(OH)_2$	$Ba(OH)_2$
两性	中强碱	强碱	强碱	强碱

碱土金属的氢氧化物的溶解度列入表 13-3 中。由表中数据可见,对碱土金属来说,由 $Be(OH)_2$ 到 $Ba(OH)_2$ 溶解度依次增大。这是由于随着金属离子半径的增大,正、负离子之间的作用力逐渐减小,容易为水分子所解离的缘故。

表 13-3 碱土金属氢氧化物的溶解度

氢氧化物	$Be(OH)_2$	$Mg(OH)_2$	$Ca(OH)_2$	$Sr(OH)_2$	$Ba(OH)_2$
溶解度/($mol \cdot L^{-1}$)	8×10^{-6}	5×10^{-4}	1.8×10^{-2}	6.7×10^{-2}	2×10^{-1}

13.3 盐 类

碱金属和碱土金属都能形成卤化物、碳酸盐、硝酸盐、硫酸盐、草酸盐、硅酸盐及硫化物等盐类。碱金属的盐类一般都是离子型晶体,只有 Li^+ 的半径最小,它的某些盐有不同程度的共价性。

13.3.1 热稳定性

碱金属的盐一般具有较高的熔点和较高的热稳定性。碱金属卤化物在高温时挥发而难分解。

碱金属硫酸盐在高温时既难挥发又难分离。碳酸盐中只有 Li_2CO_3 在 1270 ℃时才按下式分解：

$$Li_2CO_3 \xlongequal{1270\ ℃} Li_2O + CO_2\uparrow$$

碱金属盐中只有硝酸盐的热稳定性较差，加热时易分解，例如：

$$4LiNO_3 \xlongequal{700\ ℃} 2Li_2O + 4NO_2 + O_2$$

$$2NaNO_3 \xlongequal{730\ ℃} 2NaNO_2 + O_2$$

$$2KNO_3 \xlongequal{670\ ℃} 2KNO_2 + O_2$$

碱土金属的卤化物、硫酸盐有很强的热稳定性。虽然它们的碳酸盐通常也很稳定，但其稳定性比同周期的碱金属碳酸盐稳定性差，在较高温度下容易分解。碱土金属碳酸盐的热稳定性按从 $MgCO_3$ 至 $BaCO_3$ 的顺序增强。这种规律可用离子极化理论来解释。当碱土金属阳离子的正电荷与价电子构型相同时，半径越大，离子势越小，极化能力越弱，从酸根中夺取氧离子的能力也越弱，相应的碳酸盐分解温度也越高。

$$MCO_3 \xlongequal{\triangle} MO + CO_2\uparrow$$

13.3.2　溶解性

碱金属的盐类一般都易溶于水。仅有少数碱金属盐微溶于水，例如，若干锂盐如 LiF、Li_2CO_3、Li_3PO_4 等；钠的难溶盐有白色粒状的六羟基锑酸钠 $Na[Sb(OH)_6]$ 和黄绿色结晶的乙酸铀酰锌钠 $NaAc\cdot Zn(Ac)_2\cdot 3UO_2(Ac)_2\cdot 9H_2O$；还有 K^+、Rb^+、Cs^+（以及 NH_4^+）同某些较大阴离子所成的盐，例如白色的高氯酸钾（$KClO_4$）、淡黄色的六氯合铂酸钾（K_2PtCl_6）、白色的四苯硼酸钾 $[KB(C_6H_5)_4]$、六氯合锡酸铷（Rb_2SnCl_6）等。

碱土金属中，铍盐多数是易溶的，镁盐有部分易溶，而钙、锶、钡的盐则多为难溶。其中依 Ca→Sr→Ba 的顺序，硫酸盐和铬酸盐的溶解度递减，氟化物的溶解度递增。例如无色透明的 CaF_2、黄色的 $SrCrO_4$、黄色的 $BaCrO_4$ 都是难溶盐。铍盐和可溶性钡盐均有毒。

13.3.3　焰色反应

由于碱金属和碱土金属的离子均具有与稀有气体电子构型相同的饱和结构，一般情况下电子不易跃迁，因此其离子和水合离子都是无色或白色的，而它们的盐类通常呈现其阴离子的颜色，当阴离子无色时，则相应的盐类是无色或白色的。

碱金属和碱土金属中的钙、锶、钡的挥发性盐在无色火焰中灼烧时，能使火焰呈现出一定的颜色，称之为焰色反应。表 13-4 中列出了碱金属和部分碱土金属使火焰呈现的颜色。利用焰色反应，可以定性地鉴定这些金属元素是否存在。

表 13-4　碱金属和部分碱土金属的焰色

离子	Li^+	Na^+	K^+	Rb^+	Cs^+	Ca^{2+}	Sr^{2+}	Ba^{2+}
焰色	红	黄	紫	紫红	紫红	橙红	洋红	绿
谱线波长/nm	670.8	589.0 589.6	404.4 404.7	420.2 629.8	455.5 459.3	612.2 616.2	687.8 707.0	553.6

13.3.4 重要盐类及用途

1. 卤化物

① 氯化钠(NaCl)。它是用途最广的卤化物，主要来源于海盐，此外也来自岩盐和井盐等。NaCl 的溶解度随温度变化不大，它是人类生活中不可缺少的物质，还是制备多种化工产品的基本原料。

② 氯化镁($MgCl_2$)。光卤石和海水是获取氯化镁的主要资源。要想得到无水氯化镁，需在干燥的 HCl 气流中加热 $MgCl_2 \cdot 6H_2O$ 使之脱水，以抑制其水解。

③ 氯化钡($BaCl_2$)。它是白色晶体，易溶于水，有毒，对人的致死量为 0.8 g。其主要用于生产医药、灭鼠剂等，在化学分析上用于分离和鉴定 SO_4^{2-} 离子。

2. 硫酸盐

① 硫酸钠(Na_2SO_4)。无水硫酸钠俗名元明粉，大量用于玻璃、造纸、陶瓷等工业上，也用于生产 Na_2S 和 $Na_2S_2O_3$ 等。水合硫酸钠($Na_2SO_4 \cdot 10H_2O$)俗称芒硝，是一种储热效果良好的相变储热材料。

② 硫酸镁($MgSO_4$)。它是白色粉末，在自然界中以苦盐 $MgSO_4 \cdot 7H_2O$(俗称泻盐)和硫镁矾矿 $MgSO_4 \cdot H_2O$ 的形式存在。

③ 硫酸钡($BaSO_4$)。它是白色晶体，是碱土金属硫酸盐中溶解度最小的，也是钡盐中唯一无毒的一种盐，难溶于水、稀酸和乙醇，是制备其他钡类化合物的原料。也常用于医学上消化道的 X 射线造影检查，帮助诊断病情。硫酸钡的另一重要用途是作为白色涂料(钡白)，$BaSO_4$ 与 $ZnSO_4$ 的混合物叫立德粉，是白漆的原料。

④ 硫酸钙($CaSO_4$)。$CaSO_4$ 天然形式为二水合物石膏 $CaSO_4 \cdot 2H_2O$。当加热到 150～170 ℃时，就变成半水合物烧石膏 $CaSO_4 \cdot \frac{1}{2}H_2O$；用水与之混合时，又重新生成 $CaSO_4 \cdot 2H_2O$，同时逐渐硬化并膨胀，利用此性质可制造模型、塑像和医疗用的石膏绷带。

3. 碳酸盐

① 碳酸钠(Na_2CO_3)。又称为纯碱、苏打或碱面，它是基本化工产品之一，除用作化工原料外，还用于玻璃、造纸、肥皂、洗涤剂的生产及水处理等。

② 碳酸氢钠($NaHCO_3$)。它是工业生产纯碱的中间产物，俗称小苏打，主要用于医药工业和食品工业。

13.3.5 锂、铍的特殊性

1. 锂的特殊性

一般说来，碱金属元素性质的递变是很有规律的，但锂的半径最小，极化能力强，所以呈现出较特殊的化学性质。锂及其化合物与其他碱金属元素及其化合物在性质上有明显的差别。锂的熔点、硬度高于其他碱金属，而导电性则较弱。锂的某些化学性质也与其他碱金属不一致。例如，锂能与氮直接作用生成氮化物，是由于它的离子半径特别小，因而对晶格能有较大贡献；锂与水反应还不如钠剧烈，是由于锂的升华热很大，不易活化，因而使得反应速率较小，另外锂与水反应生成的氢氧化锂的溶解度较小，覆盖在金属的表面上，从而也减缓了反应速率。

锂的化合物也与其他碱金属化合物有性质上的差别。例如 LiOH 红热时分解，而其他 MOH 则不分解；LiCl 易溶于乙醇等有机溶剂，而其他碱金属卤化物在乙醇等有机溶剂中难溶；$LiNO_3$ 热分解生成 Li_2O，而不生成亚硝酸盐；LiH 的热稳定性比其他 MH 高；LiF、Li_2CO_3、Li_3PO_3 难溶于水。

2. 铍的特殊性

铍及其化合物的性质和ⅡA 族其他金属元素及其化合物也有明显的差异。铍的熔点、沸点比其他碱土金属高，硬度也是碱土金属中最大的，但却有脆性。铍的电负性也较大，有较强的形成共价键的倾向。例如，$BeCl_2$ 属于共价型化合物，而其他碱土金属的氯化物基本上都是离子型的。另外，铍的化合物热稳定性相对较差，易水解。铍的氢氧化物 $Be(OH)_2$ 呈两性，它既能溶于酸，又能溶于碱。

3. 对角线规则

在周期表中除了同族元素的性质相似以外，还有一些元素及其化合物的性质呈现出"对角线"相似性，如 Li 和 Mg，Be 和 Al，以及 B 和 Si。这三对元素在周期表中处于对角线位置：

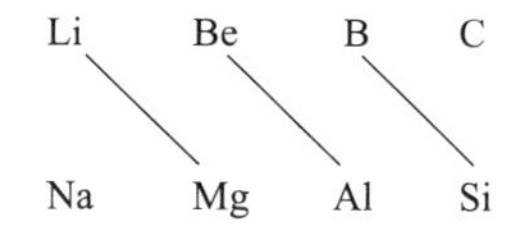

对角线规则可以用离子极化的观点加以说明。处于对角线位置的两种元素，左上方的离子比右下方的离子少一个电子层，因而半径较小，但其原子少 1 个价电子，所以其离子的电荷也较低，两种因素相抵，其离子势相近，离子极化能力接近，因此两种元素表现出许多相似性。

（1）锂与镁的相似性

① 锂、镁在过量的氧气中燃烧时并不生成过氧化物，均生成正常的氧化物；

② 锂和镁都能与氮直接化合而生成氮化物；

③ 锂和镁与水反应均较缓慢；

④ 氢氧化物均为中强碱，而且在水中的溶解度都不大，在加热时可分别分解为 Li_2O 和 MgO；

⑤ 氟化物、碳酸盐、磷酸盐等均难溶；

⑥ 氯化物都能溶于有机溶剂（如乙醇）中，表现出共价特征；

⑦ 碳酸盐在受热时，均能分解成相应的氧化物（Li_2O、MgO）和二氧化碳。

（2）铍与铝的相似性

① 铍和铝都是两性金属，既能溶于酸，也能溶于强碱；

② 金属铍和铝都能被冷的浓硝酸钝化；

③ 铍和铝的氧化物均是熔点高、硬度大的物质；

④ 铍和铝的氢氧化物 $Be(OH)_2$ 和 $Al(OH)_3$ 都是两性氢氧化物，而且都难溶于水；

⑤ 铍和铝的氟化物都能与碱金属的氟化物形成配合物，如 $Na_2[BeF_4]$、$Na_3[AlF_6]$；

⑥ 它们的氯化物、溴化物、碘化物都易溶于水；

⑦ 铍和铝的氯化物都是共价型化合物，易升华、易聚合、易溶于有机溶剂。

（3）硼与硅的相似性

硼和硅的一些性质比较列于表 13-5 中。

表 13-5 硼和硅的性质对比

性质	硼(B)	硅(Si)
单质(晶态)/单质与碱的作用	原子晶体/置换出氢	原子晶体/置换出氢
含氧酸的酸性/稳定性	很弱/很稳定	很弱/很稳定
形成多酸和多酸盐	形成链状或环状多酸盐	形成链状或环状多酸盐
重金属含氧酸盐的颜色/溶解度	有特征颜色/较小	有特征颜色/较小
氢化物的稳定性	不稳定,在空气中即自燃	不稳定,在空气中即自燃
卤化物的水解性	极易水解	极易水解

由此可见,对角线规则也是物质的结构和性质内在联系的一种体现。当然,原子的价电子构型是决定元素性质的最主要因素,因此,同族元素性质的相似性以及性质的递变规律仍是主要的。

习　题

13-1 ⅠA 和ⅡA 族元素的性质有哪些相似? 有哪些不同?

13-2 下列物质在过量的氧气中燃烧,生成何种产物?

(1) 锂;(2) 钠;(3) 钾;(4) 铷;(5) 铯。

13-3 试述过氧化钠的性质、制备和用途。

13-4 完成并配平下列反应方程式。

(1) $Na + H_2 \longrightarrow$

(2) LiH(熔融)$\xrightarrow{电解}$

(3) $Na_2O_2 + Na \longrightarrow$

(4) $Na_2O_2 + CO_2 \longrightarrow$

13-5 解释 s 区元素氢氧化物的碱性递变规律。

13-6 与同族元素相比,锂、铍有哪些特殊性?

13-7 商品氢氧化钠中常含有碳酸钠,怎样以最简便的方法加以检验?

13-8 钙在空气中燃烧时生成何物? 为何将所得产物浸在水中时有大量的热放出并能嗅到氨的气味? 试以化学反应式来说明。

13-9 列出下列三组物质熔点由高到低的次序:

(1) NaF,NaCl,NaBr,NaI;

(2) BaO,SrO,CaO,MgO;

(3) NaF 和 CaO。

第14章 硼族元素

周期系ⅢA族元素包括硼、铝、镓、铟、铊五种元素，又称为硼族元素。自然界没有游离态的硼。含硼的矿石有硼砂矿($Na_2B_4O_7 \cdot 10H_2O$)、硼镁矿($Mg_2B_2O_5 \cdot H_2O$)等，我国西藏盛产硼砂，吉林、辽宁等省都有硼矿。铝在地壳中的含量仅次于氧和硅，在金属元素中铝的丰度居于首位，主要以铝矾土矿($Al_2O_3 \cdot xH_2O$)存在。硼和铝有富集矿藏，而镓、铟和铊是分散的稀有元素，作为与其他矿共生的组分而存在。硼是ⅢA族中唯一的非金属元素。随着原子序数的增加，硼族元素的金属性大体上依次增强。硼族元素氧化物的酸碱性的递变情况如下：硼的氧化物呈酸性，铝和镓的氧化物为两性，铟和铊的氧化物则是碱性的。

硼族元素的某些性质列于表14-1中。

表14-1 硼族元素的一般性质

元素	硼(B)	铝(Al)	镓(Ga)	铟(In)	铊(Tl)
原子序数	5	13	31	49	81
价层电子构型	$2s^2 2p^1$	$3s^2 3p^1$	$4s^2 4p^1$	$5s^2 5p^1$	$6s^2 6p^1$
共价半径/pm	82	125	125	144	155
沸点/℃	2550	2467	2403	2000	1457
熔点/℃	2300	660	30	156	303
电负性	2.0	1.5	1.6	1.7	1.8
第一电离能/($kJ \cdot mol^{-1}$)	801	578	579	558	589
电子亲和能/($kJ \cdot mol^{-1}$)	23	44	36	34	50
氧化态	+3	+3	+1,+3	+1,+3	+1,+3
配位数	3,4	3,4,6	3,6	3,6	3,6
晶体结构	原子晶体	金属晶体	金属晶体	金属晶体	金属晶体

从表中可以看出，硼和铝在原子半径、电离能、电负性、熔点等性质上有较大的差异。从硼到铝这种性质上的突变，正说明了p区元素性质的一个特征，即p区第一排元素的反常性。

硼族元素原子的价层电子构型为ns^2np^1，可见它们具有+1和+3氧化态(或称氧化数)。但由于"惰性电子对效应"，因此随着原子序数的递增，+1氧化态逐渐稳定。通常B、Al表现为+3氧化态，而Ga、In、Tl在一定条件下则以+1氧化态的形式存在。

硼的原子半径小，电负性较大，其化合物均属共价型，在水溶液中也不存在B^{3+}离子，而其他元素均可形成M^{3+}离子和相应的化合物。硼族元素原子的价电子数为3，而价层电子轨道数为4，这种价电子数少于价键轨道数的原子称为缺电子原子，可形成缺电子化合物。缺电子化合物因有空的价层电子轨道，能接受电子对，故易形成聚合分子(如Al_2Cl_6)和配合物(如$H[BF_4]$)。在此过程中，中心原子的价键轨道的杂化方式由sp^2杂化过渡到sp^3杂化，相应的分子的空间构型由平面型过渡到立体型。

14.1 硼单质及其化合物

14.1.1 硼单质

硼在地壳中的含量很小,主要以含氧化合物的形式存在。硼的重要矿石除了硼砂、硼镁矿外,还有方硼石 $2Mg_3B_8O_{15} \cdot MgCl_2$ 和少量硼酸 H_3BO_3 等。直到1808年,单质硼才被英国化学家戴维(H. Davy)和法国化学家盖・吕萨克(J. L. Gay-Lussac)等分离得到。

1. 单质硼的制备方法

(1) 高温下金属还原法

通常所用的金属有Li、Na、K、Mg、Be、Ca、Zn、Al、Fe等。用这些金属还原 B_2O_3,相当于用C还原 SiO_2。例如:

$$B_2O_3 + 3Mg \xlongequal{\text{高温}} 3MgO + 2B$$

这种方法制备的硼通常是无定形的,而且纯度不够,一般只能达到95%~98%。

(2) 电解还原法

将 KBF_4 在800 ℃下于熔融的KCl-KF中电解还原,可得到纯度为95%的粉末状硼,这种方法成本相对较低。

(3) 氢还原法

用氢还原挥发性的硼化物是一种最有效的制备高纯单质硼的方法,所制得的硼纯度可高达99.9%。

$$2BBr_3 + 3H_2 \xlongequal[\text{钨丝}]{\text{高温}} 2B + 6HBr$$

上面这个反应中的 BBr_3 可以用 BCl_3 代替,而一般不使用 BF_3 和 BI_3。主要因为还原 BF_3 所需的温度较高(大于2000 ℃),而 BI_3 较贵且产物的纯化较困难。

(4) 硼化合物的热分解法

卤化硼热分解可制得晶态的单质硼。

$$2BI_3 \xlongequal[\text{钽丝}]{\text{高温}} 2B + 3I_2$$

2. 单质硼的性质

单质硼可分为无定形硼和晶态硼两种。无定形硼为棕色粉末,较活泼;晶态硼呈黑灰色,相对惰性,但熔、沸点高,硬度大。硼的主要性质是它的亲氧性,易在氧气中燃烧,作为还原剂,也能从许多金属或非金属氧化物中夺取氧。

$$4B + 3O_2 \xlongequal{700\ ℃} 2B_2O_3$$

除了 H_2、Te及稀有气体外,硼几乎能与所有的非金属反应。

$$2B + 3F_2 \xlongequal{} 2BF_3$$

$$2B + N_2 \xlongequal{} 2BN$$

硼不与非氧化性酸作用,但可与热的浓氧化性酸反应。

$$B + 3HNO_3(\text{浓}) \xlongequal{} H_3BO_3 + 3NO_2\uparrow$$

$$2B + 3H_2SO_4(浓) \xlongequal{\quad} 2H_3BO_3 + 3SO_2\uparrow$$

在有氧化剂存在下也可以与强碱共熔反应而得到偏硼酸盐。

$$2B + 2NaOH + 3KNO_3 \xlongequal{\quad} 2NaBO_2 + 3KNO_2 + H_2O$$

在赤热的水蒸气下，可与水反应生成硼酸并放出氢气。

$$2B + 6H_2O \xlongequal{\quad} 2H_3BO_3 + 3H_2\uparrow$$

14.1.2　硼的氢化物

硼可以与氢形成一系列共价型氢化物，如 B_2H_6、B_4H_{10}、B_5H_9、B_6H_{10} 等。由于硼氢化物的物理性质类似于烷烃，因此又称之为硼烷。目前，已制备出来的硼烷有二十多种。根据硼烷的组成可将其分为多氢硼烷和少氢硼烷两大类，其通式可以分别写作 B_nH_{n+6} 和 B_nH_{n+4}。其命名原则与烷烃类似，用干支词头（甲、乙、丙……）表示硼原子数，当硼原子数超过10时，则用中文的数字标出硼原子数，氢原子的数目则以阿拉伯数字标出。例如，B_5H_9 称为戊硼烷-9，$B_{14}H_{20}$ 称为十四硼烷-20。

1. 硼烷的制备和结构

硼烷的生成热都为正值，所以硼和氢不能直接化合生成硼烷。硼烷的制备采用间接方法来实现。例如，用稀酸与 Mg_3B_2 作用，生成一系列硼烷的混合物。

最简单的硼烷是乙硼烷 B_2H_6，是无色气体。用 LiH、NaH 或 $NaBH_4$ 与卤化硼作用可以制得乙硼烷 B_2H_6，反应较完全，产率高，产物比较纯。

$$6LiH + 8BF_3 \xlongequal{\quad} 6LiBF_4 + B_2H_6$$

$$3NaBH_4 + 4BF_3 \xlongequal{50 \sim 70\ ℃} 3NaBF_4 + 2B_2H_6$$

实验室制乙硼烷还有下述方法：

$$2NaBH_4 + I_2 \xlongequal{二甘醇二甲醚} B_2H_6 + 2NaI + H_2$$

硼原子仅有3个价电子，它与氢似乎应该形成 BH_3、B_2H_4（$H_2B\text{-}BH_2$）等类型的硼氢化合物，但实际上形成的硼烷分子的组成结构和性质与此不同，是一系列特殊的化合物。通过测定硼烷的气体密度已经证明最简单的硼烷是乙硼烷 B_2H_6 而不是 BH_3。若以经典共价键理论即双电子共价键为基础，形成乙硼烷则需要14个价电子，而实际上 B_2H_6 只有12个价电子，这归因于硼原子是缺电子原子，硼烷分子内所有的价电子总数不能满足形成一般共价键所需要的数目。至今，所有已知的硼烷均为缺电子体，共同属于缺电子化合物。乙硼烷的分子结构如图14-1所示。

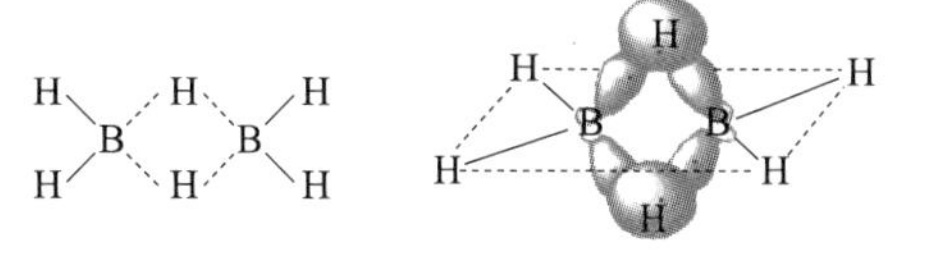

图 14-1　乙硼烷的分子结构示意图

在 B_2H_6 和 B_4H_{10} 这类硼烷分子中，除了形成一部分正常共价键外，还形成一部分三中心键，即两个硼原子与一个氢原子通过共用两个电子而形成的三中心二电子键。三中心键是一种非定域的键。该三中心键又称为氢桥，就好像两个硼原子通过氢原子作为桥梁而连接起来的。在乙硼烷分子中，B原子采取不等性 sp^3 杂化，以两个 sp^3 杂化轨道与两个氢原子形成两个正常 σ 键，键长119 pm。另外两个 sp^3 杂化轨道则用于同氢原子形成三中心键，这种键不同于正常的共价键，因此不稳定。两个硼原子和与其形成正常 σ 键的四个氢原子位于同一平面，而两个三中心键则对称分布于该平面的上方和下方，且与平面垂直。

2. 硼烷的性质

硼烷为无色物质,随着相对分子质量的增加,它们从气体变为易挥发性的液体或固体,多数有毒。简单的硼烷为无色的气体,具有难闻的臭味,极毒。乙硼烷的熔点为−164.85 ℃,沸点为−92.50 ℃,溶于乙醚,与水作用时水解速度快。

由于硼烷很不稳定,在空气中极易燃烧,甚至能自燃,并且燃烧热比相应的碳氢化合物大,是一种高能燃料,可以用在火箭和导弹上,但由于毒性大,不易储存。例如:

$$B_2H_6(g) + 3O_2(g) = B_2O_3(s) + 3H_2O(g)$$

硼烷与水发生不同程度的水解作用,水解速度也不同。例如,乙硼烷在室温下水解速度也很快,硼烷的水解反应也是放热的,因而适合作水下火箭燃料。

$$B_2H_6(g) + 6H_2O(l) = 2H_3BO_3(s) + 6H_2(g)$$

乙硼烷也可被氯气氧化。

$$B_2H_6(g) + 6Cl_2(g) = 2BCl_3(l) + 6HCl(g)$$

硼烷作为 Lewis 酸,能与一氧化碳、氨等具有孤对电子的分子起加合反应。例如:

$$B_2H_6 + 2CO = 2[H_3B \leftarrow CO]$$

$$B_2H_6 + 2NH_3 = [BH_2 \cdot (NH_3)_2]^+ + [BH_4]^-$$

乙硼烷在乙醚中和氢化锂、氢化钠直接反应生成有机合成中优良的还原剂 $LiBH_4$ 和 $NaBH_4$。

$$B_2H_6 + 2LiH = 2LiBH_4$$

$$B_2H_6 + 2NaH = 2NaBH_4$$

乙硼烷可用作制备各种硼烷的原料。但是硼烷的毒性很大,其毒性可与氰化氢 HCN 和光气 $COCl_2$ 相比。空气中 B_2H_6 的最高允许含量仅为 0.1 ppm[1]。因此,在使用硼烷时必须十分小心。

14.1.3 硼的含氧化合物

由于硼与氧形成的 B—O 键键能大,所以硼的含氧化合物具有很高的稳定性,硼在自然界中总是以含氧化合物的形式存在。构成硼的含氧化合物的基本结构单元是平面三角形的 BO_3 和四面体形的 BO_4。这都是由硼元素的亲氧性和缺电子性质所决定的。

1. 三氧化二硼 B_2O_3

单质硼(无定形)燃烧或硼酸脱水可得 B_2O_3。B_2O_3 是白色固体,常见的有无定形和晶体两种,晶体 B_2O_3 比较稳定。

$$4B(s) + 3O_2 = 2B_2O_3(s)$$

$$2H_3BO_3 = B_2O_3 + 3H_2O$$

熔融的 B_2O_3 能和许多金属氧化物,如 M_2O(M 为 Li、Na、K、Rb、Cs、Cu、Ag、Tl)、M_2O_3(M 为 As、Sb、Bi)完全互溶,或和其他金属氧化物部分互溶,均生成玻璃状硼酸盐。这些硼酸盐中有的具有特征的颜色,如 $NiO \cdot B_2O_3$ 显绿色;有些具有特殊的用途,如 Li、Be 和 B 的氧化物所组成的玻璃可作 X 射线仪器的窗。

600 ℃时,B_2O_3 和 NH_3 反应生成白色的氮化硼 BN。BN 结构分别和石墨、金刚石相似,熔点也很高,约 3000 ℃(加压下)。

---

[1] ppm 的含义为百万分之一,即 10^{-6}。ppm 为建议废止的用法,但部分领域仍在使用。

与碳、氮不同，硼与氧形成稳定的 B—O 单键，键能很大。硼与氧之间不能形成稳定的 B═O 双键。在 B_2O_3 晶体中，不存在单个的 B_2O_3 分子，而是含有—B—O—B—O—链的大分子。

三氧化二硼能被碱金属以及镁和铝还原为单质硼，例如：

$$B_2O_3 + 3Mg \xlongequal{\quad} 2B + 3MgO$$

用酸处理反应混合物时，MgO 与 HCl 作用生成溶于水的 $MgCl_2$，过滤后可得粗硼。B_2O_3 在高温时不被炭还原。

B_2O_3 与水反应可生成偏硼酸 HBO_2 和硼酸。这种反应和 H_3BO_3 的受热脱水反应互为可逆过程。

$$B_2O_3 \underset{-H_2O}{\overset{+H_2O}{\rightleftharpoons}} 2HBO_2 \underset{-2H_2O}{\overset{+2H_2O}{\rightleftharpoons}} 2H_3BO_3$$

2. (正)硼酸

硼的含氧酸包括偏硼酸、正硼酸和多硼酸($xB_2O_3 \cdot yH_2O$)等。H_3BO_3 是六角片状的白色晶体，密度 1.46 $g \cdot cm^{-3}$，强酸和硼酸盐反应生成 H_3BO_3。在硼酸溶液中含有少量四硼酸 $H_2B_4O_7$，游离的 $H_2B_4O_7$ 尚未得到。

$$Na_2B_4O_7 + 2HCl + 5H_2O \xlongequal{\quad} 4H_3BO_3 + 2NaCl$$

H_3BO_3 中 B 以 sp^2 杂化轨道分别和 3 个 O 结合成平面三角形结构，分子间再通过氢键形成接近六角形的对称层状结构，层与层之间借助微弱的范德华力联系在一起(硼酸的分子结构如图 14-2)。因此硼酸晶体为鳞片状，具有解理性，可用作润滑剂。

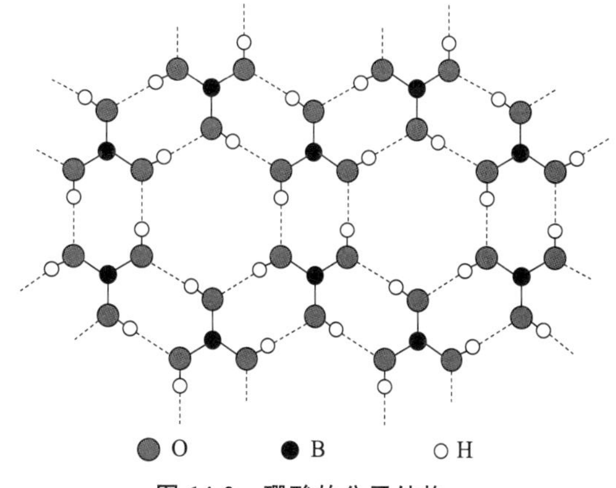

图 14-2　硼酸的分子结构

硼酸溶于冷水，但在热水中由于它的部分氢键断裂，溶解度较大。H_3BO_3 是一元酸，其水溶液呈弱酸性。H_3BO_3 与水的反应如下：

$$B(OH)_3 + H_2O \xlongequal{\quad} [B(OH)_4]^- + H^+$$

$$K^{\ominus} = 5.8 \times 10^{-10}$$

$[B(OH)_4]^-$ 的构型为四面体，其中硼原子采用 sp^3 杂化轨道成键。H_3BO_3 与 H_2O 反应的特殊性是由其缺电子性质决定的，价层中有空轨道，能接受水解离出的具有孤对电子的 OH^-，以配位键形式加合，生成$[B(OH)_4]^-$。

H_3BO_3 是典型的 Lewis 酸，在硼酸的溶液中加入多羟基化合物，如丙三醇、甘露醇，由于形成配合物而使溶液酸性增强。例如：

$$H_3BO_3 + 2\ \begin{matrix} R \\ | \\ H—C—OH \\ | \\ H—C—OH \\ | \\ R \end{matrix} \longrightarrow \left[\begin{matrix} R & & R \\ | & & | \\ H—C—O & & O—C—H \\ | \quad \diagdown & & \diagup \quad | \\ | & B & | \\ | \quad \diagup & & \diagdown \quad | \\ H—C—O & & O—C—H \\ | & & | \\ R & & R \end{matrix}\right]^- + H^+ + 3H_2O$$

硼酸和单元醇反应则生成硼酸酯：

$$\mathrm{B(OH)_3} + 3\,\mathrm{H{-}OR} \longrightarrow \mathrm{B(OR)_3} + 3\mathrm{H_2O}$$

这一反应进行时要加入浓 H_2SO_4 作为脱水剂，以抑制硼酸酯的水解。硼酸酯可挥发并且易燃，燃烧时火焰呈绿色。利用这一特性可以鉴定有无硼的化合物存在。

H_3BO_3 在遇到酸或极强的酸性氧化物时，则表现出弱碱性。

$$H_3BO_3 + H_3PO_4 = BPO_4 + 3H_2O$$

$$2H_3BO_3 + P_2O_5 = 2BPO_4 + 3H_2O$$

大量硼酸用于搪瓷工业，有时也用作食物的防腐剂，在医药卫生方面也有广泛的用途。

3. 硼酸盐

硼酸盐有偏硼酸盐、原硼酸盐和多硼酸盐等多种。最重要的硼酸盐是四硼酸钠，俗称硼砂。硼砂的化学式为 $Na_2B_4O_5(OH)_4 \cdot 8H_2O$，但习惯上常把它的化学式写作 $Na_2B_4O_7 \cdot 10H_2O$。硼砂是无色透明的晶体，在空气中易风化失水。受热时先失去结晶水成为蓬松状物质，故体积膨胀；加热至 350～400 ℃进一步脱水而成为无水四硼酸钠 $Na_2B_4O_7$，在 878 ℃时熔化为玻璃体。熔融的硼砂可以溶解许多金属氧化物而形成硼酸的复盐。不同的金属的硼酸复盐显示各自不同的特征颜色。例如：

$$Na_2B_4O_7 + CoO = Co(BO_2)_2 \cdot 2NaBO_2\text{(蓝色)}$$

$$Na_2B_4O_7 + NiO = Ni(BO_2)_2 \cdot 2NaBO_2\text{(棕色)}$$

上述反应可以看作是酸性氧化物 B_2O_3 与碱性金属氧化物作用而生成偏硼酸盐的过程。利用硼砂的这一反应，可以鉴定某些金属离子，这在分析化学上称为硼砂珠试验。硼砂在水中的溶解度很大，且随温度的升高而增加。其水溶液因 $[B_4O_5(OH)_4]^{2-}$ 的水解而显碱性：

$$[B_4O_5(OH)_4]^{2-} + 5H_2O \rightleftharpoons 4H_3BO_3 + 2OH^-$$

$$\rightleftharpoons 2H_3BO_3 + 2[B(OH)_4]^-$$

生成等物质的量的弱酸 (H_3BO_3) 和 $[B(OH)_4]^-$，具有酸碱缓冲作用，在实验室中可用于配制缓冲溶液。20 ℃时，硼砂溶液 pH=9.24。

陶瓷工业上用硼砂来制备低熔点釉。硼砂也用于制造耐温度骤变的特种玻璃和光学玻璃。由于硼砂能溶解金属氧化物，焊接金属时可以用它作助熔剂，以去除金属表面的氧化物。此外，硼砂还用作防腐剂。在农业上可用作微量元素肥料，对小麦、棉花、麻等有增产效果。

14.1.4　硼的卤化物

卤素都能和硼形成硼的卤化物，即三卤化硼 BX_3。BX_3 可用卤素单质与硼在加热的条件下直接反应而生成。例如：

$$2B\text{(无定形)} + 3Cl_2 \xrightarrow{300\ ℃} 2BCl_3$$

通常三氟化硼是用 B_2O_3、100% H_2SO_4 和 CaF_2 混合物加热来制取：

$$B_2O_3 + 3H_2SO_4 + 3CaF_2 = 2BF_3(g) + 3CaSO_4(s) + 3H_2O$$

三氯化硼也可以用 B_2O_3、炭和氯气反应来制备：

$$B_2O_3 + 3C + 3Cl_2 \xrightarrow{>500\ ℃} 2BCl_3 + 3CO$$

三卤化硼的一些性质列于表14-2中。

表14-2 三卤化硼的某些性质

	BF_3	BCl_3	BBr_3	BI_3
熔点/℃	−127.1	−107	−46	49.9
沸点/℃	−99	12.5	91.3	210
键能/(kJ·mol^{-1})	613.1	456	377	267
键长/pm	130	175	195	210

三卤化硼的分子构型为平面三角形,在BX_3分子中,B原子以sp^2杂化轨道与X原子形成σ键。随着卤素原子半径的增大,B—X键的键能依次减小。实验测得BF_3分子中B—F键键长为130 pm,比理论B—F单键键长152 pm短。有人认为,这与BF_3分子中存在着Π_4^6键有关。B原子除与3个F原子形成3个σ键外,具有孤对2p电子的3个F原子与具有1个2p空轨道的B原子之间形成离域大π键。

三卤化硼分子是共价型的,在室温下,随相对分子质量的增加,BX_3的存在状态由气态的BF_3、BCl_3经液态的BBr_3过渡到固态的BI_3。纯BX_3都是无色的,但BBr_3和BI_3在光照下部分分解而显黄色。

BX_3在潮湿的空气中因水解而发烟:

$$BX_3+3H_2O \xlongequal{} B(OH)_3+3HX$$

BX_3是缺电子化合物。有接受孤对电子的能力,因而表现出Lewis酸的性质。它们与Lewis碱(如氨、醚等)生成加合物,例如:

$$BF_3+NH_3 \xlongequal{} F_3B \leftarrow NH_3$$

三氟化硼水解生成硼酸和氢氟酸,BF_3又与生成的HF加合而产生氟硼酸$H[BF_4]$,反应如下:

$$BF_3+3H_2O \xlongequal{} H_3BO_3+3HF$$

$$BF_3+HF \longrightarrow H[BF_4]$$

除了BF_3外,其他三卤化硼一般不与相应的氢卤酸加合形成BX_4^-离子。这是因为中心B原子半径很小,随着卤素原子半径的增大,在B原子周围容纳四个较大的原子更加困难。BX_3虽然是缺电子化合物,但它们不能形成二聚分子,这一点与卤化铝不同。

氟硼酸是一种强酸,其酸性比氢氟酸强。但氟硼酸的钠盐和钾盐的水溶液却呈微酸性,这是由于BF_4^-在溶液中按下式微弱水解产生HF的缘故。

$$BF_4^-+H_2O \xlongequal{} [HOBF_3]^-+HF$$

$$BF_4^-+3H_2O \xlongequal{} H_3BO_3+3HF+F^-$$

大多数氟硼酸盐是无色的,易溶于水。它们在高温时相当稳定。例如,加热KBF_4至530℃时熔化而不分解。

BX_3和碱金属、碱土金属作用时被还原为单质硼,而和某些强还原剂如NaH、$LiAlH_4$等作用则被还原为乙硼烷。例如:

$$3LiAlH_4+4BCl_3 \xlongequal{} 3LiCl+3AlCl_3+2B_2H_6$$

在BX_3中最重要的是BF_3和BCl_3,它们是许多有机反应的催化剂,也常用于有机硼化合物的合成和硼氢化合物的制备。

14.2 铝单质及其化合物

14.2.1 铝单质

铝是地壳中含量最高的金属元素,在自然界中存在的主要矿石是铝矾土($Al_2O_3 \cdot xH_2O$)矿。铝位于周期系中典型金属元素和非金属元素的交界区,是典型的两性元素。

铝是一种银白色金属,密度小(2.699 g・cm^{-3}),同时具有良好的延展性和导电性。20~300 ℃间铝的膨胀系数为钢的2倍。纯铝的导电能力较强,是等体积铜的64%,由于铝的资源比铜丰富,又比铜轻,所以在许多场合用铝代铜作导线用。铝也能与许多金属形成高强度的合金,所以铝常被用作电信器材、建筑设备、汽车、飞机和宇航器的材料。

铝是非常活泼的金属,与氧自发反应的程度很大,一旦接触空气,表面立即氧化生成致密的氧化物保护膜,最厚的氧化物保护膜达10 nm,这层氧化膜可以阻止铝进一步被氧化,即使遇到冷的浓硝酸或浓硫酸也不再发生反应,因而铝可被制备用来运输浓硝酸或浓硫酸的容器。氧化物保护膜可被NaCl和NaOH所蚀。氧化物保护膜受蚀露出底层铝后,能被$HgCl_2$溶液腐蚀,生成疏松的氧化铝,似白绒毛,“毛”长可达1~2 cm。虽然纯铝(99.95%)在冷浓硝酸或浓硫酸中呈钝态,但其为两性金属,既能溶于稀盐酸或硫酸,也能溶于强碱。

$$2Al + 6H^+ = 2Al^{3+} + 3H_2\uparrow$$

$$2Al + 2OH^- + 6H_2O = 2[Al(OH)_4]^- + 3H_2\uparrow$$

14.2.2 铝的含氧化合物

在铝的化合物中,铝的氧化态一般为+3。铝的化合物有共价型的,也有离子型的。由于Al^{3+}离子电荷数较多,半径较小(r=53 pm),对负离子产生较大的极化作用,所以,Al^{3+}与那些难变形的负离子(如F^-、O^{2-})形成离子型化合物,而那些较易变形的负离子(如Cl^-、Br^-、I^-)则与Al^{3+}形成共价型化合物。铝的共价型化合物熔点低、易挥发,能溶于有机溶剂;铝的离子型化合物熔点高,不溶于有机溶剂。

1. 氧化铝

氧化铝Al_2O_3有多种晶型,其中主要有两种变体:α-Al_2O_3和γ-Al_2O_3。

自然界中以结晶状态存在的α-Al_2O_3称为刚玉,硬度大(仅次于金刚石),熔点高,化学性质稳定,除溶于熔融的碱外,与所有试剂均不反应。可作为高硬质材料、耐磨材料和耐火材料。刚玉中含微量Cr(Ⅲ)则为红宝石;含Fe(Ⅱ)、Fe(Ⅲ)和Ti(Ⅳ)为蓝宝石;含少量Fe_3O_4的称为刚玉粉,用刚玉粉制的坩埚可烧至1800 ℃。人造宝石是将铝矾土($Al_2O_3 \cdot xH_2O$)熔融制得的。通常α-Al_2O_3可由金属铝在氧气中燃烧制得,也可通过灼烧$Al(OH)_3$、$Al(NO_3)_3$或$Al_2(SO_4)_3$等制得。

γ-Al_2O_3硬度小,质轻,并具有很大的比表面积,比同质量的活性炭表面积大2~4倍,所以可用作吸附剂和催化剂载体。γ-Al_2O_3能溶于稀酸,也能溶于碱,具有两性,又称为活性氧化铝。

$$Al_2O_3 + 6H^+ = 2Al^{3+} + 3H_2O$$

$$Al_2O_3 + 2OH^- + 3H_2O = 2[Al(OH)_4]^-$$

γ-Al_2O_3 是在 450 ℃左右加热 $Al(OH)_3$ 或铝铵矾 $(NH_4)_2SO_4 \cdot Al_2(SO_4)_3 \cdot 24H_2O$ 使其分解而得到的。γ-Al_2O_3 在 1000 ℃高温下转变为 α-Al_2O_3，可见两者的生成条件是不同的。

2. 氢氧化铝

在铝酸盐溶液中通入 CO_2，得到白色晶态氢氧化铝 $Al(OH)_3$ 沉淀；而用铝盐加入氨水或适量碱，得到白色凝胶状 $Al(OH)_3$ 沉淀，这种沉淀为含水量不定的 $Al_2O_3 \cdot xH_2O$，故称为水合氧化铝，习惯上也称为氢氧化铝。这种无定形水合氧化铝经长时间静置可转变为晶态的偏氢氧化铝 AlO(OH)，温度越高，这种转变越快。

$$2[Al(OH)_4]^- + CO_2 = 2Al(OH)_3\downarrow + CO_3^{2-} + H_2O$$

$$Al_2(SO_4)_3 + 6NH_3 + 6H_2O = 2Al(OH)_3\downarrow + 3(NH_4)_2SO_4$$

氢氧化铝是两性物质，其碱性略强于酸性：

$$Al(OH)_3 + 3H^+ = Al^{3+} + 3H_2O$$

$$Al(OH)_3 + OH^- = [Al(OH)_4]^-$$

Al(Ⅲ)在水溶液中的三种存在形式：Al^{3+}、$Al(OH)_3$ 和 $[Al(OH)_4]^-$，依赖于溶液的 pH。当 pH＜3 时，以 Al^{3+} 形式存在；当 pH＝3～9 时，以 $Al(OH)_3$ 存在；当 pH≥10 时，则以 $[Al(OH)_4]^-$ 的形式存在。

14.2.3　铝盐

1. 铝的卤化物

铝的卤化物中，AlF_3 为离子化合物，性质比较特殊，为白色难溶于水的固体，而 $AlCl_3$、$AlBr_3$ 及 AlI_3 均为共价化合物，均易溶于水。在 AlF_3 晶体中，Al 的配位数为 6，气态 AlF_3 是单分子的。

铝的卤化物中最重要的是 $AlCl_3$。由于铝盐易水解，所以在水溶液中不能制得无水氯化铝，即使把铝溶于浓盐酸，也只能得到组成为 $AlCl_3 \cdot 6H_2O$ 的无色晶体。在氯气或氯化氢气流中加热金属铝，可得到无水 $AlCl_3$：

$$2Al + 3Cl_2 \xlongequal{\triangle} 2AlCl_3$$

$$2Al + 6HCl \xlongequal{\triangle} 2AlCl_3 + 3H_2$$

在红热的 Al_2O_3 及炭的混合物中通入氯气，也可制备无水 $AlCl_3$：

$$Al_2O_3 + 3C + 3Cl_2 = 2AlCl_3 + 3CO$$

无水 $AlCl_3$ 能溶于几乎所有的有机溶剂中；在水中会发生强烈的水解作用，并放出大量的热，甚至在潮湿的空气中也因强烈的水解而发烟。常温下无水 $AlCl_3$ 是无色晶体，但常常因含有 $FeCl_3$ 而呈黄色。无水 $AlCl_3$ 易挥发。

$AlCl_3$ 中的 Al 是缺电子原子，因此 $AlCl_3$ 是典型的 Lewis 酸。Al 原子存在着空轨道，Cl 原子有孤对电子，因此可以通过配位键形成具有桥式结构的双聚分子 Al_2Cl_6，其结构如图 14-3 所示。

在 Al_2Cl_6 分子中，每个 Al 原子以 sp^3 杂化轨道与四个 Cl 原子成键，呈四面体结构。两个 Al 原子与两端的四个 Cl 原子共处于同一平面，中间两个 Cl 原子位于该平面的两侧，形成桥式结构，并与上述平面垂直。这两个 Cl 原子各与一个 Al 原子形成一个 Cl→Al 配键。这是由 $AlCl_3$ 的缺电子性所决定的。

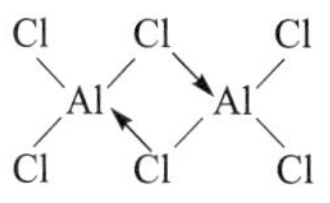

Cl　Cl　Cl
Al　Al
Cl　Cl　Cl

图 14-3　Al_2Cl_6 的结构

$AlCl_3$ 除了聚合为二聚分子外，也能与有机胺、醚、醇等 Lewis 碱加合。因此,无水 $AlCl_3$ 最重要的工业用途是作为有机合成和石油化工的催化剂。溴化铝 $AlBr_3$、碘化铝 AlI_3 的性质与 $AlCl_3$ 类似,它们在气相时也是双聚分子,与 $AlCl_3$ 结构相似。

2. 铝的含氧酸盐

铝的含氧酸盐有硫酸铝、氯酸铝、高氯酸铝、硝酸铝等。

无水硫酸铝为白色粉末。用纯的氢氧化铝溶于热的浓硫酸中或用硫酸直接处理铝矾土(或高岭土),都可制得硫酸铝:

$$2Al(OH)_3 + 3H_2SO_4 = Al_2(SO_4)_3 + 6H_2O$$

$$Al_2O_3 + 3H_2SO_4 = Al_2(SO_4)_3 + 3H_2O$$

在常温下从溶液中析出的无色针状晶体为 $Al_2(SO_4)_3 \cdot 18H_2O$。硫酸铝常易与碱金属 M^{I}(除 Li 以外)的硫酸盐结合成一类复盐,称为矾。矾的组成可以用通式 $M^{I}Al(SO_4)_2 \cdot 12H_2O$ 来表示。如果 Al^{3+} 离子被半径与其相近的 Fe^{3+}、Cr^{3+}、Ti^{3+} 等离子所代替,则形成通式为 $M^{I}M^{III}(SO_4)_2 \cdot 12H_2O$ 的矾。像铝钾矾和铬钾矾这样组成相似而晶体形状完全相同的物质称为类质同晶物质,相应的这种现象则叫作类质同晶现象。矾类大多都有类质同晶物质。

硫酸铝和硝酸铝是铝的离子型化合物,都易溶于水,由于 Al^{3+} 的水解作用,使得溶液呈酸性。

$$[Al(H_2O)_6]^{3+} = [Al(OH)(H_2O)_5]^{2+} + H^+$$

$$Al^{3+} + H_2O = [AlOH]^{2+} + H^+$$

或

$$2[Al(H_2O)_6]^{3+} = [Al_2(OH)_2(H_2O)_8]^{4+} + 2H^+ + 2H_2O$$

$$2Al^{3+} + 2H_2O = [Al_2(OH)_2]^{4+} + 2H^+$$

进一步水解则生成 $Al(OH)_3$ 沉淀。从上述平衡可见,只有在酸性溶液中才有水合离子 $[Al(H_2O)_6]^{3+}$ 存在。

铝的弱酸盐水解更加明显,几乎完全水解,因此在 Al^{3+} 的溶液中分别加入 $(NH_4)_2S$ 和 Na_2CO_3 溶液,得不到相应的弱酸铝盐,而都生成 $Al(OH)_3$ 沉淀。

$$2Al^{3+} + 3S^{2-} + 6H_2O = 2Al(OH)_3(s) + 3H_2S(g)$$

$$2Al^{3+} + 3CO_3^{2-} + 3H_2O = 2Al(OH)_3(s) + 3CO_2(g)$$

所以,弱酸的铝盐不能用湿法制取。

在含 Al^{3+} 溶液中加入碱金属磷酸盐溶液,生成能溶于强酸溶液的白色胶状物质 $AlPO_4 \cdot xH_2O$,$AlPO_4$ 可用作耐火材料和制作分子筛。

在 Al^{3+} 溶液中加入茜素的氨溶液,生成红色沉淀,由于反应灵敏度高,即使溶液中有微量的 Al^{3+} 也有明显的反应,故常用来鉴定 Al^{3+} 的存在。反应方程式如下:

$$Al^{3+} + 3NH_3 \cdot H_2O = Al(OH)_3\downarrow + 3NH_4^+$$

$$Al(OH)_3 + 3C_{14}H_6O_2(OH)_2 = Al(C_{14}H_7O_4)_3(\text{红色}) + 3H_2O$$

Al^{3+} 能与许多配体形成配位数为 4 或 6 的配合物,例如:

$$Al^{3+} + 6F^- = AlF_6^{3-}$$

$$Al^{3+} + 3C_2O_4^{2-} = Al(C_2O_4)_3^{3-}$$

$$Al^{3+} + H_2Y^{2-} = AlY^- + 2H^+ \qquad (Y^{4-}\text{ 为乙二胺四乙酸根离子})$$

硫酸铝和明矾是最重要的工业铝盐,主要用于造纸印染等方面,也应用于净水和泡沫灭火器中的试剂。

14.3 镓、铟、铊

14.3.1 镓、铟、铊单质

1. 物理性质

Ga、In、Tl 都是银白色的软金属，比铅软，熔点都很低。镓、铟、铊的基本性质如表 14-3 所示。

表 14-3 镓、铟、铊的基本性质

性质	Ga	In	Tl
熔点/℃	29.6	157	304
沸点/℃	2403	2080	1457
相对导电性(Hg=1)	2	11	5
硬度(莫氏)	1.5～2.5	1.2	1.2～1.3
密度/($g\cdot cm^{-3}$)	5.91	7.31	11.9

镓、铟、铊三种金属中，镓的性质比较特殊。Ga 的熔点为 29.78 ℃，在手中就能融化，但 Ga 的沸点为 2403 ℃，液态镓的温度范围(熔点、沸点相差 2373 ℃)是所有单质中最大的，用液态镓充填在石英管中做成的温度计，测量温区大。Ga 和 As、Sb 作用生成的 GaAs、GaSb 是半导体材料。

镓是分散元素，通常以提取 Al 或 Zn 的“废弃物”为原料。如在用碱处理铝矾土(一般铝矾土中只含 0.003%的 Ga)时，镓转化为可溶的 $Ga(OH)_4^-$。通过调节溶液的 pH，使$[Ga(OH)_4]^-$在溶液中富集，最后可得含 0.2% Ga_2O_3(相当于 0.15%的 Ga)的 Al_2O_3。

2. 化学性质

镓、铟、铊可以和非氧化性酸反应：

$$2M + 3H_2SO_4 = M_2(SO_4)_3 + 3H_2\uparrow \qquad (M = Ga、In)$$

$$2Tl + H_2SO_4 = Tl_2SO_4 + H_2\uparrow$$

产物中 Ga、In 的氧化态均为+3 价，Tl 的氧化态为+1。当 Ga、In、Tl 与氧化性酸作用时，Ga、In 被氧化到+3 氧化态，而 Tl 只能到+1 氧化态。Tl 的电子构型为 $6s^26p^1$，其 $6s^2$ 电子不易失去，所以 Tl(Ⅲ)的氧化性很强，可以将许多物质氧化，例如：

$$Tl(NO_3)_3 + SO_2 + 2H_2O = TlNO_3 + H_2SO_4 + 2HNO_3$$

镓、铟、铊和氧化性酸反应：

$$M + 6HNO_3 = M(NO_3)_3 + 3NO_2 + 3H_2O \qquad (M = Ga、In)$$

$$Tl + 2HNO_3 = TlNO_3 + NO_2 + H_2O$$

Ga 的两性和 Al 相似，能与强碱作用放出氢气，但 In、Tl 均无此性质。

$$2Ga + 2NaOH + 2H_2O = 2NaGaO_2 + 3H_2\uparrow$$

14.3.2 镓、铟、铊的化合物

1. 氢氧化物和氧化物

$Ga(OH)_3$ 是两性氢氧化物，其酸性略强于 $Al(OH)_3$。$K_{sp(a)} = 1.4\times10^{-7}$[$Al(OH)_3$ 为 2×

10^{-11}],$K_{sp(b)}=1.4\times10^{-34}$[和 $Al(OH)_3$ 相近]。$Ga(OH)_3$ 能溶于 $NH_3\cdot H_2O$,而 $Al(OH)_3$ 不溶。$Ga(OH)_3$ 受热生成 Ga_2O_3,低温生成 α-Ga_2O_3,380 ℃生成 β-Ga_2O_3。

In^{3+} 和碱溶液作用得胶状 $In(OH)_3$ 沉淀。20 ℃时 $In(OH)_3$ 的溶解度为 3.7×10^{-4} mg·dm^{-3},于 170 ℃脱水生成 In_2O_3,比 $Ga(OH)_3$ 易脱水,酸性比 $Ga(OH)_3$ 弱。In_2O_3 能溶于酸,但不溶于碱。

$$In_2O_3+6H^+ \xlongequal{} 2In^{3+}+3H_2O$$

Tl 和 Ga、In 不同,由于 $Tl(OH)_3$ 极易脱水,所以几乎不存在 $Tl(OH)_3$。25 ℃时 Tl_2O_3 的溶解度为 2.5×10^{-5} mg·dm^{-3}。加热到 100 ℃,Tl_2O_3 开始分解为 Tl_2O 和 O_2。

$$Tl_2O_3(\text{棕色}) \xlongequal{} Tl_2O(\text{黑色})+O_2$$

Ga 不易生成低价化合物,即使生成也不如 Tl^+ 稳定,但比 Al^+ 要稳定得多。如:

$$Ga_2O_3+4Ga \xlongequal{\text{真空},500\ ℃} 3Ga_2O$$

$$GaCl_3+2Ga \xlongequal{800\ ℃} 3GaCl$$

Ga_2O 是暗棕色粉末,能在室温下稳定存在(Al_2O 极难生成,即使生成了,在室温下也完全分解),GaCl 在室温下遇水汽分解为 Ga 和 $GaCl_3$(Al 和 $AlCl_3$ 在高温下也能生成 AlCl,后者在室温下完全分解)。

2. 卤化物

镓、铟各有四种三卤化物,室温下,铊有 TlF_3、$TlCl_3$ 和四种一卤化物。卤化物中 MF_3 是离子型化合物,其余主要是共价型化合物。

和铝相似,GaF_3 也能形成 M_3GaF_6 配合物(M 为 Na、K、NH_4^+)。气态氯化镓是二聚物 Ga_2Cl_6;无水 $GaCl_3$ 也可作 Friedel-Craft 反应(傅-克反应)的催化剂。镓盐可和水结合成相应的水合物。

InX_3 能和水作用形成水合物,如 $InCl_3\cdot4H_2O$、$InBr_3\cdot5H_2O$;$InCl_3$ 能和碱金属氯化物形成氯配合物,如 K_3InCl_6;Tl(Ⅲ)和 Cl^- 的配离子有 $TlCl_4^-$、$TlCl_5^{2-}$ 和 $TlCl_6^{3-}$ 等三种。

TlX(X 为 Cl、Br、I)为难溶物,见光分解。这些性质和 Ag 相似。

3. 其他盐

镓盐的溶解度和铝盐相似,易溶镓盐一般含结晶水。镓盐受热分解,其分解温度稍低于相应铝盐,如 $Ga(ClO_4)_3\cdot9H_2O$ 于 120 ℃失水,175 ℃分解为碱式盐;$Ga_2(C_2O_4)_3\cdot4H_2O$ 于 170~180 ℃失水,195 ℃分解为 Ga_2O_3。$Ga_2(SO_4)_3\cdot18H_2O$ 也能形成矾,如 $(NH_4)_2SO_4\cdot Ga_2(SO_4)_3\cdot24H_2O$。铟盐也含有结晶水,但所含结晶水的数目比相应铝、镓盐少 $In(NO_3)_3\cdot4.5H_2O$、$In_2(C_2O_4)_3\cdot6H_2O$。成盐的能力不及铝和镓。

铊(Ⅲ)盐只能在浓酸介质中制得,如 $Tl(HCOO)_3$、$Tl(Ac)_3$、$Tl(NO_3)_3$ 等都要在相应浓酸中才能得到其晶体。

总的来说,可溶性 Tl(Ⅰ)化合物的性质和碱金属盐相似,只是含结晶水的数目较少或不含结晶水,如 Tl_2CO_3、Tl_2SO_4 都不含结晶水;不溶性 Tl(Ⅰ)盐和相应 Ag(Ⅰ)盐相似,如 TlX(除 TlF 外)、TlSCN、Tl_2CrO_4、Tl_2S 等都是难溶物。

前述镓酸酸性强于铝酸,镓形成低氧化态化合物倾向强于铝;Tl(Ⅰ)比 Tl(Ⅲ)稳定等,都是第二周期性的体现。

习　　题

14-1　工业上，用苛性钠分解硼矿石($Mg_2B_2O_5 \cdot H_2O$)，然后再通入 CO_2 制备硼砂，试写出制备硼砂的化学反应方程式。

14-2　说明硼砂作焊药焊接某些金属时的化学原理。

14-3　如何制备无水 $AlCl_3$？能否用加热脱去 $AlCl_3 \cdot 6H_2O$ 中水的方法制取无水 $AlCl_3$？

14-4　试从铝和氯的电子结构出发阐明气态三氯化铝为什么通常以二聚体的形式存在？

14-5　为什么可形成$[Al(OH)_6]^{3-}$和$[AlF_6]^{3-}$，而不能形成$[B(OH)_6]^{3-}$和$[BF_6]^{3-}$？

14-6　写出并配平下列反应方程式。

(1) Na_3AlO_3 溶液中加入 NH_4Cl，有氨气和乳白色沉淀产生；

(2) BF_3 通入 Na_2CO_3 溶液时，有气体放出；

(3) 向硼砂溶液中加浓 H_2SO_4，析出白色片状晶体；

(4) $B + NaOH + NaNO_3 \xlongequal{\triangle}$

(5) $B_2O_3 + C + Cl_2 \xlongequal{\triangle}$

(6) $NaBO_2 + CO_2 + H_2O \xlongequal{}$

14-7　向 $AlCl_3$ 溶液中加入下列物质，各有何反应？

(1) Na_2S 溶液；　(2) 过量 NaOH 溶液；

(3) 过量氨水；　(4) Na_2CO_3 溶液。

14-8　Tl(Ⅰ)的哪些化合物的性质和碱金属化合物相似？哪些化合物的性质和 Ag(Ⅰ)盐相似？

14-9　如何使高温灼烧过的 Al_2O_3 转化为可溶性的 Al(Ⅲ)盐？

14-10　有的地区用 Al(Ⅲ)化合物除去饮用水中的 F^-。这种方法的根据是什么？

14-11　如何制备单质硼？几种制法各有何特点？

14-12　请写出 BF_3、BCl_3 的水解反应方程式。两者水解有何不同？

第15章 碳族元素

周期系ⅣA族元素包括碳、硅、锗、锡、铅五种元素，又称为碳族元素。其中碳和硅是非金属，硅虽然也呈现较弱的金属性，但仍以非金属性为主。锗、锡、铅是金属，其中锗属于稀有分散元素，在某些情况下也表现出非金属性。碳和硅在自然界分布很广，硅在地壳中的含量仅次于氧，其丰度位居第二，而其他元素比较稀少。

表15-1 碳族元素的一般性质

元素	碳(C)	硅(Si)	锗(Ge)	锡(Sn)	铅(Pb)
原子序数	6	14	32	50	82
价层电子构型	$2s^2 2p^2$	$3s^2 3p^2$	$4s^2 4p^2$	$5s^2 5p^2$	$6s^2 6p^2$
共价半径/pm	77	117	122	140	154
沸点/℃	4329	2355	2830	2270	1744
熔点/℃	3550	1410	937	232	327
电负性	2.5	1.8	1.8	1.8	1.8
第一电离能/($kJ \cdot mol^{-1}$)	1086	787	762	709	716
电子亲和能/($kJ \cdot mol^{-1}$)	122	120	116	121	100
氧化态	—4,+4	4	(2),4	2,4	2,4
配位数	3,4	4	4	4,6	4,6
晶体结构	原子晶体(金刚石) 层状晶体(石墨)	原子晶体	原子晶体	原子晶体(灰锡) 金属晶体(白锡)	金属晶体

碳族元素的价层电子构型为ns^2np^2，因此它们能生成氧化态为+4和+2的化合物，碳有时生成氧化态为-4的化合物。氧化态为+4的化合物主要是共价型的。位于第二周期的碳形成化合物时，碳原子的价层电子数不能超过8个，因而碳原子的配位数不能超过4，而其他元素的原子最外层还有nd轨道可以参与成键，所以除形成配位数为4的化合物外，还能形成配位数为6的负离子，如$GeCl_6^{2-}$、SiF_6^{2-}、$SnCl_6^{2-}$等。

在碳族元素中，随着原子序数的增大，氧化态为+4的化合物的稳定性降低，惰性电子对效应表现得比较明显。例如Pb(Ⅱ)的化合物比较稳定，而Pb(Ⅳ)的化合物氧化性较强，稳定性差。

硅与ⅢA族的硼在周期表中处于对角线位置，它们的单质及其化合物的性质有相似之处(详见13.3.5)。

15.1　碳单质及其化合物

15.1.1　碳元素的单质

碳在地壳中的含量为0.027%，在自然界以单质状态存在的碳是金刚石和石墨，它们为碳的两种同素异形体。它们的性质如表15-2所示。

表15-2　金刚石和石墨的性质

性质	金刚石	石墨
外观	无色，透明固体	灰黑，不透明固体
密度/($g \cdot cm^{-3}$)	3.51	2.25
沸点/℃	4827	4827
熔点/℃	>3550	3652
硬度(莫氏)	10	1
导电、导热性	不导电	导电，导热
在O_2中燃烧温度/K	1050	960
燃烧热/($kJ \cdot mol^{-1}$)	395.40	393.50
化学活泼性	不活泼	比金刚石活泼

金刚石在所有单质中熔点最高；在所有物质中，其硬度最大。金刚石是原子晶体，在金刚石晶体中，每个碳原子均以sp^3杂化轨道和相邻4个碳原子形成共价单键(图15-1)，呈四面体构型，键长155 pm，键能347.3 $kJ \cdot mol^{-1}$。由于晶体内没有自由电子，所以金刚石不导电。金刚石俗称钻石，除用于制造手术刀、钻探用的钻头和磨削工具，也是重要的现代工业原料。

石墨是层状晶体，是世界上最软的矿石，有金属光泽，能导电。在石墨晶体中，每个碳原子以sp^2杂化轨道和相邻的3个碳原子连接成层状结构(图15-2)，键长142 pm，层间距离335 pm(为分子间作用力距离)，层间分子间作用力小，易滑动，有润滑性，被大量用来制作电极、高温热电锅、坩埚、润滑剂和铅笔芯等。通常所谓无定形碳，如焦炭、炭黑等都具有石墨结构。活性炭是经过加工处理所得的无定形碳，具有很大的比表面积、良好的吸附性能。碳纤维也是一种无定形碳，具有质轻、耐高温、抗腐蚀、导电等性能，机械强度高，广泛用于航空、机械、化工、电子工业和外科医疗上等。

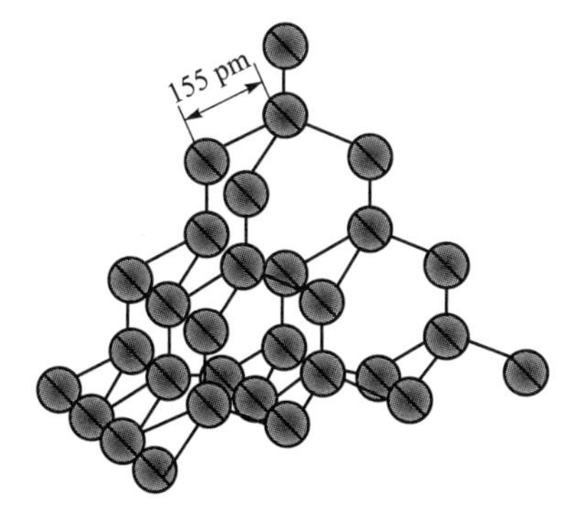

图15-1　金刚石的结构

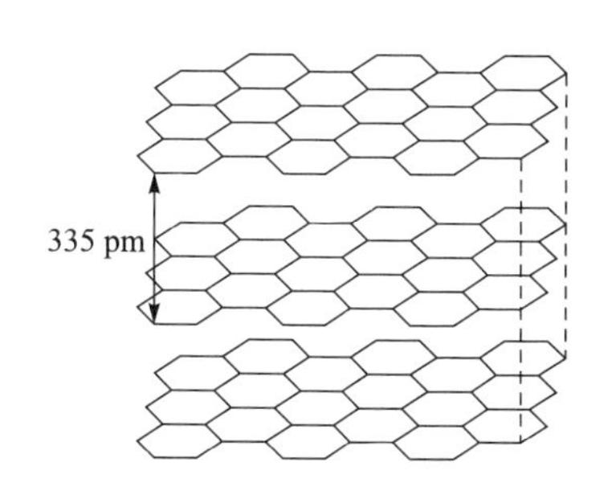

图15-2　石墨的结构

石墨和金刚石在空气中都能燃烧。

$$C(石墨)+O_2(g) = CO_2(g)$$

$$\Delta H^{\ominus}=-393.51\ kJ\cdot mol^{-1},\quad \Delta G^{\ominus}=-394.38\ kJ\cdot mol^{-1}$$

$$C(金刚石)+O_2(g) = CO_2(g)$$

$$\Delta H^{\ominus}=-395.41\ kJ\cdot mol^{-1},\quad \Delta G^{\ominus}=-397.27\ kJ\cdot mol^{-1}$$

由石墨和金刚石的燃烧热可以看出,通常情况下,石墨是比金刚石稳定的同素异形体。由金刚石转变为石墨的反应如下:

$$C(金刚石) \longrightarrow C(石墨)$$

$$\Delta H^{\ominus}=-1.90\ kJ\cdot mol^{-1},\quad \Delta G^{\ominus}=-2.98\ kJ\cdot mol^{-1}$$

虽然这一转变反应是自发的放热的过程,但实际上却很难进行,需要在 1000 ℃的高温下才能转化。其逆过程的反应也很困难,必须在高温(2000 ℃)、高压(500 MPa)和用 Fe、Cr 或 Pt 作催化剂的条件下才能实现。由于天然金刚石的产量有限,所以尽管人工合成金刚石难度很大,产率不高,却已是金刚石的重要来源之一。

石墨可以通过在电炉中加热砂石、焦炭至 3500 ℃左右,保持 24 小时来合成。

$$SiO_2 + 3C = 2CO + SiC$$

$$2CO + SiC = C(石墨) + Si + 2CO$$

1985 年发现了碳元素的第三种同素异形体——C_{60}。关于 C_{60} 的结构,困扰了研究者很长时间。由于受到建筑学家富勒(B. Fuller)用五边形和六边形构成的拱形圆顶建筑的启发,克罗托(H. Kroto)等人认为,C_{60} 是由 60 个碳原子组成的球形 32 面体,即由 12 个五边形和 20 个六边形组成。后经测试证实,C_{60} 为笼形结构(图 15-3)。在 C_{60} 分子中,每个碳原子以 sp^2 杂化轨道与相邻的三个碳原子相连,剩余的未参加杂化的一个 p 轨道在 C_{60} 球壳的外围和内腔形成球面 π 键,从而具有芳香性。为了纪念 Fuller,用 Buckminster Fuller 来命名 C_{60}。除了 C_{60} 以外,具有这种封闭笼状结构的还有 C_{26}、C_{32}、C_{44}、C_{50}、C_{70}、…、C_{120}、C_{240}、C_{540} 等,统称为富勒烯或足球烯。因此,富勒烯是一系列由碳原子构成的高对称性的球形笼状分子或封闭的多面体纯碳原子簇。C_{60} 是该家族中最具代表性的一员。

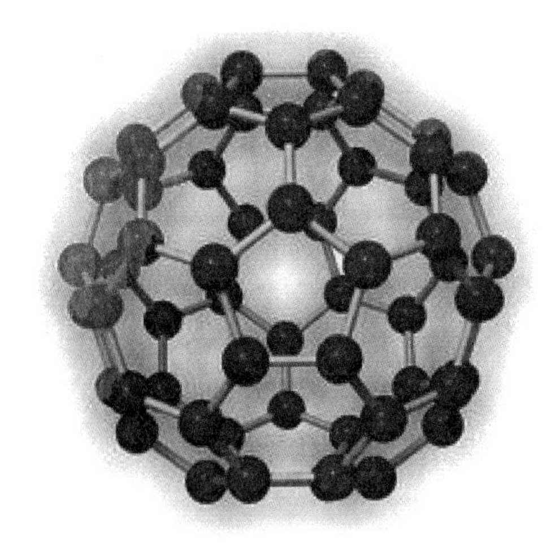

图 15-3 富勒烯(C_{60})的结构

C_{60} 的发现首次打破了纯碳只有石墨和金刚石两种同素异形体的概念。C_{60} 不仅在化学、物理学上具有重要的研究价值,而且在超导、导体、半导体、催化剂、润滑剂、医学等众多领域显示出巨大的应用潜力。例如,C_{60} 可以加氢生成 $C_{60}H_{36}$ 和 $C_{60}H_{18}$,$C_{60}H_{36}$ 和 $C_{60}H_{18}$ 又能脱氢变成 C_{60}。C_{60} 可以氟化成 $C_{60}F_{42}$、$C_{60}F_{60}$ 等,这些白色粉末可以作为高温润滑剂、耐热和防水材料。采用激光蒸发法使 C_{60} 分子开笼,可以将各种金属原子封装在 C_{60} 的空腔内。如将锂原子嵌入碳笼内,有望制成高效锂电池,嵌入稀土元素铕有望制成新型发光材料。C_{60} 的发现开辟了化学、物理学、材料科学相互交叉的一个崭新的研究领域。

15.1.2　碳的含氧化合物

1. 碳的氧化物

碳在元素周期表中属ⅣA族第一种元素，位于非金属性最强的卤素元素和金属性最强的碱金属元素之间。它的价电子层结构为$2s^2 2p^2$，在化学反应中既不容易失去电子，也不容易得到电子，难以形成离子键，而是形成共价键。它的最高氧化态为+4，常见氧化态有+2、+4，所以碳容易形成稳定的氧化物CO和CO_2。

(1) 一氧化碳

CO为无色、无臭、有毒的气体，空气中CO的体积分数为0.1%时，即会使人中毒，原因是它能与血液中携带O_2的血红蛋白结合，破坏血液的输氧功能。CO微溶于水，实验室可以用浓硫酸从HCOOH中脱水、制备少量的CO。

$$HCOOH \xrightarrow{浓\ H_2SO_4} CO\uparrow + H_2O$$

炭在氧气不充分的条件下燃烧生成CO。工业上CO的主要来源是水煤气，是水蒸气与灼热(1000 ℃)的焦炭反应得到的CO和H_2混合气体：

$$C(s) + H_2O(g) = CO(g) + H_2(g)$$

CO由一个σ键和两个π键组成，其中一个为π配位键。如果没有配位键的话，CO应该是极性很强的分子，因为O原子的电负性要比C原子的大得多，但是由于配位键的存在，使O原子略带正电荷，C原子略带负电荷，两种因素相互抵消，因此CO的偶极矩几乎为零。

CO的主要化学性质如下：

由于CO分子中C原子和O原子上都有孤对电子，因此CO作为配位体能与许多过渡金属原子(或离子)配位生成羰基化合物，例如：$Fe(CO)_5$、$Ni(CO)_4$、$Cr(CO)_6$、$PtCl_2(CO)_2$等，CO表现出强烈的加合性，其配位原子为C。CO不仅有给出电子对的能力，还有适宜的空轨道(π^*)接受中心金属反馈来的电子，从而增加了金属和CO之间的结合(σ和π两种成键作用产生协同效应)，使羰基化合物能稳定存在。

CO作为还原剂被氧化为CO_2。如：

$$2CO(g) + O_2 = 2CO_2(g)$$

$$Fe_2O_3(s) + 3CO(g) = 2Fe(s) + 3CO_2(g)$$

在常温下，CO还能使一些化合物中的金属离子还原。例如，CO能把$PdCl_2$溶液和$Ag(NH_3)_2OH$溶液中的Pd(Ⅱ)、Ag(Ⅰ)还原为金属Pd和Ag，而使溶液呈黑色，前者可用于检测微量CO的存在。

$$CO + PdCl_2 + H_2O = CO_2 + Pd\downarrow + 2HCl$$

$$CO + 2Ag(NH_3)_2OH = (NH_4)_2CO_3 + 2Ag\downarrow + 2NH_3$$

CO还可以与其他非金属反应，应用于有机合成。CO与卤素(F_2、Cl_2、Br_2)反应，可生成卤化碳酰，卤化碳酰很容易被水分解，并与氨作用生成尿素。碳酰氯又称为光气，极毒，用于制造甲苯二异氰酯，这是生产聚氨酯的一种中间体。

$$CO + Cl_2 \xrightarrow{活性炭} COCl_2(光气)$$

$$CO + 2H_2 \xrightarrow[250 \sim 400\ ℃]{Cr_2O_3 \cdot ZnO} CH_3OH$$

为减轻 CO 对大气的污染，含 CO 的废气排放前常用 O_2 进行催化氧化，将其转化为无毒的 CO_2，所用的催化剂有 Pt、Pd 或 Mn、Cu 的氧化物以及稀土氧化物等。

(2) 二氧化碳

CO_2 是无色、无臭的气体，不助燃，其临界温度为 31 ℃，很容易被液化，加压可液化(－15 ℃，1.545 MPa)，装入钢瓶，便于运输和计量。在超临界条件下，CO_2 可作为优良的溶剂进行超临界萃取，选择性地分离各种有机化合物，如从甜橙皮中萃取柠檬油，从茶叶中萃取咖啡因，从鱼油中萃取具有降低胆固醇药理作用的二十碳五烯酸等。炭和含碳化合物在空气或氧气中完全燃烧以及生物体内许多有机物的氧化都产生二氧化碳。CO_2 在大气中的含量约为 0.03%。液态 CO_2 气化时从未气化的 CO_2 吸收大量的热而使这部分 CO_2 变成雪花状固体，俗称“干冰”。固体 CO_2 是分子晶体，在常压下于－78 ℃升华。

当太阳光通过大气层的时候，CO_2 能吸收太阳光中的红外线及地球表面辐射到空间的红外辐射，阻止能量向空间散失，会引起地面和大气下层温度的升高，产生温室效应，这被认为是对全球气温普遍升高的一个重要影响因素。

二氧化碳分子是直线形的，其结构式可以写作 O═C═O。在 CO_2 分子中，碳原子采用 sp 杂化轨道与氧原子成键。碳原子的两个 sp 杂化轨道分别与两个氧原子各生成一个 σ 键。C 原子上两个未参与杂化的 p 轨道与 sp 杂化轨道互成直角，同两个氧原子的 p 轨道分别肩并肩地发生重叠，构成两个三中心四电子的离域 π 键。CO_2 分子结构的另一种表示如图 15-4 所示。

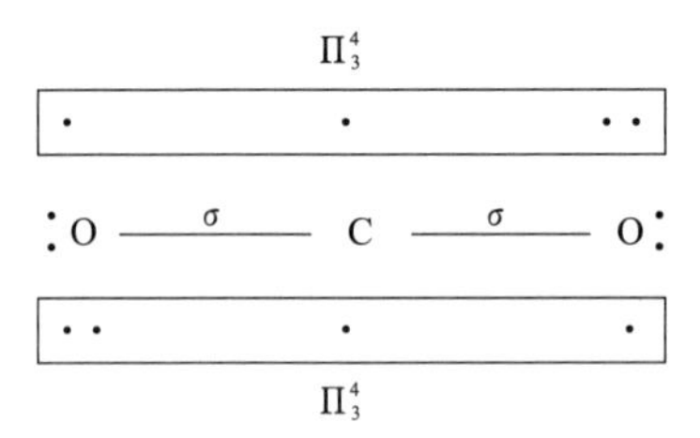

图 15-4 CO_2 分子结构的示意图

由于 π 电子的高离域性，使 CO_2 中的碳-氧键(键长为 116 pm)处于双键 C═O(键长为 122 pm)和叁键 C≡O(键长为 110 pm)之间。由于决定分子形状的是 C 原子的 sp 杂化轨道，因此 CO_2 为直线形分子。

CO_2 不活泼，在高温下能与炭或活泼金属镁、钠等反应。

$$CO_2 + 2Mg \xlongequal{高温} 2MgO + C$$

CO_2 是酸性氧化物，它能与碱发生反应。纯碱(Na_2CO_3)、小苏打($NaHCO_3$)、啤酒、饮料和干冰等生产中都要使用大量的 CO_2，也用作灭火剂、防腐剂和灭虫剂。

工业上可利用煅烧石灰石，以及通过酿造工业而得到大量的副产物 CO_2。

$$CaCO_3 \xlongequal{煅烧} CaO + CO_2\uparrow$$

实验室中则常用碳酸盐和盐酸反应来制备 CO_2：

$$CaCO_3 + 2HCl \xlongequal{\quad} CaCl_2 + H_2O + CO_2\uparrow$$

2. 碳酸和碳酸盐

(1) 碳酸

CO_2 能溶于水形成碳酸，但溶解度不大，水溶液为弱酸性。25 ℃时，1 L 水中溶 1.45 g

(约 0.033 mol)CO_2，pH 约等于 4，这说明 CO_2 在水中大部分是以水合 CO_2 分子存在的。碳酸为二元弱酸，不稳定，只存在于水溶液中，至今尚未制得纯碳酸。碳酸在水溶液中存在下列解离平衡：

$$H_2CO_3 \rightleftharpoons H^+ + HCO_3^- \qquad K^{\ominus}_{a(1)} = 4.5 \times 10^{-7}$$

$$HCO_3^- \rightleftharpoons H^+ + CO_3^{2-} \qquad K^{\ominus}_{a(2)} = 4.7 \times 10^{-11}$$

这两个解离常数值是假定溶于水的 CO_2 全部转化为 H_2CO_3 而计算出来的。实际上大部分 CO_2 是以水合分子($CO_2 \cdot H_2O$)的形式存在的，只有约 1/600 CO_2 分子转化为 H_2CO_3，若按照 H_2CO_3 的实际浓度进行计算的话，$K^{\ominus}_{a(1)}$ 值约为 2×10^{-4}。

(2) 碳酸盐

碳酸盐有两种类型，即正盐(碳酸盐)和酸式盐(碳酸氢盐)。

(i) 溶解性

铵和碱金属(Li 除外)的碳酸盐易溶于水，其他金属的碳酸盐则难溶于水。对于难溶的碳酸盐来说，通常其相应的酸式盐溶解度较大。例如：

$$CaCO_3 + H_2O + CO_2 \rightleftharpoons Ca(HCO_3)_2$$

这个转化反应能说明自然界中钟乳石和石笋的形成以及暂时硬水软化的原理。对易溶的碳酸盐来说，它们相应的酸式碳酸盐的溶解度却相对较小，例如，$NaHCO_3$、$KHCO_3$ 的溶解度分别小于 Na_2CO_3、K_2CO_3。

向浓的碳酸铵中通入 CO_2 至饱和，便可沉淀出 NH_4HCO_3，这是工业上生产碳铵肥料的基础。这种溶解度的反常与 HCO_3^- 之间通过氢键相连形成二聚离子或多聚链状离子有关。

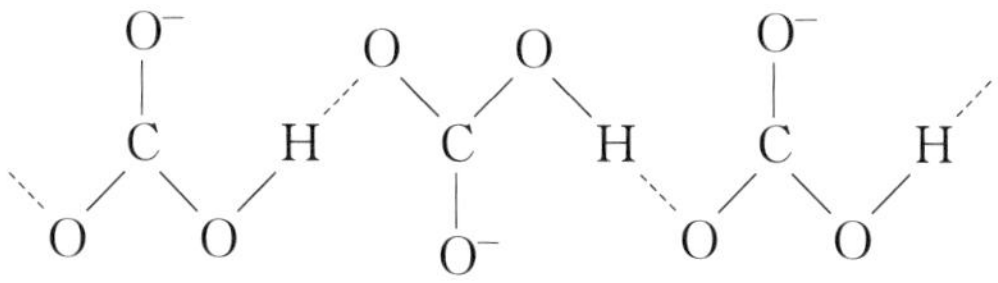

```
   O⁻          O     O          O⁻
   |         ⋰  \   /  ⋱        |        ⋰
   C        H     C      H      C      H
 ⋰  / \    /      |       ⋱   /   \   /
O      O          O⁻        O      O
```

(ii) 水解性

碱金属的碳酸盐和碳酸氢盐的水溶液因水解而呈碱性：

$$CO_3^{2-} + H_2O \rightleftharpoons HCO_3^- + OH^- \text{(显强碱性)}$$

$$HCO_3^- + H_2O \rightleftharpoons H_2CO_3 + OH^- \text{(显弱碱性)}$$

在金属离子(碱金属和铵盐除外)溶液中加入 CO_3^{2-} 时，产物可能是碳酸盐、碱式碳酸盐或氢氧化物。最终产物是哪一种，取决于相应的金属碳酸盐和氢氧化物的溶解性。如果氢氧化物的溶解度很小，金属离子和 CO_3^{2-} 的水解完全，则生成氢氧化物沉淀。例如：

$$2Al^{3+} + 3CO_3^{2-} + 3H_2O \rightleftharpoons 2Al(OH)_3(s) + 3CO_2(g)$$

$$2Fe^{3+} + 3CO_3^{2-} + 3H_2O \rightleftharpoons 2Fe(OH)_3(s) + 3CO_2(g)$$

如果碳酸盐的溶解度小于相应的氢氧化物的溶解度，则产物为碳酸盐。例如：

$$Ba^{2+} + CO_3^{2-} \rightleftharpoons BaCO_3(s)$$

如果碳酸盐和相应的氢氧化物的溶解度相近，则反应产物为碱式碳酸盐。例如：

$$2Mg^{2+} + 2CO_3^{2-} + H_2O \rightleftharpoons Mg_2(OH)_2CO_3(s) + CO_2(g)$$

$$2Cu^{2+} + 2CO_3^{2-} + H_2O \rightleftharpoons Cu_2(OH)_2CO_3(s) + CO_2(g)$$

由于碳酸铜完全水解为碱式碳酸盐，至今尚未制得 $CuCO_3$。

(iii) 热稳定性

碳酸盐的另一个重要性质是热稳定性较差。碳酸氢盐受热分解为相应的碳酸盐、水和二氧化碳：

$$2MHCO_3 \xlongequal{} M_2CO_3 + H_2O + CO_2(g)$$

碳酸盐高温时按下式分解：

$$MCO_3 \xlongequal{高温} MO + CO_2(g)$$

一般来说，碳酸、碳酸盐的热稳定性顺序是：

碳酸<酸式盐<正盐

例如：

$$H_2CO_3 \xlongequal{} H_2O + CO_2(g)$$

$$2NaHCO_3 \xlongequal{煅烧(270\ ℃)} Na_2CO_3 + H_2O + CO_2(g)$$

$$Na_2CO_3 \xlongequal{800\ ℃以上} Na_2O + CO_2(g)$$

这是由于 H^+ 的极化力很强(无外层电子，半径很小)，甚至可以钻入 O^{2-} 电子云中，使 H_2CO_3 极易发生分解产生 CO_2 和 H_2O。碳酸盐中阳离子的极化力越强，它们的碳酸盐越不稳定，受热易分解；极化力小的阳离子相应的碳酸盐稳定性高。碱土金属碳酸盐的热稳定性按如下依次增强：

$$BeCO_3 < MgCO_3 < CaCO_3 < SrCO_3 < BaCO_3$$

例如，它们分解而产生 101.325 kPa CO_2 所需的温度依次升高。它们的电荷数相同，极化能力随阳离子半径的递增而逐渐减弱，M^{2+} 争夺 O^{2-} 的能力逐渐减弱，热稳定性递增。

15.1.3 其他含碳化合物

1. 碳的卤化物

碳的卤化物 CX_4 中，常温下 CF_4 是气体，CCl_4 是液体，CBr_4 和 CI_4 是固体。CCl_4 是无色液体，带有微弱的特殊臭味，沸点为 77 ℃，几乎不溶于水。CCl_4 是化学惰性物质，在通常情况下不与酸、碱作用，是脂肪、油、树脂以及不少油漆等的优良溶剂，因此它能洗除油渍。CCl_4 不能燃烧，可用作灭火剂。由于它能和钠作用生成 NaCl，因此不能用它扑灭燃烧的金属钠。

另外，碳还能生成一些混合四卤化物 CX_nY_{4-n}，如灭火剂-1211 和冷冻剂氟利昂等。氟利昂为烷烃的含氟含氯衍生物的总称，由于其对大气上空的臭氧层具有破坏作用，所以现在已用其他的制冷剂来代替氟利昂。

2. 碳的硫化物

与碳的氧化物相似，碳的硫化物也存在一硫化碳和二硫化碳，即 CS 和 CS_2，它们的结构和相应的碳的氧化物相似，但 CS 不稳定。在碱性溶液中 CS_2 能水解生成 CO_3^{2-} 和 CS_3^{2-}。CS_2 为无色有毒的挥发性液体(沸点为−46 ℃)，它在空气中极易着火。反应式为：

$$CS_2(l) + 3O_2(g) \xlongequal{\triangle} CO_2(g) + 2SO_2(g)$$

二硫化碳主要作为制造黏胶纤维、玻璃纸的原材料。在生产油脂、蜡、树脂、橡胶和硫磺等产品时，二硫化碳是优良的溶剂。

3. 碳的氮化物

碳的氮化物$(CN)_2$，是一种有毒的可燃性气体，它是一种拟卤素。它可以形成CN与卤素的化合物。同样，CN^-也是一种拟卤素离子。

利用甲烷和氨在高温和催化剂的作用下可以大量地生产氰化氢(HCN)。HCN是合成许多聚合物的中间体，如聚异丁烯酸甲酯和聚丙烯腈。HCN的沸点为26 ℃，与CN^-相似，它也是一种毒性很强的物质。在某种程度上，CN^-的毒性与等电子体的CO分子很相似，因为它们都可以与铁卟啉分子形成配合物。但是，CO是和血红蛋白的铁发生配位而使血红蛋白失去携氧功能造成缺氧；而CN^-不仅能与Fe^{2+}配位，而且还能进攻细胞色素的氧化酶，造成能量供应系统快速、不可逆转地瘫痪。与中性配体CO不同的是，负离子配体CN^-一般都是在阳离子的催化作用下与金属离子发生配位。

4. 碳化物

碳化物是指碳与电负性比它小的或与之相近的元素(除氢外)所生成的二元化合物。碳化物均为高熔点的固体。大多数碳化物都可以通过炭与金属氧化物在高温下反应得到。根据其成键的特点分为：离子型、共价型和间充型碳化物三种类型。

(1) 离子型碳化物

ⅠA、ⅡA、ⅢA族元素(除硼外)与炭生成无色透明的离子型碳化物。这些碳化物稳定性都很高，但在水或稀酸中，大多数碳化物可水解生成乙炔或甲烷：

$$CaC_2 + 2H_2O = Ca(OH)_2 + C_2H_2$$

$$Al_4C_3 + 12H_2O = 3CH_4 + 4Al(OH)_3$$

(2) 共价型碳化物

炭与一些电负性相近的非金属元素化合时，生成共价型碳化物，例如：SiC和B_4C，它们多是熔点高、硬度大(接近金刚石)以及化学惰性的原子晶体。碳化硅又称金刚砂，是无色晶体，可用作优良磨料。工业上是由石英和过量的焦炭加热到2027 ℃制得。

$$SiO_2 + 3C \xlongequal{\text{电炉}} SiC + 2CO\uparrow$$

碳化硼是黑色有光泽的晶体，其耐研磨能力比SiC高出50%。可用于研磨金刚石。工业上用焦炭和氧化硼在电炉中加热反应制得。

$$2B_2O_3 + 7C \xlongequal{\text{电炉}} B_4C + 6CO\uparrow$$

(3) 间充型碳化物

原子半径大于130 pm的过渡金属元素与碳形成间充型碳化物。其晶体结构中，半径很小的碳原子嵌在金属密堆积所形成的八面体穴中。因此，这类化合物属于合金，它们的特点是不透明、有金属光泽、熔点极高、硬度很大、导电性强并具有化学惰性。

原子半径小于130 pm的过渡金属元素如Cr、Mn、Fe、Co、Ni所形成的碳化物，虽然形式上像间充型碳化物，也有导电性，而且熔点高，硬度大，但相对于间充型碳化物来说，它们是较软的，熔点也较低，化学活泼性强。它们能与稀酸反应，生成氢和各种碳氢化合物。因此，将它们看作是介于间充型和离子型之间的过渡型碳化物。

5. 碳的氢化物

碳与氢形成的二元化合物称为烃，也叫碳氢化合物。碳氢化合物及其衍生物种类繁多，构成了有机化学世界。碳是地球上化合物最多的元素,据统计,有机化合物的种类已达数千万种。

15.2 硅单质及其化合物

15.2.1 单质硅

硅有晶体和无定形体两种。晶体硅又分为单晶硅和多晶硅,它们的结构与金刚石类似,晶体硬而脆,熔点、沸点较高,具有金属光泽,能导电,但电导率不及金属,且随温度的升高而增加,具有半导体性质。无定形硅是一种灰黑色粉末,性质较晶体硅活泼。

高纯硅是最重要的半导体材料,集成电路元件、电子计算机元件、工业自动化用的可控硅都是半导体硅制成的。高纯度单晶硅的制法按如下步骤进行:

$$SiO_2 \xrightarrow{C(电炉)} Si \xrightarrow{Cl_2} SiCl_4 \xrightarrow{蒸馏} 纯\ SiCl_4 \xrightarrow{H_2(还原)} Si(纯)$$

硅的化学性质不活泼,室温时不与氧、水、氢卤酸反应,但能与强碱或硝酸与氢氟酸的混合液反应:

$$Si + 2NaOH + H_2O = Na_2SiO_3 + 2H_2\uparrow$$

$$3Si + 4HNO_3 + 12HF = 3SiF_4\uparrow + 4NO\uparrow + 8H_2O$$

Si 在室温下只能与 F_2 反应生成 SiF_4,Si—F 键的键能要比 Si—Si、Si—O、Si—H 的键能大很多。

$$Si + 2F_2 = SiF_4$$

加热时,Si 能与其他卤素和一些非金属单质反应。

$$Si + 2X_2 = SiX_4 \qquad (X = Cl、Br、I)$$

$$Si + O_2 \overset{\triangle}{=} SiO_2$$

高温下,硅能与炭、氮等非金属单质化合生成 SiC 和 Si_3N_4,这些化合物均有广泛用途。例如 Si_3N_4 属强共价键合的物质,是最有实用价值的陶瓷材料。又如,纳米 SiC-Al_2O_3 材料的强度高达 1200 MPa,最高使用温度达 1200 ℃,受到了无机材料界的高度重视。

15.2.2 硅的含氧化合物

除 Si—F 键外,Si—O 键最为牢固,也最为普遍。因此,硅多以 SiO_2 和各种硅酸盐的形式存在于地壳中。硅是构成各种矿物的重要元素。在矿物中,硅原子通过 Si—O—Si 键构成链状、层状和三维骨架的复杂结构,组合成岩石、土壤、黏土和砂子等。

1. 一氧化硅和二氧化硅

一氧化硅已经制得,它是黄褐色固体,不稳定,在空气中逐渐被氧化为 SiO_2。SiO 是在真空中于 1800 ℃以 SiO_2 与 Si 作用而制得的。

二氧化硅又称硅石,是由 Si 和 O 组成的巨型分子,有晶体和无定形两种形态。硅藻土和蛋白石是无定形的二氧化硅;石英是天然的二氧化硅晶体。纯净的石英又叫水晶,石英在 1600 ℃时熔化成黏稠液体,其内部结构变为不规则状态,若急剧冷却,因黏度大不易再结晶,而形成石英玻璃,石英玻璃是无定形二氧化硅,其中硅和氧的排布是杂乱的。石英玻璃有许多特殊性能,如加热至1400 ℃时也不软化，热膨胀系数小，所制容器骤冷、骤热均不易破裂；可透过可见光和紫外光，常用以制作高级化学器皿和光学仪器等；它的另一个重要应用是制造光导纤维，石英类光导纤维是光通信的重要原料，将逐步取代电缆。

石英是原子晶体，其中每个硅原子与4个氧原子以单键相连，构成SiO_4四面体结构单元。硅原子位于四面体的中心，4个氧原子位于四面体的顶角，如图15-5所示。SiO_4四面体间通过共用顶角的氧原子而彼此连接起来，并在三维空间里多次重复这种结构，形成了硅氧网格形式的二氧化硅晶体。二氧化硅的最简式是SiO_2，但SiO_2不代表一个简单分子。与此相反，固体CO_2的结构单元是CO_2分子，粒子之间靠微弱的分子间作用力联系着，构成分子晶体。因此，干冰熔点低而易挥发。

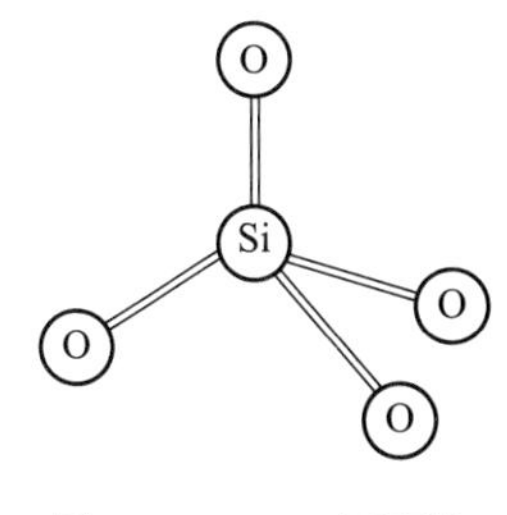

图15-5　SiO_4四面体

SiO_2的化学性质不活泼，在高温下不能被H_2还原，只能被炭、镁或铝还原。

$$SiO_2 + 2C \xlongequal{3000\ ℃} Si + 2CO\uparrow$$

$$SiO_2 + 2Mg \xlongequal{灼热} Si + 2MgO\uparrow$$

除单质氟、氟化氢及氢氟酸外，SiO_2不与其他卤素的酸类作用。SiO_2遇HF气体或溶液，将生成SiF_4或易溶于水的氟硅酸。

$$SiO_2 + 4HF(g) \xlongequal{\quad} SiF_4 + 2H_2O$$

$$SiO_2 + 6HF(aq) \xlongequal{\quad} H_2SiF_6 + 2H_2O$$

二氧化硅为酸性氧化物，它能溶于热的浓碱溶液生成硅酸盐，反应较快。SiO_2和熔融的碱反应更快。玻璃的主要成分是SiO_2，所以玻璃能被碱腐蚀。例如：

$$SiO_2 + 2NaOH \xlongequal{\quad} Na_2SiO_3 + H_2O$$

$$SiO_2 + Na_2CO_3 \xlongequal{\quad} Na_2SiO_3 + CO_2(g)$$

SiO_2也可与碱性氧化物反应生成相应的硅酸盐。

$$NiO + SiO_2 \xlongequal{\triangle} NiSiO_3$$

$$CaO + SiO_2 \xlongequal{\triangle} CaSiO_3$$

2. 硅酸与硅酸盐

硅酸H_2SiO_3也是弱酸，其酸性比碳酸还弱。H_2SiO_3的$K^{\ominus}_{a(1)}$为1.7×10^{-10}，$K^{\ominus}_{a(2)}$为1.6×10^{-12}。用硅酸钠与HCl或NH_4Cl溶液作用可制得硅酸：

$$Na_2SiO_3 + 2HCl \xlongequal{\quad} H_2SiO_3 + 2NaCl$$

$$Na_2SiO_3 + 2NH_4Cl \xlongequal{\quad} H_2SiO_3 + 2NaCl + 2NH_3(g)$$

由于开始生成的单分子硅酸可溶于水，所以生成的硅酸并不立即沉淀。当这些单分子硅酸逐渐聚合成多硅酸$x SiO_2 \cdot y H_2O$时，则形成硅酸溶胶。若硅酸浓度较大或向溶液中加入电解质时，则呈胶状或形成胶冻。硅酸的形式很多，其组成(常以通式$x SiO_2 \cdot y H_2O$来表示)随形成时的条件而异。原硅酸H_4SiO_4经脱水得偏硅酸H_2SiO_3和多硅酸。由于各种硅酸中偏硅酸的组成最简单，所以习惯上常用化学式H_2SiO_3代表硅酸。

如果将胶冻状硅酸中大部分水脱去，则得到稍透明的白色的固体，即硅胶。硅胶具有很多微小的孔隙，内表面积很大($800\sim900\ m^2\cdot g^{-1}$)，因此其吸附性能很强，可吸附各种气体或水蒸气，常用作吸附剂、干燥剂和催化剂的载体。例如,把细孔球形硅胶用蒸汽进行吸湿处理,再倾入含有 $CoCl_2$ 的浸染液中,经干燥后,便得到“变色硅胶”,因为无水 $CoCl_2$ 为蓝色,$CoCl_2 \cdot 6H_2O$ 为粉红色,氯化钴颜色的变化可显示硅胶的吸湿情况。粉红色的硅胶已经失去吸湿能力,需要烘烤、脱水,又变为蓝色后,才重新恢复吸湿能力。

硅酸盐按其溶解性分为可溶性和不溶性两大类。常见的硅酸盐 Na_2SiO_3 和 K_2SiO_3 是易溶于水的,其水溶液因 SiO_3^{2-} 水解而显碱性。俗称为水玻璃的是硅酸钠(通常写作 $Na_2O \cdot nSiO_2$)的水溶液。其他硅酸盐难溶于水并具有特征的颜色。天然存在的硅酸盐种类繁多,结构十分复杂,都是不溶性的。为了便于表示其组成,通常把它们写成氧化物的形式。几种常见的天然硅酸盐的化学式如下:

正长石 $K_2O \cdot Al_2O_3 \cdot 6SiO_2$

白云石 $K_2O \cdot 3Al_2O_3 \cdot 6SiO_2 \cdot 2H_2O$

高岭土 $Al_2O_3 \cdot 2SiO_2 \cdot 2H_2O$

石棉 $CaO \cdot 3MgO \cdot 4SiO_2$

泡沸石 $Na_2O \cdot Al_2O_3 \cdot 2SiO_2 \cdot nH_2O$

滑石 $3MgO \cdot 4SiO_2 \cdot H_2O$

由此可见,铝硅酸盐在自然界中分布最广。

天然硅酸盐晶体骨架的基本结构单元是四面体构型的 SiO_4 原子团。SiO_4 四面体的排列方式不同,则形成不同结构的硅酸盐:① 双硅酸根的硅酸盐;② 链式负离子硅酸盐;③ 网状结构硅酸盐。由于铝也能与氧形成 AlO_4 四面体结构单元,所以铝可以部分地取代硅酸盐结构中的硅而形成硅铝酸盐,例如长石、云母和泡沸石等。

某些含水的铝硅酸盐晶体具有空腔的硅氧骨架,在其结构中有许多孔道和内表面很大的孔穴。若经加热把孔穴和孔道内的水脱掉,得到的铝硅酸盐便具有吸附某些分子的能力。直径比孔道小的分子能进入孔穴中,直径比孔道大的分子被拒之于外,起着筛选分子的作用。天然沸石是具有多孔多穴结构的铝硅酸盐。人工合成的多孔多穴的铝硅酸盐也具有筛选分子的作用,被称为分子筛。

分子筛在化工、冶金、石油、医药等工业上得到广泛应用。分子筛可以作为吸附剂分离某些气体和液体的混合物;或除去某些有害的气体杂质,达到净化与干燥的目的。分子筛具有很高的活性、较好的选择性和热稳定性。此外,分子筛可以作催化剂,用于石油催化裂化等工业。

15.2.3 硅的氢化物

硅与碳相似,有一系列氢化物,硅的氢化物又叫硅烷,其通式为 Si_nH_{2n+2}(n 可高达 8)。与碳烷不同的是,硅烷的数目是有限的,这反映了硅原子间彼此结合成键的能力比碳差。迄今为止,已制得的硅烷也只有二十几种。硅与氢不能生成与烯烃、炔烃类似的不饱和化合物。硅烷的结构与烷烃相似。

硅烷在常温下大多为液体或气体,硅烷都是共价型化合物,能溶于有机溶剂,性质较烷烃活泼。硅甲烷是主要的硅烷,它是无色气体,常温下稳定,但遇到空气能自燃,并放出大量的热:

$$SiH_4(g) + 2O_2(g) \xlongequal{\quad} SiO_2(s) + 2H_2O(g)$$

SiH_4 在纯水和微酸性溶液中不水解,但当水中有微量碱时(催化作用)即迅速水解:

$$SiH_4(g) + (n+2)H_2O(g) \xlongequal{OH^-} SiO_2 \cdot nH_2O\downarrow + 4H_2\uparrow$$

SiH_4 大量用于制高纯硅。

15.2.4 硅的卤化物

硅的卤化物都是无色的共价化合物，其分子式可用通式 SiX_4 表示，熔、沸点都比较低。常温下 SiF_4 是气体，$SiCl_4$、$SiBr_4$ 是液体，SiI_4 是固体。其中重要的是 SiF_4 和 $SiCl_4$。

SiF_4 和 $SiCl_4$ 与 CF_4 和 CCl_4 相似，都是四面体的非极性分子。SiF_4 是无色而有刺激气味的气体，由于它在水中强烈水解，因而在潮湿空气中发烟，无水的 SiF_4 很稳定，干燥时不腐蚀玻璃。

SiF_4 可用二氧化硅与氢氟酸作用，或用硫酸处理萤石和石英砂的混合物来制备，反应如下：

$$CaF_2 + H_2SO_4 = CaSO_4 + 2HF$$

$$SiO_2 + 4HF = SiF_4 + 2H_2O$$

SiF_4 和 HF 相互作用生成酸性较强的氟硅酸：

$$SiF_4 + 2HF = H_2[SiF_6]$$

其他卤素则不能形成这类化合物，这是由于 F 的半径比其他卤素原子的半径小得多。游离的氟硅酸不稳定，易分解为 HF 和 SiF_4。H_2SiF_6 的水溶液很稳定，酸性与 H_2SO_4 相仿。各种碱金属(除锂外)的氟硅酸盐较难溶于水；碱土金属中钡的氟硅酸盐溶解度很小。其他金属的氟硅酸盐大都溶于水。Na_2SiF_6 是 H_2SiF_6 的重要盐，是一种农业杀虫灭菌剂、木料防腐剂。

将硅在氯气流内加热，或将二氧化硅与氯、炭一起加热，均可制得四氯化硅：

$$Si + 2Cl_2 \xlongequal{\triangle} SiCl_4$$

$$SiO_2 + 2C + 2Cl_2 \xlongequal{\triangle} SiCl_4 + 2CO\uparrow$$

常温下，$SiCl_4$ 是无色而有刺鼻气味的液体。$SiCl_4$ 易水解，因而在潮湿的空气中因水解而产生烟雾。$SiCl_4$ 可作烟雾剂。其水解反应如下：

$$SiCl_4 + 3H_2O = H_2SiO_3 + 4HCl$$

若使氨与 $SiCl_4$ 同时蒸发，所形成的烟雾更浓，这是由于 NH_3 与 HCl 结合成氯化铵雾。可利用这一类反应来制作烟幕。

15.3 锗、锡、铅

15.3.1 锗、锡、铅单质

1. 物理性质

锗为银白色金属，具有金刚石型的晶体结构，所以较脆硬，熔点为 945 ℃，锗的电阻率和硅相近(20 ℃时为 47 Ω・cm)。高纯度的硅和锗是良好的半导体材料。

锡有三种同素异形体，即灰锡(α 锡)、白锡(β 锡)和脆锡，其中灰锡呈灰色粉末状，室温下白锡最稳定，银白色，比较软，具有延展性。在 13 ℃下变成灰锡，自行毁坏，从一点变灰，蔓延开来，称为锡疫。所以锡制品不宜低温下放置，但是若制成合金，则可避免锡疫现象的发生。

铅为暗灰色的软金属，熔点为 327 ℃，密度大($11.342\ g\cdot cm^{-3}$)。铅能挡住 X 射线，可用于核反应堆的防护屏。锡和铅的熔点都较低，它们用于制造合金，如用作蓄电池极板的铅-锑合金。此外，由于铅易加工成型，耐腐蚀，在化工生产中常用作管道和反应容器的衬底。

铅是一种积累性的毒性物质,很容易被肠胃吸收,铅从体内排出的速度很慢,形成慢性中毒,使人感到疲倦、食欲不振,严重时会呕吐、腹泻。所以,所有铅的可溶性化合物都有毒。

2. 化学性质

碳族单质的化学活泼性自上而下逐渐增强。

常温下,锗不与空气中的氧气反应,高温下能与氧气和硫反应生成 GeO_2 和 GeS_2。锗不与稀 HCl、稀 H_2SO_4 反应,但能与热的浓 H_2SO_4 和浓 HNO_3 反应,分别被氧化成硫酸锗和 $GeO_2 \cdot xH_2O$,锗还可以溶于王水和 HF-HNO_3 的混合液。

锗常与许多硫化物矿共生,如硫银锗矿 $4Ag_2S \cdot GeS_2$、硫铅锗矿 $2PbS \cdot GeS_2$ 等。另外,锗以 GeO_2 的形式富集在烟道灰中。锗矿石用硫酸和硝酸的混合酸处理后,转化为 GeO_2,然后溶解于盐酸中,生成 $GeCl_4$,经水解生成纯的 GeO_2。再用 H_2 还原,得到金属锗。

锗在有氧化剂(如 H_2O_2、NaClO 等)存在时,也可以与碱和熔融碱反应,生成锗酸盐。锗首先被 H_2O_2 氧化成 GeO_2,然后溶于 NaOH 中。锗加热时与 Cl_2、Br_2 反应生成 GeX_4,适度加热可与氯化氢反应生成 $GeCl_4$ 和 $GeHCl_3$。

锡在常温下表面生成保护膜,所以锡在空气和水中是稳定的。若铁皮表面镀锡(马口铁),可以增强防腐作用。锡是人体必需的微量元素,但也有一定的毒性,其原因可能是过量的锡引起糖代谢、胃酸分泌、肝胆系统和肾脏的钙代谢异常。

锡是比较活泼的金属,常温下可以与氧气反应生成 SnO_2,在加热时它能与卤素和硫作用,分别生成四卤化物和 SnS_2。锡和稀酸反应时生成 Sn(Ⅱ)化合物,与浓 H_2SO_4 和浓 HNO_3 等氧化性酸反应,则生成 Sn(Ⅳ)化合物。

$$Sn + 2HCl = SnCl_2 + H_2\uparrow$$

$$3Sn + 8HNO_3(\text{稀}) = 3Sn(NO_3)_2 + 2NO\uparrow + 4H_2O$$

$$Sn + 4HNO_3(\text{浓}) = H_2SnO_3 + 4NO_2\uparrow + H_2O$$

$$Sn + 4H_2SO_4(\text{浓}) = Sn(SO_4)_2 + 2SO_2\uparrow + 4H_2O$$

锡与热的碱溶液反应生成羟基配合物。

$$Sn+2KOH+4H_2O = K_2[Sn(OH)_6]+2H_2\uparrow$$

铅主要以硫化物和碳酸盐形式存在,例如方铅矿 PbS、白铅矿 $PbCO_3$ 等。单质锡和铅的制备方法相似。含锡、铅的矿石经焙烧转化为相应的氧化物,然后用炭还原即可得到锡和铅。例如:

$$2PbS + 3O_2 = 2PbO + 2SO_2$$

$$PbO + C = Pb + CO$$

从电极电势看,$E^\ominus(Pb^{2+}/Pb) = -0.126$ V,似乎铅应是较活泼的金属,但它在化学反应中却表现得不太活泼。这主要是由于铅的表面生成难溶性化合物而阻止反应继续进行的缘故。因此 Pb 和稀盐酸、稀硫酸几乎不作用。但是铅可与热的浓硫酸强烈作用,生成可溶性酸式盐 $Pb(HSO_4)_2$。铅易溶于 HNO_3 和含溶解氧的乙酸中。

$$Pb + 2HAc = Pb(Ac)_2 + H_2\uparrow$$

$$Pb + 4HNO_3 = Pb(NO_3)_2 + 2NO_2\uparrow + 2H_2O$$

$$Pb + 2H_2SO_4(\text{浓}) = Pb(HSO_4)_2 + H_2\uparrow$$

铅也能溶解在碱溶液中生成可溶性的$[Pb(OH)_3]^-$或$[PbO_2]^{2-}$:

$$Pb + OH^- + 2H_2O = [Pb(OH)_3]^- + H_2\uparrow$$

室温下，Pb与F_2反应生成PbF_2，加热时与Cl_2反应生成$PbCl_2$。

15.3.2 锗、锡、铅的化合物

锡和铅都能形成氧化态为+4和+2的化合物。对于ⅣA族元素来说，从碳到锗，氧化态为+4的化合物比氧化态为+2的化合物稳定。锡仍保留着碳族元素的这一规律性，因此Sn(Ⅳ)比Sn(Ⅱ)的化合物稳定。Sn(Ⅱ)的化合物有较强的还原性，它很容易被氧化为Sn(Ⅳ)的化合物。而对于铅来说，Pb(Ⅱ)则比Pb(Ⅳ)的化合物稳定。Pb(Ⅳ)的化合物具有较强的氧化性，比较容易还原为Pb(Ⅱ)。Pb(Ⅳ)容易获得2个电子形成$6s^2$构型的、相对稳定的Pb(Ⅱ)的化合物。

1. 锗、锡和铅的氧化物和氢氧化物

锗、锡、铅都能形成两种氧化物，即MO和MO_2。一氧化物的稳定性依Ge、Sn、Pb的次序递增，一氧化物都具有一定的两性，但主要为碱性。二氧化物主要为酸性，酸性依同样的顺序递减。锗的一氧化物是一种还原剂，在空气中不能稳定存在，并可迅速转化成锗单质和锗的二氧化物；锗的二氧化物与二氧化硅很相似，都是以氧四面体为基本结构单元，也可以类金红石结构形成六配位晶体。

在空气中加热金属锡生成白色的氧化锡，经高温灼烧过的SnO_2不能和酸、碱溶液反应，但能溶于熔融的碱生成锡酸盐。

金属铅在空气中加热生成橙黄色的氧化铅PbO。用强氧化剂(如氯气或次氯酸盐)氧化PbO，可生成褐色的PbO_2。PbO_2是很强的氧化剂。PbO_2在硫酸溶液中能释放出O_2：

$$2PbO_2 + 4H_2SO_4 = 2Pb(HSO_4)_2 + O_2 + 2H_2O$$

PbO_2加热后分解为鲜红色的四氧化三铅Pb_3O_4(俗名红丹或铅丹)和O_2：

$$3PbO_2 = Pb_3O_4 + O_2$$

Pb_3O_4可以看作是原铅酸H_4PbO_4的铅(Ⅱ)盐Pb_2PbO_4。它和稀硝酸共热时，析出褐色的PbO_2：

$$Pb_2PbO_4 + 4HNO_3 = 2Pb(NO_3)_2 + PbO_2 + 2H_2O$$

铅丹的化学性质较稳定，在工业上与亚麻仁油混合后作为油灰涂在管子的衔接处防止漏水。

铅的另一种氧化物是橙色的Pb_2O_3，其中含有Pb(Ⅳ)和Pb(Ⅱ)，可以看作是PbO和PbO_2的复合氧化物。

锗、锡、铅的MO和MO_2都不溶于水，用碱与相应的盐溶液作用就可得到无定形的氢氧化物沉淀，它们的氢氧化物都是典型的两性化合物。酸性最显著的$Ge(OH)_4$是很弱的酸，碱性最显著的$Pb(OH)_2$也仅显示弱碱性。$Sn(OH)_2$和$Pb(OH)_2$均具有明显的两性。在酸性介质中以Sn^{2+}和Pb^{2+}的形式存在；在碱性介质中以$[Sn(OH)_3]^-$、$[Pb(OH)_3]^-$的形式存在。

$$Sn^{2+} + 2OH^- = Sn(OH)_2(s)$$

$$Pb^{2+} + 2OH^- = Pb(OH)_2(s)$$

加热$Sn(OH)_2$和$Pb(OH)_2$分别得到SnO和PbO。

在Sn(Ⅳ)化合物的溶液中加入碱金属氢氧化物，可生成白色的胶状沉淀$Sn(OH)_4$(正锡酸)。正锡酸易失水成为偏锡酸H_2SnO_3。H_2SnO_3有α-H_2SnO_3和β-H_2SnO_3两种。在

Na_2SnO_3 溶液中加入适量的盐酸,可得到 α-H_2SnO_3($SnO_2 \cdot xH_2O$),α-H_2SnO_3 是无定形粉末,它易溶于过量的浓盐酸及碱溶液中。β-H_2SnO_3 是由浓硝酸和锡作用而生成的白色粉末,它既难溶于酸也难溶于碱。α-H_2SnO_3 经长时间放置则向 β-H_2SnO_3 转变。

2. 锗、锡和铅的卤化物

锗、锡和铅的卤化物有两类,即 MX_2 和 MX_4,锗和锡的 MX_4 比 MX_2 稳定,但是 PbX_2 的稳定性比 PbX_4 好。

锡的重要卤化物是 $SnCl_2$,它易水解生成碱式盐沉淀。

$$SnCl_2 + H_2O = Sn(OH)Cl\downarrow + HCl$$

所以在配制 $SnCl_2$ 溶液时必须先加入适量的盐酸来抑制水解。$SnCl_2$ 是 Lewis 酸,在浓盐酸中形成$[SnCl_3]^-$,室温下与 NH_3 反应生成加合物 $SnCl_2 \cdot 2NH_3$。$SnCl_2$ 是重要的还原剂,它能将 $HgCl_2$ 还原成白色的氯化亚汞 Hg_2Cl_2 沉淀:

$$2HgCl_2 + Sn^{2+} + 4Cl^- = Hg_2Cl_2(s) + SnCl_6^{2-}$$

过量的 $SnCl_2$ 还可以将 Hg_2Cl_2 还原为黑色的单质汞:

$$Hg_2Cl_2 + Sn^{2+} + 4Cl^- = 2Hg + SnCl_6^{2-}$$

上述反应可用来鉴定溶液中的 Sn^{2+},也可以用来鉴定 Hg(Ⅱ)盐。

$SnCl_4$ 也易水解,水解产物不是单一的,但主要是 α-锡酸,所以配制 $SnCl_4$ 溶液时也应先用盐酸酸化。$SnCl_4$ 是弱的 Lewis 酸,能够形成$[SnCl_6]^-$和加合物 $SnCl_4 \cdot 4NH_3$。

将可溶性 Pb(Ⅱ)盐与氢卤酸作用析出相应的 PbX_2。$PbCl_2$ 的溶解度随着温度的升高而明显增大,若溶液中含有少量 Cl^-,由于同离子效应,将降低 $PbCl_2$ 的溶解度,但当有较高浓度的 Cl^- 时,由于形成$[PbCl_4]^{2-}$而使溶解度增大。PbI_2 的溶解度也随着温度的升高而明显增大,沸水中 PbI_2 有一定的溶解度(0.41 g/100 g 水),形成无色溶液,当溶液冷却时又析出 PbI_2。PbI_2 是光电导体,在绿光照射下发生分解。PbI_2 溶于 KI 而生成配合物 $K_2[PbI_4]$。

PbX_4 的稳定性较差,只有黄色的 PbF_4 较稳定,黄色油状液体 $PbCl_4$ 在 0 ℃以下存在,室温下即分解为 $PbCl_2$ 和 Cl_2。$PbBr_4$ 的稳定性更差。由于 Pb(Ⅳ)具有强氧化性,I^- 具有强的还原性而使 PbI_4 不存在。

将 $PbCl_2$ 在盐酸中氯化,然后加入碱金属的氯化物 MCl 中,可生成黄色的 M_2PbCl_6,这种配合物对 Pb(Ⅳ)有稳定作用。

3. 锗、锡和铅的硫化物

锗分族元素的硫化物都不溶于水,但是一般可溶于碱金属硫化物或强碱的水溶液中。

$$GeS_2 + S^{2-} = GeS_3^{2-}$$

$$SnS_2 + S^{2-} = SnS_3^{2-}$$

GeS_2 在 6 mol·L^{-1} HCl 中生成 GeS。

$$GeS_2 + 2HCl + H_3PO_2 + H_2O = GeCl_2 + H_3PO_3 + 2H_2S\uparrow$$

$$GeCl_2 + S^{2-} = GeS\downarrow + 2Cl^-$$

锡、铅的硫化物有 SnS、SnS_2 和 PbS。在含有 Sn^{2+}、Pb^{2+} 的溶液中通入 H_2S 时,分别生成棕色的 SnS 和黑色的 PbS 沉淀:

$$Sn^{2+} + H_2S = SnS\downarrow + 2H^+$$

$$Pb^{2+} + H_2S = PbS\downarrow + 2H^+$$

在 $SnCl_4$ 的盐溶液中通入 H_2S 则生成黄色的 SnS_2 沉淀：

$$SnCl_4+2H_2S \longrightarrow SnS_2\downarrow+4HCl$$

由于 Pb(Ⅳ)具有强氧化性，而 S^{2-} 具有还原性，所以不存在 PbS_2。

SnS、PbS、SnS_2 均不溶于水和稀酸。它们与浓 HCl 作用因生成配合物而溶解。

$$MS+4HCl \longrightarrow H_2[MCl_4]+H_2S$$

$$SnS_2+6HCl \longrightarrow H_2[SnCl_6]+2H_2S$$

SnS_2 能溶于 Na_2S 或 $(NH_4)_2S$ 溶液中生成硫代锡酸盐：

$$SnS_2+S^{2-} \longrightarrow SnS_3^{2-}$$

SnS、PbS 不溶于 Na_2S 或 $(NH_4)_2S$ 溶液中。但有时发现 SnS 也被溶解，这是由于 Na_2S 或 $(NH_4)_2S$ 中含有多硫化物，其中多硫离子 S_x^{2-} 具有氧化性，把 SnS 氧化成 SnS_2 的缘故。反应方程式如下：

$$SnS+S_2^{2-} \longrightarrow SnS_3^{2-}$$

硫代锡酸盐不稳定，遇酸则分解为硫化锡和硫化氢：

$$SnS_3^{2-}+2H^+ \longrightarrow SnS_2\downarrow+H_2S$$

根据 SnS 和 SnS_2 在 Na_2S 或 $(NH_4)_2S$ 中的溶解性不同，可将两者分离开。

SnS_2 能和碱作用，生成硫代锡酸盐和锡酸盐：

$$3SnS_2+6OH^- \longrightarrow 2SnS_3^{2-}+Sn(OH)_6^{2-}$$

而低氧化态的 SnS 和 PbS 则不溶于碱。

习　　题

15-1 如何配制和保存 $SnCl_2$ 溶液？为什么？

15-2 如何鉴定 CO_3^{2-}、SiO_3^{2-}、Sn^{2+}、Pb^{2+}？

15-3 如何除去 CO 中的 CO_2 气体？

15-4 完成并配平下列反应方程式：

(1) $SiO_2+Na_2CO_3 \xrightarrow{\text{熔融}}$　　(2) $Na_2SiO_3+CO_2+H_2O \longrightarrow$

(3) $SiO_2+HF \longrightarrow$　　(4) $SiCl_4+H_2O \longrightarrow$

15-5 用化学方法区别下列各对物质：

(1) SnS 与 SnS_2　　(2) $Sn(OH)_2$ 与 $Pb(OH)_2$

(3) $SnCl_2$ 与 $SnCl_4$

15-6 下列各对离子能否共存于溶液中？不能共存者写出其反应方程式。

(1) Sn^{2+} 和 Fe^{2+}　　(2) Sn^{2+} 和 Fe^{3+}

(3) Pb^{2+} 和 Fe^{3+}　　(4) SiO_3^{2-} 和 NH_4^+

(5) Pb^{2+} 和 $[Pb(OH)_4]^{2-}$　　(6) $[PbCl_4]^{2-}$ 和 $[SnCl_6]^{2-}$

15-7 碳和硅都是ⅣA 族元素，为什么碳的化合物有几千万种，而硅的化合物种类却远不及碳的化合物那样多？

15-8 硅胶和分子筛的化学组成有什么不同？它们在吸附性质上有何异同？

15-9 锗分族单质与 HCl、H_2SO_4 和 HNO_3 各如何作用？写出化学反应方程式。

15-10 以化学反应方程式表示下列物质在溶液中所发生的变化：

(1) $SnCl_2$ 和 $HgCl_2$　　(2) PbO_2 和 H_2O_2

(3) PbO_2 和 SO_2　　(4) PbS 和 H_2O_2

15-11 如何分离并检出下列各溶液中的离子?

(1) Pb^{2+}、Mg^{2+}、Ag^{+} (2) Pb^{2+}、Sn^{2+}、Ba^{2+}

15-12 某一固体A难溶于水和盐酸,但溶于稀硝酸,溶解时得无色溶液B和无色气体C,C在空气中转变为红棕色气体。在B溶液中加入盐酸,产生白色沉淀D,这种白色沉淀难溶于氨水中,但与H_2S反应可生成黑色沉淀E和滤液F,沉淀E可溶于硝酸中,产生无色气体C、浅黄色沉淀G和溶液B。请指出A到G各为何种物质,并写出有关反应方程式。

第16章 氮族元素

在非金属化学中，氮族元素性质的变化基本上是规律的，是由典型非金属氮到典型金属铋的一个完整过渡，因此往往被选为系统研究的对象。氮族元素在周期表的ⅤA族，包括氮(Nitrogen，N)、磷(Phosphorus，P)、砷(Arsenic，As)、锑(Stibium，Sb)和铋(Bismuth，Bi)五种元素。

氮是人们所知道的最丰富的、处于游离态的元素。空气中含 N_2 为78%(体积分数)或75%(质量分数)。氮元素在自然界中的存在形式也有化合态。化合态氮存在于多种无机物和有机物中，氮元素是构成蛋白质和核酸不可缺少的元素。

磷是生物体中不可缺少的元素之一。第一个发现磷的是德国的波兰特，他听到“尿里可制得黄金”这样一句传说，就抱着发财的目的，用尿做了大量实验，1669年他在一次实验中用砂、木炭、石灰等和尿混合，加热蒸馏，虽没得到黄金，却意外地得到一种美丽的物质，它色白质软，在黑暗的地方能发光，取名“冷光”，即是磷。在植物中磷主要含于种子和蛋白质中；在动物体中则含于骨骼、牙齿、脑、血和神经组织的蛋白质中，磷与蛋白质或脂肪结合成核蛋白、磷蛋白和磷脂等，体内90%的磷是以 PO_4^{3-} 的形式存在于骨和牙齿中。

本族后三种元素砷、锑、铋中，锑是准金属元素，铋是金属元素。砷是由中国的炼丹家葛洪发现的(317年)，德国的马格耐斯(A. Magnus)在1250年也得到了砷；锑在古代就已发现，1604年德国人瓦伦廷(B. Valentine)记述了锑与硫化锑的提取方法；铋是1757年由法国人日夫鲁瓦(C. J. Geoffroy)从铅中分离得到的。在自然界中，砷、锑、铋三种元素主要以硫化物矿存在。这三种元素在地壳中的含量都不大，在地壳中的丰度分别为1.8 ppm，0.2 ppm，0.008 ppm。我国和瑞典是世界上主要产砷国家。我国锑的蕴藏量占世界第一位，是世界所需锑的主要供应者。

氮族元素随着原子序数的增加，非金属性逐渐减弱，金属性逐渐增强，从典型的非金属元素氮和磷，经准金属元素砷、锑，过渡到金属元素铋，其价电子构型为 ns^2np^3。本族元素形成正价的趋势较强，如 NF_3、PBr_5、AsF_5、$SbCl_5$、$BiCl_3$、$SbCl_3$ 等，形成共价化合物是本族元素的特征。从N到Bi，+5氧化态的稳定性递减，而+3氧化态的稳定性递增；+5氧化态的氮是较强的氧化剂。除氮外，从磷到铋，+5氧化态的氧化性(从+5还原到+3)依次增强；+5氧化态的磷几乎不具有氧化性并且最稳定，而+5氧化态的铋是最强的氧化剂，它的+3氧化态最稳定，几乎不显还原性。

同族元素在性质上虽有一定的相似性及递变规律，但也存在特殊性，非规则性较多。单质氮是双原子分子 N_2，磷、砷、锑三者相似，是四原子分子，且都有同素异形体，铋是金属晶体。氮族元素在与电负性较大的元素，如氟、氯、氧、硫等结合时，可动用全部价电子成键，从而显示高氧化态+5，此外，常见氧化态还有+3、+1和−3等。氮族元素的电负性较大，难于失去电子形成阳离子化合物，其中以氮、磷最为突出，对于锑和铋来说，即使有少数的阳离子化合物，也遇水迅速水解成共价阳离子 SbO^+(亚锑酰)和 BiO^+(铋酰)，相反，氮族元素虽可与电负性较小的元素如活泼金属及氢结合呈负氧化态，但多数形成共价化合物。只有氮能以阴离子(N^{3-})存在于某些

化合物如 Li_3N 及 Mg_3N_2 等之中,而 Na_3P 这类离子型化合物是很少的。

16.1 氮单质及其化合物

氮是元素周期表中ⅤA族的第一种元素,它是在18世纪70年代初期从空气中发现的。在发现氮气以后,仅过了一两年时间就发现了氧气,从而对空气的性质有了进一步的认识。从发现氮到现在的两个世纪以来,氮的化学有了很大的发展,并且了解到它和生命、工农业生产以及尖端技术等各个方面都有着密切的联系。

氮在地壳中的质量分数是0.0046%,绝大部分以氮分子(N_2)的形式存在于大气中。大气中含78%(体积分数)的氮气,还有少量氨,以及因雷电的作用使空气中的氮和氧化合而形成的少量氮的氧化物,此外,由于石油燃烧、汽车废气等因素造成的大气污染,也使氮的氧化物的浓度有所增加。大气中的氮因细菌、闪电和化学作用得到固定;因细菌和燃烧使有机物质分解得到释放,氮在大气中的浓度是这二者之间平衡的结果。土壤中氮的含量不高,约为1%,氮的天然矿藏主要有印度硝石(KNO_3)和智利硝石($NaNO_3$)。生物体中的蛋白质、酶和维生素等都含有氮,氮对于生命有着极其重要的意义。

大气中的氮气是取之不尽、用之不竭的天然资源,从空气中分离出来的氮气,不仅是常用的保护气氛,而且用它作原料还可制得一系列重要的无机产品,特别是各种肥料。随着世界人口的增长,对粮食的需求日益增加,氮肥的用量也越来越大。除氮肥外,硝酸是重要的基本化工原料,制造炸药、染料及医药等各种产品都离不开它。

16.1.1 氮单质

氮气一般被认为是被苏格兰物理学家丹尼尔·卢瑟福(D. Rutherford)在1772年发现的。他发现将生物放入其中都会窒息而死,因而将氮气叫作有害气体或固定空气。卢瑟福清楚空气中有一种成分不支持燃烧。当时,卡尔·威廉·舍勒(C. W. Scheele)、亨利·卡文迪什(H. Cavendish)和约瑟夫·普利斯特里(J. Priestley)也都在研究氮气。他们将它称为燃烧气或燃素。氮气很不活跃,因此被拉瓦锡称为有毒气体或azote(无生命的)。氮的拉丁名称"nitrogenium"来自英语的"nitrogen",意即"硝之源"。19世纪70年代我国化学家徐寿将H、O、N、F、Cl译为轻气、养气、淡气、弗气、绿气,直至1933年,化学家郑贞文在其主持编写出版的《化学命名原则》一书中改成氢、氧、氮、氟、氯,一直沿用到现在。中文名称"氮"有冲淡气体的意思。

1. 氮气的物理性质

单质氮在常温常压下是一种无色无臭的气体,无毒。氮气气体体积占大气总量的78.12%。在标准情况下的气体密度是1.25 $g \cdot L^{-1}$,临界温度为−147 ℃,是个难于液化的气体。氮气冷却至−195 ℃时,变成没有颜色的液体,至−209.86 ℃时,液态氮变成雪状的固体。氮气在水中的溶解度很小,在283 K时,1体积水约可溶解0.02体积的 N_2。通常市场上供应的氮气都盛于黑色气体瓶中保存。

2. 氮气的制备

氮在自然界主要以双原子分子的形式存在于大气中,因而工业上由液态空气分馏来获得氮气,产品通常储存在15.2 MPa压力钢瓶或做成液氮存于液氮瓶中出售。从空气分馏得到的氮气纯度约为99%，其中含少量的氧气、氩气及水等杂质。实验室制备少量氮气的方法很多，例如，可由固体亚硝酸铵的热分解来产生氮气。

$$NH_4NO_2 \xlongequal{\triangle} N_2\uparrow + 2H_2O$$

此反应剧烈，不易控制。故常采取在饱和亚硝酸钠溶液中滴加热的饱和氯化钠溶液，或直接温热饱和亚硝酸铵溶液的办法来得到氮气。这样制得的氮气含少量氨、一氧化氮、氧气及水等杂质，这些杂质可通过一定的方法除去。

$$NH_4Cl(s) + NaNO_2(\text{饱和}) = NH_4NO_2 + NaCl$$

$$NH_4NO_2 = N_2\uparrow + 2H_2O$$

重铬酸铵分解也能产生氮气：

$$(NH_4)_2Cr_2O_7 \xlongequal{\triangle} N_2\uparrow + Cr_2O_3 + 4H_2O$$

上述反应是爆发式的，但若加入硫酸盐则可控制。

$$K_2Cr_2O_7 + (NH_4)_2SO_4 = N_2\uparrow + Cr_2O_3 + K_2SO_4 + 4H_2O$$

将氨气通入溴水，也能制备氮气。经净化除去少量氨、溴及水等杂质后，可得较纯的氮气。

$$8NH_3 + 3Br_2 = N_2 + 6NH_4Br$$

光谱纯的氮气则可由小心地加热非常干燥的叠氮化钡或叠氮化钠而制得。

$$2NaN_3 \xlongequal{300\ ℃} 2Na + 3N_2\uparrow$$

3. 氮气的化学性质

众所周知，氮分子不活泼。在高温高压并有催化剂存在的条件下，氮气才可以和氢气反应生成氨：

$$N_2 + 3H_2 \xlongequal[\text{催化剂}]{\text{高温、高压}} 2NH_3$$

这是氨合成工业的基本反应原理，是一个可逆反应。此外，在放电条件下，氮气可以和氧气化合生成一氧化氮。

$$N_2 + O_2 \xlongequal{\text{放电}} 2NO$$

在水力发电很发达的国家，这个反应已用于生产硝酸。

室温下，氮气仅能和金属锂反应，生成氮化锂。只是在常温下这个反应较为缓慢，当温度升高到400～450 ℃时反应很快。

$$6Li + N_2 = 2Li_3N$$

除锂之外的其他碱金属，虽然不能直接和氮气反应，但也可以在一些特殊的条件下或者间接的条件下，制得其相应的氮化物。例如，钠、钾、铷、铯与在放电条件下形成的原子态的氮在加热时反应，生成其相应的氮化物 Na_3N、K_3N、Rb_3N、Cs_3N。以液氨为反应介质，铂阴极和碱金属阳极之间发生电弧时可以制得爆炸性的 Na_3N、K_3N 和 Rb_3N，也可使 NaN_3 受热分解制得 Na_3N。但这些氮化物都不稳定，即使制得也很快就会分解或与其他物质反应。

N_2 也能与碱土金属反应，但反应的条件比较苛刻，Mg、Ca、Sr、Ba 在炽热的温度下可以与氮气发生化合反应。N_2 与硼和铝要在白热的温度下才能反应，生成氮化硼大分子化合物。N_2 与硅和其他族元素的单质一般要在高于1273 ℃的温度下才能反应。

$$3Ca + N_2 = Ca_3N_2$$

$$2B + N_2 \xlongequal{\quad} 2BN$$

4. 分子氮的结构和化学键

氮分子的结构式如图 16-1 所示。即两个氮原子间以叁键相结合，N≡N 键长为 109.8 pm。与其他具有叁键的体系，如 H—C≡C—H、C≡O、H—C≡N 等比较，N_2 特别稳定。

氮的分子基态的电子结构为：$(\sigma_{1s})^2(\sigma_{1s^*})^2(\sigma_{2s})^2(\sigma_{2s^*})^2(\sigma_{2p})^2(\pi_{2p_y})^2(\pi_{2p_z})^2(\sigma_{2p_x})^2$，含 1 个 σ 键，2 个 π 键(图 16-2)。

$\ddot{N} \equiv \ddot{N}$

图 16-1 氮分子的结构式

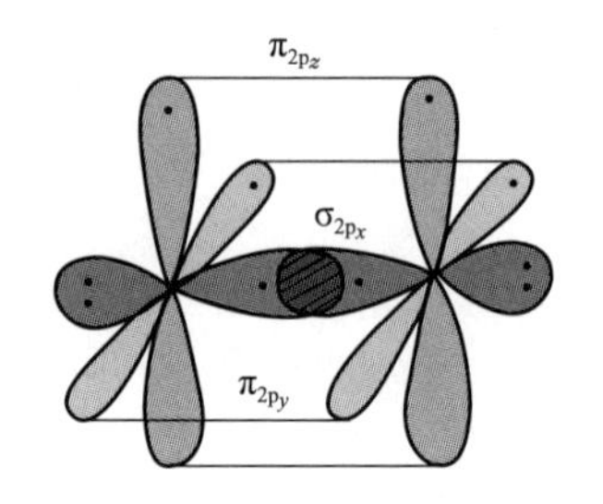

图 16-2 N_2 分子成键结构示意图

氮原子间能形成多重键，因而能生成本族其他元素所没有的化合物，如叠氮化物(N_3^-)、偶氮化合物(—N=N—)等。由于 N_2 的键能很大(946 kJ · mol^{-1})，加热到 3273 K 时，只有 0.1% 离解。

因 N 的原子半径小，又没有 d 轨道可供成键，所以 N 在化合物中的配位数最多不超过 4。

把空气中的 N_2 转化为可利用的含氮化合物的过程叫作固氮。雷雨闪电时生成 NO，某些细菌特别是根瘤菌把游离态氮转变为化合态的氮都是自然界中的固氮。人工固氮既消耗能量，产量也很有限。固氮的原理就是使 N_2 活化，削弱 N 原子间的牢固三重键，使它容易发生化学反应。由于电子不易被激发，难氧化；同时 N_2 的最低空轨道不易接受电子而被还原，因此人工固氮很困难，而生物的固氮却容易得多。因此，人们长期以来一直盼望能用化学方法模拟固氮菌实现在常温常压下进行固氮。

16.1.2 氮的氢化物

1. 氨

(1) 氨的分子结构

NH_3 分子中，N 原子以不等性 sp^3 杂化与三个 H 形成三个 σ 键。N 原子中剩余的一个 sp^3 杂化轨道被孤对电子占有，所以 NH_3 分子构型为三角锥形(见图 16-3)，为极性分子。电子衍射的实验结果表明气态 NH_3 分子的键角 H—N—H 为 109.1°，N—H 键长 101.9 pm。在固态氨中，H—N—H 键角和气态氨接近，为 107°18′，但 N—H 键距却比气态氨要大，为 113 pm。

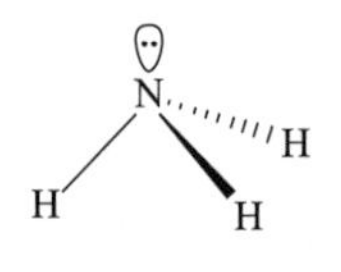

图 16-3 氨分子的结构示意图

(2) 氨的制备

氨是氮的最重要化合物之一。在工业上氨的制备是用氮气和氢气在高温高压和催化剂存在下合成的。在实验室中通常用铵盐和碱的反应来制备少量氨气：

$$2NH_4Cl(s) + Ca(OH)_2(s) \xlongequal{\triangle} 2NH_3\uparrow + CaCl_2 + 2H_2O\uparrow$$

如果用CaO替代这里的$Ca(OH)_2$，可以使CaO既做反应物又在干燥剂的条件下，可以大大加快氨气生成的速率。注意实验室制备氨气不能用NH_4NO_3跟$Ca(OH)_2$反应，硝酸铵受撞击、加热易爆炸，且产物与温度有关，可能产生NH_3、N_2、N_2O、NO等。

氮化物的水解也能用来在实验室制备少量的氨气：

$$Li_3N + 3H_2O = 3LiOH + NH_3\uparrow$$

$$Mg_3N_2 + 6H_2O = 3Mg(OH)_2 + 2NH_3\uparrow$$

(3) 氨的性质

氨分子的结构特点和分子中氮原子的氧化态决定了它具有很多的物理和化学性质。氨在常温下是无色、有刺激性气味的气体。氨在常压下冷却到−33.5 ℃或在常温下加压到700～800 kPa，气态的氨液化成无色的液氨，其熔化热和气化热较高，分别为5.66和23.35 $kJ\cdot mol^{-1}$，因此液态氨可以作为制冷剂。氨具有较大的极性且分子之间能够形成氢键，其熔点(−77.74 ℃)和沸点(−33.42 ℃)均比同族的其他元素氢化物要高。

氨极易溶于水，1体积的水大约能溶解700体积的氨。氨在水中为何有如此大的溶解能力呢？首先，氨和水均为极性分子，根据相似相溶原理，极性分子易溶于极性溶剂中。其次，氨分子中的N—H键具有较强的极性，氮原子带部分负电荷，氢原子无内层电子，几乎成为裸露的质子，带部分正电荷，使得NH_3中的氢原子和水中的氧原子形成氢键。同时，NH_3中的氮原子也可和水分子中的氢原子形成氢键。尽管氢键比化学键小得多，接近于范德华力的大小，但是对于NH_3和H_2O之间却增加了除范德华力以外的一种相互作用。同时，氨溶于水的过程中，不仅发生了物理过程，还发生了化学过程。大部分氨和水化合成一水合氨($NH_3\cdot H_2O$)。少部分一水合氨还可发生部分电离，产生铵根离子和氢氧根离子，表现出氨水具有弱碱性，整个过程可表示为：

$$NH_3 + H_2O \rightleftharpoons NH_3\cdot H_2O \rightleftharpoons NH_4^+ + OH^- \qquad (K_b = 1.8\times 10^{-5})$$

综上所言，相似者相溶、氢键等作用互相叠加成一体，氨分子和水分子一经接触，便像有两只强劲的手使之相互紧紧拉在一起，也就是氨在水中具有很大溶解度的原因。氨溶于水后溶液的体积明显增大，氨水越浓，密度越小。市售的氨水浓度为25%～28%。

氨的化学性质活泼，具有以下几类重要的化学性质。

(i) 酸碱性

液氨与水一样，也能发生自电离，氨分子能失去一个质子，成为碱性的氨基离子，或得到一个质子成为酸性的铵离子。此二者共存于氨的自电离中：

$$NH_3 + NH_3 = NH_4^+ + NH_2^- \qquad K = 1.9\times 10^{-13}\ (-50\ ℃)$$

$$H_2O + H_2O = H_3O^+ + OH^- \qquad K = 1.6\times 10^{-16}\ (22\ ℃)$$

液氨中NH_4^+及NH_2^-离子的许多化学反应，类似于H_3O^+及OH^-离子在水中的反应，例如：

酸碱反应：

$$HCl + KOH = KCl + H_2O \qquad (在水中)$$

$$NH_4Cl + KNH_2 = KCl + 2NH_3 \qquad (在液氨中)$$

两性反应：

$$ZnCl_2 + 2KOH = Zn(OH)_2\downarrow + 2KCl$$

$$Zn(OH)_2 + 2KOH = K_2Zn(OH)_4 \qquad (在水中)$$

$$ZnCl_2 + 2KNH_2 = Zn(NH_2)_2\downarrow + 2KCl$$

$$Zn(NH_2)_2 + 2KNH_2 \longrightarrow K_2Zn(NH_2)_4 \quad (在液氨中)$$

活泼金属置换酸中氢的反应：

$$2Na + 2H_3O^+ \longrightarrow H_2 + 2Na^+ + 2H_2O \quad (在水中)$$

$$2Na + 2NH_4^+ \longrightarrow H_2 + 2Na^+ + 2NH_3 \quad (在液氨中)$$

氨解反应：

$$CH_3COOC_2H_5 + H_2O \xlongequal{H_3O^+} CH_3COOH + C_2H_5OH \quad (在水中)$$

$$CH_3COOC_2H_5 + NH_3 \xlongequal{NH_4^+} CH_3CONH_2 + C_2H_5OH \quad (在液氨中)$$

作为碱，NH_3 亲和质子倾向强于 H_2O，共轭酸 NH_4^+ 酸性弱于 H_3O^+，NH_3 释放 H^+ 倾向弱于 H_2O。由于液氨的碱性比水强，因此，大多数在水中的弱酸在液氨中却是强酸，乙酸便是其中的一例。

$$CH_3COOH + H_2O \rightleftharpoons H_3O^+ + CH_3COO^- \quad (在水中)$$

$$CH_3COOH + NH_3 \longrightarrow NH_4^+ + CH_3COO^- \quad (在液氨中)$$

(ii) 还原性

氨分子中 N 的氧化态为-3，处于最低氧化态，具有还原性。NH_3 在空气中很难燃烧，但在纯氧中可燃烧生成 N_2：

$$4NH_3 + 3O_2 \xlongequal{燃烧} 2N_2 + 6H_2O$$

在催化剂条件下，NH_3 和氧气反应生成 NO：

$$4NH_3 + 5O_2 \xlongequal{Pt} 4NO + 6H_2O$$

这是 NH_3 最重要、最有实际意义的反应，它是工业制硝酸的基础。为使氨有效地转化成一氧化氮，通常采用铂或在反应温度下挥发性较小的铂-铑催化剂，进行选择性的催化氧化。一般认为，氧化反应是通过氨分子和吸附在铂表面的氧之间的碰撞发生的。

氨在空气中的爆炸极限为16%～27%(体积分数)，要注意防止明火。

常温下，其他氧化剂，如 Cl_2、H_2O_2、$KMnO_4$，也都能氧化水溶液中的 NH_3：

$$3Cl_2 + 2NH_3 \longrightarrow N_2 + 6HCl$$

$$3Cl_2 + NH_3 \longrightarrow NCl_3 + 3HCl \quad (Cl_2\ 过量)$$

反应生成的 HCl 继续与 NH_3 反应生成似白烟状物——NH_4Cl，利用这一原理可以用浓氨水检查氯气或液溴的管道是否漏气。

高温下，NH_3 是强还原剂，能还原某些氧化物、氯化物：

$$3CuO + 2NH_3 \longrightarrow 3Cu + N_2 + 3H_2O$$

$$6CuCl_2 + 2NH_3 \longrightarrow 6CuCl + N_2 + 6HCl$$

(iii) 取代反应

在一定条件下，氨分子中的氢被其他原子或基团取代，这类反应只能在液氨中进行。当存在痕量催化剂时，碱金属或碱土金属和液氨反应，产生相应的金属氨基化物：

$$2Na + 2NH_3 \xlongequal{Fe} H_2\uparrow + 2NaNH_2(氨基化钠)$$

氨基化钠是有机合成中的重要缩合剂。类似的氨基化物也可由金属-烷基或金属-芳香基化合物和氨反应制得：

$$Et_2Zn + 2NH_3 \longrightarrow Zn(NH_2)_2 + 2C_2H_6$$

$$PhNa + NH_3 \longrightarrow NaNH_2 + C_6H_6$$

由金属氨基化物可进一步得到金属亚氨基化物或氮化物(≡N)：

$$2LiNH_2 \xrightarrow[\text{真空}]{\text{高温}} Li_2NH + NH_3$$

$$3Zn(NH_2)_2 \longrightarrow Zn_3N_2 + 4NH_3$$

在加热条件下，就像水蒸气和金属反应生成氧化物一样，NH_3 和许多金属反应生成氮化物。因此，NH_3 被用来制备金属氮化物，例如：钢铁就是用 NH_3 进行氮化的，使表层变硬。

许多重金属的氨基化物、亚氨化物及氮化物易爆炸，所以在制取或使用这些化合物时必须十分小心。如$[Ag(NH_3)_2]^+$ 放置会转化成有爆炸性的 Ag_2NH 和 Ag_3N，所以$[Ag(NH_3)_2]^+$ 用毕后要及时处理。

除金属外，氨的取代反应的另一种形式是氢原子被非金属或有机基团取代，生成氨基(—NH_2)或亚氨基(═NH)化合物：

$$HgCl_2 + 2NH_3 \longrightarrow NH_4Cl + HgNH_2Cl\downarrow \text{（氨基氯化汞）}$$

$$\underset{\text{（光气）}}{COCl_2} + 4NH_3 \longrightarrow \underset{\text{（尿素）}}{CO(NH_2)_2} + 2NH_4Cl$$

$$SOCl_2 + 4NH_3 \longrightarrow 2NH_4Cl + SO(NH_2)_2 \text{（硫酰胺）}$$

上述反应实际上是氨参与的复分解反应，与水解反应相类似，故又称氨解反应。

(iv) 配位反应

氨分子的氮原子上有一对孤对电子，它可以作为 Lewis 碱与具有空轨道的 Lewis 酸发生加合反应，例如，NH_3 和 BF_3 形成如下的加合物：

$$BF_3 + :NH_3 \longrightarrow F_3B \leftarrow NH_3$$

氨溶于水形成 $NH_3 \cdot H_2O$、$2NH_3 \cdot H_2O$ 等水合物；NH_3 与酸反应，形成相应的铵盐，如 NH_4Cl（氯化铵，白色立方晶体或白色结晶）、$(NH_4)_2SO_4$（硫酸铵，白色结晶，是硫酸根与铵根离子化合生成的化合物）、NH_4NO_3（硝酸铵，无色斜方或单斜晶体）等；NH_3 与二氧化硫反应，则形成 $NH_3 \cdot SO_2$ 与$(NH_3)_2 \cdot SO_2$ 等加合物。

NH_3 是中强配体，配位原子 N 的一对孤对电子能与许多金属离子以配位键结合，形成稳定的配合物或加合物，例如$[Ag(NH_3)_2]^+$、$[Cu(NH_3)_4]^{2+}$ 配离子。

向 $CuSO_4$ 溶液逐滴加入浓氨水，边滴加边振荡，可以观察到在天蓝色溶液中先产生蓝色沉淀，沉淀逐渐增多，继续滴加氨水，沉淀溶解，得到深蓝色$[Cu(NH_3)_4]^{2+}$ 溶液。由于 NH_3 可以与许多金属形成配合物，所以许多金属的难溶盐和难溶性氢氧化物都能溶解在氨水中。

$$Cu^{2+} + 2NH_3 \cdot H_2O \longrightarrow Cu(OH)_2 + 2NH_4^+$$

$$Cu(OH)_2 + 4NH_3 \cdot H_2O \longrightarrow [Cu(NH_3)_4]^{2+} + 2OH^- + 4H_2O$$

(4) 氨盐

氨分子和氢离子结合成+1 氧化态的 NH_4^+ 离子，它起了金属阳离子的作用。

$$NH_3 + H^+ \longrightarrow NH_4^+$$

氨盐一般是无色晶体（如果阴离子无色），易溶于水。NH_4^+ 和 Na^+ 的电子数相等，其半径(143 pm)和 K^+(133 pm)、Rb^+(148 pm)更为相近，所以许多铵盐和相应钾盐、铷盐是类质同晶体,并有相似的溶解度。一般情况下,能沉淀 K^+ 的试剂往往也能使 NH_4^+ 沉淀。因此,NH_4^+ 干扰 K^+ 的检出,如 NH_4^+ 和 $Na_3[Co(NO_2)_6]$作用,生成$(NH_4)_2Na[Co(NO_2)_6]$黄色沉淀。

在加热的条件下,任何铵盐固体或铵盐溶液与强碱作用都将分解放出 NH_3,这是鉴定铵盐的特效反应:

$$NH_4^+ + OH^- = NH_3\uparrow + H_2O$$

铵根离子的强酸盐溶于水时溶液显弱酸性:

$$NH_4^+ + H_2O = NH_3 \cdot H_2O + H^+$$

铵盐的热稳定性差,受热时极易分解,分解产物通常与组成酸有关。在 300 ℃左右,铵盐挥发并分解:

$$NH_4Cl \xlongequal{\triangle} NH_3\uparrow + HCl\uparrow$$

$$NH_4HCO_3 \xlongequal{\triangle} NH_3\uparrow + CO_2\uparrow + H_2O$$

$$NH_4NO_3 \xlongequal{\triangle} NH_3\uparrow + HNO_3\uparrow$$

$$(NH_4)_2SO_4 \xlongequal{\triangle} NH_3\uparrow + NH_4HSO_4$$

含有氧化性阴离子的许多铵盐,受热时分解,将 NH_3 氧化为 N_2O 或 N_2。例如:

$$(NH_4)_2Cr_2O_7 \xlongequal{\triangle} Cr_2O_3 + N_2\uparrow + 4H_2O$$

$$(NH_4)_2S_2O_8 \xlongequal{\triangle} N_2\uparrow + 4H_2O + 2SO_2\uparrow$$

$$4(NH_4)_2SO_4 \xlongequal{\triangle} N_2\uparrow + 6NH_3\uparrow + 3SO_2\uparrow + SO_3\uparrow + 7H_2O$$

$$NH_4NO_3 \xlongequal{\triangle} 2N_2O\uparrow + 2H_2O$$

$$2NH_4NO_3 \xlongequal{\triangle} O_2\uparrow + 2N_2\uparrow + 4H_2O$$

$$2NH_4ClO_4 \xlongequal{\triangle} N_2\uparrow + 4H_2O + Cl_2\uparrow + 2O_2\uparrow$$

其中$(NH_4)_2Cr_2O_7$ 的热分解反应可用于制备少量氮气;NH_4NO_3 在中等温度可逆地挥发;在高温,放热、不可逆地分解为 N_2O,在更高温度下,N_2O 又分解为 N_2 和 O_2。当 NH_4NO_3 有另一高度爆炸性物质引发时,可以爆炸,因此,它与 TNT 或其他炸药的混合物可以制成炸弹;NH_4ClO_4 是火箭燃料中的一种重要氧化剂。NH_4NO_3 常用于制造炸药。

2. 联氨

(1) 联氨的分子结构

联氨又称肼(hydrazine),是无色的剧毒化合物,常态下呈无色油状液体。无水联氨(mp 2 ℃,bp 114 ℃)是发烟的无色液体,其介电常数 ε=52(25 ℃)。联氨气味类似氨,溶于水、醇、氨等溶剂,常用于人造卫星及火箭的燃料、锅炉的抗腐蚀剂、炸药与抗氧化剂等。联氨有吸湿性,在空气中发烟。燃烧会呈紫色火焰。

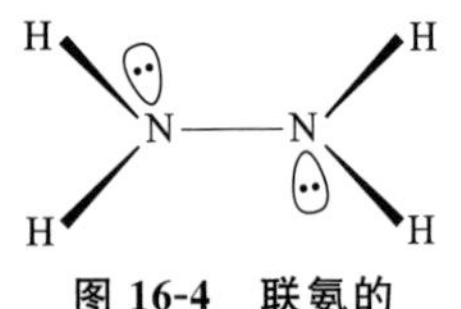

图 16-4 联氨的分子结构示意图

联氨的分子式为 $H_2N—NH_2$,可看成是氨分子内的一个氢原子被氨基所取代的衍生物,联氨的 H—N—H 的键角为 108°,N—N 键长为 145 pm。其结构如图 16-4 所示。

(2) 联氨的制备

联氨的制备方法曾是许多研究的课题，古老但仍然是最有用的制备联氨溶液的方法是在20世纪的前十年由拉希(Raschig)发现的合成法以及其后的改变形式。

拉希法(Raschig法)制备联氨是以次氯酸钠氧化氨(氨过量)，但仅能获得肼的稀溶液，其总反应是：

$$NaClO + 2NH_3 \xlongequal{} N_2H_4 + NaCl + H_2O$$

实际上，这一反应是分两步进行的：

$$NH_3 + NaOCl \xlongequal{} NaOH + NH_2Cl\text{(氯氨，快)}$$

$$NH_3 + NH_2Cl + NaOH \xlongequal{} N_2H_4 + NaCl + H_2O$$

不过，当 N_2H_4 一旦生成时会发生比较快的反应：

$$2NH_2Cl + N_2H_4 \xlongequal{} 2NH_4Cl + N_2$$

为了得到可观量的 N_2H_4，必须加入一些胶质物质，这样可以螯合能够催化这一副反应的重金属离子(如普通水中 Cu^{2+})。

拉希法的改变形式是用酮催化 Cl_2 和 NH_3 的反应：

$$2NH_3 + Cl_2 \xlongequal{} NH_2Cl + NH_4Cl$$

$$NH_2Cl + 2NH_3 \xlongequal{} N_2H_4 + NH_4Cl$$

还可由氨、丙酮的混合物与氯气反应的产物水解制取，同时得到联氨和丙酮：

$$4NH_3 + (CH_3)_2CO + Cl_2 \xlongequal{} (CH_3)_2C(N_2H_2) + 2NH_4Cl + H_2O$$

$$(CH_3)_2C(N_2H_2) + H_2O \xlongequal{} (CH_3)_2CO + N_2H_4$$

以空气为氧化剂，也可以将氨直接氧化为联氨：

$$4NH_3 + O_2 \xlongequal{} 2N_2H_4 + 2H_2O$$

(3) 联氨的性质

联氨中每一个N有一对孤对电子，可以接受两个质子而显碱性，是二元弱碱，碱性稍弱于氨，仅为氨的1/15。

$$N_2H_4 + H_2O \xlongequal{} N_2H_5^+ + OH^- \qquad K_1 = 8.5 \times 10^{-7}(25\ ^\circ\text{C})$$

$$N_2H_5^+ + H_2O \xlongequal{} N_2H_6^{2+} + OH^- \qquad K_2 = 8.9 \times 10^{-16}(25\ ^\circ\text{C})$$

联氨在酸性条件下既是氧化剂又是还原剂，在中性和碱性溶液中主要作还原剂。能将 CuO、IO_3^-、Cl_2、Br_2 还原，本身被氧化为 N_2：

$$4CuO + N_2H_4 \xlongequal{} 2Cu_2O + N_2\uparrow + 2H_2O$$

$$2IO_3^- + 3N_2H_4 \xlongequal{} 2I^- + 3N_2\uparrow + 6H_2O$$

参加反应的氧化剂不同，N_2H_4 的氧化产物除了 N_2，还有 NH_4^+ 和 HN_3。

$$2MnO_4^- + 10N_2H_5^+ + 6H^+ \xlongequal{} 10NH_4^+ + 5N_2\uparrow + 2Mn^{2+} + 8H_2O$$

$$N_2H_5^+ + HNO_2 \xlongequal{} HN_3 + H^+ + 2H_2O \qquad \text{(特殊反应)}$$

联氨分子结构中每个氮原子都用 sp^3 杂化轨道形成键。由于两对孤对电子的排斥作用，使两对孤对电子处于反位，并使N—N键的稳定性降低，因此 N_2H_4 比 NH_3 更不稳定，加热时便发生爆炸性分解：

$$N_2H_4(l) + O_2(g) \xlongequal{} N_2(g) + 2H_2O(l) \qquad \Delta_r H^\ominus = -622\ \text{kJ}\cdot\text{mol}^{-1}$$

肼和其某些衍生物燃烧时放热很多,可作为火箭燃料,N_2O_4 作氧化剂,生成物不会对大气造成污染。

$$2N_2H_4+N_2O_4 \xlongequal{} 3N_2+4H_2O$$

3. 羟胺

羟胺 NH_2OH,可以被看成是氨分子内的一个氢原子被羟基取代的衍生物,N 的氧化态是-1,其结构如图 16-5 所示。

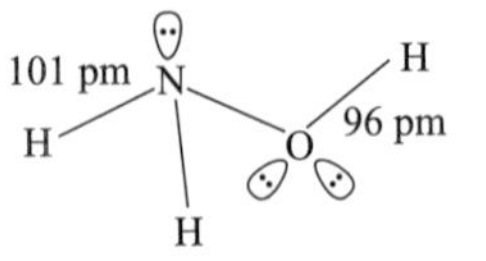

纯羟胺是白色固体,熔点 32 ℃,应在 0 ℃保存,不稳定,在 15 ℃以上分解:

$$3NH_2OH \xlongequal{} NH_3\uparrow+N_2\uparrow+3H_2O \qquad (碱性条件)$$

$$4NH_2OH \xlongequal{} 2NH_3\uparrow+N_2O\uparrow+3H_2O \qquad (酸性条件)$$

图 16-5 羟胺的分子结构示意图

羟胺易溶于水,其水溶液比较稳定,显弱碱性,但 H_2N^- 接受 H^+ 能力弱于 N_2H_4,故碱性比联氨还弱:

$$NH_2OH+H_2O \xlongequal{} NH_3OH^++OH^- \qquad K_b=6.6\times10^{-9}(25\ ℃)$$

羟胺与酸形成盐,如$[NH_3OH]Cl$ 和$(NH_3OH)_2SO_4$。

羟胺性质介于 HO—OH 和 $H_2N—NH_2$ 之间,兼有氧化性和还原性,但以还原性为主。羟胺的还原产物在不同的情况下不同:

$$2NH_2OH+2AgBr \xlongequal{} 2Ag+N_2+2HBr+2H_2O$$

$$2NH_2OH+4AgBr \xlongequal{} 4Ag+N_2O+4HBr+H_2O$$

$$2NH_2OH+2Hg_2(NO_3)_2 \xlongequal{} 4Hg+N_2O+4HNO_3+H_2O$$

$$2NH_3OH^++4Fe^{3+} \xlongequal{} N_2O+4Fe^{2+}+6H^++H_2O$$

羟胺与联氨作为还原剂的优点,一方面是它们具有强的还原性,另一方面是它们的氧化产物主要是气体(N_2,N_2O,NO),可以脱离反应体系,不会给反应体系带来杂质。

4. 叠氮酸

叠氮酸(HN_3)为无色、有刺激性的液体,沸点 35.65 ℃。HN_3 的分子结构如图 16-6 所示,在 HN_3 分子中,两个 N—N 键的夹角为 171°,H—N 键与靠近 H 的 N—N 键间的夹角约为 109°,显然靠近 H 原子的第一个 N 原子是 sp^3 杂化的,第二个 N 原子是 sp^2 杂化,第三个 N 原子也是 sp^2 杂化的。HN_3 中 N 原子的平均氧化态为$-1/3$。

N_3^- 离子是一个拟卤离子,化学性质类似卤离子,例如 AgN_3 也是难溶于水的,N_3^- 离子结构如图 16-7 所示。

图 16-6 HN_3 的分子结构示意图 **图 16-7 N_3^- 离子结构示意图**

叠氮酸是易爆物质,只要受到撞击,就立即爆炸而分解:

$$2HN_3 \xlongequal{} 3N_2+H_2 \qquad \Delta_rH^\ominus=-593.6\ kJ\cdot mol^{-1}$$

因为 HN_3 的挥发性高,可用稀 H_2SO_4 与 NaN_3 作用制备 HN_3:

$$NaN_3 + H_2SO_4 \longrightarrow NaHSO_4 + HN_3$$

HN_3 的水溶液为一元弱酸($K_a = 1.9 \times 10^{-5}$)。

活泼金属如碱金属和钡等的叠氮化物,加热时不爆炸,分解为氮和金属。

$$2NaN_3(s) \longrightarrow 2Na(l) + 3N_2(g)$$

加热 LiN_3 则转变为氮化物,而 Ag、Cu、Pb、Hg 等的叠氮化物加热就发生爆炸。

16.1.3　氮的含氧化合物

1. 氮的氧化物

氮能形成多种氧化物,氧化态从 +1 到 +6。已知的氮的氧化物很多,包括一氧化二氮(N_2O)、一氧化氮(NO)、二氧化氮(NO_2)、三氧化二氮(N_2O_3)、四氧化二氮(N_2O_4)和五氧化二氮(N_2O_5)等。

在氮的化学中,氧化物是研究得较深入的一类化合物,因为它们广泛地用于有机及基本化学工业中作硝化剂或氧化剂。在配位化学中,氮的氧化物又是常见的配位体。此外,氮的氧化物多数有毒性,会刺激呼吸道,引起胸痛、气喘等症状。工业尾气、燃料燃烧及汽车尾气中都有氮氧化物(主要是 NO 和 NO_2)排出。同时,氮的氧化物又是常见的大气污染物之一。因此,了解氮的氧化物的反应,对研究大气及环境化学有着重要的意义。

(1) 一氧化二氮

一氧化二氮(N_2O),无色有甜味气体,又称笑气,是一种氧化剂。在室温下稳定,有轻微麻醉作用,其麻醉作用于 1799 年由英国化学家汉弗莱·戴维(H. Davy)发现。N_2O 能溶于水、乙醇、乙醚及浓硫酸,但不与水反应。

N_2O 的分子结构见图 16-8,直线形结构,其中一个氮原子与另一个氮原子相连,而第二个氮原子又与氧原子相连。它可以被认为是 $N{\equiv}N^+{-}O^-$ 和 $N^-{=}N^+{=}O$ 的共振杂化体。

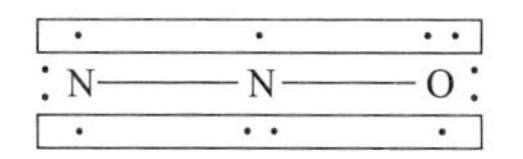

图 16-8　N_2O 的结构示意图

实验室制备少量 N_2O,可将 NO 气体通入亚硫酸钾溶液得到:

$$K_2SO_3 + 2NO \longrightarrow K_2SO_4 + N_2O$$

也可通过小心加热硝酸铵来得到:

$$NH_4NO_3 \xrightarrow{\triangle} N_2O + 2H_2O$$

这个反应需要控制温度于 170～250 ℃之间。快速加热或加热温度过高时,硝酸铵可能会爆炸性分解为氮气、氧气和水,从而造成危险。同时需防止产生的水倒流进入熔体。产物含少量 NO 及 N_2 等杂质,为除去 NO,可将混合气体通过硫酸亚铁溶液。硝酸铵为农业肥料的成分之一,会慢慢分解,产生 N_2O,而释放到大气中。

用锌(或其他金属)和适当浓度的稀硝酸反应,可生成硝酸盐、一氧化二氮和水。

$$4Zn + 10HNO_3 \longrightarrow 4Zn(NO_3)_2 + N_2O + 5H_2O$$

太浓的硝酸会产生 NO_2 气体或是 NO 气体,所以此反应需要控制硝酸的浓度。

N_2O 与氮的其他氧化物比较,相当不活泼,常温下不和卤素、碱金属等起反应,和氢的主要反应是:

$$N_2O + H_2 \longrightarrow N_2 + H_2O$$

H_2-N_2O 混合气的燃点比 H_2-O_2 的低,但放出的热量却比 H_2-O_2 反应的高。

某些金属,若它们的碳、磷、硫或氧化物的生成热较高,则在 N_2O 中加热,能发生燃烧,甚至比在空气中烧得更旺,最终形成金属氧化物和氮气。

$$M+N_2O \xlongequal{} MO+N_2$$

在约 200 ℃ N_2O 和熔融的氨基化钠或氨基化钾反应,产生叠氮化物。

$$2KNH_2+N_2O \xlongequal{} KN_3+KOH+NH_3$$

高于 585 ℃ N_2O 分解为氮气和氧气:

$$2N_2O \xlongequal{} 2N_2+O_2$$

(2) 一氧化氮

一氧化氮的化学式为 NO,氮的氧化态为+2。一氧化氮在标准状况下为无色气体,液态、固态呈蓝色。

NO 为双原子分子,分子构型为直线形(图 16-9)。NO 共有 11 个价电子,其电子层结构为 $KK(\sigma_{2s})^2(\sigma_{2s}^*)^2(\sigma_{2p})^2(\pi_{2p_y})^2(\pi_{2p_z})^2(\pi_{2p_z}^*)^1$,氮与氧之间形成一个 σ 键、一个二电子 π 键与一个三电子 π 键,N—O 键长为 115 pm。氮与氧各有一对孤对电子,氮氧之间键级为 2.5。在化学上这种具有奇数价电子的分子称奇分子。通常奇分子都有颜色,而 NO 或 N_2O_2(NO 的双聚体)气体都是无色的,只是当混有 N_2O_3 时才显蓝色,但 NO 在液态或固态却为蓝色。NO 中反键轨道上 $(\pi_{2p}^*)^1$ 易失去,生成亚硝酰阳离子 NO^+,与 CO 是等电子体。

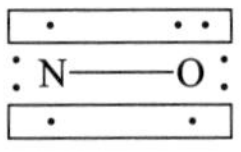

图 16-9 NO 的结构示意图

从工业角度看,NO 是氨氧化制硝酸的必经之路。在实验室制备少量 NO,可通过还原硝酸、硝酸盐或亚硝酸盐实现:

$$3Cu+8HNO_3 \xlongequal{} 3Cu(NO_3)_2+2NO\uparrow+4H_2O$$

还可通过干法制备 NO:

$$3KNO_2+KNO_3+Cr_2O_3 \xlongequal{} 2K_2CrO_4+4NO\uparrow$$

NO 微溶于水,但不与水反应,不助燃。由于 NO 带有自由基,使得它的化学性质非常活泼,遇氧立即氧化成具有腐蚀性的气体——二氧化氮(NO_2)。

$$2NO+O_2 \xlongequal{} 2NO_2$$

这是 NO 最为重要的化学反应。除氧以外,臭氧、硝酸等也能将 NO 氧化成 NO_2。

此外,NO 还能与 F_2、Cl_2、Br_2 等反应生成卤化亚硝酰:

$$2NO+Cl_2 \xlongequal{} 2NOCl$$

由于 NO 有孤对电子,NO 还能同金属离子形成配合物,例如与 $FeSO_4$ 溶液形成棕色可溶性的硫酸亚硝酸合铁(Ⅱ)。

$$FeSO_4+NO \xlongequal{} [Fe(NO)]SO_4$$

(3) 二氧化氮

二氧化氮的化学式为 NO_2,是氮氧化物之一。室温下为有刺激性气味的红棕色气体,易溶于水。NO_2 是工业合成硝酸的中间产物,每年有大约几百万吨被排放到大气中,是一种重要的大气污染物。二氧化氮吸入后对肺组织具有强烈的刺激性和腐蚀性。

NO_2 是含有大 π 键结构的典型分子。大 π 键含有三个电子,其中两个进入成键 π 轨道,一个进入非键 π 轨道。NO_2 是一个顺磁性弯曲形的分子。O—N—O 键角为 134.3°,N—O 键长 119.7 pm。二氧化氮分子是 V 形极性分子。

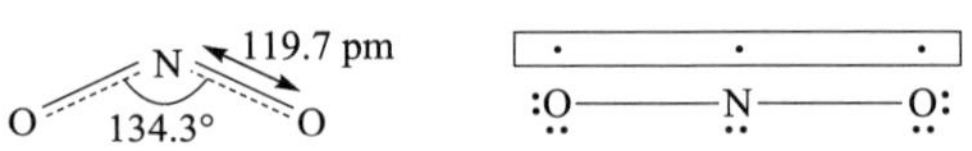

图 16-10 NO_2 的结构示意图

工业上用以制取硝酸的 NO_2，是用空气氧化 NO 而来。实验室则可用硝酸铅的热分解来制备少量二氧化氮。

$$2Pb(NO_3)_2 = 2PbO + 4NO_2 + O_2$$

产生的气体通过冷凝器以去除少量的硝酸，然后再通过五氧化二磷进行干燥即可。此外，铜与浓硝酸反应或将 NO 氧化，均可制得 NO_2。

二氧化氮是红棕色气体，易压缩成无色液体。原因在于 NO_2 是奇分子，在低温时易聚合成二聚体 N_2O_4（无色）。

$$N_2O_4(g) \rightleftharpoons 2NO_2(g) \qquad \Delta_r H^\ominus = 59\ kJ \cdot mol^{-1}$$

N_2O_4 是无色、反磁性的物质，其电子结构如图 16-11 所示。

NO_2 与 N_2O_4 之间的平衡与温度相关，固态时全部为 N_2O_4；液态发生部分解离；在凝固点 −11.20 ℃时，液相含 0.01% 的 NO_2，呈浅黄色；达沸点 21.15 ℃时，NO_2 的含量增至 0.1%，液体呈深红棕色。在 100 ℃时，蒸气中 90% 为 NO_2；当温度超过 140 ℃，N_2O_4 全部解离。NO_2 在 150 ℃开始分解，600 ℃完全分解为 NO 和 O_2。

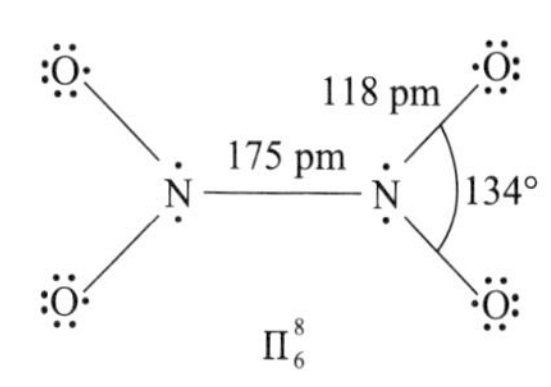

图 16-11 N_2O_4 的结构示意图

二氧化氮溶于水并与水反应：

$$3NO_2 + H_2O = 2HNO_3 + NO$$

但二氧化氮溶于水后并不会完全反应，所以会有少量二氧化氮分子存在，为黄色。由于硝酸同时会分解，所以可以看作可逆反应。

$$4NO_2 + 2H_2O + O_2 = 4HNO_3$$

因 NO_2 溶于水后还生成一氧化氮，所以不是硝酸的酸酐。

二氧化氮可以直接被过氧化钠吸收，生成硝酸钠：

$$4NO_2 + 2Na_2O_2 = 4NaNO_3$$

可以被氢氧化钠吸收，发生的是歧化反应：

$$2NO_2 + 2NaOH = NaNO_3 + NaNO_2 + H_2O$$

若与 NO 一起被吸收，则发生归中反应：

$$NO + NO_2 + 2NaOH = 2NaNO_2 + H_2O$$

和金属氧化物可以发生反应生成无水硝酸盐和 NO：

$$5NO_2 + MO = M(NO_3)_3 + 2NO$$

NO_2 的氧化性相当于 Br_2。碳、硫、磷等在 NO_2 中容易起火燃烧，它和许多有机物的蒸气混合，可形成爆炸性气体。

$$2C + 2NO_2 \xlongequal{\text{燃烧}} 2CO_2 + N_2$$

$$4Mg + 2NO_2 \xlongequal{\text{燃烧}} 4MgO + N_2$$

(4) 五氧化二氮

五氧化二氮（N_2O_5），又称硝酐，是硝酸的酸酐。通常状态下为无色柱状结晶体，微溶于水，水溶液呈酸性。N_2O_5 易潮解，在 10 ℃以上能分解，但在 −10 ℃以下时较稳定。室温下易挥发，对光和热敏感。

五氧化二氮分子是平面形分子，主要为 sp^2 杂化，含有 6 个 σ 键和 2 个三原子四电子离域 π 键，如图 16-12 所示。

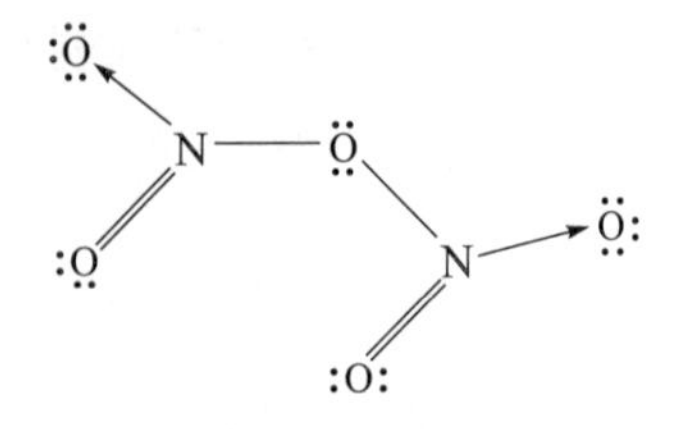

图 16-12 N_2O_5 的结构示意图

通常认为,固体 N_2O_5 含直线形的 NO^{2+}(硝酰阳离子,N—O 键长 115.4 pm)和平面正三角形的 NO_3^-(硝酸根离子,N—O 键长 124.0 pm),阴阳离子的中心 N 原子间距为 273 pm,且阳离子垂直于阴离子所在平面。

N_2O_5 可通过五氧化二磷使硝酸脱水制得:

$$4HNO_3 + P_4O_{10} = 4HPO_3 + 2N_2O_5$$

N_2O_5 很不稳定,有时甚至会引起爆炸,因此制备时,将浓硝酸逐滴加到大大过量的五氧化二磷上并保持温度在 −10 ℃,然后在约 35 ℃缓慢地进行蒸馏;也可以将硝酸预冷至 −78 ℃,再加入五氧化二磷,然后使混合物缓慢地回升到室温。

N_2O_5 还可通过臭氧氧化 NO_2 来制备:

$$2NO_2 + O_3 = N_2O_5 + O_2$$

N_2O_5 具有强氧化作用,能与某些金属和有机物等还原剂发生剧烈的反应,形成硝酸盐或氧化物。例如:

$$N_2O_5 + Na = NaNO_3 + NO_2$$

$$N_2O_5 + NaF = NaNO_3 + FNO_2$$

$$N_2O_5 + I_2 = I_2O_5 + N_2$$

2. 氮的含氧酸及其盐

氮能形成多种含氧酸,如硝酸(HNO_3)、亚硝酸(HNO_2)、连二亚硝酸($H_2N_2O_2$)、次硝酸($H_4N_2O_4$)、过硝酸($HOO—NO_2$)等,其中以硝酸最为重要。亚硝酸不稳定,仅存在于溶液中;连二亚硝酸干燥时极易爆炸,水溶液则较稳定;次硝酸存在于液氨中;过硝酸也很不稳定,即使在 −30 ℃仍能猛烈分解,并发生爆炸。

(1) 亚硝酸及其盐

(i) 亚硝酸及其酸根的结构

亚硝酸是一种无机弱酸,其结构有顺、反两种形式,如图 16-13 所示。一般来说,反式比顺式稳定。反式结构中,亚硝酸 N—OH 键长为 143 pm,N ═O 键长为 118 pm;H—O—N 键角为 102°,O—N—O 键角为 111°。

亚硝酸根离子中的氮原子是 sp^2 杂化,分子是 V 形结构,除了两个 σ 键外,还有一个三中心四电子大 π 键,不是简单的双键结构。非直线形的亚硝酸根离子与臭氧是等电子体,如图 16-14 所示。

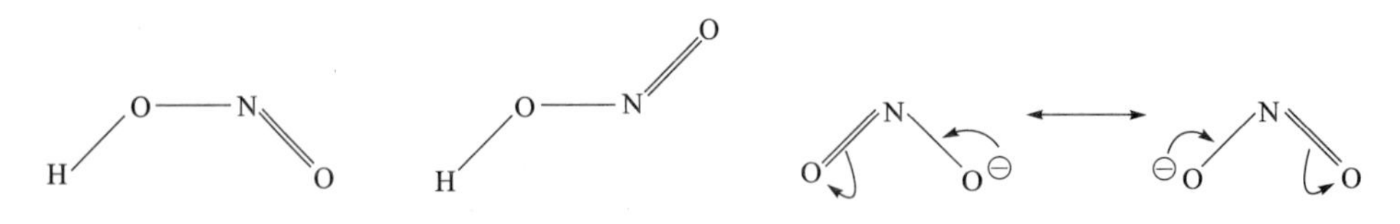

图 16-13 HNO_2 的结构示意图

16-14 NO_2^- 的共振杂化体结构示意图

(ii) 亚硝酸及其盐的制备

将等物质的量的 NO 和 NO_2 混合物溶解在水中来制取:

$$NO + NO_2 + H_2O = 2HNO_2$$

强酸加到亚硝酸盐溶液中,也可制得亚硝酸溶液:

$$NaNO_2 + H_2SO_4 = HNO_2 + NaHSO_4$$

$$Ba(NO_2)_2 + H_2SO_4 = 2HNO_2 + BaSO_4$$

上述反应均需在低于室温的条件下进行，因为亚硝酸的水溶液不稳定，它会按下式分解：

$$3HNO_2 \rightleftharpoons NO_3^- + 2NO + H_3O^+$$

简单的金属亚硝酸盐中，实际上只有碱金属、碱土金属、锌、镉、汞（Ⅰ）和银（Ⅰ）的亚硝酸盐是稳定的，其中亚硝酸钠可由下列方法制备，并通过重结晶提纯。

$$2NaNO_3 \xlongequal{\triangle} 2NaNO_2 + O_2$$

$$NaNO_3 + Na_2Fe_2O_4 + 2NO = 3NaNO_2 + Fe_2O_3$$

$$2NaOH + N_2O_3 = 2NaNO_2 + H_2O$$

(iii) 亚硝酸及其盐的性质

HNO_2 的化学性质主要表现为弱酸性、不稳定性、氧化还原性和 NO_2^- 离子的配位性。

亚硝酸是一种弱酸，但比醋酸略强：

$$HNO_2 \rightleftharpoons H^+ + NO_2^- \qquad K_a = 5\times10^{-4}(18\ ℃)$$

HNO_2 很不稳定，仅能存在于冷的稀溶液中，受热即分解：

$$2HNO_2 = NO\uparrow + NO_2\uparrow + H_2O$$

HNO_2 分子中氮原子处于中间氧化态，因此，它既有氧化性又有还原性。在酸性介质中，HNO_2 及其盐主要显氧化性，能与许多还原剂作用，本身可被还原成为 NO、N_2O、N_2、NH_4^+ 离子等，最常见的还原产物是 NO。例如，NO_2^- 在溶液中能将 I^- 氧化为单质碘。

$$2NO_2^- + 2I^- + 4H^+ = 2NO + I_2 + 2H_2O$$

这个反应可以定量地进行，能用于测定亚硝酸及其盐的含量。

HNO_2 还能氧化 Fe^{2+}、SO_2 和尿素等，本身被还原为 NO、N_2O 或 N_2：

$$NO_2^- + Fe^{2+} + 2H^+ = NO + Fe^{3+} + H_2O$$

$$HNO_2 + 2Cr^{2+} + H^+ = Cr(NO)^{2+} + Cr^{3+} + H_2O$$

$$2HNO_2 + SO_2 = 2NO + H_2SO_4$$

$$2HNO_2 + CO(NH_2)_2 = 2N_2 + CO_2 + 3H_2O$$

当亚硝酸及其盐与强氧化剂作用时，能显示出还原性，本身被氧化成为 NO_3^- 离子：

$$2MnO_4^- + 5NO_2^- + 6H^+ = 2Mn^{2+} + 5NO_3^- + 3H_2O$$

在碱性介质中，NO_2^- 离子的还原性更为显著，空气中的氧气就能氧化 NO_2^- 离子为 NO_3^- 离子。碱金属（包括铵离子）和碱土金属的亚硝酸盐易溶于水，而重金属的亚硝酸盐则微溶，例如浅黄色的 $AgNO_2$ 微溶。

亚硝酸盐，特别是碱金属和碱土金属的亚硝酸盐直至熔化仍不分解，都有很高的热稳定性。

$$2NaNO_3 = 2NaNO_2 + O_2$$

$$Pb + KNO_3 = KNO_2 + PbO$$

某些亚硝酸盐在较低的温度下便开始分解，分解产物一般为金属氧化物、一氧化氮和二氧化氮，但银盐热分解产生银：

$$AgNO_2 = Ag + NO_2$$

NO_2^- 离子是强配体，能与许多中心原子，如 Fe^{2+}、Co^{2+}、Cr^{3+}、Cu^{2+}、Pt^{2+} 形成配合物。

$$Co^{3+} + 6NO_2^- \longrightarrow [Co(NO_2)_6]^{3-} \xlongequal{K^+} K_3[Co(NO_2)_6]\downarrow(黄色)$$

此方法可用于检出 K^+ 离子。

亚硝酸盐均有毒,易转化为致癌物质亚硝胺,误食会引起严重的中毒反应。亚硝酸盐对机体的毒性是将亚铁血红蛋白氧化成高铁血红蛋白,使其失去携氧能力,造成机体缺氧窒息。亚硝酸盐也是明确的致癌物质。

(2) 硝酸及其盐

硝酸是一种强酸,分子式为 HNO_3。纯硝酸为无色液体,沸点 83 ℃,在 −42 ℃时凝结为无色晶体,与水混溶,有强氧化性和腐蚀性。其不同浓度水溶液性质有别,市售浓硝酸为恒沸溶液,溶质质量分数为 69.2%,1 atm 下沸点为 121.6 ℃,密度为 1.42 $g \cdot cm^{-3}$,约 16 $mol \cdot L^{-1}$,溶质质量分数足够大(市售浓度最高为 98%以上)的,称为发烟硝酸,硝酸是一种重要的化工原料。

(i) 硝酸及其酸根的结构

硝酸是平面分子(图 16-15),其中心原子 N 原子为 sp^2 杂化。由于羟基上的氢原子与另外一个氧原子形成了氢键,分子才呈平面结构,而且 N 的三根键键长都不相同。N 原子垂直于分子平面的一个 p 轨道是满的,它与未连接 H 的两个氧原子上的 p 轨道共轭,形成 Π_3^4 大 π 键。分子内氢键也是硝酸沸点较低的原因。

硝酸去掉一个氢原子的结构是硝酸根。硝酸根具有对称的平面等边三角形结构,键长 124 pm,这个值介于 N—O 单键键长(136 pm)和 N═O 双键键长(118 pm)之间。目前认为,NO_3^- 中的 N 以 sp^2 杂化轨道和 3 个 O 的 p 轨道形成 3 个 σ 键及 1 个由 4 个原子形成的 Π_4^6 键,如图 16-16 所示。

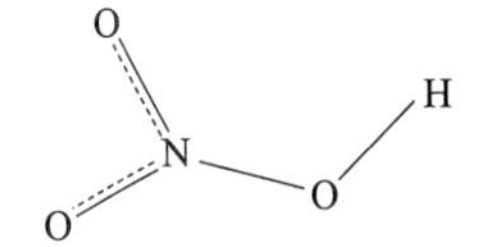

图 16-15 硝酸的结构示意图

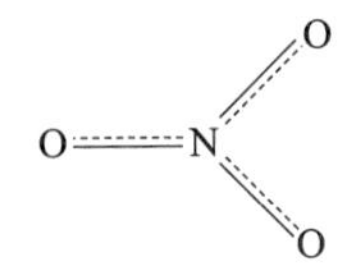

图 16-16 硝酸根的结构示意图

(ii) 硝酸及其盐的制备

工业上制硝酸是氨的催化氧化即氨和过量空气混合,通过装有铂铑合金的丝网,氨在高温下被氧化为 NO。

$$4NH_3 + 5O_2 = 4NO + 6H_2O \qquad \Delta_r H^\ominus = -904\ kJ \cdot mol^{-1}$$

$$2NO + O_2 = 2NO_2 \qquad \Delta_r H^\ominus = -113\ kJ \cdot mol^{-1}$$

$$3NO_2 + H_2O = 2HNO_3 + NO$$

NO 可循环使用,上述方法制得的硝酸浓度只有 50%,必须加入浓硫酸或硝酸镁作脱水剂,蒸馏制得浓硝酸。

在实验室中,用硝酸盐与浓硫酸反应来制备少量硝酸。

$$NaNO_3 + H_2SO_4(浓) = NaHSO_4 + HNO_3$$

此法过去曾用于工业生产上。由于硝酸易挥发,可从反应混合物中把它蒸馏出来。

$$NaHSO_4 + NaNO_3 = Na_2SO_4 + HNO_3$$

这个反应需在 500 ℃左右进行,这时硝酸会分解,因此这个反应只能利用 H_2SO_4 中的一个氢。

许多金属都能形成硝酸盐,包括无水盐或水合物。制备硝酸盐最简单的方法是直接用硝酸和金属、金属氧化物或碳酸盐反应,然后从水溶液中结晶析出。大多数金属硝酸盐都可用此法得到。以碱土金属为例，在 20 ℃，它们的结晶分别为 $Be(NO_3)_2 \cdot 4H_2O$、$Mg(NO_3)_2 \cdot 6H_2O$、$Ca(NO_3)_2 \cdot 4H_2O$、$Sr(NO_3)_2 \cdot 2H_2O$ 及 $Ba(NO_3)_2$，其中除钡外，均为水合物。加热钙或锶的水合物，可得无水盐；但加热铍或镁的水合物则发生水解，得不到相应的无水盐。

(iii) 硝酸及其盐的性质

硝酸是重要的基本化工产品，很多工业部门，如冶金、化工、化肥、炸药等，都离不开它。例如，在制造炸药的过程中，硝酸用以硝化有机化合物，如制硝化甘油、三硝基甲苯、硝化纤维等。大量的硝酸还可制各种硝酸盐。硝酸铵可用作肥料和炸药。此外，在尖端技术中，HNO_3-N_2O_4(l)的混合物是火箭发动机中的氧化剂。

浓硝酸受热或见光就逐渐分解，生成 NO_2、O_2 和 H_2O，使溶液呈黄色，所以要把浓硝酸保存在阴凉处。

$$4HNO_3 = 4NO_2 + O_2 + 2H_2O$$

溶解过量 NO_2 的浓硝酸呈红棕色，为发烟硝酸。发烟硝酸具有很强的氧化性。

硝酸是强酸，具有酸的通性。同时 HNO_3 中的 N 为最高氧化态，因此 HNO_3 具有强氧化性。非金属元素如碳、硫、磷、碘等都能被浓硝酸氧化成氧化物或含氧酸。

$$C + 4HNO_3 = CO_2\uparrow + 4NO_2\uparrow + 2H_2O$$

$$S + 6HNO_3 = H_2SO_4 + 6NO_2\uparrow + 2H_2O$$

$$P + 5HNO_3 = H_3PO_4 + 5NO_2\uparrow + H_2O$$

$$3P + 5HNO_3(\text{稀}) + 2H_2O = 3H_3PO_4 + 5NO\uparrow$$

$$I_2 + 10HNO_3 = 2HIO_3 + 10NO_2\uparrow + 4H_2O$$

$$3I_2 + 10HNO_3(\text{稀}) = 6HIO_3 + 10NO\uparrow + 2H_2O$$

硝酸和金属之间的反应较为复杂，它可以形成不同氧化态的还原产物：

$$\overset{+4}{NO_2} — \overset{+3}{HNO_2} — \overset{+2}{NO} — \overset{+1}{N_2O} — \overset{0}{N_2} — \overset{-3}{NH_4^+}$$

除不活泼的金属如 Au、Pt、Ta、Rh、Ir 外，所有金属都能和 HNO_3 反应，生成的产物主要取决于硝酸的浓度和金属的活泼性，在这些反应中金属有三种情况：

① Fe、Cr、Al 和冷浓 HNO_3 作用，在金属表面形成一层不溶于冷浓 HNO_3 的保护膜——钝化，从而阻碍反应进行。因此，可以用铝或铁制的槽车来运送浓硝酸。

② HNO_3 与 Sn、Sb、As、Mo、W 和 U 等偏酸性的金属作用生成含水的氧化物或含氧酸，如 β-锡酸 $SnO_2 \cdot xH_2O$、砷酸 H_3AsO_4。

$$3Sn + 4HNO_3 + H_2O = 3SnO_2 \cdot H_2O\downarrow + 4NO\uparrow$$

③ 其余金属和 HNO_3 作用都生成可溶性硝酸盐。

一般来说，浓硝酸的主要还原产物多数是 NO_2，稀硝酸的还原产物为 NO。稀硝酸与 Zn、Mg 等反应时，NO 有可能被进一步还原为 N_2O、N_2 或 NH_4^+。例如：

$$Cu + 4HNO_3(\text{浓}) = Cu(NO_3)_2 + 2NO_2\uparrow + 2H_2O$$

$$3Cu + 8HNO_3(\text{稀}) = 3Cu(NO_3)_2 + 2NO\uparrow + 4H_2O$$

$$4Zn + 10HNO_3(\text{稀}) = 4Zn(NO_3)_2 + N_2O\uparrow + 5H_2O$$

$$4Zn + 10HNO_3(\text{极稀}) = 4Zn(NO_3)_2 + NH_4NO_3 + 3H_2O$$

事实上，硝酸在反应过程中其浓度会随着反应的进行而降低，所以还原产物往往不止一种，反应方程式只写出其主要产物。

实际工作中常用含有 HNO_3 的混合酸,较重要的有:

① 王水:浓硝酸与浓盐酸的混合液(体积比为 1∶3)称为王水,可溶解不能与硝酸作用的金属,如:

$$Au + HNO_3 + 4HCl \longrightarrow H[AuCl_4] + NO\uparrow + 2H_2O$$

$$3Pt + 4HNO_3 + 18HCl \longrightarrow 3H_2[PtCl_6] + 4NO\uparrow + 8H_2O$$

$$Au^{3+} + 3e^- \longrightarrow Au \qquad E^{\ominus} = 1.42\ V$$

$$[AuCl_4]^- + 3e^- \longrightarrow Au + 4Cl^- \qquad E^{\ominus} = 0.994\ V$$

还原型的还原能力增强。

② 浓 HNO_3 和 HF 的混合液也兼有氧化性和配位性,它能溶解连王水都溶解不了的铌(Nb)、钽(Ta)。

$$M + 5HNO_3 + 7HF \longrightarrow H_2MF_7 + 5NO_2 + 5H_2O \qquad (M = Nb、Ta)$$

③ 浓 HNO_3 和浓 H_2SO_4 的混合液是硝化剂,浓 H_2SO_4 是脱水剂。例如:

$$C_6H_6 + HNO_3 \xrightarrow{H_2SO_4(浓)} C_6H_5NO_2 + H_2O$$

大多数硝酸盐为离子型晶体,易溶于水。某些无水盐具有挥发性。硝酸盐中除 Tl^+、Ag^+ 盐见光分解外,常温下(固体或水溶液)都比较稳定。固体硝酸盐受热时发生分解,分解的产物和金属离子的活泼性顺序或电位顺序有关,一般有下列三种情况:

① 比 Mg 活泼的金属硝酸盐加热分解生成亚硝酸盐并放出 O_2。

$$2NaNO_3 \xlongequal{\triangle} 2NaNO_2 + O_2\uparrow$$

② 在金属活泼性顺序表中 Mg 与 Cu 之间的硝酸盐加热分解生成氧化物并放出 O_2 和 NO_2。

$$Pb(NO_3)_2 \xlongequal{\triangle} PbO + 2NO_2\uparrow + O_2\uparrow$$

$$2Cu(NO_3)_2 \xlongequal{\triangle} 2CuO + 4NO_2\uparrow + O_2\uparrow$$

③ 在金属活泼性顺序表中 Cu 后的硝酸盐加热分解生成单质并放出 O_2 和 NO_2。

$$2AgNO_3 \xlongequal{\triangle} 2Ag + 2NO_2 + O_2\uparrow$$

此外,还有一些特殊情况,如 $LiNO_3$ 热分解产物是 Li_2O 而不是 $LiNO_2$;$Sn(NO_3)_2$、$Fe(NO_3)_2$ 热分解产物是被氧化生成的 SnO_2、Fe_2O_3 而不是 SnO、FeO。此外,固体硝酸盐在受热分解时有氧气产生,若与可燃物混合,引燃后会急剧燃烧,产生大量气体,引起爆炸。因此硝酸盐可以用来制造焰火和黑火药。储存、使用都应注意安全。

硝酸根离子可在酸性介质中,通过和 Fe(Ⅱ)反应产生棕色环加以定性检出。总反应为:

$$3Fe^{2+} + NO_3^- + 4H^+ \longrightarrow 3Fe^{3+} + NO + 2H_2O$$

该反应在分析化学上的应用虽已超过一个世纪,但反应机理却是在不久前经分光光度法及电位滴定法的系统研究后才弄清楚。

16.2 磷单质及其化合物

磷广泛存在于动植物体中,因而它最初是从人和动物的尿以及骨骼中取得。这和古代人们从矿物中取得的那些金属元素有所不同，磷是第一种从有机体中取得的元素。它是在炼金术士们虚幻地追求长生不老和发大财的化学实验末期被发现的。同时，也是科学家为了观察和研究客观事物的性能而进行科学的化学实验初期所发现的一种元素。

磷在自然界中总是以磷酸盐的形式出现，它在地壳中的含量为 0.118%。磷的矿物有磷酸钙 $Ca_3(PO_4)_2 \cdot H_2O$ 和磷灰石 $Ca_5F(PO_4)_3$，这两种矿物是制造磷肥和一切磷化合物的原料。目前世界上磷矿的年产量已超过 1 亿吨，其中约 80% 是由美国、摩洛哥、前苏联、突尼斯等国开采的。我国磷矿也很丰富，主要产地在云南昆阳、贵州开阳及西沙群岛的鸟粪层。

16.2.1　磷单质

1. 磷的同素异形体

磷的同素异形体有白(或黄)磷、红磷及黑磷三种。三种磷均有几种变体，白磷有两种变体，黑磷有四种变体，红磷则有多种变体。

将磷蒸气迅速冷却即得白磷，因带黄色又称黄磷，在二硫化碳溶液中重结晶可得外形美丽的晶体，密度 1.8 $g \cdot cm^{-3}$，熔点 44.1 ℃，沸点 280.5 ℃，燃点 34 ℃。当白磷发生缓慢氧化时，部分能量以光能形式放出，在暗处可以看到白磷发光。而白磷缓慢氧化到表面积聚的热量达到它的燃点便发生自燃，因此白磷要储存于水中以隔绝空气。

白磷分子呈四面体构型(图 16-17)，分子中 P—P 键长是 221 pm，P—P—P 键角是 60°。在 P_4 分子中每个磷原子用它的三个 p 轨道与另外三个磷原子的 p 轨道间形成三个 σ 键时，这种纯 p 轨道间的键角应为 90°(理论研究认为，在这个分子中的 P—P 键是 98% 的 3p 轨道形成的键，而 3s 和 3d 仅占很少成分)，实际上却是 60°，所以 P_4 分子具有张力，键的张力为 95.4 $kJ \cdot mol^{-1}$。这种张力的存在使每一个 P—P 键的键能减弱，易于断裂，使黄磷在常温下有很高的化学活性。P_4 为非极性分子，能溶于非极性溶剂，如 CS_2、C_6H_6、乙醚等。

目前已知的红磷至少有六种，其中两种已被确定。红磷的密度在 2.0～2.4 $g \cdot cm^{-3}$ 之间，熔点在 585～600 ℃之间。红磷颜色由深红色、褐色到紫色。一般大晶体呈紫色，粉细状固体呈深红色。市售的红磷几乎全是无定形的(低于 400 ℃时由白磷转化而成)。红磷不溶于水、碱和 CS_2 中，没有毒性，比白磷稳定，加热到 400 ℃以上才着火。室温下，红磷不易和 O_2 反应，与空气长期接触也会极其缓慢地氧化，形成易吸水的氧化物，所以红磷保存在未密闭的容器中会逐渐潮解，使用前应小心用水洗涤、过滤和烘干。白磷在光或 X 射线照射下转变成红磷。有人认为，红磷的结构是 P_4 四面体的一个 P—P 键断裂后相互结合起来的长链状，如图 16-18 所示。

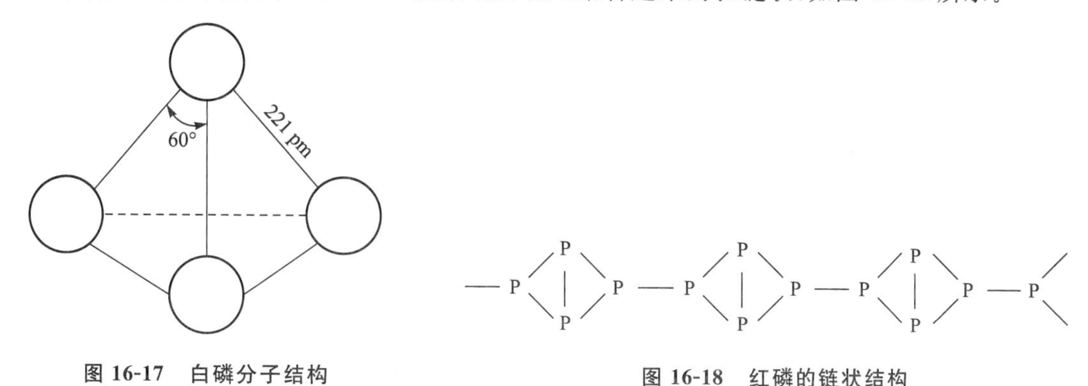

图 16-17　白磷分子结构

图 16-18　红磷的链状结构

黑磷是在高压(1200 atm)压力下,将白磷加热到 200 ℃方能转化为类似石墨的片状结构的黑磷。黑磷能导电,故黑磷有"金属磷"之称。在三种同素异形体中,黑磷密度最大为 $2.7\ g \cdot cm^{-3}$,不溶于有机溶剂,一般不容易发生化学反应。

同素异形体相互间转化都有不大的热效应。转化速率较慢,有时还不完全,可用间接方法求同素异形体相互间转化的热效应。

$$P_4(\text{白磷}) + 5O_2 = P_4O_{10} \qquad \Delta_r H^\ominus = -2983.2\ kJ \cdot mol^{-1}$$

$$4P(\text{红磷}) + 5O_2 = P_4O_{10} \qquad \Delta_r H^\ominus = -2954.0\ kJ \cdot mol^{-1}$$

$$P_4(\text{白磷}) = 4P(\text{红磷}) \qquad \Delta_r H^\ominus = -29.2\ kJ \cdot mol^{-1}$$

2. 磷的制备

工业上单质磷是通过磷酸钙矿、砂子(SiO_2)和炭粉在电炉中加热到 1500 ℃而制得:

$$2Ca_3(PO_4)_2 + 6SiO_2 + 10C = 6CaSiO_3 + P_4 + 10CO\uparrow$$

把生成的磷蒸气和 CO 通过冷水,便得到白磷。

3. 磷的性质

白磷与卤素单质反应猛烈,它在氯气中能自燃,遇液氯或溴会发生爆炸,与冷浓硝酸激烈反应生成磷酸,与热的浓碱溶液反应生成磷化氢。

$$P_4 + 3KOH + 3H_2O \xlongequal{\triangle} PH_3\uparrow + 3KH_2PO_2$$

白磷能将金、铜、银等从它们的盐中还原出来。白磷与热的铜盐反应生成磷化亚铜,在冷溶液中则析出铜。

$$11P + 15CuSO_4 + 24H_2O \xlongequal{\triangle} 5Cu_3P + 6H_3PO_4 + 15H_2SO_4$$

$$2P + 5CuSO_4 + 8H_2O = 5Cu + 2H_3PO_4 + 5H_2SO_4$$

如不慎白磷沾到皮肤上,可用 $CuSO_4$ 溶液($0.2\ mol \cdot L^{-1}$)冲洗,利用磷的还原性来解毒。

16.2.2 磷的氧化物

常见磷的氧化物是 P_4O_6 和 P_4O_{10} 两种。当磷在空气不足条件下燃烧时,生成 P_4O_6;在过量的空气中燃烧就可得到 P_4O_{10}。它们的化学式习惯上简写为 P_2O_3 和 P_2O_5。

$$P_4 + 3O_2(\text{不足}) = P_4O_6$$

$$P_4 + 5O_2(\text{过量}) = P_4O_{10}$$

P_4O_6 是有滑腻感的白色固体,易溶于有机溶剂。P_4O_6 有很强的毒性,可溶于苯、二硫化碳和氯仿等非极性溶剂中。P_4O_6 的分子结构是以 P_4 分子结构为基础的,即 P_4 分子的 6 条受张力而弯曲的键断裂,中间各嵌入一个氧原子,组成为 P_4O_6,形状似球形结构,P—O 键能为 $360\ kJ \cdot mol^{-1}$,如图 16-19 所示。

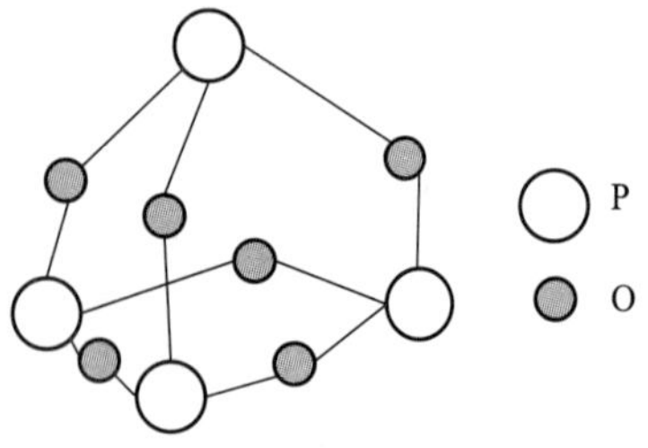

图 16-19 P_4O_6 分子结构示意图

P_4O_6 是亚磷酸的酸酐,但只有和冷水或碱溶液反应时才缓慢地生成亚磷酸或亚磷酸盐:

$$P_4O_6 + 6H_2O(\text{冷}) = 4H_3PO_3$$

P_4O_6 与热水发生强烈的歧化反应,生成磷酸和磷化氢(PH_3,大蒜味,有剧毒!):

$$P_4O_6 + 6H_2O(\text{热}) = 3H_3PO_4 + PH_3\uparrow$$

有 O_2 时，P_4O_6 逐渐转化为 P_4O_{10}，在空气中加热，燃烧生成 P_4O_{10}。P_4O_6 加热到 210 ℃，分解为 P_2O_6 和 P(红磷)。

P_4O_6 和 Cl_2、Br_2、I_2 反应，但产物有所不同。P_4O_6 和 Cl_2、Br_2 反应生成 $POCl_3$、$POBr_3$：

$$P_4O_6 + X_2 \longrightarrow POX_3 \qquad (X=Cl、Br)$$

P_4O_6 和 I_2 的反应很慢，生成红色物。在加压条件下，P_4O_6 和 I_2 在 CCl_4 的溶液中反应，析出橘红色的 P_2I_4：

$$5P_4O_6 + 8I_2 \longrightarrow 4P_2I_4 + 3P_4O_{10}$$

高于 150 ℃，S 也能氧化 P_4O_6：

$$P_4O_6 + 4S \longrightarrow P_4O_6S_4$$

P_4O_6 和 HCl 反应生成 PCl_3 和 H_3PO_3，和 B_2H_6 反应则生成 $H_3BP_4O_6BH_3$：

$$P_4O_6 + 6HCl \longrightarrow 2H_3PO_3 + 2PCl_3$$

$$P_4O_6 + B_2H_6 \longrightarrow H_3BP_4O_6BH_3$$

P_4O_{10} 为白色雪状固体，即磷酸酐，其分子结构与 P_4O_6 相似，只是每个磷原子再通过配位键与一个独立的氧原子连接，这时每个磷原子均与四个氧原子成键，见图 16-20。

P_4O_{10} 极易吸潮，能腐蚀皮肤和黏膜，切勿与人体接触。P_4O_{10} 有很强的吸水性，常作气体和液体的干燥剂，它甚至可以从许多化合物中夺取化合态的水，如使硫酸、硝酸脱水，变成相应的酸酐和磷酸，但不宜干燥碱性气体。

$$6H_2SO_4 + P_4O_{10} \longrightarrow 6SO_3\uparrow + 4H_3PO_4$$

$$P_4O_{10} + 12HNO_3 \longrightarrow 6N_2O_5\uparrow + 4H_3PO_4$$

P_4O_{10} 和 H_2O 的亲和力极强，是最强的化学干燥剂。P_4O_{10} 与水反应激烈，放出大量的热，生成 P(Ⅴ)各种含氧酸。P_4O_{10} 与水反应视水的用量多寡，P—O—P 键将有不同程度断开，生成不同组分的酸。P_4O_{10} 和少量水作用生成 HPO_3(偏磷酸)，和过量水作用生成 H_3PO_4。

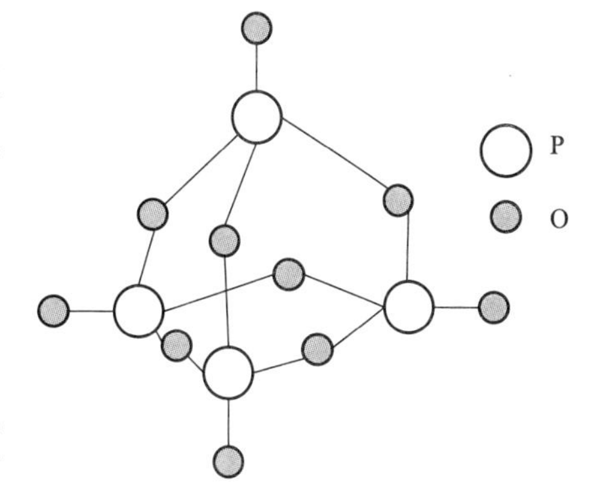

图 16-20　P_4O_{10} 分子结构示意图

$$P_4O_{10} + 2H_2O \longrightarrow 4HPO_3$$

$$P_4O_{10} + 6H_2O \longrightarrow 4H_3PO_4$$

但生成 H_3PO_4 的速率并不快，在酸性和加热的条件下，反应速率大大加快。

16.2.3　磷的含氧酸及其盐

磷的含氧酸数目仅次于含氧酸数目最多的硅元素。在工艺技术上，磷的许多含氧酸及其盐十分重要，而且它们的衍生物在许多生物过程中是维持生命所必需的，这类化合物的结构原理如下：

① 在含氧酸和含氧酸根阴离子中，所有 P 原子均为四配位，并且至少含有一个 P═O 单元。

② 含氧酸中所有的 P 原子至少有一个 P—OH 基，这个基团也经常在阴离子中出现；所有这种基团作为质子给予体是可电离的。

$$\mathrm{HO{-}P(=O)(-)(-)} \longrightarrow \mathrm{{}^{-}O{-}P(=O)(-)(-)} + H^{+}$$

③ 某些物种也有一个或多个 P—H 基,这种直接键合的 H 原子不能电离。

④ 可通过 P—O—P 连接或直接以 P—P 键连接,前者共用 PO_4 四面体的角氧构成开链(线形)和环状形式,而不共用四面体棱边或面。

$$\mathrm{HO{-}P(=O)({-}){-}O{-}P(=O)({-}){-}OH} \qquad \mathrm{HO{-}P(=O)({-}){-}P(=O)({-}){-}OH}$$

⑤ 过氧化物的特征是 >P—OOH 基或 >POOP< 键合,含有过氧键。

根据这些结构原理,可知若 P 原子和四个 O 原子相连,其氧化态为+5;若一个 P—OH 被 P—P 键取代,P 的氧化态降 1,如 $H_4P_2O_6$(连二磷酸);若一个 P—OH 被 P—H 取代,则 P 的氧化态降 2,为+3,如 H_3PO_3(亚磷酸);若有两个 P—H,则 P 的氧化态降 4,如 H_3PO_2(次磷酸)。

由此可看到,磷的含氧酸类型为数众多,而且氧化态可变,这就产生一些命名法问题。从磷在含氧酸中氧化态由低到高的顺序看,有 H_3PO_2(次磷酸)、H_3PO_3 及 H_3PO_4。在氧化态为+5 的磷的含氧酸中,因"含水量"的不同,又有正、偏、焦磷酸之分。根据化学命名法:

1 正酸"分子"-1"分子"水=1 偏酸"分子",如 $H_3PO_4 - H_2O = HPO_3$(偏磷酸)。

2 正酸"分子"-1"分子"水=1 焦酸"分子",如 $2H_3PO_4 - H_2O = H_4P_2O_7$(焦磷酸)。

1. 正磷酸及其盐

正磷酸简称为磷酸,为无色透明的晶体,熔点为 42.35 ℃,具有吸湿性,易溶于水。加热磷酸时逐渐脱水生成焦磷酸、偏磷酸,因此磷酸没有自身的沸点。磷酸能与水以任何比相混溶。市售的磷酸浓度一般为 85%,为无色透明黏稠的液体。

磷酸是以磷为中心、四个氧环绕其周围,其中包括一个双键氧和三个羟基,三个可解离的氢原子分别与三个氧原子结合,见图 16-21(a)。在磷酸分子中 P 原子是 sp^3 杂化的,三个杂化轨道与氧原子之间形成三个 σ 键。另一个 P—O 键是由一个从磷到氧的 σ 配键和两个由氧到磷的 d←pπ 配键组成的,σ 配键是磷原子上一对孤对电子与氧原子的空轨道所形成,同时由于这个氧原子的 p_y、p_z 轨道上还有两对孤对电子,而磷原子又有 d_{xy}、d_{xz} 空轨道可以重叠形成 d←pπ 配键,见图 16-21(b),d←pπ 配键很弱。由于氧的 2p 轨道与磷的 3d 轨道能量相差较大,它们形成的键不很有效,所以 P—O 键从键的数目来看是三重键,但从键能和键长来看是介于单键和双键之间。

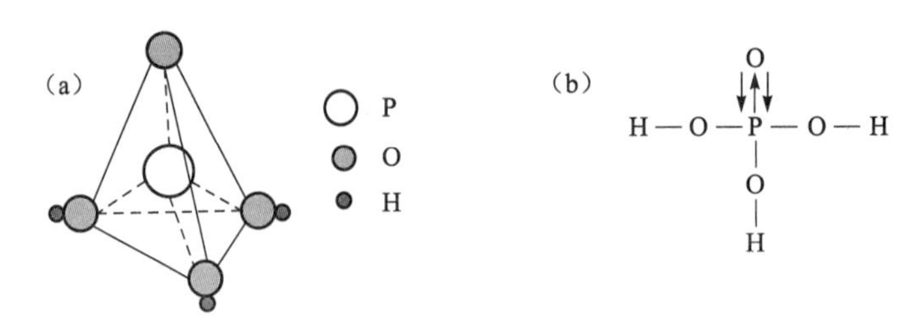

图 16-21 (a)磷酸分子结构;(b)P—O 键中的 d←pπ 配键

H_3PO_4 是化学工业上一种重要的酸，目前年产几百万吨。制备 H_3PO_4 的方法有热法和湿法两种。

热法是燃烧磷单质产生 P_4O_{10} 并且溶于水产生 H_3PO_4。此方法可生产较纯的磷酸，因为在炼制磷的过程中已经去除许多杂质，然而仍需去除藏在里面的砷。纯磷的现代制法大部分是将磷酸钙与砂（主要成分为二氧化硅）及焦炭一起放在电炉中加热。

$$P_4 + 10CO + 10O_2 \longequal 2P_2O_5 + 10CO_2$$

$$2P_2O_5 + 2H_2O \longequal 4HPO_3$$

$$HPO_3 + H_2O \longequal H_3PO_4$$

此法因热利用差（磷酸酐强腐蚀，大量反应热无法利用），工业上未被采用。

潮湿制造法是用无机酸（例如，硝酸、盐酸、硫酸、氟硅酸等）分解磷矿制得。

$$Ca_5(PO_4)_3F + 10HNO_3 \longequal 3H_3PO_4 + HF + 5Ca(NO_3)_2$$

$$Ca_5(PO_4)_3F + 10HCl \longequal 3H_3PO_4 + HF + 5CaCl_2$$

$$Ca_5(PO_4)_3F + 5H_2SO_4 \longequal 3H_3PO_4 + HF + 5CaSO_4$$

$$Ca_5(PO_4)_3F + 5H_2SiF_6 \longequal 3H_3PO_4 + HF + 5CaSiF_6$$

由于硫酸钙溶解度很小，容易和磷酸分离，所以湿法磷酸实际上是指硫酸分解磷矿制得的磷酸。以此方法最初制造出来的磷酸浓度大约含有 23%～33%的 P_2O_5，再进行蒸馏或稀释调整成想要的浓度。潮湿制造法的产品还须经过纯化移除掉内含的氟化物及砷化物。

此外，HNO_3 和白磷作用也能生成纯的 H_3PO_4 溶液。

$$3P_4 + 20HNO_3 + 8H_2O \longequal 12H_3PO_4 + 20NO$$

磷酸是一种无氧化性的不挥发的三元中强酸，在 25 ℃时，其逐级解离常数为：

$$K_1^{\ominus} = 7.25\times10^{-3},\quad K_2^{\ominus} = 6.31\times10^{-8},\quad K_3^{\ominus} = 4.80\times10^{-13}$$

磷酸的标准电极电势很小[$E^{\ominus}(H_3PO_4/H_3PO_3) = -0.276\ V$]，通常不具有氧化性。但磷酸受强热时可脱水缩合生成焦磷酸等多磷酸。多磷酸的酸性增强。例如：

$$HO-\overset{\overset{O}{\|}}{\underset{\underset{OH}{|}}{P}}-\boxed{OH + H}-O-\overset{\overset{O}{\|}}{\underset{\underset{OH}{|}}{P}}-OH \xrightarrow[-H_2O]{200\sim300\ ℃} HO-\overset{\overset{O}{\|}}{\underset{\underset{OH}{|}}{P}}-O-\overset{\overset{O}{\|}}{\underset{\underset{OH}{|}}{P}}-OH \quad \text{焦磷酸}$$

$$3HO-\overset{\overset{O}{\|}}{\underset{\underset{OH}{|}}{P}}-OH \xrightarrow[-2H_2O]{>300\ ℃} HO-\overset{\overset{O}{\|}}{\underset{\underset{OH}{|}}{P}}-O-\overset{\overset{O}{\|}}{\underset{\underset{OH}{|}}{P}}-O-\overset{\overset{O}{\|}}{\underset{\underset{OH}{|}}{P}}-OH \quad \text{三磷酸}$$

$$4H_3PO_4 \xrightarrow{-4H_2O} \begin{matrix} HO-\overset{\overset{O}{\|}}{P}-O-\overset{\overset{O}{\|}}{P}-OH \\ | \qquad\qquad | \\ O \qquad\qquad O \\ | \qquad\qquad | \\ HO-\underset{\underset{O}{\|}}{P}-O-\underset{\underset{O}{\|}}{P}-OH \end{matrix} \quad \text{四偏磷酸}$$

多磷酸是磷酸的缩合酸,可以是链状的,也可以是环状的。

钢、铁、铝、锌、镁、铅等金属都能和 H_3PO_4 作用,在稀 H_3PO_4 溶液中,钢、铁表面形成保护层,镍、铜和 H_3PO_4 的作用不明显,而银、铂、锆、钽等金属不和磷酸作用。

磷酸有很强的配位能力,它可以和许多金属离子形成配合物,在分析化学中为了掩蔽 Fe^{3+} 离子(浅黄色)的干扰,常用 H_3PO_4 与 Fe^{3+} 离子形成无色可溶性的配合物 $H_3[Fe(PO_4)_2]$、$H[Fe(HPO_4)_2]$等。浓磷酸能溶解惰性金属钨、铜、铌等,也是基于和它们形成配合物(杂多酸型)。高温时,磷酸能溶解矿石,如铬铁矿、金红石等,这是磷酸主要用途之一。

因磷酸是一个三元酸,所以可形成三系列的盐:正盐(如 Na_3PO_4)、一氢盐(如 Na_2HPO_4)和二氢盐(如 NaH_2PO_4)。所有的磷酸二氢盐都易溶于水,而磷酸一氢盐和正盐,除 K^+、Na^+、NH_4^+ 离子的盐外,一般都不溶于水。Na_3PO_4 水解呈较强的碱性,可用作洗涤剂,Na_2HPO_4 水溶液呈弱碱性,而 NaH_2PO_4 的水溶液呈弱酸性。磷酸二氢钙是重要的磷肥。

$$Ca_3(PO_4)_2+2H_2SO_4(\text{适量}) = 2CaSO_4+Ca(H_2PO_4)_2$$

可溶性磷酸盐溶于水时,均发生不同程度的质子传递反应,溶液的酸碱性主要取决于离子碱的相对强弱。正盐溶液因 PO_4^{3-} 离子碱而呈碱性:

$$PO_4^{3-}+H_2O = HPO_4^{2-}+OH^-$$

磷酸一氢盐溶液因 HPO_4^{2-} 为两性物,溶液也呈弱碱性:

$$HPO_4^{2-}+H_2O = H_2PO_4^-+OH^-$$

磷酸二氢盐溶液因 $H_2PO_4^-$ 为两性物,溶液呈弱酸性:

$$H_2PO_4^- = H^++HPO_4^{2-}$$

由于磷酸的多元酸性质,使它的 pH 幅度较大,造成它的缓冲现象。又由于其无毒性又容易取得,实验室及工业常用磷酸二氢盐和磷酸一氢盐配制所需 pH 的缓冲溶液。

磷酸盐与过量的钼酸铵在浓硝酸溶液中反应,有淡黄色磷钼酸铵晶体析出,这是鉴定 PO_4^{3-} 离子的特征反应。

$$PO_4^{3-}+12MoO_4^{2-}+3NH_4^++24H^+ = (NH_4)_3[P(Mo_{12}O_{40})]\cdot 6H_2O+6H_2O$$

与磷酸盐有关的重要化学反应:

$$2Na_3PO_4+3CaCl_2 = Ca_3(PO_4)_2\downarrow(\text{白色})+6NaCl$$

$$Na_2HPO_4+CaCl_2 = CaHPO_4\downarrow(\text{白色})+2NaCl$$

$$2NaH_2PO_4+CaCl_2 = Ca(H_2PO_4)_2+2NaCl$$

$$Na_3PO_4+3AgNO_3 = Ag_3PO_4\downarrow(\text{黄色})+3NaNO_3$$

$$Na_2HPO_4+3AgNO_3 = Ag_3PO_4\downarrow+2NaNO_3+HNO_3$$

$$NaH_2PO_4+3AgNO_3 = Ag_3PO_4\downarrow+NaNO_3+2HNO_3$$

2. 焦磷酸及其盐

焦磷酸,分子式为 $H_4P_2O_7$,无色黏稠液体,久置生成结晶。焦磷酸水溶液的酸性强于正磷酸,它是一个四元酸,在 18 ℃时,它的逐级解离常数依次为:

$$K_1^\ominus=1.4\times10^{-1},\quad K_2^\ominus=1.1\times10^{-2},\quad K_3^\ominus=2.1\times10^{-6},\quad K_4^\ominus=4.1\times10^{-10}$$

焦磷酸由正磷酸失水而得,但其用水稀释可生成正磷酸:

$$H_4P_2O_7+H_2O = 2H_3PO_4$$

焦磷酸较易形成二取代、三取代和四取代盐等三种盐。常见的焦磷酸盐有 $M_2H_2P_2O_7$ 和

$M_4P_2O_7$ 两种类型。将磷酸氢二钠加热可得到 $Na_4P_2O_7$：

$$2Na_2HPO_4 \longequal Na_4P_2O_7 + H_2O$$

$P_2O_7^{4-}$ 与 Cu^{2+}、Ag^+、Zn^{2+}、Hg^{2+} 等离子反应，均有沉淀生成，但由于这些金属离子能与 $P_2O_7^{4-}$ 离子形成配离子而溶解。

$$2Cu^{2+} + P_2O_7^{4-} \longequal Cu_2P_2O_7 \downarrow$$

$$Cu_2P_2O_7 + P_2O_7^{4-} \longequal 2[CuP_2O_7]^{2-}$$

$Cu_2P_2O_7$ 与 H_2S 作用能够生成 $H_4P_2O_7$：

$$Cu_2P_2O_7 + 2H_2S \longequal H_4P_2O_7 + 2CuS$$

3. 偏磷酸及其盐

偏磷酸的化学式为 HPO_3。偏磷酸是硬而透明的玻璃状物质，易溶于水，在溶液中逐渐转变为正磷酸。

$$HPO_3 + H_2O \longequal H_3PO_4$$

常见的偏磷酸有三偏磷酸$(HPO_3)_3$ 和四偏磷酸$(HPO_3)_4$，可由磷酸高温脱水制得，也可由五氧化二磷与适量的冷水制得。

$$3H_3PO_4 \longequal (HPO_3)_3 + 3H_2O$$

$$4H_3PO_4 \longequal (HPO_3)_4 + 4H_2O$$

$$P_4O_{10} + 2H_2O \longequal (HPO_3)_4$$

将磷酸二氢钠加热，在 400～500 ℃间得到三聚偏磷酸盐：

$$3NaH_2PO_4 \longequal (NaPO_3)_3 + 3H_2O$$

把磷酸二氢钠加热到 700 ℃，然后骤然冷却则得到直链多磷酸盐的玻璃体即所谓的格氏盐：

$$xNaH_2PO_4 \longequal (NaPO_3)_x + xH_2O$$

多磷酸钠玻璃体(图 16-22)易溶于水，能与钙、镁等离子发生配位反应，并进一步阻止碳酸钙、碳酸镁的结晶生长，常用作软水剂和锅炉、管道的去垢剂。

正磷酸、焦磷酸和偏磷酸可以用硝酸银加以鉴别。用 $AgNO_3$ 使正磷酸生成黄色沉淀、焦磷酸和偏磷酸产生白色沉淀，但偏磷酸可以使蛋白溶液沉淀而焦磷酸不能。

4. 亚磷酸及其盐

亚磷酸(H_3PO_3)是无色固体，易溶于水，结构如图 16-23 所示。

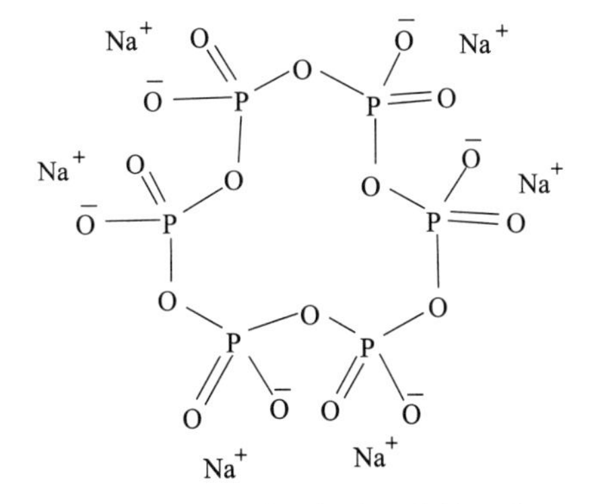

图 16-22 六偏磷酸钠分子结构示意图

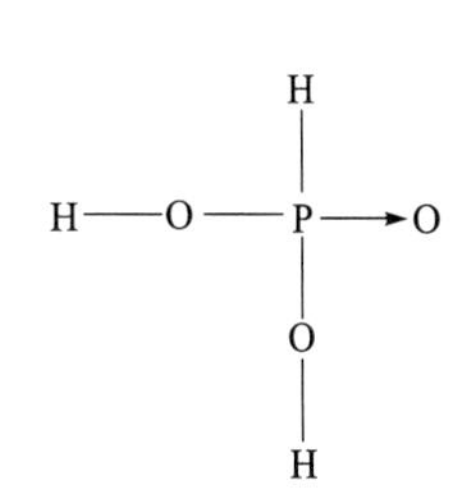

图 16-23 亚磷酸分子结构示意图

亚磷酸可由 P_4O_6 与冰水缓慢反应制得：

$$P_4O_6 + 6H_2O = 4H_3PO_3$$

因制备 P_4O_6 很困难,所以这个方法没有多大的实用意义。

亚磷酸也可由干燥 Cl_2 通入熔磷得 PCl_3,使 PCl_3 在浓 HCl 溶液中水解并于 180 ℃蒸出 HCl 制得:

$$2P + 3Cl_2 = 2PCl_3$$

$$PCl_3 + 3H_2O = H_3PO_3 + 3HCl$$

亚磷酸及其浓溶液受热时会发生歧化反应:

$$4H_3PO_3 = 3H_3PO_4 + PH_3\uparrow$$

因此由 PCl_3 水解制得 H_3PO_3 中含有 H_3PO_4。制备纯 H_3PO_3 的方法是:

$$Na_2HPO_3 + Pb(Ac)_2 = PbHPO_3\downarrow + 2NaAc$$

$$PbHPO_3 + H_2S = H_3PO_3 + PbS\downarrow$$

亚磷酸是一个中强二元酸,其解离常数在 18 ℃时,$K_1^\ominus = 5.1\times10^{-2}$,$K_2^\ominus = 1.8\times10^{-7}$。在亚磷酸分子中有一个 P—H 容易被氧原子进攻,故具有还原性。亚磷酸及其盐在水溶液中都是强还原剂,很容易将 Ag^+ 还原为金属银;也能将热浓硫酸还原为二氧化硫。

$$H_3PO_3 + CuSO_4 + H_2O = Cu\downarrow + H_3PO_4 + H_2SO_4$$

$$HPO_3^- + Ag^+ + H_2O = Ag\downarrow + H_3PO_4$$

$$H_3PO_3 + H_2SO_4 = H_3PO_4 + SO_2 + H_2O$$

H_3PO_3 能形成酸式盐(如 $NaH_2PO_3 \cdot 2.5H_2O$)和正盐(如 $Na_2HPO_3 \cdot 5H_2O$)。碱金属的正盐(锂盐难溶)、酸式盐均易溶于水,而其他金属的亚磷酸盐较难溶解,如 $BaHPO_3$ 难溶。

5. 次磷酸及其盐

次磷酸的分子式为 H_3PO_2,是一种白色易潮解的固体(熔点 26 ℃)。次磷酸分子中有两个与 P 原子直接键合的氢原子,结构如图 16-24 所示。

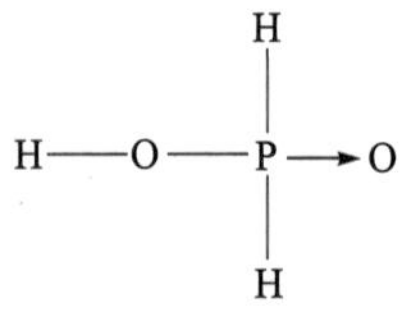

H
|
H——O——P→O
|
H

图 16-24 次磷酸分子结构示意图

次磷酸是一个中强一元酸:

$$H_3PO_2 + H_2O = H_3O^+ + H_2PO_2^- \qquad (K_a^\ominus = 1.0\times10^{-2}, 25\ ℃)$$

次磷酸盐可由白磷和碱溶液反应制得:

$$P_4 + 4OH^- + 4H_2O \xlongequal{\text{温热}} 4H_2PO_2^- + 2H_2\uparrow$$

$$P_4 + 4OH^- + 2H_2O = 2HPO_3^- + 2PH_3\uparrow$$

次磷酸盐经酸化得次磷酸,如 $Ca(H_2PO_2)_2$ 和等物质的量的 H_2SO_4、$H_2C_2O_4$ 反应均得 H_3PO_2 溶液;次磷酸钡和等物质的量的 H_2SO_4 作用,可制得较纯的 H_3PO_2。

$$Ba(H_2PO_2)_2 + H_2SO_4 = 2H_3PO_2 + BaSO_4\downarrow$$

$H_2PO_2^-$ 为变形四面体构型。如在 $NH_4H_2PO_2$ 中,磷原子为四配位,P—O 键长为 151 pm,P—H 键长为 150 pm,H—P—H、O—P—O 键角分别为 92°和 120°。次磷酸及其盐都不稳定,受热分解释出 PH_3。

$$3H_3PO_2 = 2H_3PO_3 + PH_3\uparrow$$

$$4H_2PO_2^- = P_2O_7^{4-} + 2PH_3\uparrow + H_2O$$

次磷酸及其盐都是强还原剂,还原性比亚磷酸强,能使 Ag(Ⅰ)、Ag(Ⅱ)还原为 Ag;Cu(Ⅱ)还原为 Cu(Ⅰ)或 Cu;Hg(Ⅱ)还原为 Hg(Ⅰ)或 Hg;还可把冷的浓 H_2SO_4 还原为单质硫;把 $K_2Cr_2O_7$ 还原为 Cr(Ⅲ);能被 Cl_2、Br_2、I_2 氧化成 H_3PO_3,甚至 H_3PO_4。

$$H_3PO_2 + X_2 + H_2O \xlongequal{\quad} H_3PO_3 + 2HX$$

$$H_3PO_2 + X_2 + H_2O \xlongequal{\quad} H_3PO_4 + 2HX$$

碱金属、碱土金属及多数重金属的次磷酸盐都易溶于水。次磷酸钠[KH_2PO_2 或 $Ca(H_2PO_2)_2$ 均可]常用作化学镀镍中的还原剂。所谓化学镀镍，是利用锌盐溶液在强还原剂的作用下，使镍离子还原为金属镍并在其他金属表面或塑料表面沉积形成牢固的镀层：

$$Ni^{2+} + H_2PO_2^- + H_2O \xlongequal{\quad} HPO_3^{2-} + 3H^+ + Ni \qquad \Delta_r G^\ominus = -52.12\ kJ \cdot mol^{-1}$$

16.2.4 磷的卤化物和硫化物

1. 磷的卤化物

磷可以和卤素单质直接化合形成相应的卤化物。磷的卤化物一般有 PX_3 和 PX_5 两种形式，但 PI_5 不易生成(r_P 不大而 r_I 大，P原子周围容纳不下 I^- 或 I^- 易变形)。

$$2P + 3X_2(少量) \xlongequal{\quad} 2PX_3 \qquad (除氟)$$

$$2P + 5X_2(过量) \xlongequal{\quad} 2PX_5 \qquad (除碘)$$

PCl_3 是本族中最重要的化合物，在工业上将P悬浮在预先放入反应器的 PCl_3 中。采用直接氯化法大规模制取 PCl_3。此反应是在回馏过程中不断地除去所形成的 PCl_3 的条件下实现的。

PCl_3 分子为三角锥构型，分子中磷原子以sp不等性杂化轨道成键，有一对孤对电子(图16-25)。因此，PCl_3 可以与金属离子形成配合物，如 $Ni(PCl_3)_4$。PCl_3 有毒，有刺激性和强腐蚀性。吸入三氯化磷气体后能使结膜发炎，喉痛及眼睛组织破坏，对肺和黏膜都有刺激作用。遇水发生激烈反应，遇潮湿空气发烟(盐酸雾)，可引起爆炸。

$$PCl_3 + 3H_2O \xlongequal{\quad} H_3PO_3 + 3HCl$$

PCl_3 有一定的还原性，当遇氧化剂时会被氧化：

$$PCl_3 + S \xlongequal{\quad} PSCl_3$$

五氯化磷的性质与三氯化磷相似，中等毒性。PCl_5 是白色固体，在气态和液态时，PCl_5 的分子结构是三角双锥，磷原子位于锥体的中央，磷原子以 sp^3d 杂化轨道成键(图16-26)。

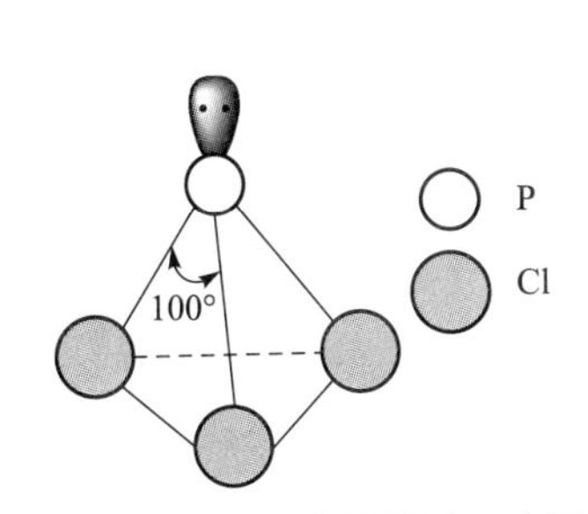

图16-25 PCl_3 分子构型示意图

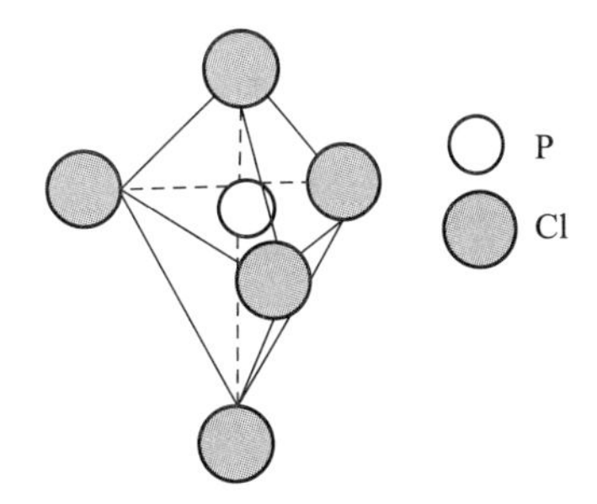

图16-26 PCl_5 分子构型示意图

三卤化磷和卤素反应得五卤化磷(PI_5 除外)：

$$PCl_3 + Cl_2 \xlongequal{\quad} PCl_5$$

因为P和 Cl_2 的反应是放热的，而 PCl_5 在高温下又会解离为 PCl_3 和 Cl_2，所以制 PCl_5、PBr_5 分两步进行，即先合成 PX_3，经适当“冷却”后，再和 X_2 反应生成 PX_5。

固态时 PCl_5 不再保持三角双锥结构而形成离子化合物。PCl_5 易水解，但水量不足时，则部分水解生成三氯氧磷和氯化氢。

$$PCl_5 + H_2O \longrightarrow POCl_3 + 2HCl$$

过量水中则完全水解：

$$POCl_3 + 3H_2O \longrightarrow H_3PO_4 + 3HCl$$

PCl_5 能和缺电子的氯化物，如 BCl_3、$AlCl_3$、$GaCl_3$ 形成加合物 $PCl_5 \cdot BCl_3$、$PCl_5 \cdot AlCl_3$、$PCl_5 \cdot GaCl_3$。这些加合物和 PCl_3 加合物不同，它们都是离子型化合物，如$[PCl_4]^+[AlCl_4]^-$的加合物是以共价键相互结合的。

PCl_5 的晶体由$[PCl_4]^+[PCl_6]^-$组成，而 PBr_5 的晶体是由$[PBr_4]^+Br^-$组成的。PF_5 是分子晶体。

2. 磷的硫化物

磷的硫化物是一个令人感兴趣的化合物系列。这些化合物呈现出令人费解的结构和特征。P_4S_{10}、P_4S_9、P_4S_7、P_4S_5、α-P_4S_4、β-P_4S_4 和 P_4S_3 化合物皆以 P_4 四面体为基础，即 4 个 P 原子保持原先在 P_4 四面体中的相对位置，而 S 连接在 P—P 之间和顶端。磷的硫化物结构列于图 16-27 中。

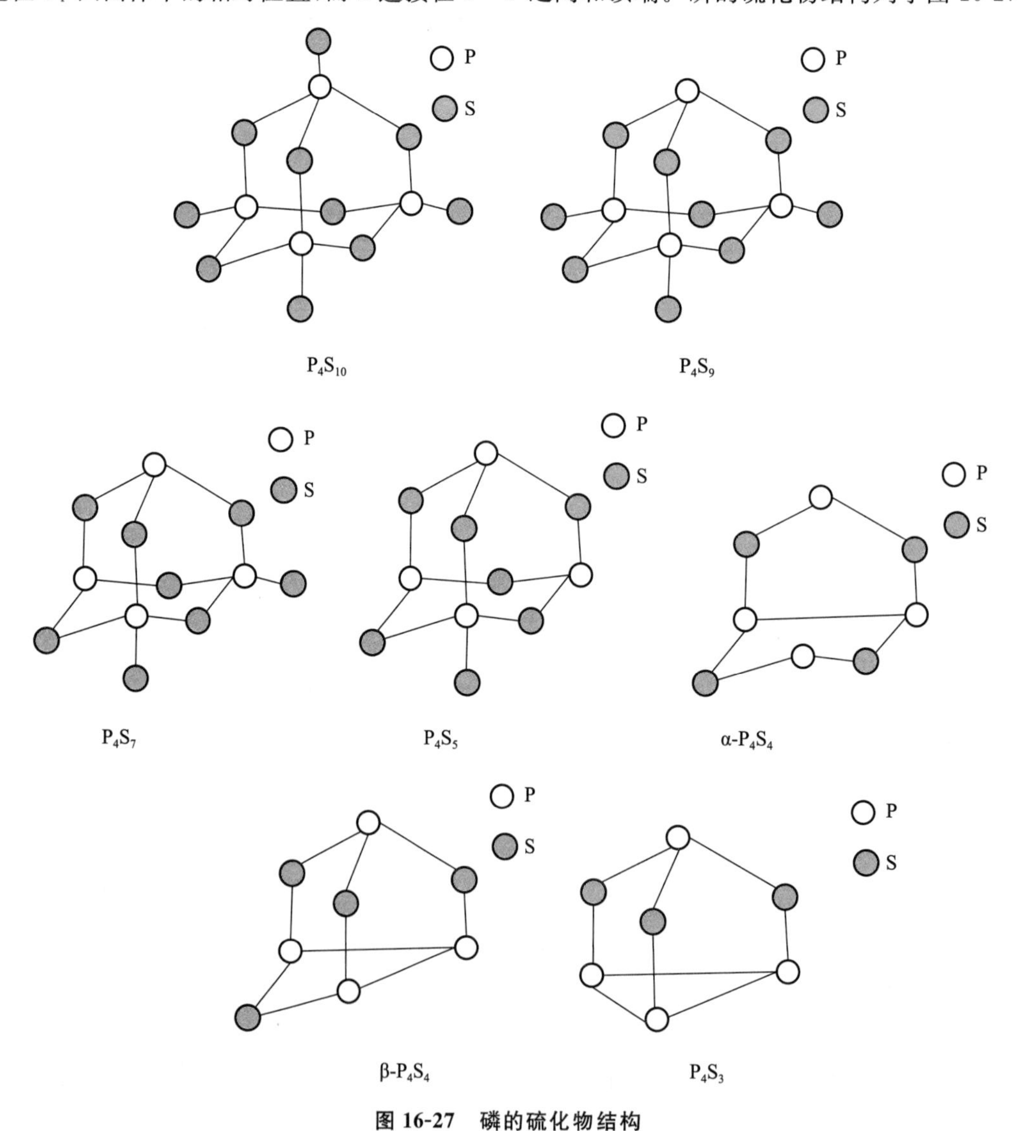

图 16-27 磷的硫化物结构

较重要的硫化磷有P_4S_3、P_4S_5、P_4S_7、P_4S_{10}等四种。P_4S_3是制火柴的原料。P_4S_{10}是润滑油添加剂,作杀虫剂。

磷的硫化物均难溶于水,P_4S_3、P_4S_5能溶于二硫化碳溶剂中,另外两种微溶于二硫化碳。

硫化磷水解反应比卤化磷复杂得多,如P_4S_3水解生成PH_3、H_2、H_3PO_2、H_3PO_3及H_2S;P_4S_7水解生成PH_3、H_3PO_2、H_3PO_3、H_3PO_4及H_2S;P_4S_{10}水解生成H_3PO_4和H_2S。

16.3 砷、锑、铋

砷、锑、铋是周期表中ⅤA族的最后三种元素,属于最早被人们认识和分离出来的元素之列,比获得氮(1772年)和磷(1669年)的单质都要早。早在公元前5世纪,一些医生和专门从事放毒的人即已知道硫化砷及其有关化合物的性质。

砷、锑、铋原子的次外层都有18个电子,在性质上彼此更为相似,有砷分族之称。砷、锑、铋都是亲硫元素,在自然界主要以硫化物矿存在,如雄黄(As_4S_4)、雌黄(As_2S_3)、辉锑矿(Sb_2S_3)、辉铋矿(Bi_2S_3)等。此外,许多硫化物矿,如黄铁矿(FeS_2)、闪锌矿(ZnS)中也含有少量的砷。氧化砷俗称砒霜,氧化铋叫铋华。我国锑的蕴藏量居于世界首位。

16.3.1 砷、锑、铋单质

砷、锑、铋的性质较为相似,又为砷分族元素。

砷、锑是典型的半金属,它们与ⅢA和ⅥA的金属形成的合金是优良的半导体材料,具有工业意义的锑合金达200种以上。砷有金属型灰砷及由As_4构成的黄砷、斜方砷等同素异形体。黄砷不稳定易被氧化,能溶于CS_2,在光照下转变为灰砷。常温下斜方砷是稳定的。迅速冷却锑蒸气得黄锑。在HCl介质中电解$SbCl_3$在阴极得到含氢的锑,因易爆炸,故叫炸锑。

铋的熔点是271.3 ℃,熔态铋凝成固态时,体积胀大3.33%,熔锑凝固时体积也略有增大。铋是典型的金属,它与铅、锡的合金用于作保险丝,它的熔点(271 ℃)和沸点(1470 ℃)相差一千多度,用于原子能反应堆中做冷却剂。

砷、锑、铋的金属性比磷强,所以只能和较活泼的金属(如镁)形成砷、锑、铋化物。从砷到铋熔点依次降低,在气态时砷、锑、铋都是多原子分子。砷和锑的蒸气分子都是四原子分子,加热到一定温度开始分解为As_2、Sb_2。铋的蒸气密度表明,单原子和双原子分子处于平衡状态。

从硫化锑(铋)提取锑(铋)的过程是先将矿石在空气中焙烧成氧化物,然后用炭把它还原为单质。如:

$$2As_2S_3 + 9O_2 = As_4O_6 + 6SO_2$$

$$As_4O_6 + 6C = 4As + 6CO\uparrow$$

$$2Sb_2S_3 + 9O_2 = 2Sb_2O_3 + 6SO_2$$

$$Sb_2O_3 + 3C = 2Sb + 3CO$$

铋、锑矿也可直接用铁粉还原得到:

$$Sb_2S_3 + 3Fe = 2Sb + 3FeS$$

焙烧硫化物矿时,其中的砷转化为As_2O_3。As_2O_3易升华而逸入空气,对空气造成污染。

常温下,砷、锑、铋在水和空气中都比较稳定,不溶于稀酸,但能与具有氧化性的硝酸、热浓硫

酸、王水等反应,与硝酸作用生成砷酸、锑酸(水合五氧化二锑)和铋(Ⅲ)盐:

$$3As + 5HNO_3 + 2H_2O = 3H_3AsO_4 + 5NO\uparrow$$

$$2As + 3H_2SO_4(热、浓) = As_2O_3 + 3SO_2\uparrow + 3H_2O$$

$$6Sb + 10HNO_3 + 3xH_2O = 3Sb_2O_5\cdot xH_2O + 10NO\uparrow + 5H_2O$$

$$2Sb + 6H_2SO_4(热、浓) = Sb_2(SO_4)_3 + 3SO_2\uparrow + 6H_2O$$

$$Bi + 6HNO_3 = Bi(NO_3)_3 + 3NO_2\uparrow + 3H_2O$$

Sb、Bi 不与碱作用,As 可以与熔碱作用:

$$2As + 6NaOH = 2Na_3AsO_3 + 3H_2\uparrow$$

As、Sb、Bi 的化学性质不太活泼,但在高温时能和氧、硫、卤素发生反应。砷、锑、铋和卤素反应,一般生成三卤化物,但砷在过量氟存在时生成 AsF_5,锑在过量氟和氯存在时生成 SbF_5 和 $SbCl_5$,锑、铋不与 NaOH 作用。它们的化合物一般是有毒的。

$$4As + 3O_2 = 2As_2O_3$$

$$2As + 5F_2 = 2AsF_5$$

$$2As + 3Cl_2 = 2AsCl_3$$

$$2Sb + 3Cl_2 = 2SbCl_3$$

$$2Sb + 5Cl_2 = 2SbCl_5 \quad (氯气过量)$$

$$2Bi + 3X_2 = 2BiX_3 \quad (X 为卤素)$$

砷、锑、铋能和绝大多数金属形成合金。砷是合金的加硬剂。人们发现,即使很难熔化的铂(熔点为 1801 ℃),只要添加砷,就可降低它的熔点。锑也可作合金的加硬剂,如在铅中加入 10%~20%锑能使铅的硬度增加,适用于制造子弹和轴承。熔融的锑或铋具有在凝固时体积膨胀的特性,过去用于制铸字合金(Bi∶Pb∶Sn∶Sb=4∶1∶1∶1),在 71 ℃时熔化,可制保险丝、锅炉安全塞及自动喷洒消防系统。纯铋可作为热载体用于核动力反应堆。砷、锑、铋(包括磷)和ⅢA 族金属元素间的化合物(如 GaAs、GaSb、InAs 等)具有硅、锗所不及的优良半导体性能,是发展较快的Ⅲ~Ⅴ族半导体材料。

16.3.2 砷、锑、铋的化合物

砷、锑、铋都有氧化态为+3 和+5 的两个系列氧化物。As(Ⅲ)和 Sb(Ⅲ)的氧化物和氢氧化物都是两性物质,而 Bi_2O_3 和 $Bi(OH)_3$ 却只表现出碱性,它们只溶于酸而不与碱作用。As(Ⅴ)、Sb(Ⅴ)、Bi(Ⅴ)的氧化物和氢氧化物都是两性偏酸的化合物。+5 氧化态的砷、锑、铋化合物的氧化性按砷、锑、铋的顺序递增。

砷、锑、铋的+3 和+5 氧化态的硫化物[Bi(Ⅴ)不能生成 Bi_2S_5]均难溶于 6 $mol\cdot L^{-1}$的 HCl 中,且有颜色。主要应用在医药、橡胶、颜料、火柴及焰火等工业。

1. 氢化物

AsH_3、SbH_3 及 BiH_3 都是热稳定性差、无色气态的剧毒物质,这些氢化物分子间不存在氢键,并且它们对质子的亲和力实际上等于零,它们没有形成与 NH_4^+ 相似的 MH_4^+ 阳离子的趋势。砷分族氢化物的稳定性顺序为 $AsH_3 > SbH_3 > BiH_3$。随着相对分子质量的增大,H—M—H 键角有缓慢的减小。

AsH_3 又称胂,是无色、有恶臭和有毒的气体,极不稳定,将砷化物水解或用活泼金属在酸性溶液里使砷化合物还原，都能得到胂。

$$Na_3As + 3H_2O = AsH_3\uparrow + 3NaOH$$

$$As_2O_3 + 6Zn + 6H_2SO_4 = 2AsH_3\uparrow + 6ZnSO_4 + 3H_2O$$

砷、锑、铋同镁的化合物和酸作用生成相应的氢化物。

$$Mg_3M_2 + 6HCl = 3MgCl_2 + 2MH_3 \qquad (M=As、Sb、Bi)$$

用某些强还原剂还原砷、锑、铋的化合物，也能得到氢化物，如 KBH_4 还原 $NaAsO_2$、$KSb(C_4H_4O_6)_2$ 得胂、SbH_3；$LiAlH_4$ 还原 $BiCl_3$ 得 BiH_3。

AsH_3、SbH_3 及 BiH_3 易受热分解。SbH_3 在室温即易分解，少量 BiH_3 在液 N_2 温度下能稳定存在，但在室温下只能存在几分钟。胂加热至 250～300 ℃即分解成为单质。若分解生成的 As 淀积在玻璃上且有金属光泽，叫砷镜：

$$2AsH_3 \xlongequal{227\ ℃} 2As + 3H_2$$

这是有名的马氏试砷法反应，用于检验含砷化合物。胂还可以使 $AgNO_3$ 析出黑色沉淀银：

$$2AsH_3 + 12AgNO_3 + 3H_2O = As_2O_3 + 12HNO_3 + 12Ag\downarrow$$

这也可用于含砷化合物的鉴定，检出限量为 0.005 mg，称“古氏试砷法”。

锑可生成相似的锑镜，砷镜可溶于次氯酸钠，但锑镜不溶：

$$5NaClO + 2As + 3H_2O = 2H_3AsO_4 + 5NaCl$$

2. 卤化物

砷、锑、铋的多数卤化物在物理性质、结构、键合情况以及化学性质诸方面显示了高度规律性变化。砷、锑、铋的卤化物随着相对分子质量越大，熔点越高，颜色越深。AsF_3、$AsCl_3$ 为液体，其余为固体。AsI_3、SbI_3 为红色，$BiBr_3$ 黄色，BiI_3 棕色，其余为白色。

三卤化物可用单质与卤素直接作用制备：

$$2M + 3X_2 = 2MX_3 \qquad (M=As、Sb、Bi)$$

对于 Sb、Bi，还可以用它们的三氧化物与 HX 作用制备：

$$M_2O_3 + 6HX = 2MX_3 + 3H_2O \qquad (M=Sb、Bi)$$

生成 MX_3 的反应都是放热的，所以 MX_3 一般都比较稳定。MX_3 均易水解并释放热量。

$$AsCl_3 + 3H_2O = H_3AsO_3 + 3HCl$$

$$SbCl_3 + H_2O = SbOCl\downarrow\ (白) + 2HCl$$

$$BiCl_3 + H_2O = BiOCl\downarrow\ (白) + 2HCl$$

砷、锑、铋的卤化物的水解性为 $PCl_3 > AsCl_3 > SbCl_3 > BiCl_3$。$AsCl_3$ 水解不如 PCl_3 水解彻底，H_3AsO_3 为弱酸，碱性比 H_3PO_3 强，As 和 OH^- 结合弱于 P 和 OH^-，若用浓盐酸抑制 $AsCl_3$ 水解，体系中会有 H_3AsO_3 存在，但用浓盐酸抑制 PCl_3 水解，溶液中也不会有 H_3PO_3。$Sb(OH)_3$ 和 $Bi(OH)_3$ 碱性更强，必须在相应酸溶液中配制 SbX_3、BiX_3 的溶液，以抑制水解。由于 Bi^{3+} 和 Cl^- 形成 $BiCl_4^-$，所以也能在 NaCl 溶液中配制 $BiCl_3$ 的溶液。$Sb(NO_3)_3$ 和 $Bi(NO_3)_3$ 也会分别水解生成 $SbONO_3$ 和 $BiONO_3$ 沉淀，也应该在 HNO_3 溶液中配制这两种溶液。

3. 氧化物及其水合物

砷、锑、铋的氧化物有+3、+4、+5 三种，且有相对应的与水作用的含氧化物。

(1) +3 氧化物及其水合物

在常态下，砷、锑的三氧化物是双分子，As_4O_6、Sb_4O_6 与 P_4O_6 相似，它们在较高的温度下解

离为 As_2O_3、Sb_2O_3。As_4O_6 是以酸性为主的两性氧化物,Sb_4O_6 则是以碱性为主的两性氧化物,而 Bi_2O_3 是碱性氧化物。

M_4O_6 型氧化物可以从硫化物与氧在空气中加热得到,也可由单质与空气加热得到,M_2O_5 型是由其水合物加热脱水得到。

$$2M_4S_6 + 18O_2 \xlongequal{} 2M_2O_6 + 12SO_2$$

$$4M + 3O_2 \xlongequal{} M_4O_6$$

As_4O_6,俗名砒霜,也写作 As_2O_3,溶于 NaOH 及 HCl 溶液,具有两性:

$$As_2O_3 + 6OH^- \xlongequal{} 2AsO_3^{3-} + 3H_2O$$

$$As_2O_3 + 6H^+ \xlongequal{} 2As^{3+} + 3H_2O$$

砒霜剧毒,中毒症状为腹痛呕泻,致死量为 0.1 g。用胶态的氢氧化铁或氢氧化镁悬浮液可解毒。As_2O_3 是制备砷衍生物的主要原料,可作杀虫剂、除草剂,也用于制备药物,木材、皮毛防腐,玻璃脱色等。

H_3AsO_3 是两性物,在 25 ℃时,$K_a = 6\times10^{-10}$,$K_b = 1.0\times10^{-14}$。碱金属的亚砷酸盐易溶于水,碱土金属盐难溶。市售试剂是亚砷酸钠。

氢氧化锑是以碱性为主的两性物,其盐一般以偏、聚酸盐存在,如 $NaSbO_2$、$NaSb_3O_5 \cdot H_2O$ 及 $Na_2Sb_4O_7$。在酸性介质中以 Sb^{3+} 存在,随 pH 升高有锑氧阳离子存在,到一定 pH 得碱式盐沉淀。

$$SbCl_3 + H_2O \xlongequal{} SbOCl\downarrow + 2H + 2Cl^-$$

$Bi(OH)_3$ 是碱性氢氧化物,溶于酸成 Bi(Ⅲ)盐,随溶液 pH 升高,在碱式盐沉淀($BiONO_3$)前,溶液中有聚合铋氧阳离子(如$[Bi_6(OH)_{12}]^{6+}$)存在。

(2) +5 氧化物及其水合物

砷、锑、铋的+5 氧化物及其水合物的酸性强于相应+3 氧化物及其水合物。

As_2O_5 可由 As_2O_3 和 O_2 化合(加压)或 H_3AsO_4 脱水生成。

$$As_2O_3 + O_2 \xlongequal{加压} As_2O_5$$

$$2H_3AsO_4 \xlongequal{} As_2O_5 + 3H_2O$$

As_2O_5 易潮解,极易溶于水。As_2O_5 溶于水或 H_3AsO_3 被 HNO_3 氧化制得 H_3AsO_4。

$$3As + 5HNO_3 + 2H_2O \xlongequal{} 3H_3AsO_4 + 5NO\uparrow$$

H_3AsO_4 是三元酸($pK_1 = 2.2$,$pK_2 = 16.9$,$pK_3 = 12.5$,25 ℃)。

酸式盐 MH_2AsO_4 受热脱水成偏砷酸盐,如 $NaAsO_3$。锑酸为六配位体,其制备方法如下:

$$3Sb + 5HNO_3 + 8H_2O \xlongequal{} 3H[Sb(OH)_6] + 5NO\uparrow$$

锑酸的钠、钾盐的溶解度都不大,NaSb(OH)的溶解度更小,所以定性分析上用 $KSb(OH)_6$ 检定 Na^+。

Bi_2O_5 是否存在至今尚无定论,但 $NaBiO_3$ 确实存在。

$$Bi(OH)_3 + Cl_2 + 3NaOH \xlongequal{} NaBiO_3\downarrow + 2NaCl + 3H_2O$$

用酸处理 $NaBiO_3$ 则得到红棕色的 Bi_2O_5,它不稳定,很快分解为 Bi_2O_3。难溶的 $NaBiO_3$ 在酸性介质中是强氧化剂,分析上用它定性检出 Mn^{2+}。

$$2Mn^{2+} + 5BiO_3^- + 14H^+ \xlongequal{} 2MnO_4^- + 5Bi^{3+} + 7H_2O$$

在硝酸溶液中加入固体 $NaBiO_3$ 加热时有特征的紫色 MnO_4^- 出现，则可判定溶液中有 Mn^{2+} 存在。

$$AsO_3^{3-} + I_2 + 2OH^- \xlongequal{\quad} AsO_4^{3-} + 2I^- + H_2O$$

这个反应是典型的可逆反应例子，pH＝5～9 时，反应向右进行，pH＜4 时反应不完全，强酸溶液中反应向左进行，pH 太大时，I_2 会歧化。

Sb(Ⅴ)的氧化性仅稍强于 As(Ⅴ)，在酸性介质中能把 I^- 氧化成 I_2。

$$Sb(OH)_6^- + 2I^- + 6H^+ \xlongequal{\quad} Sb^{3+} + I_2 + 6H_2O$$

4. 硫化物

砷、锑、铋的硫化物有 As_2S_3、Sb_2S_3、Bi_2S_3 及 As_2S_5、Sb_2S_5。

砷、锑、铋和硫于 500～900 ℃按化合量反应生成相应的硫化物，或往砷(Ⅲ)、锑(Ⅲ)、铋(Ⅲ)的酸性溶液中通入 H_2S，得到 As_2S_3、Sb_2S_3、Bi_2S_3。从电极电势看，在酸性介质中 As(Ⅴ)、Sb(Ⅴ)能氧化 H_2S。因此，往酸性的 As(Ⅴ)、Sb(Ⅴ)溶液中通 H_2S，所得 M_2S_5 中总含有 As_2S_3、Sb_2S_3 及 S。若用 S_x^{2-} 氧化 As_2S_3、Sb_2S_3 为硫代酸盐 AsS_4^{3-}、SbS_4^{3-}，经纯化后加酸，得到纯 As_2S_5 和 Sb_2S_5。

砷、锑、铋的硫化物比氧化物稳定，具有特征的颜色，酸碱性与氧化物相似，溶解性也相似，据此可以鉴定和分离它们。

$$Sb_2S_5 + 6H^+ + 8Cl^- \xlongequal{\quad} 2[SbCl_4]^- + 3H_2S\uparrow + 2S\downarrow$$

硫化物和硫代酸盐的生成：

$$2As^{3+} + 3H_2S \xlongequal{\quad} As_2S_3\downarrow + 6H^+$$

$$2AsO_4^{3-} + 5H_2S + 6H^+ \xlongequal{\quad} As_2S_5\downarrow + 8H_2O$$

必须在浓的强酸溶液中才能得到五硫化二砷。硫化物溶于碱或硫化钠或硫化铵中生成硫代酸盐：

$$As_2S_3 + 6OH^- \xlongequal{\quad} AsO_3^{3-} + AsS_3^{3-} + 3H_2O$$

$$Sb_2S_3 + 6OH^- \xlongequal{\quad} SbO_3^{3-} + SbS_3^{3-} + 3H_2O$$

$$As_2S_3 + 3S^{2-} \xlongequal{\quad} 2AsS_3^{3-}$$

$$As_2S_3 + 3S_2^{2-} \xlongequal{\quad} 2AsS_4^{3-} + S$$

(亚)硫代酸盐在酸中不稳定，分解为硫化物和硫化氢：

$$2AsS_4^{3-} + 6H^+ \xlongequal{\quad} As_2S_5 + 3H_2S\uparrow$$

$$2AsS_3^{3-} + 6H^+ \xlongequal{\quad} As_2S_3 + 3H_2S\uparrow$$

习　题

16-1 总结氮族与同周期的卤素和氧族元素性质的不同。

16-2 写出氨气与氧气混合，或与 Na、CuO、Mg 等加热下的反应。并说明工业上为什么可用氨气来检查氯气管道是否漏气？

16-3 以 NH_3 和 H_2O 作用时质子传递的情况，讨论 NH_3、H_2O 和质子之间键能的强弱。为什么醋酸在水中是一弱酸，而在液氨中却是强酸？

16-4 NH_3 和 NF_3 都是 Lewis 碱，哪一个碱性强？为什么？

16-5 为什么在 N_3^- 中两个 N—N 键有相等的键长，而在 HN_3 中两个 N—N 键的键长却不相等？

16-6 将下列物质按碱性减弱顺序排序，并解释原因。

$$NH_2OH \quad NH_3 \quad N_2H_4 \quad PH_3 \quad AsH_3$$

16-7 如何去除 $NaNO_3$ 中含有的少量 $NaNO_2$？

16-8 因浓硝酸的还原产物为 NO_2，稀硝酸为 NO 或 N_2O、NH_4^+，是否可得出结论，硝酸浓度越高，氧化性越弱？为什么？

16-9 用三种方法区别 $NaNO_3$ 与 $NaNO_2$。

16-10 为什么 NF_3 比 NCl_3 稳定？为什么 NF_3 不水解而 NCl_3 水解？

16-11 为什么单质磷的反应活性比氮气的高得多？为什么氮在自然界中以游离态存在，而磷却以化合态存在？

16-12 NH_3、PH_3、AsH_3 分子中的键角依次为 107°、93.08°、91.8°，请解释这一现象。

16-13 写出 PCl_3、PCl_5、P_4O_6 和 P_4O_{10} 的水解反应方程式。

16-14 将 $AgNO_3$ 溶液分别加到 PO_4^{3-}、HPO_4^{2-}、$H_2PO_4^-$ 中，得到什么产物？有什么现象？溶液 pH 如何变化？为什么？

16-15 为什么从 H_3PO_4、H_3PO_3 到 H_3PO_2，还原性依次增强？

16-16 请用理论定性解释：为什么氮族氢化物从 PH_3 到 BiH_3 其熔沸点、熔(气)化热依次增大，而 NH_3 则反常地增大？

16-17 请写出 NCl_3、PCl_3、$AsCl_3$、$SbCl_3$、$BiCl_3$ 的水解反应方程式。如何配制 $Bi(NO_3)_3$ 或 $SbCl_3$ 的澄清水溶液？

16-18 为什么 As、Sb、Bi 的氧化物或氢氧化物的碱性依次递增，酸性依次递减？

16-19 如何制备 $NaBiO_3$？指出 $NaBiO_3$ 与 Mn^{2+} 在酸性介质中的反应现象以及反应方程式，并说明介质酸是用硝酸还是盐酸，为什么？

16-20 如何鉴别 As^{3+}、Sb^{3+} 与 Bi^{3+}？如何分离共存的 As^{3+}、Sb^{3+} 和 Bi^{3+} 三种离子？

16-21 为什么没有 Bi_2S_5、Bi_2I_5 存在？

16-22 向硫代砷酸钠溶液中加入稀盐酸，有何现象发生？写出化学反应方程式。

16-23 配制三氯化铋的溶液要加酸，往亚砷酸盐溶液中通 H_2S 制备硫化亚砷时也要加酸，砷酸钠和碘化钾起反应时还要加酸，上述三个加酸的目的各是什么？请说明理由。

已知：

$$I_2 + 2e^- \longrightarrow 2I^- \quad E^\ominus = 0.54V$$

$$H_3AsO_4 + 2H^+ + 2e^- \longrightarrow H_3AsO_3 + H_2O \quad E^\ominus = 0.56V$$

第17章 氧族元素

氧族元素在周期表的ⅥA族，有氧(O)、硫(S)、硒(Se)、碲(Te)、钋(Po)五种元素，希腊原文的意思是成矿元素，是因自然界中有用的矿物多为氧化物和硫化物矿而得名的。氧族元素的价电子构型为 ns^2np^4。氧的常见氧化态为−2，硫、硒、碲的氧化态有−2、+2、+4、+6。硒、碲、钋为稀有元素，其中钋具有放射性。地球上氧的含量最高，其在岩石圈中约占92%（体积分数），在水圈中约占91%（质量分数），在大气圈中约占21%（体积分数），在人体中约占65%（质量分数）。氧是生物体最重要的组成元素。氧参与形成水和有机物质，而水和有机物质则是一切生命体的物质基础。同时有机体的组织细胞靠氧的呼吸维持生命。机体的生命活动要消耗氧，而植物的光合作用又向空间输送氧。因此，保护绿色植物，就是保护氧在自然界中的生物循环，也就是保护人类的生存环境。

硫在自然界中主要以化合态存在，火山附近常有单质硫矿藏存在。在自然界中氧和硫能以单质存在，许多金属在地壳中以氧化物和硫化物的形式存在。硫是生物体必需的宏量元素，主要参与形成酪蛋白。硫在蛋白质中的质量分数约为0.3%～2.5%。动物体内的硫大部分存在于毛发和软骨等组织中。

硒是人体必需的微量元素，其在体内参与生物合成并转化为—SeH基。硒在人体内的活性物质主要是含硒酶。含硒酶的生物功能是清除体内的自由基，而这些自由基对机体细胞的损伤与肿瘤和某些损伤性疾病（如克山病、大骨节病）的发生有关。例如，美国学者发现，某地区谷物中硒含量高低与肿瘤发病率有关。动物实验也证实了含硒化合物对化学致癌的癌前期病变和某些由病毒诱发的肿瘤有抑制作用。

与周期系其他族元素相比，氧族元素有以下成键特征：

① 易得到或与其他元素的原子共用两个电子，形成氧化态为−2的化合物。本族元素的原子在化学反应中具有夺取或共用两个电子，以达到稀有气体8电子构型的倾向。因此，氧与大多数金属元素形成二元的离子型化合物，而本族其他元素则与大多数金属元素形成共价型化合物。氧族元素与非金属元素化合均形成共价型化合物。

② 可形成氧化态为−2的共价型化合物，除氧外还可形成氧化态为+4和+6的共价型化合物。本族元素在与电负性大于它们的元素化合时，均可形成氧化态为+2的共价型化合物。氧以下的元素还能与电负性大于它们的元素化合，形成氧化态为+4和+6的共价型化合物。成键时，它们的 ns 和 np 电子对可与其他元素的原子形成共价双键，也可拆开成对的价电子，将其中的一个电子激发到 nd 空轨道上去，形成多个共价单键，这是氧族元素另一重要的成键特征。

③ 本族元素具有较强的形成配位键的倾向，氧和硫是常见的配位原子。氧元素还具有以下成键特征：氧分子 O_2 结合两个电子，形成过氧离子 O_2^{2-} 或共价的过氧链（—O—O—）时，氧表现为−1氧化态；氧分子 O_2 结合一个电子，形成超氧离子 O_2^- 时，氧表现为−0.5氧化态。

17.1 氧单质及其化合物

17.1.1 氧单质

1. 氧气

(1) 氧气的制备

氧气(O_2)是氧元素最常见的单质形态，可以利用空气或某些含氧化合物来制备。空气和水是制取氧气的主要原料，大约有97%的氧是从空气中提取的，3%的氧来自电解水。

实验室小规模制氧气一般会采用加热氯酸钾和催化剂二氧化锰的混合物的方法，其分解温度约200 ℃左右，生成氧气和氯化钾：

$$2KClO_3 \xlongequal{MnO_2} 2KCl + 3O_2\uparrow$$

用此方法制得的氧气通常混有少量刺激性气味的气体氯气，或者直接加热高锰酸钾来制备：

$$2KMnO_4 \xlongequal{\triangle} K_2MnO_4 + MnO_2 + O_2\uparrow$$

也可以用过氧化氢溶液加二氧化锰作催化剂的方法，制得氧气，同时产生水：

$$2H_2O_2 \xlongequal{} 2H_2O + O_2\uparrow$$

这种方法简单易操作，节约能源，且生成物没有污染，是实验室制取氧气的常用方法之一。

由于在氧化物或含氧酸盐中氧的氧化态为−2，所以在实验室中制备氧的基本途径之一还可以用化学法把O^{2-}氧化成O_2。如加热分解金属氧化物或含氧酸盐，其反应为：

$$2HgO \xlongequal{\triangle} 2Hg + O_2$$

$$2BaO_2 \xlongequal{\triangle} 2BaO + O_2$$

$$2NaNO_3 \xlongequal{\triangle} 2NaNO_2 + O_2$$

工业上主要是通过物理法液化空气，然后分馏制氧。欲使空气液化，必须先将空气降温到临界温度以下，并加大压力才可以实现。

(2) 物理性质

氧气是无色、无臭的气体。在标准状况下，密度为1.429 g·L^{-1}，熔点为−218.6 ℃，沸点为−182 ℃。氧气在液态和固态时呈浅蓝色。根据各气体的溶解度和该气体的分压成正比的关系可知，溶于水的空气中O_2与N_2的体积比约为1∶2，而空气中为1∶4，这对于水中生物有很重要的意义。实验证明，氧气在水中存在着氧的水合物$O_2 \cdot H_2O$，其结构可能如图17-1所示。

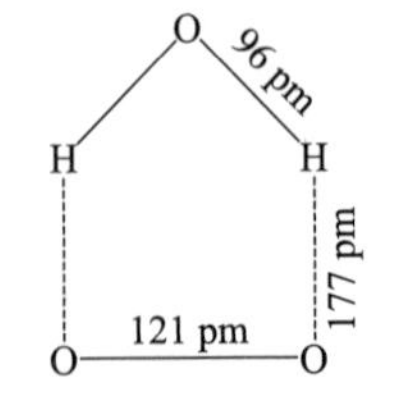

图17-1 $O_2 \cdot H_2O$的结构

O_2是非极性分子，在弱(或非)极性溶剂中的溶解量稍大于在水中的溶解量。如25 ℃ 1 cm^3 CCl_4中分别能溶解0.302 cm^3 O_2，而20 ℃时，1 cm^{3}水溶解O_2 0.0308 cm^3(均已换算成标准状态)。在电解质溶液中，O_2的溶解量更低一些。O_2在水中的溶解量虽小，但却能维持水中动物的生命。O_2在动物血液中的溶解量也不大，但因有携O_2物质，在一定条件下和O_2发生可逆性结合，所以血液中的O_2量大大增加。

(3) 氧气分子结构

两个 O 原子结合成有磁性的 O_2。结合时 O 原子的 5 个原子轨道 1s、2s 及 3 个 2p 组合成 10 个分子轨道:$KK(\sigma_{2s})^2(\sigma_{2s}^*)^2(\sigma_{2p})^2(\pi_{2p})^4(\pi_{2p}^*)^2$。排布在前 4 个轨道上的 8 个电子对成键贡献不大,其余 8 个电子排布为$(\sigma_{2s})^2(\sigma_{2s}^*)^2(\sigma_{2p})^2(\pi_{2p})^4(\pi_{2p}^*)^2$,基态 O_2 中 2 个电子自旋平行分占 2 个反键 π 轨道,即 O_2 分子由 1 个 σ 键和 2 个三电子 π 键构成,通常写成:

:O—O:

由于每个三电子 π 键中仍有一个未成对电子,所以 O_2 分子是顺磁性的。

普通氧气含有两个未配对的电子,等同于一个双自由基。两个未配对电子的自旋状态相同,自旋量子数之和 $S=1,2S+1=3$,因而基态的氧分子自旋多重性为 3,称为三线态氧。在受激发下,氧气分子的两个未配对电子发生配对,自旋量子数的代数和 $S=0,2S+1=1$,称为单线态氧。空气中的氧气绝大多数为三线态氧。紫外线的照射及一些有机分子对氧气的能量传递是形成单线态氧的主要原因。单线态氧的氧化能力高于三线态氧。单线态氧的分子类似烯烃分子,因而可以和双烯发生狄尔斯-阿尔德反应。

(4) 化学性质

氧气的化学性质很活泼,除稀有气体、卤素、氮气和一些贵金属外,其余元素都能和氧直接化合。由于氧的离解能(493.6 $kJ \cdot mol^{-1}$)比较高,在常温下,氧和其他元素反应较为缓慢,但在加热或高温时,反应剧烈,甚至发生燃烧,同时放出大量的热。如:

反应	$\Delta H^\ominus/(kJ \cdot mol^{-1})$
$2Ca+O_2 = 2CaO$	−1270.2
$4Al+3O_2 = 2Al_2O_3$	−3340
$C+O_2 = CO_2$	−393.5
$S+O_2 = SO_2$	−297.0
$Si+O_2 = SiO_2$	−910.9
$4P+5O_2 = P_4O_{10}$	−2984

一般而言,非金属氧化物的水溶液呈酸性,而碱金属或碱土金属氧化物则为碱性。

许多化合物都能在空气中燃烧,特别是有机物。

$$2H_2S + 3O_2 = 2H_2O + 2SO_2$$

$$CS_2 + 3O_2 = 2SO_2 + CO_2$$

$$C_2H_5OH + 3O_2 = 2CO_2 + 3H_2O$$

$$2C_6H_6 + 15O_2 = 12CO_2 + 6H_2O$$

$$2C_2H_2 + 5O_2 = 4CO_2 + 2H_2O$$

在水溶液中,许多低价离子化合物只要在空气中放置,就很快转变成高价离子化合物。如:

$$4Fe(OH)_2 + O_2 + 2H_2O = 4Fe(OH)_3$$

$$4FeSO_4 + O_2 + 2H_2O = 4Fe(OH)SO_4$$

$$2SnCl_2 + O_2 + 4HCl = 2SnCl_4 + 2H_2O$$

这和氧的标准电极电势($E^\ominus$)值高有关。

目前,河流、湖泊因污染而导致水中含氧量减小,已经引起人们的普遍关注。有关水中氧量的两种指标是:生化需氧量(BOD)和化学需氧量(COD)。BOD 是指天然水中有机物氧化(碳→

CO_2,氢→H_2O,氧→H_2O,氮→NO_3^-)需要的氧量。测定方法:将已知体积水样与一定体积已知氧含量的NaCl标准溶液混匀、密闭保持20 ℃,5天后,分析消耗掉的O_2量,即BOD。污水中有机物含量"大",即BOD大。在极端情况下,BOD大于周围可获得的O_2量,鱼就不能生存,发生腐烂。另一种测定方法是:已知体积水样和一定量$K_2Cr_2O_7$反应,测定反应后$K_2Cr_2O_7$的残留量,可得BOD。对于同一种水样,用前法测得的BOD常为后法的85%~90%。

(5) 氧的用途

氧气有非常广泛的用途,主要在三个方面:一是供呼吸,是生命不可缺少的,在医疗和高空飞行常用富氧和纯氧;二是用其氧化性(作氧化剂),主要是钢铁工业如纯氧炼钢,液氧用作空间技术火箭发动机的氧化剂等;三是用其反应时放出大量的热,如氧-炔焰切割和焊接金属。另外,液氧还是一种制冷剂。O在有机体的代谢中会不断地生成与猝灭,并且在多种生理及病理生理过程中起作用(包括好的和坏的两方面)。例如在染料光敏化条件下,各种生物成分(蛋白质、氨基酸、核酸等)很容易与氧反应而使有机体损坏,如在动物和人体中会引起蛋白质光氧化疾病等。

2. 臭氧

臭氧和氧是由同一种元素组成的不同单质,只不过分子中所含氧原子数不同,这样由同种元素组成的不同单质互称为同素异形体。

(1) 臭氧的产生

X射线发射、蓄电池充电、某些电解反应、过氧化物分解、F_2和H_2O的作用等,都有O_3生成。但O_3制备是用静放电的方法:使O_2(或空气)通过高频电场,即有部分O_2转化为O_3,生成物中O_3的体积分数可高达15%~16%,通常为9%~11%。

简单臭氧发生器装置主要是由两个玻璃管所组成,其中的一个玻璃管套在另一中间。干燥的氧气在两管之间慢慢通过。导线的两端和高压感应圈的两极相连接。无声放电发生在两管之间,从臭氧发生器中产生一定浓度的臭氧。可进一步利用氧和臭氧沸点相差较大(≈70 K)的特点,通过分级液化的方法制取更纯净、浓度较高的臭氧。

(2) 臭氧分子结构

O_3是折线形分子(图17-2),呈V形或角形,中心氧原子以sp^2杂化轨道分别和两个O原子成σ键。键角为116.8°,键长127.8 pm(该键键长正好介于氧原子的单键键长148 pm与双键键长112 pm之间)。此外,在分子中还存在着离域的Π_3^4(三中心四电子π键)垂直于分子平面。O_3是单质分子中唯一有极性的物质,虽然偶极矩不大,$\mu=0.58$ D。O_3分子是反磁性的,表明O_3分子中没有成单电子。

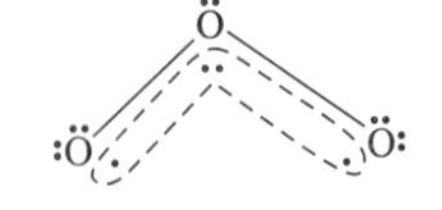

图17-2 臭氧分子的结构

(3)臭氧的性质

臭氧是淡蓝色,具鱼腥臭味的气体,熔点−193 ℃,沸点−112 ℃。0 ℃时,1 L水可溶解490 mL臭氧,这个数值是氧气溶解度的10倍。

O_3因有特殊气味得名。大气中有少量O_3,其总量相当于在地球表面覆盖3 mm厚的O_3层。它主要集中在离地面20~40 km同温层下部的臭氧层中。接近地面空气中的O_3被尘埃等催化分解为O_2。

臭氧在常温下分解较慢,但在164 ℃时,迅速分解,并放出大量热。

$$2O_3(g) \rightleftharpoons 3O_2(g) \qquad \Delta_r G_m^\ominus = -326.8\ \text{kJ}\cdot\text{mol}^{-1}, \quad \Delta_r H_m^\ominus = -284\ \text{kJ}\cdot\text{mol}^{-1}$$

无论在酸性或碱性条件下，臭氧都比氧气具有更强的氧化性，它能与除金和铂族金属外的所有金属和非金属反应。

$$PbS + 2O_3 \xlongequal{} PbSO_4 + O_2$$

$$2Ag + 2O_3 \xlongequal{} Ag_2O_2 + 2O_2$$

O_3 和 I^- 的反应被用来鉴定 O_3 和测定 O_3 的含量：

$$O_3 + 2I^- + H_2O \xlongequal{} O_2 + I_2 + 2OH^-$$

碱金属、碱土金属都能形成臭氧化物 MO_3（M 为 K、Rh、Cs）及 $M(O_3)_2$（M 为 Ca、Sr、Ba）。臭氧化物均不稳定（其中大的阳离子的臭氧化物相对稳定些），易分解释放 O_2，遇水也能释放 O_2。

$$2KO_3 \xlongequal{} 2KO_2 + O_2$$

$$4KO_3 + 2H_2O \xlongequal{} 4KOH + 5O_2\uparrow$$

KO_3 为棕红色、顺磁性物质。在室温下分解为 KO_2 和 O_2。碱土金属的臭氧化合物在液氨中稳定。

臭氧离子（O_3^-）也是折线形的，$d(O—O) = 119$ pm，O—O—O 的键角为 100°。

（4）臭氧保护以及用途

臭氧在地面附近的大气层中含量极少，仅占 0.001 ppm。但在离地面约 25 km 处有一臭氧层，臭氧的浓度高达 0.2 ppm。它是氧气吸收了太阳光的波长小于 185 nm 紫外线后形成的。不过当波长 200～320 nm 左右的紫外线照射臭氧时，又会使臭氧分解为氧。因此，大气高层存在下列动态平衡：

$$3O_2 \underset{220\sim320\ \text{nm}}{\overset{185\ \text{nm}}{\rightleftharpoons}} 2O_3$$

这一过程不断吸收紫外线，估计可消耗太阳辐射到地球能量的 5%。正是这一作用，才使地球生物免遭紫外线的伤害。近年来发现大气上空已形成臭氧层空洞。造成臭氧层破坏的污染物很多，例如 NO、CO、SO_2、氟氯烃、有机氯化物等。对臭氧层破坏最严重的是氟氯烃和人工合成的有机氯化物。氟利昂化学性质稳定，易挥发，不溶于水，进入大气层后受紫外线辐射而分解产生 Cl 原子，Cl 原子则可引发破坏 O_3 的循环反应：

$$CCl_2F_2 + h\nu \xlongequal{\lambda < 221\ \text{nm}} CF_2Cl\cdot + Cl\cdot$$

$$NO_2 + h\nu \xlongequal{\lambda < 426\ \text{nm}} NO + O$$

$$Cl\cdot + O_3 \longrightarrow ClO\cdot + O_2$$

$$NO + O_3 \longrightarrow NO_2 + O_2$$

$$ClO\cdot + O \longrightarrow Cl\cdot + O_2$$

$$NO_2 + O \longrightarrow NO + O_2$$

因 Cl 原子或 NO_2 分子能消耗大量的 O_3，因此，防治臭氧层耗损的主要对策是减少氟氯烃和有机氯化物的自然排放量。可致力于回收、循环使用，研究替代产品，最终做到禁止使用。为了保护臭氧层免遭破坏，世界各国于 1987 年签定蒙特利尔条约，即禁止使用氟利昂和其他卤代烃的国际公约。

臭氧可用于处理工业废水，可分解不易降解的聚氯联苯、苯酚、萘等多种芳烃化合物和链烃化合物,而且还能使发色团如重氮、偶氮等的双键断裂。用 O_3 处理废水的效率高且不易引起二次污染。臭氧对亲水性染料的脱色效果也很好,所以它是一种优良的污水净化剂和脱色剂。20世纪70年代臭氧与活性炭相结合的工艺路线,已成为饮用水和污水深度处理的主要手段之一。很微量的臭氧使人产生爽快和振奋的感觉,因微量的臭氧能消毒杀菌,能刺激中枢神经,加速血液循环。但空气中臭氧含量超过1 ppm时,不仅对人体有害,而且对庄稼以及其他暴露在大气中的物质也有害。例如,臭氧对橡胶和某些塑料有特殊的破坏性作用,它的破坏性也是基于它的强氧化性。臭氧还用于漂白和皮毛脱臭。液态臭氧可用作火箭燃料。

3. 氧的成键特征

氧的电负性仅次于氟,是典型的活泼非金属元素,它可以形成各种类型化合物。在形成化合物时,不仅以氧原子为基础成键,在特定条件下,还可以单质分子 O_2 和 O_3 为基础,以整个分子获得或失去电子或共用电子成键。氧元素的成键具有以下特征:

① 氧原子形成化合物时的成键特征:

氧原子的电负性仅次于氟,它可以从电负性较小的其他元素的原子获得两个电子形成 O^{2-} 离子而生成离子型氧化物;氧原子与电负性相近的元素(高氧化态金属元素和非金属元素)共用电子形成两个共价单键$-\ddot{\underset{..}{O}}-$,如 H_2O、Cl_2O;氧原子的半径小、电负性大,生成复键(除了形成 σ 键外,还有 π 键)的倾向很强,如甲醛、尿素,其中氧原子以一个双键同另外元素的原子相连;氧原子可以与其他原子以三重键结合,如CO和NO的分子结构;形成共价单键化合态的氧原子$-\ddot{\underset{..}{O}}-$,还有两对孤对电子,共价双键氧原子$=\ddot{\underset{..}{O}}$也有两对孤对电子,它们可以作为配位原子形成配合物,如水合物、醚合物、醇合物等;氧原子可以把两个单电子以相反自旋归并,空出一个2p轨道接受外来配位电子而成键,例如,含氧酸根 SO_4^{2-} 和 PO_4^{3-} 中 $S \rightarrow O$、$P \rightarrow O$ 的 σ 键;另外氧原子还有孤对电子移向中心原子空的d轨道后,反馈形成d-pπ配键,如 PO_4^{3-} 中的$P \rightleftarrows O$键。同时应该指出,由于氧的原子半径较小,电负性较大,许多的含氧化合物都易通过氧原子同另一化合物中的氢原子形成分子间的氢键。

② 臭氧分子 O_3 可以结合一个电子形成 O_3^- 离子。所形成的化合物叫臭氧化物,如 KO_3。

③ 氧分子 O_2 可以结合两个电子,形成 O_2^{2-} 离子或共价的过氧链—O—O—,得到的化合物是离子型过氧化物,如 Na_2O_2、BaO_2,或共价型过氧化物,如 H_2O_2 或过氧酸和盐等。

④ 氧分子可以结合一个电子,形成含 O_2^- 离子的化合物,为超氧化物,如 KO_2。

⑤ O_2 分子还可以失去一个电子(O_2 分子的第一电离能是 $1320\ kJ \cdot mol^{-1}$),生成二氧基 O_2^+ 阳离子的化合物,例如:

$$2O_2 + F_2 + 2AsF_5 = 2O_2^+[AsF_6]^-$$

$$O_2 + Pt + 3F_2 = O_2^+[PtF_6]^-$$

在这个 O_2^+ 离子中O—O键长为112 pm。可以预见 O_2 分子的第二电离能一定很高,O_2^{2+} 离子的化合物是难于形成的。

17.1.2 水

1. 物理性质

虽然水是许多物理常数的标准,但是它本身却具有一些特殊的物理性质。和绝大多数物质凝固时体积缩小、密度增大的情况不同,水结冰时体积变大、密度减小;和绝大多数物质的密度随着温度的降低而增大的情况不同，水的密度在 4 ℃时有一个最大值；在所有固态和液态物质中，水的比热最大；水的相对分子质量虽然不太，但其沸点和蒸发热却相当高；同族同类型化合物的沸点及凝固点一般皆随相对分子质量的增加而增高，而水与其同族分子中比它大的同类物的沸点及凝固点还要高；在众多的物质中，水的介电常数特别大，因此也是特别优良的极性溶剂。所有这些“反常”现象，都同水能形成氢键并发生缔合作用密切相关。

在没有空气存在和小于饱和蒸气压的条件下于石英毛细管内冷凝水蒸气，可以得到比普通水更浓、更黏、较难挥发和热膨胀系数更高的所谓“反常水”或“多聚水”。这种反常水的结构甚至组成都是未确定的。至于其反常性质，经研究几乎可以确信，是由于杂质存在引起的，而纯的“反常”水并不存在。

2. 水的结构

直到 18 世纪 70 年代，人们还将水当作一种元素。此后，经过卡文迪什(H. Cavendish)特别是拉瓦锡(A. Lavoisier)的工作，才确认水是一种化合物，而且证实了水是由氢和氧两种元素组成的。1805 年，经过盖·吕萨克(Gay-Lussac)的定量研究，进一步确定了氢和氧按 2∶1 的比例相化合。至此，水的组成——H_2O 已被初步确立。

水分子有 4 对核外电子，6 个来自氧原子，2 个来自氢原子。水分子包含 4 个电子轨道，呈四面体结构，其中 2 个电子轨道形成 O—H 共价键，另 2 个为自由轨道，由氧的孤对电子占用，氧原子位于水分子四面体的中心。这种电子结构使得水分子的正负电荷中心不重合。水本身不带电，但水分子是一个电偶极子，在电场中会定向排列。偶极矩可用分子中正负电荷中心的间距来定义。由水分子间的相互影响，液相中水分子偶极矩会比气相中水分子偶极矩稍大。

由于水分子中存在偶极矩，因此水分子中带负电的氧原子可从孤对电子轨道的方向，通过静电作用吸引其他水分子中电性相反的氢原子，产生氢键，形成固态冰。因为存在氢键，冰的结构呈网格状有序排列，每个氧原子被 4 个其他氧原子以四面体状包围；在 2 个氧原子之间有 1 个氢原子，它们之间以氢键相连。这种水分子通过氢键相连的结构内部会出现间隙，使一些未通过氢键相连的水分子可以存在于这些间隙中。

在水分子中，氧原子显示了很大的正电性。当许多水分子充分接近时，一个分子带正电荷的氢原子吸引一个邻近分子带负电荷的氧原子而生成所谓的氢键。实验测得，在冰中，氢键的键能(O—H…O →O—H…O)为 18.3 $kJ \cdot mol^{-1}$，键长(O—H…O 中 O 至 O 的距离)为 276 pm。由于氢键的形成，简单水分子之间会发生缔合作用而形成多聚体分子，水的缔合程度增高；当结成冰时，所有水分子缔合在一起形成一个巨大的分子。

水在常压下所结成的冰为六方晶系。平常我们所见到的六方形的雪花就是属于这种结构型式的。在大于 1 atm 和不同温度下，冰还能呈现一系列不同的晶型。但是，不论在哪种晶型的冰中，都存在着[OH_4]四面体结构单元，其中两个氢原子和氧通过共价键相连接，另两个氢原子和氧则通过氢键相连接。

3. 化学性质

由于水具有很大的生成热，因而它必然是一个很稳定的化合物。实际上，它在 2730 ℃的高温下，也只有 11.1%的分解率，而且反应是可逆的。水在离解时要吸收大量的热。在 730 ℃和 2202.65 kPa 时，2 mol 气态水分解成 H_2 和 O_2 需要吸收 495.80 kJ 的热；在 2730 ℃时，则需要

572.04 kJ。

虽然水是强极性的,但是由于氢键的存在,水却是难电离的。作为弱电解质的水,其自偶电离作用是可逆的:

$$2H_2O \rightleftharpoons H_3O^+ + OH^-$$

热力学指出:自由的 H^+ 离子不能以测得出的浓度存在于水中;而且从动力学的角度来看,水中的质子都是快速地从一个氧原子移动到另一个氧原子,例如质子迅速而强烈地同 H_2O 分子结合成水合氢离子 H_3O^+,而后者的寿命大约只有 10^{-13} s,它又极其迅速地同 OH^- 离子反应。光谱学表明:质子的水合是一个强烈的放热反应。自热力学循环估算,气态质子的水合能高达 1093 $kJ \cdot mol^{-1}$。

H_3O^+ 离子的结构是较扁平的角锥形,其中 H—O—H 角约为 115°。有充分证据表明,除了 H_3O^+ 以外,其他水合氢离子 $H^+(H_2O)$ 也能在水溶液中存在。在晶体学上,已知有 H_3O^+ 离子存在于 $HF \cdot H_2O$、$HNO_3 \cdot H_2O$、$H_2SO_4 \cdot H_2O$ 等晶态水合酸中,$H_5O_2^+$ 离子存在于 $HCl \cdot 2H_2O$ 等晶态水合酸中,$H_7O_5^+$ 和 $H_9O_4^+$ 离子存在于晶态水合酸 $HBr \cdot 4H_2O$ 中。

按照化学平衡原理,当体系

$$H_2O \rightleftharpoons H^+ + OH^- \quad 或 \quad 2H_2O \rightleftharpoons H_3O^+ + OH^-$$

达成平衡时,服从质量作用定律,即

$$c(H^+)c(OH^-)/c(H_2O) = K_t$$

当温度为 25 ℃时,$K_t = 1.82 \times 10^{-16}(mol \cdot L^{-1})$。在一定温度下,水的浓度为一常数,故有:

$$c(H^+)c(OH^-) = K_t \cdot c(H_2O) = K_w$$

K_w 称作水的离子积常数,简称水的离子积。当温度为 25 ℃时,$K_w = 1.008 \times 10^{-14}(mol^2 \cdot L^{-2})$。

同一般弱电解质的解离常数随着温度的升高而减小的趋势相反,水的离子积则随着温度的升高而迅速增大,这可能与升高温度时氢键受到破坏、解缔作用加强有关。

由于 H^+ 和 OH^- 离子浓度的乘积在水溶液中是一个常数,所以一般地常用 H^+ 离子浓度或 pH 来表示溶液的酸度或碱度(当然,也可以用 OH^- 离子浓度或 pOH 表示)。在常温下:

$$c(H^+) = c(OH^-) = 10^{-7}\ mol \cdot L^{-1} \quad pH = 7 \quad 溶液显中性$$
$$c(H^+) > 10^{-7}\ mol \cdot L^{-1} \quad pH < 7 \quad 溶液显酸性$$
$$c(H^+) < 10^{-7}\ mol \cdot L^{-1} \quad pH > 7 \quad 溶液显碱性$$

在一定条件下,水能同许多比较活泼的金属反应,生成氢气和碱(或碱性氧化物)。K、Ba、Sr、Ca、Na 等活泼金属可同冷水反应放出氧气;Mg、Al、Mn、Zn、Cr、Fe、Cd 等活泼性较差的金属,则只能在加热或高温的条件下才能同水反应。例如:

$$2Na + 2H_2O \xlongequal{\quad} 2NaOH + H_2\uparrow$$
$$Mg + 2H_2O \xlongequal{\quad} Mg(OH)_2\downarrow + H_2\uparrow$$
$$3Fe + 4H_2O(g) \xlongequal{\triangle} Fe_3O_4 + 4H_2$$

至于 Co、Ni、Sn、Pb、Cu、Ag 等金属,则难于同水反应。

此外,赤热的炭可以同水蒸气反应生成一氧化碳和氢气:

$$C + H_2O \xlongequal{} CO + H_2$$

反应所得的混合气体通称为水煤气，它是一种很重要的气体燃料。

水跟氟单质反应时，表现还原性，氧被还原成氧气：

$$2F_2 + 2H_2O \xlongequal{} 4HF + O_2\uparrow$$

水在直流电作用下，分解生成氢气和氧气，工业上用此法制纯氢和纯氧：

$$2H_2O \xlongequal{} 2H_2\uparrow + O_2\uparrow$$

水可跟活泼金属的碱性氧化物发生反应，生成碱并放出大量的热。例如：

$$Na_2O + H_2O \xlongequal{} 2NaOH$$

$$CaO + H_2O \xlongequal{} Ca(OH)_2$$

那些在水中不易溶解的金属氧化物，同水反应很慢，而且不完全。某些非金属氧化物也能同水反应，但生成物是酸。例如：

$$SO_3 + H_2O \xlongequal{} H_2SO_4$$

$$P_2O_5 + 3H_2O \xlongequal{} 2H_3PO_4$$

上述那些能同水反应分别生成碱或酸的氧化物，分别称作碱酐或酸酐。水也可与某些不饱和烃发生水化反应：

$$CH_2{=}CH_2 + H_2O \longrightarrow C_2H_5OH$$

4. 水的净化

在地球上，水是一种常见的化学物质，也是一种重要的自然资源。它在生命化学中起着非常重要的作用；它是影响地球化学的重要因素之一；在无机溶液体系中，它是最常用的溶剂。正是由于水是一种优良的溶剂，所以天然水不可能是纯净的。例如，海水中含有3.6%的可溶性盐，其中氮化钠占2.6%；地表水中除含有泥沙等固体悬浮物外，还含有可溶性的气体、无机盐和有机物；即便是较为纯净的雨水中，也含有尘埃和溶解的气体物质。

许多天然水体含有同位素水，但含量不超过0.3%。目前已知有3种氢同位素，^{1}H、^{2}H（重氢）、^{3}H（超重氢），6种氧同位素，即^{14}O、^{15}O、^{16}O、^{17}O、^{18}O、^{19}O。超重氢是放射性元素，半衰期是12.5 a；同位素^{14}O、^{18}O、^{19}O也是放射性元素，但它们的半衰期极短，在水体中不易检测出。

水分子可离解形成H^+和OH^-。水分子的极性，以及水中的H^+与OH^-，使水成为一种很好的溶剂。这是出现大量城市污水及工业废水并造成水环境污染的基本原因，特别是工业上排放的氰化物，汞、镉、铬等金属化合物，以及农业上由于水土流失而流入水体中的农药，都因有剧毒而使水源严重污染。因此，人们在使用水时，常常需要对自然界中的水加以处理、进行净化。当用江河水作为饮水时，必须对其净化，净化的目的是除去悬浮物以及灭菌。除去悬浮物的方法有：自然沉降、加入沉降剂和过滤等。

含有可溶性的钙、镁和铁盐的水叫作硬水，其中的阴离子往往是硫酸根离子和碳酸氢根离子。在日常生活中，当用硬水洗涤衣物时会浪费肥皂。这是因为硬水中的钙、镁和铁离子与肥皂中的硬脂酸钠形成了不溶性的肥皂，例如：

$$Ca^{2+} + 2C_{17}H_{35}COO^- \xlongequal{} Ca(C_{17}H_{35}COO)_2\downarrow$$

而这种不溶性肥皂是没有去污能力的，所以洗衣物时必然要多消耗一部分肥皂。在工业上，当把硬水用作锅炉水时，则会形成“锅垢”，即钙、镁的碳酸氢盐经热解后而得的碳酸盐沉淀，例如：

$$Ca(HCO_3)_2 \xlongequal{} CaCO_3\downarrow + H_2O + CO_2\uparrow$$

锅垢是热的不良导体，从而造成燃料的浪费；同时，要使水烧到所要求的温度，锅炉金属必须烧得很热且往往达到赤热的程度，这样，一旦锅垢破裂，水便渗入而与热的金属接触反应：

$$4H_2O + 3Fe(热) \xlongequal{} Fe_3O_4 + 4H_2\uparrow$$

生成的氢气又会把锅垢弄松，使更多的水渗入而产生更多的氢气，从而引起猛烈的爆炸。因此，用于洗涤或进入锅炉的水应该先除去其中引起硬度的物质。除去水中引起硬度的金属离子的过程叫作水的软化。而软化水的方法很多，目前最常用的方法是化学软化法和离子交换法。

17.1.3 过氧化氢

1. 过氧化氢的制备

实验室里可用稀硫酸与 BaO_2 或 Na_2O_2 反应来制备过氧化氢：

$$BaO_2 + H_2SO_4 \xlongequal{} BaSO_4\downarrow + H_2O_2$$

$$Na_2O_2 + H_2SO_4 + 10H_2O \xlongequal{低温} Na_2SO_4\cdot 10H_2O + H_2O_2$$

除去沉淀后的溶液含有 6%～8%的 H_2O_2。

用下列步骤可以从过氧化钠水溶液制备 30% H_2O_2 产品：用磷酸或磷酸二氢钠 NaH_2PO_4 将过氧化钠水溶液中和至 pH 9.0～9.7，使生成 Na_2HPO_4 和 H_2O_2 的水溶液；冷却 Na_2HPO_4 和 H_2O_2 水溶液到+5～−5 ℃，从而使绝大部分 Na_2HPO_4 以 $Na_2HPO_4\cdot 10H_2O$ 水合物形式析出；离心分离器中对含有 $Na_2HPO_4\cdot 10H_2O$ 水合物和过氧化氢水溶液混合物进行分离，从而使 $Na_2HPO_4\cdot 10H_2O$ 结晶并从含少量 Na_2HPO_4 和过氧化氢水溶液中分离出来；将所得的含少量 Na_2HPO_4 和过氧化氢水溶液在蒸发器中蒸发，得到含 H_2O_2 和 H_2O 的蒸气，而含过氧化氢的 Na_2HPO_4 的浓盐溶液从底部流出并返回中和槽；将所说的含 H_2O_2 和 H_2O 的蒸气在分馏塔中进行减压分馏，得到约 30%H_2O_2 产品。

在 20 世纪 50 年代以前，工业上制备过氧化氢采用电解法——电解硫酸氢盐溶液，也可用 K_2SO_4 或$(NH_4)_2SO_4$ 在 50% H_2SO_4 中的溶液，电解时在铂阳极上 HSO_4^- 离子被氧化生成过二硫酸盐，而在石墨或铅阴极产生氢气。

$$阳极：\quad 2HSO_4^- \xlongequal{} S_2O_8^{2-} + 2H^+ + 2e^-$$

$$阴极：\quad 2H^+ + 2e^- \xlongequal{} H_2\uparrow$$

将电解产物过二硫酸盐进行水解，便得到 H_2O_2 溶液。

$$S_2O_8^{2-} + 2H_2O \xlongequal{} H_2O_2 + 2HSO_4^-$$

经减压蒸馏可得到浓度为 30%～35%的 H_2O_2 溶液。

1953 年，杜邦公司采用蒽醌法制备过氧化氢。乙基蒽醌法用 O_2 氧化乙基蒽醇为乙基蒽醌和 H_2O_2，分出 H_2O_2 后，以钯为催化剂在苯溶液中用 H_2 还原乙基蒽醌变为蒽醇。当蒽醇被氧氧化时生成原来的蒽醌和过氧化氢。这个过程蒽醌可以循环使用，只消耗 H_2 和 O_2(典型“零排放”的“绿色化学工艺”)。

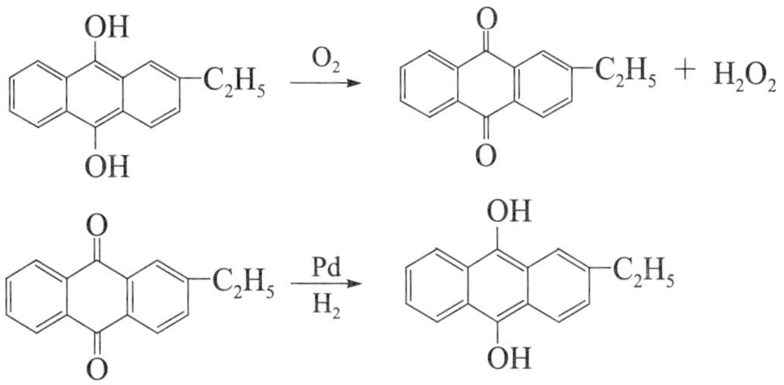

当反应进行到苯溶液中的过氧化氢浓度为 5.5 g·L^{-1}时，用水抽取之，便得到 18%的过氧化氢水溶液。减压蒸馏 H_2O_2 水溶液可得较浓的 H_2O_2 溶液，最高质量分数达 98%，后者经分级结晶或有机溶剂萃取可得纯 H_2O_2。

乙基蒽醌法较电解法为经济，现在世界各国基本上都是用这一技术，但这个过程使用钯催化剂费用大，蒽、醌、醇经多级降解后成为一种不能循环使用的降解物，故在反应过程中必须不断除去降解物和添加新的蒽、醌、醇。

2. 物理性质

过氧化氢(H_2O_2)俗称双氧水，纯的过氧化氢为近无色黏稠的液体，能和水以任意比例互溶。沸点为 150 ℃，凝固点为 −1 ℃。固体密度(−4 ℃)为 1.643 g·cm^{-3}，液体的相对密度(0 ℃)为 1.465。过氧化氢分子间存在较强的氢键，故在液态和固态中存在缔合分子，使其具有较高的熔沸点。

H_2O_2 在实验室和工业上常用作氧化剂或还原剂，因为其产物为水或氧气而不会引入其他杂质。医药上广泛用它的稀溶液(≈3%)作为温和消毒杀菌剂来洗涤伤口；工业上用约 10%的溶液来漂白毛、丝、羽毛等，而其他大多数的漂白剂会损伤这类物品；纯过氧化氢被用作喷气燃料和火箭燃料的氧化剂。过氧化氢遇到强氧化剂时，可作还原剂，在实验室中常用 3%或 30%的过氧化氢作氧化剂或还原剂，因为其产物为水或氧气而不会引入其他杂质。

H_2O_2 浓溶液和蒸气对人体有较强的腐蚀性和刺激性。人体若不慎接触浓的 H_2O_2 溶液，应立即用大量水冲洗。

3. H_2O_2 的分子构型

H_2O_2 中氧的氧化态为−1，分子中有过氧键(—O—O—)，H_2O_2 分子间可形成氢键，其分子的缔合能力比水强，其结构如图 17-3 所示。

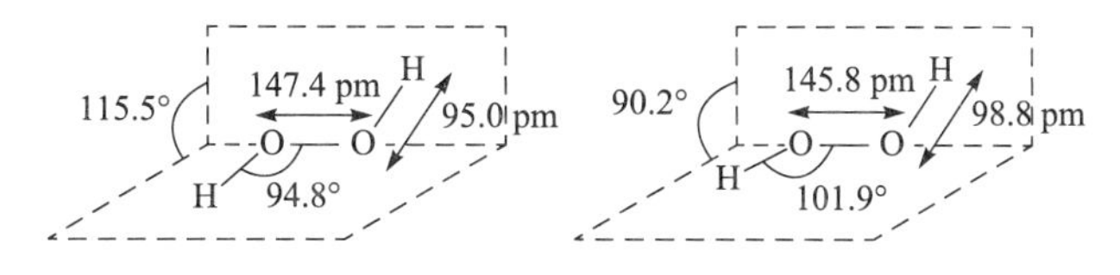

图 17-3　H_2O_2 的分子构型

过氧化氢分子为椅型结构，上左图为气态时的结构，右图为固态晶体时的结构。过氧化氢分子的两端各连一个 H 原子，非直线形，4 个原子也不共平面。形象地说就是将一本书张开，过氧键(—O—O—)在书的中缝上，2 个 H 原子分别在两个书页上。

4. 化学性质

H_2O_2 是二元弱酸,其酸性极弱:

$$H_2O_2 \rightleftharpoons H^+ + HO_2^- \quad (25\ ℃)$$

H_2O_2 可以和碱反应生成过氧化物,例如:

$$H_2O_2 + Ba(OH)_2 = BaO_2 + 2H_2O$$

极纯的过氧化氢相当稳定。90%的过氧化氢在 50 ℃时每小时仅分解 0.001%,分解作用在常温时较平稳。过氧化氢可自发分解歧化生成水和氧气:

$$2H_2O_2(l) = 2H_2O(l) + O_2(g) \qquad \Delta_r H_m^\ominus = -195.9\ kJ \cdot mol^{-1}$$

过氧化氢在酸性和中性介质中较稳定,在碱性介质中分解远比在酸性介质中快。当溶液中含有微量杂质或一些重金属离子如 Fe^{2+}、Mn^{2+}、Cu^{2+}、Cr^{3+} 等离子,都能加速过氧化氢的分解。光照(320～380 nm)、受热、杂质都能促进 H_2O_2 分解。为此,H_2O_2 应保存在棕色瓶中,放置在阴凉处。为了防止过氧化氢分解,常常放入一些稳定剂,如微量的锡酸钠($Na_2Sn(OH)_6$)、焦磷酸钠或 8-羟基喹啉等。在处理无水或浓缩过氧化氢时,必须在无尘、无金属杂质等条件下进行,以防止发生爆炸。

H_2O_2 中氧的氧化态为 −1,它既有氧化性又有还原性。

$$E_A^\ominus/V \qquad O_2 \overset{0.682}{\text{———}} H_2O_2 \overset{1.776}{\text{———}} H_2O$$

H_2O_2 可在水溶液中氧化或还原很多无机离子。用作还原剂时产物为氧气;用作氧化剂时产物为水,其优点是氧化性强,还原产物为水,均不会给体系带入杂质,被称为"干净的"还原剂和氧化剂,因此过氧化氢是一种用途十分广泛的氧化剂。由元素电势图可知,在酸性介质中 H_2O_2 的氧化性较强。例如:

$$2HI + H_2O_2 = I_2 + 2H_2O$$

$$2CrO_2^- + 3H_2O_2 + 2OH^- = 2CrO_4^{2-} + 4H_2O$$

$$PbS + 4H_2O_2 = PbSO_4 \downarrow + 4H_2O$$

油画的染料中含 Pb(Ⅱ),长时间与空气中的 H_2S 作用生成黑色的 PbS,使油画发暗。可用 H_2O_2 涂刷,生成 $PbSO_4$,使油画变白。

H_2O_2 在酸性介质中具有弱还原性,只有遇到强氧化剂才能将其氧化,例如:

$$AgO + HO_2^- = 2Ag + OH^- + O_2 \uparrow$$

$$H_2O_2 + Cl_2 = 2HCl + O_2$$

这个反应可以除去残留的氯。

与 H_2O_2 作用,高锰酸钾在酸性溶液中会被还原为 Mn^{2+}。由于标准电极电势的缘故,反应在不同 pH 环境下进行的方向可能不同:

$$2MnO_4^- + 5H_2O_2 + 6H^+ = 2Mn^{2+} + 5O_2 \uparrow + 8H_2O$$

如碱性溶液中,过氧化氢会将 Mn^{2+} 氧化为 Mn(Ⅳ),以 MnO_2 形式生成。这个反应可以用于测定 H_2O_2 的含量。

过氧化氢与硼砂反应会生成过硼酸钠,可用作消毒剂:

$$Na_2B_4O_7 + 4H_2O_2 + 2NaOH = 2Na_2B_2O_4(OH)_4 + H_2O$$

与水相比，过氧化氢的碱性要弱得多，只有与很强的酸反应才会生成加合物。

超强酸 HF/SbF_5 可将过氧化氢质子化，生成含$[H_3O_2]^+$离子的产物。

过氧化氢与很多无机或有机化合物反应时，过氧链保留并转移到另一分子上，生成新的过氧化物。过氧化氢在低温下与铬酸或重铬酸盐酸性溶液反应时，会生成不稳定的蓝色过氧化铬，$CrO(O_2)_2$ 或 CrO_5，其分子结构为（Cr 与一个 O 以双键相连，另与四个 O 相连，O 两两相连成过氧键），可用乙醚或戊醇萃取。

$$Cr_2O_7^{2-} + 4H_2O_2 + 2H^+ = 2CrO_5 + 5H_2O$$

$$2CrO_5 + 7H_2O_2 + 6H^+ = 2Cr^{3+} + 7O_2\uparrow + 10H_2O$$

这个反应可以用来检验过氧化氢和铬酸根或重铬酸根，而在水溶液中过氧化铬会与过氧化氢进一步反应，蓝色迅速消失，得到氧气和铬离子。

H_2O_2 与 Fe^{2+} 的混合溶液称为芬顿(Fenton)试剂。在某些离子如 Fe^{2+}、Ti^{3+} 催化下，过氧化氢分解反应会生成自由基中间体 HO·(羟基自由基)和 HOO·。

过氧化氢过去主要用于漂白和消毒。但由于过氧化氢是一种无公害的强氧化剂，有很强的杀菌能力，随着应用技术的开发，它的使用范围也日益扩大，可作为火箭发射的燃料。过氧化氢作为漂白剂由于其反应时间短、白度高、放置久而不返黄、对环境污染小、废水便于处理等优点而广泛应用于涤棉、丝绸、棉、毛、麻织品以及纸浆等的漂白。在化学合成方面，过氧化氢常作为氧化剂用于合成有机过氧化物和无机过氧化物。例如，合成用于洗涤剂的过硼酸钠和过碳酸钠，合成用于稻谷栽培和鱼塘处理的过氧化钙以及合成酒石酸、过氧乙酸等。在医药上过氧化氢还可以用于合成维生素 B_1、B_2 以及激素类药物。此外，过氧化氢还可作为采矿业废液消毒剂，如消除采矿废液中的氰化物。用过氧化氢处理烟叶可减少尼古丁含量，提高香味。

17.2　硫及其化合物

17.2.1　硫单质

1. 单质硫的制备

单质硫是由它的天然矿床和化合物制得。将含有单质硫的矿床利用过热蒸汽加热或隔绝空气加热，把硫熔化并与矿渣分离，制成块状硫。如要进一步纯化，可以用蒸馏方法，使硫蒸气冷却而在器壁内直接凝结成微细的结晶，称这种纯净的硫为硫华。用黄铁矿制取硫时，将矿石和焦炭混合，放在炼硫炉内，在有限的空气中燃烧，可以得到硫：

$$3FeS_2 + 12C + 8O_2 = Fe_3O_4 + 12CO + 6S$$

硫的用途非常广泛，其中大部分用来制造硫酸。在橡胶工业、造纸工业和黑火药、火柴、焰火生产中也需不少的硫。硫也是制造某些农药和医药的主要原料。

2. 同素异形体

单质硫的同素异形体很多，最常见的是正交硫(斜方硫、菱形硫)和单斜硫，正交硫是 $\Delta_f H_m^\ominus = 0$ 的硫单质。95.5 ℃是两种晶体的相变点，转变速度相当慢。

$$S_{正交} \underset{<95.5\ ℃}{\overset{>95.5\ ℃}{\rightleftharpoons}} S_{单斜}$$

斜方晶硫和单斜晶硫的分子都是由 8 个硫原子组成的 S_8 环状结构，见图 17-4。每个硫原子采取不等性 sp^3 杂化并形成两个共价单键。

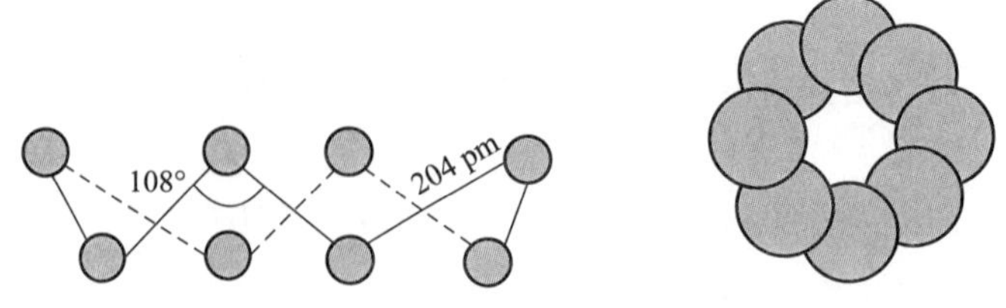

图 17-4 S_8 环状结构(左为侧视图，右为俯视图)

加热固体硫，熔化后气化前，开环形成长链，迅速冷却得具有长链结构的弹性硫，有拉伸性。

3. 化学性质

硫的化学性质比较活泼。它既能从电负性比它小的元素中取得 2 个电子形成 S^{2-} 离子，又能共用 2 个电子形成氧化态为 −2 的化合物，还能借助有效 d 轨道和电负性比它大的元素形成氧化态为 +4、+6 的化合物。因此，单质硫既有氧化性又有还原性。

当硫和金属、氢、碳作用生成硫化物时，呈现出它的氧化性；当硫和电负性比它大的非金属化合时，则表现出它的还原性。如：

$$S + Fe = FeS$$

$$S + Hg = HgS$$

$$2S + C = CS_2$$

$$S + H_2 = H_2S$$

$$S + O_2 = SO_2$$

$$S + 3F_2 = SF_6$$

$$S + 2Cl_2 = SCl_4$$

硫不仅能和单质作用，还能和碱或氧化性的酸起反应。如：

$$3S + 6NaOH \overset{\triangle}{=} 2Na_2S + Na_2SO_3 + 3H_2O$$

$$S + 6HNO_3 \overset{\triangle}{=} H_2SO_4 + 6NO_2 + 2H_2O$$

实验室中可用碱来除去器皿中的硫污。

17.2.2 硫化氢、硫化物和多硫化物

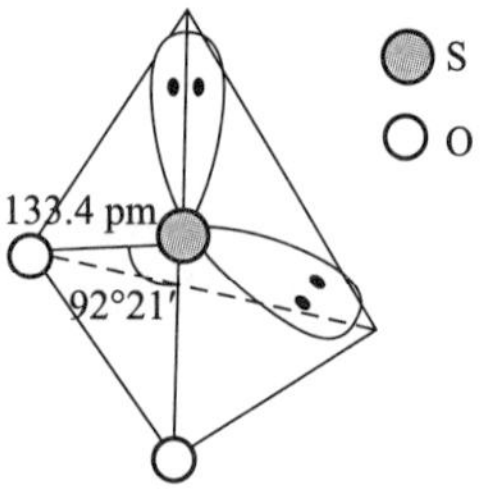

1. 硫化氢

硫化氢(H_2S)为无色、有臭鸡蛋气味的有毒气体，比空气略重，其气体分子的结构如图 17-5 所示。H_2S 为折线形分子，键长 135 pm，键角为 92°21′(气态)，熔点、沸点低于 H_2O(因氢键)、H_2Se(因分子间力)。

图 17-5 硫化氢气态分子结构

由于 H_2S 分子间形成氢键的倾向很小，所以硫化氢的熔点(−86 ℃)和沸点(−71 ℃)都比水的低得多。硫化氢在水中溶解度不大，在 20 ℃时，一体积水能溶解 2.6 体积的硫化氢气体，浓度约为 0.1 mol·L^{-1}。这个

溶液叫氢硫酸，它能麻醉人的中枢神经并影响呼吸系统。吸入微量的 H_2S 会导致头痛、眩晕，大量吸入会导致中毒死亡。因此制取、使用时要注意通风。H_2S 在空气中最大的允许浓度为 $0.01\ mg \cdot L^{-1}$。

制备 H_2S 气体可以用金属硫化物与稀盐酸或稀硫酸反应。例如：

$$FeS + 2HCl(稀) = H_2S\uparrow + FeCl_2$$

$$FeS + H_2SO_4(稀) = H_2S\uparrow + FeSO_4$$

若用 HCl，则生成的 H_2S 气体中杂有少量 HCl 气体；若用稀 H_2SO_4，则产物中杂有少量的 SO_2 和 H_2（因合成的 FeS 中含有少量 Fe）。少量 HCl(g) 可用水吸收除去，气态 H_2S 液化后可除去 H_2，H_2O 可被 P_4O_{10} 吸收除去。

加热时，H_2 和硫粉化合成 H_2S。反应不完全，但易提纯。

$$H_2(g) + S(s) = H_2S(g) \qquad \Delta_r G_m^\ominus(25\ ℃) = -33.0\ kJ \cdot mol^{-1}$$

氢硫酸是二元弱酸，在水溶液中有如下离解：

$$H_2S \rightleftharpoons H^+ + HS^- \qquad K_1 = 9.1 \times 10^{-8}$$

$$HS^- \rightleftharpoons H^+ + S^{2-} \qquad K_2 = 1.1 \times 10^{-12}$$

干燥的硫化氢在室温下不与空气中的氧发生作用，但点燃时能在空气中燃烧，产生蓝色火焰，方程式如下：

$$2H_2S + O_2 = 2S + 2H_2O \qquad (氧不足时)$$

$$2H_2S + 3O_2 = 2SO_2 + 2H_2O$$

这说明，硫化氢气在高温下有一定的还原性。

氢硫酸比硫化氢气具有更强的还原性，常温下容易被空气中的氧氧化而析出单质硫，使溶液变混浊。其标准电极电势如下：

$$S + 2H^+ + 2e^- = H_2S \qquad E_A^\ominus = 0.14\ V$$

可见，在酸性溶液中，它能使 Fe^{3+}、Cl_2、Br_2、I_2、浓 H_2SO_4、MnO_4^-、$Cr_2O_7^{2-}$、HNO_3 等还原，本身一般被氧化成单质硫。但当氧化剂很强、用量又多时，也能被氧化到 SO_4^{2-}：

$$Br_2 + H_2S = S\downarrow + 2HBr$$

$$H_2S + 4Br_2 + 4H_2O = H_2SO_4 + 8HBr$$

$$H_2S + I_2 = S\downarrow + 2HI$$

$$2H_2S + SO_2 = 3S\downarrow + 2H_2O$$

$$H_2SO_4 + H_2S = SO_2 + S\downarrow + 2H_2O$$

H_2S 能和 Ag 作用，生成黑色 Ag_2S（仅限于表层）和 H_2：

$$2Ag + H_2S = Ag_2S + H_2\uparrow$$

2. 硫化物

最常用的制备金属硫化物的方法是单质和硫化合：

$$Hg + S = HgS$$

还原硫酸盐，如：

$$Na_2SO_4 + 4C = Na_2S + 4CO$$

金属盐液和 $H_2S(aq)$ 反应，如：

$$Cu^{2+} + H_2S = CuS + 2H^+$$

氢硫酸是二元弱酸，可以形成酸式盐和正盐。酸式盐都易溶于水，而正盐除碱金属(包括 NH_4^+)的硫化物和 BaS 易溶于水外，大多不溶于水，并且具有特征颜色。很多金属硫化物还不溶于稀酸，见表 17-1。

表 17-1 难溶金属硫化物的颜色及溶度积

物质	颜色	溶解性	溶度积	物质	颜色	溶解性	溶度积
Na_2S	白色	易溶	—	CdS	黄色	不溶	8.0×10^{-27}
MnS	肉红色	不溶	2.5×10^{-13}	PbS	黑色	不溶	1.0×10^{-28}
FeS	黑色	不溶	6.3×10^{-18}	CuS	黑色	不溶	6.3×10^{-36}
NiS(α)	黑色	不溶	3.0×10^{-19}	Cu_2S	黑色	不溶	2.5×10^{-48}
CoS(α)	黑色	不溶	4.0×10^{-21}	Ag_2S	黑色	不溶	6.3×10^{-50}
ZnS	白色	不溶	2.5×10^{-24}	HgS	黑色	不溶	1.6×10^{-52}
SnS	褐色	不溶	1.0×10^{-25}	Sb_2S_3	橘红色	不溶	2.9×10^{-59}

根据表 17-1，可将难溶金属硫化物分成以下几类：

$K_{sp}>10^{-25}$ 的硫化物，不溶于水而溶于稀盐酸，与盐酸反应能有效降低 S^{2-} 浓度，使其溶解。例如：

$$FeS+2HCl(稀) = H_2S\uparrow+FeCl_2$$

$K_{sp}=10^{-30}\sim10^{-25}$ 的硫化物，可溶于浓盐酸，与盐酸作用除了生成 H_2S 外，还生成配合物，有效降低了金属离子的浓度。例如：

$$PbS+2H^++4Cl^- = PbCl_4^{2-}+H_2S\uparrow$$

$K_{sp}<10^{-30}$ 的硫化物(如 Cu_2S、CuS、Ag_2S)，可以溶于硝酸，发生氧化还原反应。例如：

$$3CuS+8HNO_3(稀) = 3Cu(NO_3)_2+2NO\uparrow+3S\downarrow+4H_2O$$

仅能溶于王水的硫化物是 HgS：

$$3HgS+2HNO_3+12HCl = 3H_2[HgCl_4]+2NO\uparrow+3S\downarrow+4H_2O$$

难溶硫化物具有如下特点：

① 许多金属的最难溶化合物常是硫化物，因此被用于从溶液中除 M^{n+}；

② 各种金属硫化物的溶度积相差较大，所以常利用难溶硫化物沉淀来分离金属离子。

③ 由于氢硫酸是一个很弱的酸，故硫化物都有不同程度的水解，而使溶液显碱性。易溶于水的硫化物水解更为明显，如 0.1 mol·L^{-1} 的 Na_2S 水解后溶液的 pH 可达 13，故常可以代替 NaOH 使用。某些硫化物如 Al_2S_3、Cr_2S_3 等能完全水解：

$$Na_2S+H_2O \rightleftharpoons NaHS+NaOH$$

$$2CaS+2H_2O \rightleftharpoons Ca(OH)_2+Ca(HS)_2$$

$$Al_2S_3+6H_2O = 2Al(OH)_3+3H_2S\uparrow$$

因此，这些硫化物不能用湿法从溶液中制备。

硫化物的组成、性质均和相应氧化物相似。如

H_2S	NaSH	Na_2S	As_2S_3	As_2S_5	Na_2S_2
H_2O	NaOH	Na_2O	As_2O_3	As_2O_5	Na_2O_2
	碱性	碱性	两性，还原性	酸性	碱性、氧化性

同周期、同族以及同种元素硫化物，其酸碱性变化规律都和氧化物相同(只是氧化物的碱性强于

相应的硫化物）。

同周期元素最高氧化态硫化物从左到右酸性增强，如第五周期中 Sb_2S_5 的酸性强于 SnS_2；同族元素硫化物（氧化态相同）从上到下酸性减弱，碱性增强，如 As_2O_5 的酸性强于 Sb_2S_5，Sb_2S_3 为两性，Bi_2S_3 为碱性。同种元素的硫化物中，高氧化态硫化物的酸性强于低氧化态硫化物的酸性，如 As_2S_5、Sb_2S_5 的酸性分别强于 As_2S_3、Sb_2S_3。

碱金属（包括 NH_4^+）的硫化物易溶于水，CaS、SrS、BaS 等硫化物也能溶于水，其余金属硫化物都是难溶物。各种硫化物在水溶液中均发生不同程度的水解作用，即使是难溶硫化物，如 PbS，其溶解的部分也明显水解。

3. 多硫化物

和氧能生成过氧化物相似，硫也能生成多硫化氢 H_2S_x（氢和硫的二元化合物叫硫烷，目前 x 最大值已超过 8）及多硫化物 M_2S_x。H_2S_x 和 H_2S 性质间的关系跟 H_2O_2 和 H_2O 性质间的关系相似，即 H_2S_x 的沸点高于 H_2S，稳定性比 H_2S 差，其水溶液的酸性较氢硫酸强。

可溶性的硫化物在溶液中能溶解单质硫生成多硫化物。如：

$$Na_2S + (x-1)S = Na_2S_x$$

$$(NH_4)_2S + (x-1)S = (NH_4)_2S_x$$

多硫化物的颜色随着 x（一般为 2～6，个别 x 可高达 9）的增加由浅黄直到红棕，如 Na_2S 颜色随 x 增大由无色变为黄色、红色。实验室中长时间放置的硫化钠溶液成为黄色就是由于这一缘故。碱土金属也能形成多硫化物，较为常见的是 MS_2。多硫化物中 Na_2S_2 是脱毛剂，CaS_4 是杀虫剂。

多硫化物和酸反应生成 H_2S_x，后者分解为 H_2S 和 S。

$$M_2S_x + 2H^+ = 2M^{2+} + (x-1)S\downarrow + H_2S\uparrow$$

试剂 Na_2S、$(NH_4)_2S$ 遇酸发生混浊，就是因为其中所含多硫化物发生了上述反应。

多硫化物也具有氧化性，但氧化能力弱于过氧化物。

$$S_2^{2-} + 2e^- = 2S^{2-} \qquad E^\ominus = -0.48\ V$$

$$HO_2^- + H_2O + 2e^- = 3OH^- \qquad E^\ominus = 0.87\ V$$

多硫化物能氧化 As(Ⅲ)、Sb(Ⅲ)、Sn(Ⅱ)的硫化物，或把这些金属的硫代亚酸盐氧化为硫代酸盐。相应的电极电势和反应式为：

$$AsS_4^{3-} + 2e^- = AsS_3^{3-} + S^{2-} \qquad E^\ominus < -0.6\ V$$

$$SbS_4^{3-} + 2e^- = SbS_3^{3-} + S^{2-} \qquad E^\ominus = -0.6\ V$$

$$SnS_3^{2-} + 2e^- = SnS + 2S^{2-} \qquad E^\ominus < -0.6\ V$$

多硫化物 $(NH_4)_2S_2$ 能把 SnS 氧化：

$$SnS + (NH_4)_2S_2 = (NH_4)_2SnS_3$$

这里 Sn(Ⅱ)转化为 Sn(Ⅳ)，认为是在 $(NH_4)_2S_2$ 中的活性 S 作用下实现的。

17.2.3 硫的含氧化合物

1. 二氧化硫，亚硫酸及其盐

(1)二氧化硫

二氧化硫是无色、有刺激性臭味的气体，比空气重。液态 SO_2 蒸发时吸收大量的热，是一种制冷剂。SO_2 易溶于水,在 20 ℃时一体积水能溶解 40 体积 SO_2,相当于 1.8 $mol \cdot L^{-1}$ 或 10% 的溶液。SO_2 的熔点 −76 ℃,沸点 −10 ℃,易液化。液态 SO_2 是一种良好的非水溶剂,自电离式为:

$$2SO_2 = SO^{2+} + SO_3^{2-}$$

制备 SO_2 的方法很多,实验室中可以用亚硫酸盐与酸反应制得 SO_2,但欲制取纯的 SO_2,需用 Cu 与浓 H_2SO_4 反应:

$$Na_2SO_3 + H_2SO_4(\text{稀}) = Na_2SO_4 + SO_2\uparrow + H_2O$$

$$Cu + 2H_2SO_4(\text{浓}) = CuSO_4 + SO_2\uparrow + 2H_2O$$

工业上是通过焙烧黄铁矿制取 SO_2:

$$S(s) + O_2(g) = SO_2(g) \qquad \Delta_r G_m^\ominus = -300.2\ kJ \cdot mol^{-1}$$

$$3FeS_2 + 8O_2 = Fe_3O_4 + 6SO_2$$

$$4FeS_2 + 11O_2 = 2Fe_2O_3 + 8SO_2$$

二氧化硫分子结构如图 17-6 所示,气态 SO_2 为折线形分子,O—S—O 键角 119.5°。SO_2 中的 S 原子以 sp^2 杂化轨道和两个 O 原子的 p 轨道形成两个 σ 键。S 原子还有一个含两个电子的 p 轨道,与 O 原子中含一个电子的 p 轨道位置平行,这三个平行的 p 轨道形成一根离域 Π_3^4 键。SO_2 分子中两个 S—O 键的键长(143.2 pm)比正常 S—O 键长(149 pm)短,具有双键的特征。

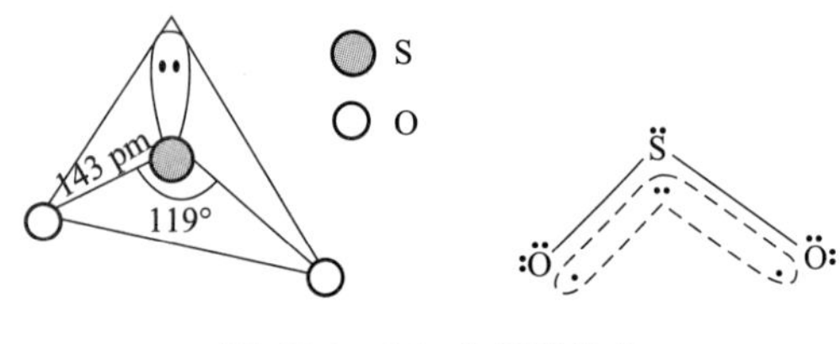

图 17-6 SO_2 分子的结构

SO_2 既有氧化性,又有还原性,而以还原性为主,能被 O_2、Cl_2 氧化,分别生成 SO_3、SO_2Cl_2。

$$2SO_2 + O_2 = 2SO_3$$

$$SO_2 + Cl_2 = SO_2Cl_2$$

SO_2 与强还原剂,如 H_2S、H_2、CO 反应时显氧化性。

$$SO_2 + 2H_2S = 3S + 2H_2O$$

此反应于室温有湿气或较高温下发生。

$$SO_2 + 2H_2 = S + 2H_2O$$

$$SO_2 + 2CO = S + 2CO_2$$

SO_2 能和某些有色物质形成无色的加合物,所以 SO_2 被用来漂白纸浆、草编制品等。然而这些无色加合物不稳定,时间一长有色物质又将复原。二氧化硫主要用于制造硫酸和合成洗涤剂,也用作消毒杀菌剂。

二氧化硫有毒,吸入较多时会使嗓子变哑、喉头水肿,强烈刺激气管。SO_2 是一种气态污染物,含量不得超过 0.015 $mg \cdot L^{-1}$。燃烧煤、石油产物时都有 SO_2 排出。目前大致有三种除去废气中 SO_2 的方法:

① 将 SO_2 氧化成 SO_3 制 H_2SO_4,适用于处理 SO_2 含量不太小的废气。

② 在高温(>1000 ℃)下用 CO 将 SO_2 还原为单质硫。

$$SO_2 + 2CO = S + 2CO_2$$

③ 在溶液中借催化剂将 SO_2 氧化、吸收,使其生成 $CaSO_4$、$MgSO_4$、$(NH_4)_2SO_4$ 等。$CaSO_4$ 可用作填料,$(NH_4)_2SO_4$ 可用作肥料,$MgSO_4$ 经 C 还原生成 MgO 和 SO_2,MgO 可以循环使用。

$$2MgSO_4 + C \xlongequal{} 2MgO + 2SO_2 + CO_2$$

(2)亚硫酸

SO_2 易溶于水,在 20 ℃,100 mL 水能溶解 3937 mL 的 SO_2,相当于 1.6 $mol \cdot L^{-1}$;100 ℃为 1877 mL 的 SO_2。SO_2 水溶液是亚硫酸溶液,H_2SO_3 是二元弱酸。至今未制得游离的亚硫酸,"亚硫酸"只在水溶液中存在,市售亚硫酸试剂中含 SO_2 不少于 6%。亚硫酸溶液存在下列平衡:

$$SO_2 + H_2O \rightleftharpoons H_2SO_3$$

$$H_2SO_3 \rightleftharpoons H^+ + HSO_3^- \qquad K_1 = 1.3 \times 10^{-2}$$

$$HSO_3^- \rightleftharpoons H^+ + SO_3^{2-} \qquad K_2 = 6.3 \times 10^{-8}$$

SO_2 在水中主要是物理溶解,SO_2 分子和 H_2O 分子间存在着较弱的结合,水溶液中除 H_3O^+、HSO_3^- 外,还有 SO_3^{2-} 和 $S_2O_5^{2-}$。这是因为 HSO_3^- 溶液中有下列平衡存在:

$$2HSO_3^- \xlongequal{} S_2O_5^{2-} + H_2O$$

因此,不能用加热浓缩的方法制备亚硫酸氢盐。

(3)亚硫酸盐

亚硫酸形成正盐和酸式盐两系列盐。制亚硫酸钠的方法是先使 SO_2 和一半用量的 NaOH 或 Na_2CO_3 反应生成 $NaHSO_3$,然后 $NaHSO_3$ 再和另一半量的 NaOH 或 Na_2CO_3 反应得 Na_2SO_3。

$$NaOH + SO_2 \xlongequal{} NaHSO_3$$

$$NaHSO_3 + NaOH \xlongequal{} Na_2SO_3 + H_2O$$

$$2NaHSO_3 + Na_2CO_3 \xlongequal{} 2Na_2SO_3 + CO_2\uparrow + H_2O$$

亚硫酸根的结构是三角锥形,硫原子取不等性 sp^3 杂化,如图 17-7 所示。

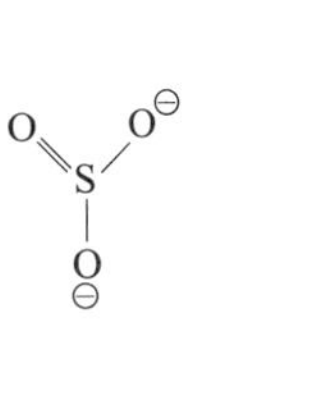

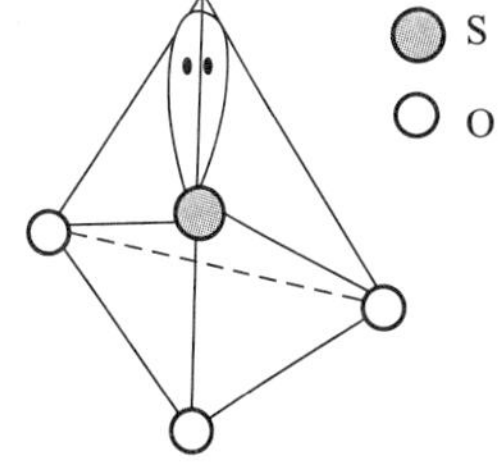

图 17-7 SO_3^{2-} 的结构

与 SO_2 相同,亚硫酸及其盐,既可作还原剂又可作氧化剂。由它们的标准电极电势可知,无论是酸还是盐,它们的还原性总大于它们的氧化性。

还原性: $SO_3^{2-} > H_2SO_3 > SO_2$

氧化性: $SO_2 > H_2SO_3 > SO_3^{2-}$

只是当遇到强还原剂时,亚硫酸及其盐才表现出氧化性。

$$2MnO_4^- + 5SO_3^{2-} + 6H^+ \xlongequal{} 2Mn^{2+} + 5SO_4^{2-} + 3H_2O$$

$$H_2SO_4 + 3H_2S \xlongequal{} 4S + 4H_2O$$

在某些情况下,H_2SO_3 被氧化或被还原的产物因所用还原剂、氧化剂的不同而异。例如:

$$SO_3^{2-} + S \xlongequal{} S_2O_3^{2-}$$

$$2MnO_2 + 3H_2SO_3 \xlongequal{} MnSO_4 + MnS_2O_6 + 3H_2O$$

$$H_2SO_3 + 2HSO_3^- + Zn \xlongequal{} S_2O_4^{2-} + ZnSO_3 + 2H_2O$$

$S_2O_3^{2-}$、$S_2O_4^{2-}$、$S_2O_6^{2-}$ 分别叫硫代硫酸根、连二亚硫酸根、连二硫酸根。

亚硫酸盐受热容易分解。例如,亚硫酸钠在加热时,分解生成硫化钠和硫酸钠。

$$4Na_2SO_3 \xlongequal{\triangle} 3Na_2SO_4 + Na_2S$$

亚硫酸盐或酸式亚硫酸盐遇强酸即分解,放出 SO_2。

$$SO_3^{2-} + 2H^+ \longrightarrow H_2O + SO_2$$

$$HSO_3^- + H^+ \longrightarrow H_2O + SO_2$$

这是实验室制取少量 SO_2 的一种方法。

SO_3^{2-} 作为配位体可和 Mn^{2+}、Zn^{2+}、Cd^{2+}、Hg^{2+}、Mg^{2+} 等阳离子配位，生成 $M_2^{I}[M(SO_3)_2]$ 和 $M^{II}[M(SO_3)_2]$，式中 M^{I} 为 Na^+、K^+、Ag^+。

亚硫酸氢盐的溶解度大于相应正盐。碱金属的亚硫酸盐易溶于水，由于水解，溶液显碱性，其他金属的正盐均微溶于水，但都能溶于强酸，而所有的酸式亚硫酸盐都易溶于水。亚硫酸氢钙 $Ca(HSO_3)_2$ 能溶解木质素，被用于造纸工业。

2. 氧化硫，硫酸及其盐

(1) 三氧化硫

SO_2 和 O_2 反应（>450 ℃，在 Pt 或 V_2O_5 催化下）得 SO_3。硫原子在平面三角形的中间以 sp^2 杂化形成 3 个 σ 键和一个四中心六电子的离域 Π_4^6 键，因此 S—O 键(141 pm)具有双键特征。气态的 SO_3 主要以单分子存在，它的分子是平面三角形，如图 17-8(a)所示，d(S—O) = 142 pm，于 41.5 ℃冷凝成含 SO_3、$(SO_3)_3$ 及其他型体的无色、低黏度液体。固态 SO_3 有 α(似冰，S_3O_9)、β 和 γ(后两者为似石棉结构，SO_3 链)型三种，其稳定性依次减小。α-SO_3 也具有类似石棉状的外观，可能是相似的链相互交错形成层状结构，它是三种变体中最稳定的一种，其熔点为 62.5 ℃；β-SO_3 要在体系中有痕量水存在下方能形成，它的结构类似于石棉的链状结构，是由许多 SO_3 四面体彼此连接起来呈螺旋状长链，见图 17-8(c)；γ-SO_3 具有与冰结构相似的三聚体，见图 17-8(b)。

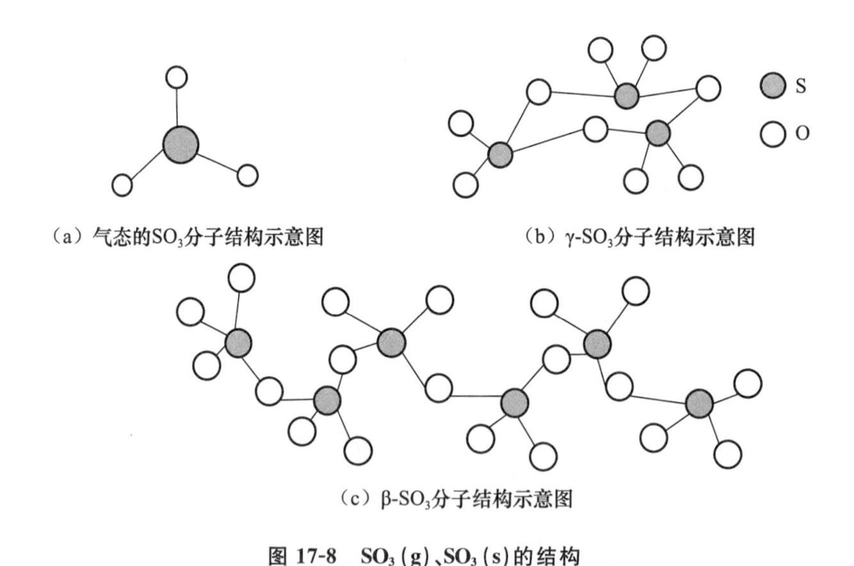

图 17-8 SO_3(g)、SO_3(s)的结构

SO_3 具有酸性，和碱或碱性氧化物作用生成相应的盐。SO_3 有氧化性，是一个强氧化剂，高温下能氧化 HBr、P、KI 和铁、锌等金属：

$$5SO_3 + 2P \longrightarrow 5SO_2 + P_2O_5$$

$$2KI + SO_3 \longrightarrow K_2SO_3 + I_2$$

(2) 硫酸

纯 H_2SO_4 和市售浓 H_2SO_4(约 18 mol·L^{-1})都是油状液体,后者是常用的高沸点酸。SO_3 极易吸收水分,在空气中强烈冒烟,溶于水中即生成硫酸并放出大量热。这大量热使水蒸发,所产生的水蒸气与 SO_3 形成酸雾,影响吸收的效果,所以工业上生产硫酸不是用水去吸收 SO_3,而是用浓硫酸吸收 SO_3。将 SO_3 溶解在浓硫酸中所生成的溶液称为发烟硫酸,以 $H_2SO_4 \cdot xSO_3$ 表示其组成。

当 SO_3 暴露于空气中时,挥发出来的 SO_3 和空气中的水蒸气形成硫酸的细小露滴而冒烟,所以称为发烟硫酸。通常以游离 SO_3 的含量来标明不同浓度的发烟硫酸。发烟硫酸的试剂有含 SO_3 20%～25%和 50%～53%的两种。

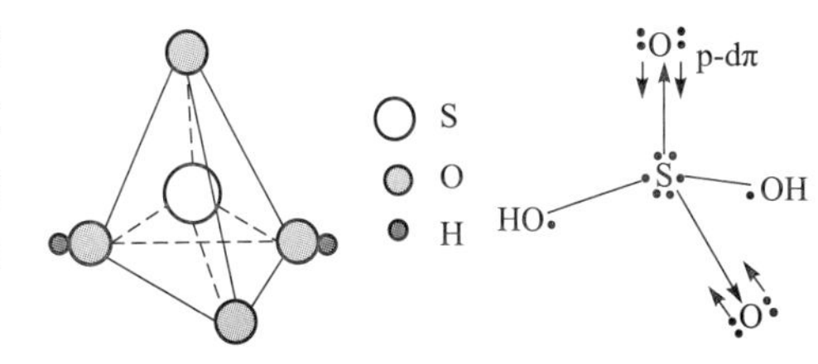

图 17-9　硫酸的分子结构

H_2SO_4 的分子结构见图 17-9 所示。

H_2SO_4 具有相当高的电导率,这是由于它的自偶电离生成以下两种离子:

$$2H_2SO_4 \rightleftharpoons H_3SO_4^+ + HSO_4^- \qquad K = 2.7\times10^{-4}$$

H_2SO_4 为强酸是指第一步电离,HSO_4^- 只有部分电离($K_2 = 1.0\times10^{-2}$),在 H_2SO_4 溶液中 HSO_4^- 的电离被 H_2SO_4 电离生成的 H^+ 所抑制,所以电离度减小。如在 0.10 mol·L^{-1} H_2SO_4 中,H_2SO_4 的电离度只有 10%,而 0.10 mol·L^{-1} $NaHSO_4$ 溶液中 HSO_4^-(此时没有 H^+ 起抑制电离的作用)的电离度为 29%。

浓 H_2SO_4 溶于水形成一系列很稳定的水合物 $H_2SO_4 \cdot nH_2O$(n=1～5),故浓硫酸有强烈的吸水性,其水合过程放出大量的热,常用它来作干燥剂。浓 H_2SO_4 具有很强的脱水性,能从一些有机化合物中夺取与水分子组成相当的氢和氧,使这些有机物炭化,例如,蔗糖或纤维被浓硫酸脱水。浓 H_2SO_4 脱水时还伴随化学反应——H_2SO_4 的氧化性。H_2SO_4 的水合能比其他酸大得多,所以稀释时必须非常小心,一定要把浓 H_2SO_4 缓慢加入水中,且边加边搅拌。

热浓 H_2SO_4 是氧化剂,可和许多金属或非金属作用而被还原为 SO_2 或 S。

$$2H_2SO_4(浓) + S = 3SO_2 + 2H_2O$$

金和铂甚至在加热时也不与浓硫酸作用。此外,冷浓硫酸不与 Al、Fe、Cr 等金属作用,因为 Al、Fe、Cr 在冷浓硫酸中被钝化了,故可将浓硫酸装在钢罐中运输。

稀硫酸具有一般酸类的通性,与浓 H_2SO_4 的氧化反应不同,稀硫酸的氧化反应是由 H_2SO_4 中的 H^+ 离子所引起的。只能与电位顺序在 H 以前的金属如 Zn、Mg、Fe 等反应而放出 H_2。Pb 和 H_2SO_4 作用,因表面生成难溶的 $PbSO_4$ 而使反应中断,但 Pb 能和浓 H_2SO_4(≥75%)反应,因生成了较易溶解的 $Pb(HSO_4)_2$。

硫酸是化学工业中一种重要的化工原料,过去常用它的年产量作为衡量一个国家工业发展水平的依据之一。硫酸大量用于肥料工业中制造过磷酸钙和硫酸铵;还大量用于石油的精炼、炸药的生产,以及制造各种矾、染料、颜料、药物等。在工业上和实验室中常用浓硫酸来作干燥剂。

(3)硫酸盐

硫酸盐都是离子型化合物。SO_4^{2-} 离子是正四面体结构,其中 S—O 键的键长为 149 pm,有很大程度的双键性质,其键角为 109°28′。四个氧原子与硫原子之间的键完全一样,见图 17-10。

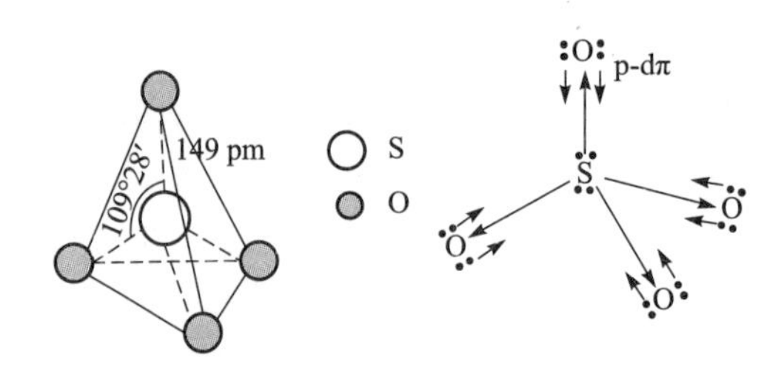

图 17-10 SO_4^{2-} 离子的结构

SO_4^{2-} 能作为配位体形成配合物,如 $K_3[Ir(SO_4)_3]\cdot H_2O$、$[CoSO_4(NH_3)_5]Br$;作为配位体形成配合物的能力弱于 SO_3^{2-}。

常见的酸式硫酸盐有 $NaHSO_4$、$KHSO_4$。酸式硫酸盐中能溶于水的盐因 HSO_4^- 部分电离而使溶液显酸性。在酸式硫酸盐中,仅最活泼的碱金属元素(例如,Na、K)能形成稳定的固态酸式硫酸盐。在碱金属的硫酸盐溶液内加入过量的硫酸,便有酸式硫酸盐生成。

$$Na_2SO_4 + H_2SO_4 = 2NaHSO_4$$

酸式硫酸盐均易溶于水,也易熔化。加热到熔点以上,它们即转变为焦硫酸盐 $M_2S_2O_7$:

$$NaSO_3O\boxed{H + HO}SO_3Na \xlongequal{\triangle} Na_2S_2O_7 + H_2O\uparrow$$

因此在某些实验中可用 $NaHSO_4$ 代替 $Na_2S_2O_7$。再加强热,$Na_2S_2O_7$ 就进一步分解为正盐和三氧化硫。

硫酸能形成酸式盐和正盐两种类型的盐。除 Sr^{2+}、Ba^{2+}、Pb^{2+} 的硫酸盐难溶,Ca^{2+}、Ag^+ 的硫酸盐微溶外,其他硫酸盐都易溶。此硫酸盐有以下四个性质:

① 大多数硫酸盐含有结晶水,如 $CuSO_4\cdot 5H_2O$、$CaSO_4\cdot 2H_2O$、$MSO_4\cdot 7H_2O$(M^{2+} 为 Mg^{2+}、Fe^{2+}、Zn^{2+})。含结晶水的硫酸盐除个别外(如 $CaSO_4\cdot 2H_2O$),一般都易溶于水。除了碱金属和碱土金属外,其他硫酸盐都有不同程度的水解作用。

② 多数硫酸盐有形成复盐的趋势,在复盐中的两种硫酸盐是同晶型的化合物,这类复盐又叫作矾。常见的复盐有两类:

一类组成的通式是 $M_2^ISO_4\cdot M^{II}SO_4\cdot 6H_2O$,其中 $M^I = NH_4^+$、K^+、Rb^+、Cs^+,$M^{II} = Fe^{2+}$、Co^{2+}、Ni^{2+}、Zn^{2+}、Cu^{2+}、Mg^{2+}。属于这一类的复盐,如摩尔盐 $(NH_4)_2SO_4\cdot FeSO_4\cdot 6H_2O$,镁钾矾 $K_2SO_4\cdot MgSO_4\cdot 6H_2O$。

一类组成的通式是 $M_2^ISO_4\cdot M_2^{III}(SO_4)_3\cdot 24H_2O$,其中 M^I = 碱金属(Li 除外)、NH_4^+、Tl^+,$M^{III} = Al^{3+}$、Fe^{3+}、Cr^{3+}、Ga^{3+}、V^{3+}、Co^{3+}。属于这一类的复盐,如明矾 $K_2SO_4\cdot Al_2(SO_4)_3\cdot 24H_2O$。它们通式的简式可写为 $M^IM^{III}(SO_4)_2\cdot 12H_2O$。

③ 正盐和酸式盐相互间的转化。酸式盐和碱作用生成正盐:

$$NaHSO_4 + NaOH = Na_2SO_4 + H_2O$$

硫酸盐,尤其是难溶硫酸盐,又能转化为溶解度稍大于正盐的酸式硫酸盐。难溶硫酸盐溶于酸的反应式为:

$$MSO_4 + H^+ = M^{2+} + HSO_4^-$$

④ 硫酸盐受热分解为金属氧化物、SO_3、SO_2 及 O_2,其热稳定性与相应阳离子的电荷、半径以及最外层的电子构型有关。如 K_2SO_4、Na_2SO_4、$BaSO_4$ 等硫酸盐较稳定,在 1000 ℃时也不分

解。这是由于这些盐的阳离子是低电荷和 8 电子构型，它们即使在高温下对稳定的 SO_4^{2-} 离子极化作用也很小，而 $CuSO_4$、Ag_2SO_4、$Al_2(SO_4)_3$、$Fe_2(SO_4)_3$、$PbSO_4$ 等硫酸盐，它们的阳离子多是高电荷和 18 电子构型或不规则构型。离子极化作用较强，在高温下，晶格中离子的热振动加强，强化了离子之间的相互极化，阳离子起着向硫酸根离子争夺氧的作用。因而，在高温下这些金属盐一般先分解成金属氧化物和 SO_3，如：

$$CuSO_4 \xlongequal{\triangle} CuO + SO_3$$

$$Ag_2SO_4 \xlongequal{\triangle} Ag_2O + SO_3$$

$$2Ag_2O \xlongequal{\triangle} 4Ag + O_2$$

同一族中，等价金属硫酸盐的热分解温度从上到下升高。若同种元素能形成几种硫酸盐，则高氧化态（离子势大）硫酸盐的分解温度低。如 $Mn_2(SO_4)_3$ 和 $MnSO_4$ 的分解温度分别为 300 ℃和 755 ℃。$Fe_2(SO_4)_3$ 的分解温度低于 $FeSO_4$ 的分解温度。

若金属阳离子的价数相同、半径相近，则 8e 构型比 18e 构型阳离子硫酸盐的分解温度高，如 Ca^{2+} 和 Cd^{2+}，K^+ 和 Ag^+ 的价数相同、半径相近，但 $CdSO_4$ 的分解温度（816 ℃）低于 $CaSO_4$，Ag_2SO_4 的分解温度低于 K_2SO_4。

当有 P_4O_{10}、SiO_2 存在时，硫酸盐（如 $CaSO_4$）的热分解温度有所降低，这是因为生成了在高温下更为稳定的 $Ca_3(PO_4)_2$ 和 $CaSiO_3$。

$$6CaSO_4 + P_4O_{10} = 2Ca_3(PO_4)_2 + 6SO_2 + 3O_2$$

$$2CaSO_4 + 2SiO_2 = 2CaSiO_3 + 2SO_2 + O_2$$

后一个反应中的 SO_2 被用来制 H_2SO_4，而另一生成物 $CaSiO_3$ 经加工可制成水泥。

3. 硫代硫酸钠及其盐

$S_2O_3^{2-}$ 为四面体形，可认为它是 SO_4^{2-} 中的一个 O 被 S 所取代的产物，见图 17-11。

“标记原子”实验证明：$S_2O_3^{2-}$ 中的两个硫原子是不同的，用 ^{35}S 和 SO_3^{2-} 反应生成硫代硫酸根，后者和足量的 $AgNO_3$ 反应得硫代硫酸银沉淀，接着分解为硫化银。^{35}S 在硫化银中，而另一产物 H_2SO_4 中却无 ^{35}S。

$$^{35}S + SO_3^{2-} = {}^{35}SSO_3^{2-}$$

$$^{35}SSO_3^{2-} + 2Ag^+ = Ag_2{}^{35}SSO_3 \downarrow \text{（白）}$$

$$Ag_2{}^{35}SSO_3 + H_2O = Ag_2{}^{35}S + H_2SO_4$$

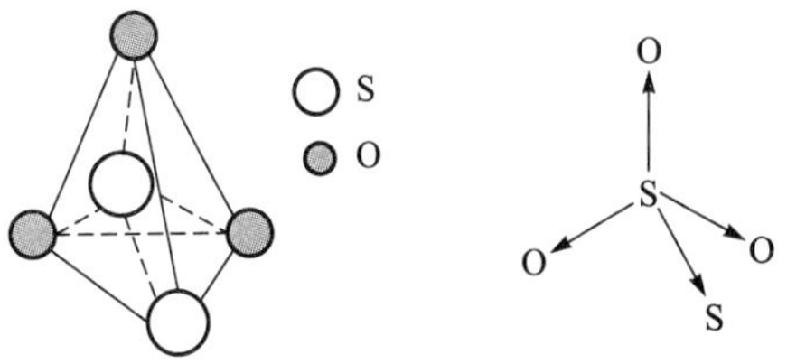

图 17-11　$S_2O_3^{2-}$ 离子的结构

将硫粉溶于沸腾的亚硫酸钠碱性溶液中，或将 Na_2S 和 Na_2CO_3 以 2∶1 的物质的量之比配成溶液再通入 SO_2，便可制得硫代硫酸盐：

$$Na_2SO_3 + S = Na_2S_2O_3$$

$$2Na_2S + Na_2CO_3 + 4SO_2 = 3Na_2S_2O_3 + CO_2$$

也可用以下方法制备硫代硫酸盐：

$$2NaHS + 4NaHSO_3 = 3Na_2S_2O_3 + 3H_2O$$

$$2Na_2S + 3SO_2 = 2Na_2S_2O_3 + S$$

五水合硫代硫酸钠（$Na_2S_2O_3 \cdot 5H_2O$）极有用，又称大苏打或海波。

$S_2O_3^{2-}$ 遇酸分解为 SO_3 和 S：

$$S_2O_3^{2-} + 2H^+ \longrightarrow S\downarrow + SO_2\uparrow + H_2O$$

同时有一个副反应，但这个反应的速率慢。

$$5S_2O_3^{2-} + 6H^+ \longrightarrow 2S_5O_6^{2-}\text{(连五硫酸盐)} + 3H_2O$$

这个反应显示了定影液遇酸失效的原因之一。

按照计算氧化态的习惯，$S_2O_3^{2-}$ 离子中的两个硫原子平均氧化态是+2。中心硫原子氧化态为+6，另一个硫原子氧化态为−2，因此，硫代硫酸钠具有一定的还原性。$Na_2S_2O_3$ 与碘反应时，它被氧化为连四硫酸钠；与氯、溴等反应时，被氧化为硫酸盐。因此，硫代硫酸钠可作为脱氯剂。

$$Na_2S_2O_3 + 4Cl_2 + 5H_2O \longrightarrow 2H_2SO_4 + 6HCl + 2NaCl$$

$$S_2O_3^{2-} + Cl_2 + H_2O \longrightarrow SO_4^{2-} + S\downarrow + 2H^+ + 2Cl^-$$

纺织工业上先用 Cl_2 作纺织品的漂白剂，而后再用 $S_2O_3^{2-}$ 作脱氯剂，就是利用了上述反应。由上述反应知，生成物因 $S_2O_3^{2-}$ 和 Cl_2 的相对量不同而异。$S_2O_3^{2-}$ 和 I_2 生成连四硫酸盐的反应则是定量进行的。

$$I_2 + 2S_2O_3^{2-} \longrightarrow S_4O_6^{2-} + 2I^-$$

所以 $Na_2S_2O_3$ 是定量测定 I_2 的试剂。

$S_2O_3^{2-}$ 能作为配位体，与金属阳离子形成单基配位或双基配位的配离子，例如：

$$Ag^+ + 2S_2O_3^{2-} \longrightarrow Ag(S_2O_3)_2^{3-}$$

照相底片上未曝光的溴化银在定影液中即由于形成这个配离子而溶解。

硫代硫酸钠主要用于化工生产中的还原剂、棉织物漂白后的脱氯剂及照相行业的定影剂，另外还用于电镀、鞣革等。

4. 连二亚硫酸及其盐

$H_2S_2O_4$ 是二元弱酸，$K_1 = 4.5\times10^{-1}$，$K_2 = 3.5\times10^{-3}$（25 ℃）。连二亚硫酸钠 $Na_2S_2O_4\cdot 2H_2O$ 是染料工业上常用的还原剂，俗称保险粉，比酸稳定。

$$2SO_3^{2-} + 2H_2O + 2e^- \longrightarrow S_2O_4^{2-} + 4OH^- \qquad E^\ominus = -1.12\ V$$

在没有氧的条件下，可用 Zn-Hg 齐还原亚硫酸氢钠制备连二亚硫酸钠。

$$2HSO_3^- + H_2SO_3 + Zn \longrightarrow ZnSO_3 + S_2O_4^{2-} + 2H_2O$$

$S_2O_4^{2-}$ 的结构如图 17-12 所示，d(S—S)=238.9 pm，d(S—O)=151.5 pm，O—S—O 键角 100°。

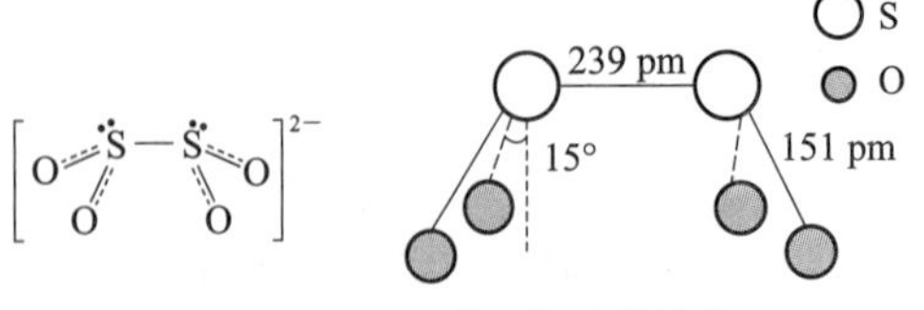

图 17-12 $S_2O_4^{2-}$ 离子的结构

$Na_2S_2O_4\cdot 2H_2O$ 在空气中极易被氧化，不便于使用，经酒精和浓 NaOH 共热后，就成为比较稳定的无水盐。

$Na_2S_2O_4$ 在无 O_2 条件下，即使是固体，也发生歧化反应：

$$2Na_2S_2O_4 \longrightarrow Na_2S_2O_3 + Na_2SO_3 + SO_2$$

有少量水时，歧化反应速度加快：

$$2Na_2S_2O_4 + H_2O \longrightarrow Na_2S_2O_3 + 2NaHSO_3$$

$Na_2S_2O_4$ 在酸性或碱性条件下也会发生分解反应。

$Na_2S_2O_4$ 是一个很强的还原剂，它的水溶液在空气中放置能被空气中的氧氧化，生成亚硫酸盐或硫酸盐，因此，$Na_2S_2O_4$ 在气体分析中用来吸收氧气：

$$2Na_2S_2O_4 + O_2 + 2H_2O \longrightarrow 4NaHSO_3$$

$$Na_2S_2O_4 + O_2 + H_2O = NaHSO_3 + NaHSO_4$$

$S_2O_4^{2-}$ 还能把 MnO_4^-、IO_3^-、I_2、H_2O_2 还原，也能把 Cu(Ⅰ)、Ag(Ⅰ)、Pb(Ⅱ)、Bi(Ⅲ)、Sb(Ⅲ)等还原为金属单质。

$Na_2S_2O_4$ 是印染工业中非常重要的还原剂，有许多有机染料都能被它还原，它还用于染料合成、造纸、保存食物和医学等部门。

5. 连二硫酸及其盐

$H_2S_2O_6$ 的溶液可用 BaS_2O_6 和 H_2SO_4 反应制得。

$$BaS_2O_6 + H_2SO_4 = H_2S_2O_6 + BaSO_4$$

但至今尚未制得纯 $H_2S_2O_6$。稀的 $H_2S_2O_6$ 溶液比较稳定，较浓的溶液于 50 ℃时发生歧化反应。

$$H_2S_2O_6 = H_2SO_4 + SO_2$$

连二硫酸盐 $M_2S_2O_6$ 中硫的氧化态为+5，可用氧化剂氧化 SO_2 来制备。

$$2MnO_2 + 3H_2SO_3 = MnSO_4 + MnS_2O_6 + 3H_2O$$

$S_2O_6^{2-}$ 的结构如图 17-13 所示。d(S—S)＝215～216 pm，d(S—O)＝145 pm，O—S—O 键角 103°。

多数连二硫酸盐易溶于水，固体 $M_2S_2O_6$ 受热歧化分解为 MSO_4 和 SO_2。相对说来，$M_2S_2O_6$ 不易被氧化，只有强氧化剂，如 Cl_2、$Cr_2O_7^{2-}$、MnO_4^- 能把它氧化成硫酸盐；与强还原剂，如 Na-Hg 齐作用，则被还原成亚硫酸盐。

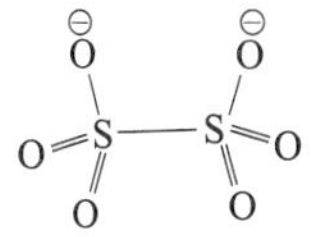

$$S_2O_6^{2-} + Cl_2 + 2H_2O = 2SO_4^{2-} + 4H^+ + 2Cl^-$$

$$S_2O_6^{2-} + 2Na + 4H^+ = 2H_2SO_3 + 2Na^+$$

图 17-13　$S_2O_6^{2-}$ 离子的结构

6. 焦硫酸及其盐

发烟硫酸 $H_2SO_4 \cdot xSO_3$，x＝1 时为焦硫酸。至今尚未制得纯的焦硫酸。焦硫酸是一种无色的晶状固体，熔点 35 ℃。当冷却发烟硫酸时，可以析出焦硫酸晶体。实际上，焦硫酸是由等物质的量的 SO_3 和纯 H_2SO_4 化合而成的：

$$H_2SO_4 + SO_3 = H_2S_2O_7$$

化学命名法规定：2 个正酸分子脱去 1 个水分子的产物叫焦酸。

$$2H_2SO_4 = H_2S_2O_7 + H_2O$$

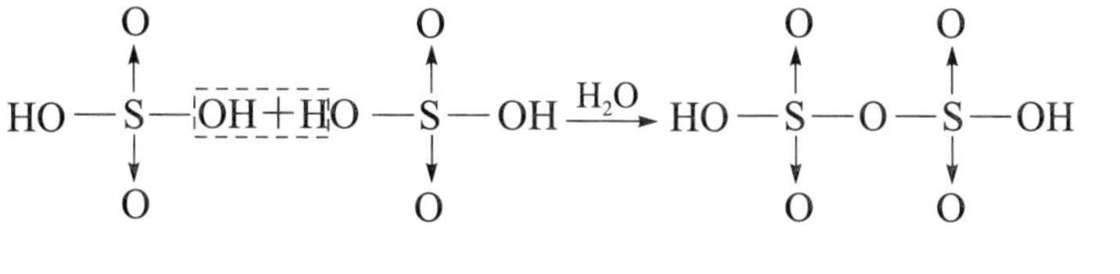

$$HO-S(O)_2-OH + HO-S(O)_2-OH \xrightarrow{-H_2O} HO-S(O)_2-O-S(O)_2-OH$$

将碱金属的酸式硫酸盐加热到熔点以上，可得焦硫酸盐。

$$2KHSO_4 \xlongequal{\triangle} K_2S_2O_7 + H_2O$$

进一步加热，分解为 K_2SO_4 和 SO_3：

$$K_2S_2O_7 \xlongequal{\triangle} K_2SO_4 + SO_3$$

可以认为，焦酸及其盐中含有较正酸及其盐为多的酸性氧化物，如 $K_2S_2O_7$ 可写成 $K_2SO_4 \cdot SO_3$，因此焦酸盐可以和一些难熔的碱性氧化物反应，生成可溶性的硫酸盐：

$$Fe_2O_3 + 3K_2S_2O_7 \xlongequal{\triangle} Fe_2(SO_4)_3 + 3K_2SO_4$$

$$Al_2O_3 + 3K_2S_2O_7 \xlongequal{\triangle} Al_2(SO_4)_3 + 3K_2SO_4$$

焦硫酸盐溶于水有两个热效应:开始溶解是吸热过程,约 3 分钟时由于 $S_2O_7^{2-}$ 水解而有明显的放热效应。

$$S_2O_7^{2-} + H_2O = 2HSO_4^-$$

由于 $S_2O_7^{2-}$ 在水中水解,因此无法配制焦硫酸盐溶液。

缩合酸的酸性强于正酸,H_2SO_4 的 $pK=-12$,$H_2S_2O_7$ 的 $pK=-15$。

焦硫酸与水反应又生成 H_2SO_4。焦硫酸具有比浓硫酸更强的氧化性、吸水性和腐蚀性,在制造某些染料、炸药中用作脱水剂。

7. 过硫酸及其盐

可以认为过硫酸是 H_2O_2 的衍生物,用磺基—SO_3H 取代 H—O—O—H 分子中的 1 个 H,得 HO—O—SO_3H,为过一硫酸;取代 2 个 H,得 HSO_3—O—O—SO_3H,为过二硫酸,它的结构式见图 17-14。

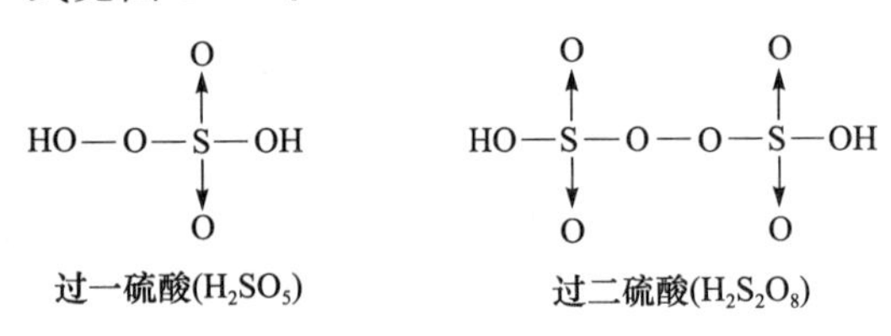

图 17-14 过硫酸的分子结构

过二硫酸是无色晶体,在 65 ℃时熔化并分解,具有极强的氧化性,它不仅能使纸炭化,还能烧焦石蜡。

过二硫酸盐可用电解 HSO_4^- 的方法制备。常用的过二硫酸盐试剂有 $(NH_4)_2S_2O_8$ 和 $K_2S_2O_8$ 两种,因 $S_2O_8^{2-}$ 容易分解,所以一般用它的固体。$S_2O_8^{2-}$ 的分解是一级反应。

$$2S_2O_8^{2-} + 2H_2O = 4HSO_4^- + O_2$$

$S_2O_8^{2-}$ 高温分解速率快,而固态过二硫酸盐分解速率慢得多。

$S_2O_8^{2-}$ 在酸性介质中分解成过一硫酸 H_2SO_5。后者进一步分解成 H_2SO_4 和 H_2O_2。用 $S_2O_8^{2-}$ 水解制 H_2O_2 就基于这个性质。

过二硫酸盐的电势很高,$E^\ominus(S_2O_8^{2-}/SO_4^{2-})=2.00$ V,是强氧化剂。过硫酸钾和铜能按下式反应:

$$Cu + K_2S_2O_8 = CuSO_4 + K_2SO_4$$

在 Ag^+ 离子催化剂作用下,$S_2O_8^{2-}$ 能把 Mn^{2+} 氧化成 MnO_4^-:

$$2Mn^{2+} + 5S_2O_8^{2-} + 8H_2O = 2MnO_4^- + 10SO_4^{2-} + 16H^+$$

在钢铁分析中常用过硫酸铵(或过硫酸钾)氧化法测定钢中锰的含量。

用 $S_2O_8^{2-}$ 作氧化剂,氧化速率有快有慢。$S_2O_8^{2-}$ 和 I^- 的反应速率不快,但和 Fe^{2+} 的反应速率却很快。

$$2Fe^{2+} + S_2O_8^{2-} = 2Fe^{3+} + 2SO_4^{2-}$$

过硫酸及其盐都是不稳定的,在加热时容易分解,例如,$K_2S_2O_8$ 受热时会放出 SO_3 和 O_2:

$$2K_2S_2O_8 \xlongequal{\triangle} 2K_2SO_4 + 2SO_3 + O_2$$

8. 连多硫酸及其盐

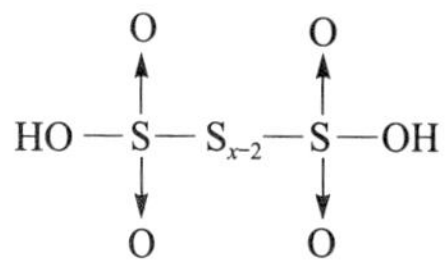

连多硫酸的通式为 $H_2S_xO_6$，$x=3\sim6$(图 17-15)。

$$\begin{array}{ccccccc} & & O & & & O & \\ & & \uparrow & & & \uparrow & \\ HO & - & S & - & S_{x-2} - & S & -OH \\ & & \downarrow & & & \downarrow & \\ & & O & & & O & \end{array}$$

图 17-15 连硫酸的结构

连多硫酸盐的阴离子通式为$[O_3SS_nSO_3]^{2-}$，$n=1\sim4$。根据分子中硫原子的总数，可把它们命名为连三硫酸 $S_3O_6^{2-}$、连四硫酸 $S_4O_6^{2-}$ 等。

连二硫酸与连多硫酸的最根本差别是前者的酸根中仅含有一个$[O_3S—SO_3]^{2-}$结构，而后者的酸根中至少含有一个或一个以上的仅仅和其他硫原子相连的硫原子($[O_3S—S—SO_3]^{2-}$)。

连多硫酸根中都有硫链。游离的连多硫酸不稳定，迅速分解。连多硫酸的酸式盐不存在。

$$H_2S_5O_6 \longrightarrow H_2SO_4 + SO_2 + 3S$$

连二硫酸不易被氧化，而其他连多硫酸则容易被气化，如在室温时，氯与连二硫酸不作用，而能把连多硫酸氧化为硫酸：

$$H_2S_3O_6 + 4Cl_2 + 6H_2O \longrightarrow 3H_2SO_4 + 8HCl$$

连二硫酸不与硫结合产生较高的连多硫酸，其他连多硫酸则可以：

$$H_2S_4O_6 + S \longrightarrow H_2S_5O_6$$

连二硫酸是一种强酸，它较连多硫酸稳定，浓溶液或加热时才慢慢分解：

$$H_2S_2O_6 \longrightarrow H_2SO_4 + SO_2$$

连二硫酸的水溶液即使煮沸也不分解。

17.2.4 硫的卤化物

将干燥氯气通入熔融硫可制得 S_2Cl_2，它是一种橙黄色有恶臭的液体，遇水很容易水解：

$$2S_2Cl_2 + 2H_2O \longrightarrow 4HCl + SO_2 + 3S$$

在橡胶硫化时，S_2Cl_2 是硫的溶剂。

硫与氟激烈反应生成 SF_6。它是无色、无臭的气体，它的特点是极不活泼，不与水、酸反应，甚至与熔融的碱也不反应。但它与水反应的自由能变化的负值却很大：

$$SF_6(g) + 3H_2O(g) \longrightarrow SO_3(g) + 6HF(g) \qquad \Delta_rG_m^\ominus = -460\ kJ\cdot mol^{-1}$$

SF_6 的不活泼性可能是 S—F 键的强度较大、SF_6 分子的对称性强和中心硫原子的配位数达到饱和等因素综合的结果，显然也有动力学的因素。

SF_6 的主要用途是在高压发电机或其他高压电器设备中作为绝缘气体。

含氧酸中的羟基被卤素取代后的衍生物叫作酰卤化物或卤化酰。例如，硫酸中的羟基被卤素取代得到卤化硫酰，如 SO_2F_2、SO_2Cl_2、SO_2FCl 等。如果 H_2SO_4 中仅有一个羟基被卤素取代即得到卤磺酸，如氟磺酸 HSO_3F、氯磺酸 HSO_3Cl 等。

氟磺酸是一种很重要的强酸性溶剂。当 SbF_6(它是一种较强的 Lewis 酸)与 HSO_3F 反应后，其产物是一种更强的酸，称为超强酸或超酸。

17.3 硒、碲

17.3.1 硒、碲单质

硒、碲都是分散元素。黄铁矿、闪锌矿中含有硒。许多硫化物矿中含有更少量的碲。

硒有无定形和六方晶体硒两种同素异形体。无定形硒呈红色，可用 SO_2 还原 SeO_2 制得。

$$SeO_2 + 2SO_2 + 2H_2O = Se + 2SO_4^{2-} + 4H^+$$

无定形硒无一定熔点，在 50 ℃左右开始软化，密度为 4.3 g·cm^{-3}，溶于二硫化碳。实验证明，其分子由 8 个硒原子组成。无定形硒是不良导体，受热转化为六方晶形灰色金属型硒。

晶态硒中最稳定的属灰硒，它是由曲折的无限长硒链(Se_∞)构成。其密度为 4.8 g·cm^{-3}，熔点为 217 ℃，沸点为 685 ℃，蒸气为深红色。高于 900 ℃时，蒸气分子为 Se_2。

无定形碲为棕黑色粉末，熔点为 450 ℃，沸点为 980 ℃，密度为 6.0 g·cm^{-3}。晶态碲为银白色，有金属光泽，熔点为 452 ℃，沸点为 1390 ℃，密度为 6.25 g·cm^{-3}，在蒸气时，其分子组成为 Te_2。

硒是典型的半导体材料，主要用于电子工业，如光电管、太阳能电池、电视、无线电传真等，这是利用硒的电导率随光的照射而变化的特性。光照下硒的导电能力比在暗处大几千倍，故被用作光电池的材料，晶体硒也是制造整流器的材料。锂-硒蓄电池可用于医学及导弹等方面。硒化镉和硒化汞是良好的化合物半导体。

硒对肿瘤的发生、发展有一定的阻遏和抑制作用，可用于抗癌药物的合成。

碲也是半导体材料(碲化镉、碲化铅和碲化铋等)，不善于传热和导电。钢、铜、铅中加入少量碲可以提高它们的机械性能和抗腐蚀能力，橡胶中加入少量碲可提高橡胶抗热和抗氧化能力、增强耐磨性等，因而碲大量用在冶金工业和橡胶工业。近年来，也用碲制造灵敏的热电元件。

17.3.2 硒、碲的化合物

1. 氢化物

虽然 Se 和 H_2 可直接合成 H_2Se，但 H_2Se、H_2Te 却主要是用金属硒化物、碲化物和水或酸的作用制得的。

$$Se + H_2 = H_2Se$$

$$Al_2Te_3 + 6H^+ = 2Al^{3+} + 3H_2Te$$

H_2Se、H_2Te 都是无色、极难闻的气体，它们的 $\Delta_f G_m^\ominus$ 分别为 71.1 kJ·mol^{-1}、138.5 kJ·mol^{-1}，可见 H_2Se、H_2Te 都不稳定。依 H_2O、H_2S、H_2Se、H_2Te 顺序稳定性显著减弱。

H_2Se、H_2Te 的水溶液是氢硒酸和氢碲酸。25 ℃，10^5 Pa 下饱和溶液中，H_2Se 的浓度为 0.084 mol·L^{-1}，H_2Te 为 0.09 mol·L^{-1}，其酸性均比 H_2S 强。

$$H_2S \quad K_1 = 1.3 \times 10^{-7}, \quad K_2 = 7.1 \times 10^{-5}$$

$$H_2Se \quad K_1 = 1.3 \times 10^{-4}, \quad K_2 = 1.0 \times 10^{-11}$$

$$H_2Te \quad K_1 = 2.3 \times 10^{-3}, \quad K_2 = 1.6 \times 10^{-12}$$

H_2Se、H_2Te 均为折线形分子，键角依次为 91°、89°30′。

硒、碲能形成硒化物、碲化物及多硒化物(Na_2Se_6)、多碲化物(Na_2Te_6)。

硒的毒性较大，几乎和砒霜相近。碲也有毒性，但较硒弱。

2. 氧化物

Se 和 HNO_3(6 mol·L^{-1})作用生成亚硒酸(H_2SeO_3)，后者于 50 ℃脱水生成白色 SeO_2。升华法可提纯 SeO_2。亚碲酸更易脱水，故 Te 和 HNO_3 作用得白色 TeO_2 固体。

硒、碲在空气中燃烧，也可以得到二氧化硒和二氧化碲。它们都是白色固体，按 SO_2、SeO_2、TeO_2 的顺序，还原性减弱、氧化性增强。SeO_2 和 SO_2 不同，以氧化性为主，能氧化 H_2S、I^-，生成 S、I_2 及 Se，甚至空气中的有机尘埃也能部分还原 SeO_2 成 Se，而使 SeO_2 固体略带红或紫色。与强氧化剂，如 F_2、浓 H_2O_2、熔融 Na_2O_2、$KMnO_4$ 作用生成 SeO_2F_2、H_2SeO_4 以及硒酸盐。TeO_2 在受热时能被 H_2 还原为单质，在 H_2SO_4 介质中被 30%H_2O_2 氧化成碲酸 H_2TeO_6。

硒、碲的三氧化物制备比较困难。SeO_3 可用 SO_3 和 K_2SeO_4 或 H_2O_2(30%)和 Se、SeO_2、SeO_6^{2-} 作用制得。硒、碲的三氧化物都是强氧化剂，受热易分解：

$$2SeO_3 \xlongequal{\triangle} 2SeO_2 + O_2$$

$$2TeO_3 \xlongequal{\triangle} 2TeO_2 + O_2$$

TeO_3 可氧化盐酸：

$$2TeO_3 + 8HCl = TeO_2 + TeCl_4 + 2Cl_2 + 4H_2O$$

3. 含氧酸

固体 SeO_2 在空气中吸湿生成亚硒酸(H_2SeO_3)，经浓缩可以析出亚硒酸晶体。H_2SeO_3、H_2TeO_3 都是二元弱酸，其酸性比 H_2SO_3 弱。

$$H_2SeO_3 \qquad K_1 = 2.4\times10^{-3},\quad K_2 = 4.8\times10^{-9}$$

$$H_2TeO_3 \qquad K_1 = 1\times10^{-3},\quad K_2 = 1.0\times10^{-8}$$

SeO_3 是白色固体，极易吸水成硒酸(H_2SeO_4)。用强氧化剂如氯酸、过氧化氢等处理亚硒酸，也可以得到 H_2SeO_4：

$$5H_2SeO_3 + 2HClO_3 = 5H_2SeO_4 + Cl_2 + H_2O$$

单质 Se 与 H_2O_2 也可以得到 H_2SeO_4：

$$Se + 3H_2O_2 = H_2SeO_4 + 2H_2O$$

SeO_4^{2-} 和 SO_4^{2-} 一样，都是四面体构型，d(Se—O)=161 pm，与 d(S—O)=151 pm 相近，所以硫、硒相应盐的晶形相同。

碲酸 H_6TeO_6 或 $Te(OH)_6$，是白色固体。用溶于硝酸的铬酸氧化二氧化碲，冷却所得溶液，可以析出碲酸的无色晶体：

$$3TeO_2 + H_2CrO_7 + 6HNO_3 + 5H_2O = 3H_6TeO_6 + 2Cr(NO_3)_3$$

碲酸水溶液是弱酸，$K_1 = 6.8\times10^{-7}$，$K_2 = 4.1\times10^{-11}$。能生成二取代盐($Na_2H_4TeO_6$)、三取代盐($Ag_3H_3TeO_6$)及六取代盐(Zn_6TeO_6)。由于它的弱酸性及能形成六取代盐，所以碲酸的化学式是 H_6TeO_6 或 $Te(OH)_6$ 而不是 $H_2TeO_4\cdot2H_2O$。这和ⅦA 族中 H_5IO_6 及其盐和其他高卤酸(盐)有明显区别是一样的。

$Te(OH)_6$ 是八面体构型，Te 以 sp^3d^2 杂化轨道成键。6 个 OH 从八面体的 6 个顶点向碲原子靠近，组成碲酸分子(图 17-16)，分子间通过氢键相连形成碲酸晶体。

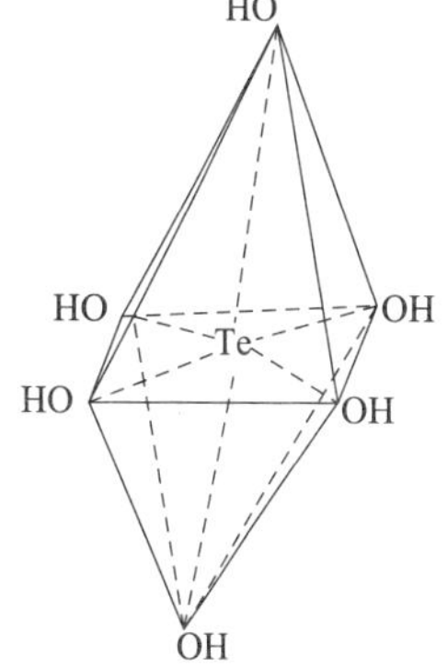

图 17-16　H_6TeO_6 的结构

五周期位于碲前后的元素所形成的最高氧化态的含氧酸(根)的组成和 $Te(OH)_6$ 相似，都是六配位的化合物。它们是 $Sn(OH)_6^{2-}$、$Sb(OH)_6^-$、$Te(OH)_6$、$IO(OH)_5$、$XeO_2(OH)_4$。

H_6TeO_6 受热脱水形成中间产物$(H_2TeO_4)_n$，最后生成黄色 TeO_3。

$$nH_6TeO_6 \xrightarrow{100\sim200\ ℃} (H_2TeO_4)_n \longrightarrow nTeO_3$$

氧化态为+6 的含氧酸中，H_2SeO_4 和 H_6TeO_6 的氧化性比硫酸还强，是很强的氧化剂。如浓硒酸与盐酸混合液,像王水那样,可以溶解金和铂。稀溶液中,硫酸和硒酸都是强酸,而碲酸则是一种很弱的酸。

习　题

17-1 完成下列反应并配平方程式:

(1) $HgS+HNO_3+HCl \longrightarrow$

(2) $Na_2SO_3+H_2SO_4$(稀)$\longrightarrow$

(3) $Fe+H_2O(g) \longrightarrow$

(4) $Ag+H_2S \longrightarrow$

(5) $Na_2O_2+H_2SO_4+H_2O_2 \longrightarrow$

(6) $CrO_2^-+H_2O_2+OH^- \longrightarrow$

(7) $Fe(OH)_2+O_2+H_2O \longrightarrow$

(8) $PbS+O_3 \longrightarrow$

(9) $Na_2S_2O_4+O_2+H_2O \longrightarrow$

(10) $S+NaOH \longrightarrow$

(11) $NaHS+NaHSO_3 \longrightarrow$

(12) $NaHSO_3+NaOH \longrightarrow$

(13) $MnO_4^-+SO_3^{2-}+6H^+ \longrightarrow$

(14) $H_2SeO_3+HClO_3 \longrightarrow$

(15) $Mn^{2+}+S_2O_8^{2-}+H_2O \longrightarrow$

(16) $H_2S_3O_6+Cl_2+H_2O \longrightarrow$

(17) $H_2S+SO_2 \longrightarrow$

(18) $Al_2O_3+K_2S_2O_7 \longrightarrow$

(19) $CaSO_4+SiO_2 \longrightarrow$

(20) $Ag_2SO_4 \longrightarrow$

(21) $SeO_2+SO_2+H_2O \longrightarrow$

(22) $TeO_3+HCl \longrightarrow$

17-2 写出下列各题的生成物并配平。

(1) Na_2O_2 与过量冷水反应;

(2) PbS 中加入过量 H_2O_2;

(3) Se 和 HNO_3 反应;

(4) H_2S 通入 $FeCl_3$ 溶液中;

(5) 将 Cr_2S_3 投入水中;

(6) 用盐酸酸化多硫化铵溶液;

(7) 在 Na_2CO_3 溶解中通入 SO_2 至溶液的 pH=5 左右;

(8) 向 Na_2S_2 溶液中滴加盐酸;

(9) 在 Na_2O_2 固体上滴加几滴热水;

(10) 向 $Ag(S_2O_3)_2^{3-}$ 的弱酸性溶液中通入 H_2S。

17-3 为什么 O_2 为非极性分子,而 O_3 却为极性分子?

17-4 试说明下列情况:

(1) 把 H_2S 和 SO_2 气体同时通入 NaOH 溶液中至溶液呈中性,有何结果?

(2) 写出以 S 为原料制备以下各种化合物的反应方程式:

H_2S 、 H_2S_2 、 SF_6 、 SO_3 、 H_2SO_4 、 SO_2Cl_2 、 $Na_2S_2O_4$

17-5 硫代硫酸钠在药剂中常用作解毒剂,可解卤素单质、重金属离子中毒。请说明能解毒的原因,写出有关的反应方程式。

17-6 SO_2 与 Cl_2 的漂白机理有什么不同?

17-7 少量 Mn^{2+} 离子可使 H_2O_2 催化分解,有人提出反应机理可能为:H_2O_2 先把 Mn^{2+} 氧化为 MnO_2,生成的 MnO_2 再把 H_2O_2 分解。试根据有关的电极电势指出以上的机理是否合理?若合理,写出有关的反应式。

17-8 解释下列实验事实:

(1) O_2 有顺磁性而硫单质没有顺磁性;

(2) H_2S 的沸点比 H_2O 的低,但 H_2S 的酸性却比 H_2O 的强;

(3) 硫的熔沸点比氧高出很多,但由氟到氯就没有这么大的变化;

(4) 把 H_2S 气体通入 $FeSO_4$ 溶液不易产生 FeS 沉淀，若在 $FeSO_4$ 溶液中加入一些碱后通 H_2S 气体，则易得到 FeS 沉淀；

(5) 油画放置久后，为什么会发暗、发黑？

(6) 为什么 $SOCl_2$ 既可作 Lewis 酸又可作 Lewis 碱？

17-9 从分子结构角度解释，为什么 O_3 比 O_2 的氧化能力强？

17-10 给出 SO_2、SO_3、O_3 分子中离域大 π 键类型，并指出形成离域大 π 键的条件。

17-11 已知 O_2F_2 结构与 H_2O_2 相似，但 O_2F_2 中 O—O 键长 121 pm，H_2O_2 中 O—O 键长 148 pm。请给出 O_2F_2 的结构并解释两个化合物中 O—O 键长不同的原因。

17-12 将还原剂 H_2SO_3 和氧化剂浓 H_2SO_4 混合后，能否发生氧化还原反应？为什么？

17-13 给出 SOF_2、$SOCl_2$、$SOBr_2$ 分子中 S—O 键强度的变化规律，并解释原因。

17-14 现有五瓶无色溶液，分别是 Na_2S、Na_2SO_3、$Na_2S_2O_3$、Na_2SO_4、$Na_2S_2O_8$，试加以确认并写出有关的反应方程式。

17-15 在四个瓶子内分别盛有 $FeSO_4$、$Pb(NO_3)_2$、K_2SO_4、$MnSO_4$ 溶液，怎么用通入 H_2S 和调节 pH 的方法来区分它们？

17-16 影响过氧化氢稳定性的因素有哪些？如何储存过氧化氢溶液？

17-17 将 $SO_2(g)$ 通入到纯碱溶液中，有无色无味气体 A 逸出，所得溶液经烧碱中和，再加入硫化钠溶液除去杂质，过滤后得溶液 B。将某非金属单质 C 加入 B 溶液中加热，反应后再经过滤、除杂等过程后，得溶液 D。取 3 mL 溶液 D 加入 HCl 溶液，其反应产物之一为沉淀 C。另取 3 mL 溶液 D，加入少许 AgBr(s)，则其溶解，生成配离子 E。再取第三份 3 mL 溶液 D，在其中加入几滴溴水，溴水颜色消失，再加入 $BaCl_2$ 溶液，得到不溶于稀盐酸的白色沉淀 F。试确定 A～F 的化学式，并写出各步反应方程式。

17-18 将无色钠盐溶于水得无色溶液 A，用 pH 试纸检验知 A 显碱性，向 A 中滴加 $KMnO_4$ 溶液则紫红色褪去，说明 A 被氧化为 B，向 B 中加入 $BaCl_2$ 溶液得不溶于强酸的白色沉淀 C，向 A 中加入稀盐酸有无色气体 D 放出。将 D 通入 $KMnO_4$ 溶液则又得到无色的 B。向含有淀粉的 KIO_3 溶液中滴加少许 A 则溶液立即变蓝，说明有 E 生成。A 过量时蓝色消失得无色溶液 F。请给出 A～F 的分子式或离子式。

17-19 有一种钠盐 A，溶于水后加入稀盐酸有刺激性气体 B 产生，同时生成乳白色胶态溶液。此溶液加热后有黄色沉淀 C 析出。气体 B 能使 $KMnO_4$ 溶液褪色。通氯气于 A 溶液中，氯气的黄绿色消失，生成溶液 D。D 与可溶性钡盐生成白色沉淀 E。试确定 A～E 各为何物，写出有关的反应方程。

17-20 向白色固体钾盐 A 中加入酸 B，有紫黑色固体 C 和无色气体 D 生成，C 微溶于水，但易溶于 A 的溶液中得棕黄色溶液 E，向 E 中加入 NaOH 溶液得无色溶液 F。将气体 D 通入 $Pb(NO_3)_2$ 溶液得黑色沉淀 G。若将 D 通入 $NaHSO_3$ 溶液，则有乳黄色沉淀 H 析出。回答 A～H 各为何物质。写出有关反应的方程式。

第18章　卤　素

周期系ⅦA族元素称卤素(Halogen),该词的希腊词原意是成盐元素,包括:氟(Fluorine)、氯(Chlorine)、溴(Bromine)、碘(Iodine)、砹(Astatine)。

氟、碘只有一种天然同位素,氯、溴各有两种天然同位素,它们是^{35}Cl和^{37}Cl(丰度分别为75.77%,24.23%);^{79}Br(50.54%)和^{81}Br(49.46%)。人工合成的^{131}I(半衰期$t_{1/2}=8.141$ d)是医疗上常用的放射性同位素。砹是20世纪40年代才被科学家所发现,它隶属于人工合成元素,它的同位素的半衰期仅只有8.3 h,寿命短。

卤素是典型的非金属元素,且族内元素的性质十分相似。卤素原子的价电子层结构为ns^2np^5,与周期系其他族元素相比,卤素具有以下特征:

① 从氟到碘,随着元素原子序数的增大,核对外层电子的引力逐渐减小,原子半径递增,元素的电负性、电离能和电子亲和能递减。

② 易结合一个电子,形成氧化态为−1的化合物。

卤素原子与稀有气体8电子稳定构型相比,只缺少一个电子,因此它们极易获得一个电子,表现为−1氧化态,这是本族元素最显著的成键特征。当卤素与活泼金属化合时,通常形成离子型卤化物;当卤素与电负性小于它们的非金属元素化合时,则形成共价型卤化物。

③ 除氟以外,均可形成氧化态为+1、+3、+5和+7的共价型化合物,卤素正氧化态的化合物主要有卤素含氧化合物和卤素互化物。

④ 氟是电负性最大的元素,同时其价电子层中又没有可以利用的空轨道,因此它只能呈现−1氧化态。

⑤ 卤素单质为双原子分子,卤素在其单质中氧化态为零。

⑥ 卤素离子有孤对电子,易形成配位键。

在强调规律变化的同时,还必须指出第二周期氟和第三周期氯之间有着极为明显的差异性,单质氟的氧化性和腐蚀性是无与伦比的。氟的电负性大和半径小是使氟及其化合物的性质与同族元素同类化合物相比,常表现为突出例外的基本原因。氟化学在20世纪已经成为化学领域中的一个独立分支。

18.1　卤素单质

18.1.1　物理性质

卤素单质F_2、Cl_2、Br_2、I_2都是非极性分子,分子间作用力依次增强,熔、沸点依次升高。表18-1列出了卤素单质的物理性质。

表 18-1 卤素单质的物理性质

卤素单质	F_2	Cl_2	Br_2	I_2
聚集状态	气	气	液	固
颜色	浅黄	黄绿	红棕	紫黑
熔点/℃	−219.6	−101	−702	113.5
沸点/℃	−188	−34.6	58.78	184.3
气化热/($kJ \cdot mol^{-1}$)	6.32	20.41	30.71	46.61
溶解度/(g/100 g H_2O)	分解	0.732	3.58	0.029
密度/($g \cdot cm^{-3}$)	1.11(l)	1.57(l)	3.12(l)	4.93(s)

常况下，F_2 是浅黄色气体，Cl_2 是黄绿色气体，Br_2 是红棕色液体，I_2 是紫黑色晶体。沸点依次升高的原因在于半径依次增大，相对分子质量也增大，导致色散力也增大，所以分别以气体、液体、固体状态存在。卤素单质颜色依次加深，可以利用分子轨道能级图解释显色原因。卤素分子中 π^* 和 σ^* 反键轨道能量相差($\Delta E = E_{\sigma^* np} - E_{\pi^* np}$)较小，这个能差随着原子序数的增大而变小。$F_2$ 电子数少，反键 π^*、σ^* 轨道能差大(ΔE 大)。

F_2 吸收可见光中能量高、波长短的那部分光，而显示出长波段那部分光，复合色变成黄色。I_2 电子数多，反键的 π^* 和 σ^* 反键轨道能量相差较小。I_2 主要吸收可见光中能量低、波长长的那部分光而显示出短波段那部分的复合颜色——紫色。F_2-Cl_2-Br_2-I_2，随原子序数增大，ΔE 减小，吸收光波由短到长，显示颜色由浅到深。

卤素单质易溶于非极性或弱极性溶剂中，而不易溶于强极性溶剂中。单质难溶于水，相对来说 Br_2 溶解度最大，I_2 最小。

F_2 的标准电极电势：$E^\ominus(F_2/F^-) = 2.87\ V$，$E^\ominus(O_2/H_2O) = 1.23\ V$，处在水稳定区的上方，所以 F_2 在水中不稳定，与水反应。

$$2F_2 + 2H_2O = 4HF + O_2$$

Cl_2 在水中溶解度不大，100 g 水中溶解 0.732 g 的 Cl_2，部分 Cl_2 在水中发生歧化反应。

$$Cl_2 + H_2O = HCl + HClO$$

HClO 是强氧化剂，正因为 HClO 的生成，所以氯水具有很强的氧化能力。

Br_2 在水中的溶解度是卤素单质中最大的一个，100 g 水中溶解溴 3.85 g，溴也能溶于一些有机溶剂中，有机的溴化反应就是用单质溴完成的。

碘溶于碱性(Lewis 碱)极弱的溶剂时，I_2 分子中电子对偏移极微弱，溶液显紫色，如碘在 CCl_4 中。随着溶剂碱性的增强，I_2 和溶剂间的作用力由弱增强，溶液显红色、褐色乃至黄褐色。100 g 的水溶解碘 0.029 g。碘更易溶于有机溶剂中。碘在 CCl_4 中的溶解度是在水中的 86 倍。I_2 在 CS_2 中溶解度大于 CCl_4，I_2 在 CS_2 中的溶解度是水中的 586 倍。所以 CS_2 萃取收率更高。

基于卤素单质在水和某些有机溶剂中溶解情况的差别，可以用和水不互溶的有机溶剂如 CCl_4、CS_2 萃取溶解在水中的卤素单质。如把 CCl_4 和碘水一起振荡，达平衡后 I_2 在 CCl_4 层中浓度和在水层中浓度之比为一个定值(K_D)，叫分配系数。K_D 随温度而变，而卤素浓度对 K_D 影响较小。

I_2 在水中溶解度虽小，但在 KI 或其他碘化物中溶解度变大，而且随 I^- 盐浓度变大溶解度增大。这是由于 I_2 与 I^- 离子可生成易溶于水的加合物 I_3^- 离子的缘故：

$$I^- + I_2 \longrightarrow I_3^-$$

因此，实验室或药房配制碘溶液时，都要加入一定量的 KI 固体。

所有卤素均具有刺激气味，强烈刺激眼、鼻、器官等，吸入较多的蒸气会发生严重中毒，甚至造成死亡，它们的毒性从氟到碘减轻。液溴与皮肤接触产生疼痛并造成难以治愈的创伤，受溴腐蚀致伤，用苯或甘油洗伤口，再用水洗，伤势较重时立即送医院治疗。因此使用时要特别小心。发生较重的氯气中毒时，可吸入酒精和乙醚混合蒸气作为解毒剂，吸入氨气蒸气也有效。

18.1.2 化学性质

从卤素在自然界中存在形式可以看出卤素单质化学活泼性很强，价电子层结构 ns^2np^5，易获一个电子达到 8 电子稳定结构。卤素单质是强氧化剂，而 F_2 最强，随原子序数增大，氧化能力变弱。碘不仅以 −1 氧化态的离子存在于自然界中，而且以 +5 氧化态存在于碘酸钠中，说明碘具有一定的还原性，它们的化学活泼性，从 F_2 到 I_2 依次减弱。

1. 卤素与金属的作用

氟单质在任何温度下都可与金属直接化合，生成高价氟化物。在室温或不太高的温度下，氟与镁、铁、铜、铅、镍等金属反应，在金属表面形成一层保护性的金属氟化物薄膜，可阻止氟与金属进一步反应，所以 F_2 可储存在 Cu、Ni、Mg 或合金制成的容器中。在室温时氟与金、铂不作用，加热时则生成氟化物。

氯可与各种金属作用，但与金属的作用比氟的活性要小。Na、Fe、Cu、Sn 等只有在加热的情况下才与 Cl_2 作用。Cl_2 与锑粉的反应，在室温就能进行，产物为三氯化锑，当氯气量充足，温度不很高，还能生成五氯化锑。

$$2Sb + 3Cl_2 \longrightarrow 2SbCl_3$$

$$2Sb + 5Cl_2 \longrightarrow 2SbCl_5$$

干燥的 Cl_2 不与 Fe 反应，因此 Cl_2 可以在铁罐中储存或运输。

Br_2 和 I_2 在常温下只能与活泼的金属作用，与不活泼的金属只有在加热的条件下才发生反应。

$$Fe + I_2 \longrightarrow FeI_2$$

I 的氧化性比较弱，$I^- < Fe^{3+}$。

2. 卤素与非金属的作用

(1) 与氢的作用

氟在低温和黑暗中可以和氢直接反应放出大量的热，并引起爆炸。氯在常温下与 H_2 缓慢反应，但强光照时发生爆炸的连锁反应。

$$H_2(g) + Cl_2(g) \longrightarrow 2HCl(g) \qquad \Delta_r H = -184.6\ \mathrm{kJ \cdot mol^{-1}}$$

由于光的影响致使反应迅速进行，称为光化学反应。溴与氢反应需要加热，碘和氢则要求更高的温度方能进行，但高温下 HBr 不稳定，易分解。HI 更易分解，所以它们与 H_2 反应不完全。

$$H_2 + Br_2 \xrightarrow{\triangle} 2HBr$$

$$H_2 + I_2 \rightleftharpoons 2HI$$

(2) 与磷的作用

氯与红磷能发生反应，产物为 PCl_3 和 PCl_5。PCl_3 为无色发烟液体，PCl_5 为淡黄色固体，其反应方程式如下：

$$P_4 + 6Cl_2 \xlongequal{\quad} 4PCl_3$$

$$P_4 + 10Cl_2 \xlongequal{\quad} 4PCl_5$$

当温度大于 200 ℃，PCl_5 有明显的分解。

Br_2 和 I_2 可与 P 反应，但不如 F_2、Cl_2 激烈，一般多形成低价化合物。

$$2P(s) + 3Br_2 \xlongequal{\quad} 2PBr_3\text{（无色发烟液体）}$$

$$2P(s) + 3I_2 \xlongequal{\quad} 2PI_3\text{（红色固体）}$$

上述反应应控制在干燥条件下，否则会发生水解反应：

$$2P + 3Br_2 + 6H_2O \xlongequal{\quad} 2H_3PO_3 + 6HBr\uparrow$$

$$2P + 3I_2 + 6H_2O \xlongequal{\quad} 2H_3PO_3 + 6HI\uparrow$$

这类反应比较剧烈，适宜用于溴化氢和碘化氢的制取：把溴逐滴加在磷和少许水的混合物上，或把水滴加在磷和碘的混合物上。

(3) 碘与硫化氢的反应

$$I_2 + H_2S(aq) \xlongequal{\quad} 2HI(aq) + S\downarrow$$

当氯气通入 KI 溶液中，氯将碘离子氧化成单质碘，若氯过量时，氯还能进一步将碘氧化成碘酸，其反应是：

$$5Cl_2 + I_2 + 6H_2O \xlongequal{\quad} 2IO_3^- + 10Cl^- + 12H^+$$

(4) 与 CO 的反应

Cl_2 和 Br_2 可发生下列反应：

$$CO(g) + Cl_2(g) \xlongequal{\quad} COCl_2(g)$$

碳酰氯（$COCl_2$）俗称光气，是一种无色高毒性气体。

(5) 与水、碱的反应

卤素与水发生两类重要的化学反应。第一类，卤素置换水中氧的反应：

$$2X_2 + 2H_2O \xlongequal{\quad} 4H^+ + 4X^- + O_2$$

第二类，卤素的歧化反应：

$$X_2 + H_2O \xlongequal{\quad} H^+ + X^- + HXO$$

在第一类反应中，X_2 是氧化剂，H_2O 是还原剂。由水的电极电势可知，X_2 氧化水放出 O_2 的反应受溶液 pH 的影响[$E^\ominus(O_2/H_2O) = 1.229$ V；pH=7 时，$E^\ominus(O_2/H_2O) = 0.815$ V]。

pH 为 0 时，F_2、Cl_2 能把水氧化放出 O_2，而 Br_2、I_2 无此反应。

pH 为 7 时，F_2、Cl_2、Br_2 能把水氧化放出 O_2，而 I_2 不能。

pH 为 14 时，F_2、Cl_2、Br_2、I_2 均能使水氧化而放出 O_2。

事实上，F_2 无论在酸、水、碱中均猛烈作用放出氧气；Cl_2 只有在光照下，才能缓慢使水氧化，放出氧气。Cl_2、Br_2、I_2 在碱性介质中实际进行另一类反应——歧化。

对于第二类反应，可认为是 X_2 分子在 H_2O 分子作用下发生“不均匀分裂”，共用电子对完全属于其中的一个 X 原子所有，而另一个 X 原子则失去电子，与溶液中的 OH^- 离子结合，生成 XOH（即 HXO）。因此，碱性介质有利于歧化反应进行。除氟外，氯、溴、碘都能发生这类反应。这是一个可逆平衡。卤素的歧化反应与溶液的 pH 有关，当氯水溶液的 pH>4 时，歧化反应才能发生，pH<4 时则 Cl^- 被 HClO 氧化成 Cl_2。碱性介质有利于氯、溴和碘的歧化反应。

$$X_2 + 2OH^- \xlongequal{冷} X^- + XO^- + H_2O \qquad (X = Cl_2、Br_2)$$

碘在冷的碱性溶液中能迅速发生如下歧化反应：

$$3I_2 + 6OH^- \xlongequal{冷} 5I^- + IO_3^- + 3H_2O$$

氟与碱的反应和其他卤素不同，其反应如下：

$$2F_2 + 2OH^-(2\%) \xlongequal{} 2F^- + OF_2 + H_2O$$

当碱溶液较浓时，则 OF_2 被分解放出 O_2。

$$2F_2 + 4OH^- \xlongequal{} 4F^- + O_2 + 2H_2O$$

(6) 与饱和烃、不饱和烃的反应

氯可与饱和烃反应，取代其中的氢，生成氯化氢。而与不饱和烃反应发生加成反应。如可与甲烷、乙烯等发生如下的反应：

$$CH_4 + Cl_2 \xlongequal{} CH_3Cl + HCl \qquad (氢可逐步被取代)$$

$$CH_2{=}CH_2 + Cl_2 \xlongequal{} CH_2Cl{-}CH_2Cl$$

氯气甚至能同某些有机物(如松节油等)中的氢反应，生成氯化氢。

$$C_{10}H_{16} + 8Cl_2 \xlongequal{} 16HCl + 10C$$

卤代作用由氟到碘逐渐变弱，如氟能使甲烷发生燃烧和爆炸，而甲烷的氯代作用通常可在光的影响下进行，甲烷的溴代作用则较弱。

18.1.3 卤素单质的制备

Cl 元素主要存在于海水、盐湖、盐井、盐床中，主要有钾石盐 KCl、光卤石 $KCl \cdot MgCl_2 \cdot 6H_2O$。海水中大约含氯 1.9%，地壳中的质量分数 0.031%，占第十一位；Br 元素主要存在于海水中，海水中溴的含量相当于氯的 1/300，盐湖和盐井中也存在少许的溴，地壳中的质量分数约 1.6×10^{-4}；I 元素在海水中存在得更少，碘主要被海藻所吸收，海水中碘的含量仅为 $5 \times 10^{-8}\%$，碘也存在于某些盐井、盐湖中，如南美洲智利硝石中含有少许的碘酸钠。

1. 氟单质的制备

卤族元素在自然界中主要以卤化物形式存在。F 元素存在于萤石 CaF_2、冰晶石 Na_3AlF_6、氟磷灰石 $Ca_5F(PO_4)_3$，在地壳中的质量分数约 0.015%，占第十五位。

氟是活性最强的非金属，所以只能用电解法制备。电解时用石墨作阳极，钢或软钢作阴极并作电解槽的材料。

阴极反应：$2F^- - 2e^- \xlongequal{} F_2$

阳极反应：$2HF_2^- + 2e^- \xlongequal{} H_2 + 4F^-$

电解反应：$2HF_2^- \xlongequal{} H_2 + F_2 + 2F^-$

在电解混合物中，电解反应的温度为 95～100 ℃，反应的过程消耗 HF，所以要不断补充 HF。由于产物 H_2 和 F_2 相遇会爆炸，所以阴阳极要用钢网或铜镍合金隔开。但电解产物 F_2 中含有少量 HF 是不可避免的。

电解质溶液的组成是 KF·13HF-KF·HF，相应电解温度为 −80～250 ℃。常用的是 KF·(1.8～2.0)HF，如一种电解液的组成是 82% 的 KF·HF、3% LiF 及 14.3% HF，电解温度

95～100 ℃。电解过程要不断补充 HF。因为在钢槽表面致密的氟化物保护层的生成可使电解槽不致进一步被腐蚀。

F_2 和 Cu、Ni 等作用在金属表面形成一层氟化物，从而阻碍反应的进行，所以用铜、镍-钢合金或中碳钢作为制电解槽的材料。因为产物 H_2 和 F_2 相遇会爆炸，所以要把阴、阳极隔开。镍、镍铜合金或钢用来制造储 F_2 容器及输送 F_2 的管道。

由于 F_2 的制备和储运有诸多不便，人们常用低沸点的 BrF_5 或固态 $IF_7 \cdot AsF_5$ 的热分解方法制取少量 F_2。

$$BrF_5 \xlongequal{> 500\ ℃} BrF_3 + F_2$$

$$IF_7 \cdot AsF_5 + 2KF \xlongequal{> 200\ ℃} KIF_6 + F_2 + KAsF_6$$

自 1886 年首次电解制得 F_2 以来，人们尝试以化学法制 F_2，终于在 20 世纪 80 年代完成。化学法制 F_2 的反应式为：

$$2K_2MnF_6 + 4SbF_5 \xlongequal{150\ ℃} 4KSbF_6 + 2MnF_3 + F_2$$

SbF_3 是强 Lewis 酸，可从 K_2MnF_6 夺取 KF 成 $KSbF_6$，另一产物 MnF_4 分解为 MnF_3 和 F_2。和上述 BrF_5、$IF_7 \cdot AsF_5$ 不同的是，制 K_2MnF_6、SbF_5 不必用单质 F_2。反应式如下：

$$2KMnO_4 + 2KF + 10HF + 3H_2O_2 \xlongequal{} 2K_2MnF_6 + 8H_2O + 3O_2$$

$$SbCl_5 + 5HF \xlongequal{} SbF_5 + 5HCl$$

2. 氯单质的制备

在工业上，氯的制备可以采用电解氯化钠饱和溶液的方法。虽然在 φ-pH 图中，氯位于氧区，但由于氯氧化水的速率十分缓慢，因此可采用电解 NaCl 水溶液的方法。

阳极反应： $2Cl^- - 2e^- \xlongequal{} Cl_2$

阴极反应： $2H_2O + 2e^- \xlongequal{} H_2 + 2OH^-$

总反应： $2NaCl + 2H_2O \xlongequal{} H_2\uparrow + Cl_2\uparrow + 2NaOH$

电解槽以石墨或金属钛作阳极，铁网作阴极，并用石棉隔膜把阳极区和阴极区隔开。

在实验室中氯气是以常见氧化剂(如 MnO_2、$KMnO_4$、$K_2Cr_2O_7$)与 HCl 溶液反应制备，由于氧化剂氧化能力不同，则所需盐酸浓度不同。当然酸性的增强，有利于反应向右进行。

$$MnO_2 + 4HCl(浓) \xlongequal{\triangle} MnCl_2 + 2H_2O + Cl_2\uparrow \qquad E^\ominus = (1.51 - 1.36)V = 0.15\ V$$

$$Cr_2O_7^{2-} + 14H^+ + 6Cl^- \xlongequal{\triangle} 2Cr^{3+} + 7H_2O + 3Cl_2\uparrow \qquad E^\ominus = (1.33 - 1.36)V = -0.03\ V$$

$$2MnO_4^- + 10Cl^- + 16H^+ \xlongequal{\triangle} 2Mn^{2+} + 8H_2O + 5Cl_2\uparrow \qquad E^\ominus = (1.23 - 1.36)V = -0.13\ V$$

由 $E^\ominus$ 可知：$KMnO_4$ 和一般浓度 HCl 反应；$K_2Cr_2O_7$ 需和较浓 HCl(>6 $mol \cdot L^{-1}$)反应；MnO_2 和浓 HCl(>8 $mol \cdot L^{-1}$)反应。对于后两者 $E^\ominus$ 略小于 0 的反应，需借助增大反应物浓度，才能使反应发生。

3. 溴单质的制备

工业上溴是从海水中制取的(约 1 t 海水可制 0.14 kg 溴)，其工艺过程包括置换、碱性条件下歧化、浓缩、酸性条件下逆歧化制得溴。具体步骤为：

在 110 ℃将 Cl_2 通入 pH=3.5 的海水中，Br^- 被氧化成单质 Br_2：

$$Cl_2 + 2Br^- \xlongequal{} Br_2 + 2Cl^-$$

用压缩空气吹出 Br_2,并在碱性下发生歧化:

$$3Br_2 + 3CO_3^{2-} = 5Br^- + BrO_3^- + 3CO_2\uparrow$$

浓缩溶液后,在酸性条件下令溶液逆歧化:

$$5Br^- + BrO_3^- + 6H^+ = Br_2 + 3H_2O$$

目前溴的世界年产量近 600 000 t,是制汽油抗爆剂、照相感光剂、药剂及农药的原料。

4. 碘单质的制备

碘主要以碘化物存在于海水中或以碘酸盐的形式存在于硝石中。工业上大量制备 I_2 以经浓缩的 $NaIO_3$ 为原料用 $NaHSO_3$ 还原制得。

由海水制备碘时,将溶液过滤除去泥浆等机械杂质,然后加 H_2SO_4 煮沸以沉淀 SiO_2,溶液中的 I^- 用 $NaNO_2$ 氧化析出 I_2,并用活性炭吸附,活性炭用 NaOH 溶液处理使 I_2 歧化为 NaI 和 $NaIO_3$,经 H_2SO_4 酸化后析出 I_2,有关反应方程式如下:

$$2NO_2^- + 2I^- + 4H^+ = I_2 + 2NO + 2H_2O$$

$$3I_2 + 6OH^- \rightleftharpoons 5I^- + IO_3^- + 3H_2O$$

$$5I^- + IO_3^- + 6H^+ = 3I_2 + 3H_2O$$

从生硝中结晶出 $NaNO_3$ 以后,其母液中含有 0.6%~1.2%的 $NaIO_3$,可用 HSO_3^- 将 IO_3^- 还原析出 I_2。

$$2IO_3^- + 5HSO_3^- = 3HSO_4^- + 2SO_4^{2-} + I_2 + H_2O$$

该反应实际上是分两步进行的:

$$2IO_3^- + 6HSO_3^- = 2I^- + 6SO_4^{2-} + 6H^+ \qquad (慢)$$

$$IO_3^- + 5I^- + 6H^+ = 3I_2 + 3H_2O \qquad (快)$$

由于 HSO_3^- 可将 I_2 还原为 I^-,反应中 HSO_3^- 不能过量,HSO_3^- 与 IO_3^- 的物质的量的比控制在 5∶6。可用水蒸气蒸馏或升华的方法将碘纯化,其纯度可达 99.5%。

制备高纯碘的方法可借下述反应制得:

$$4KI + 2CuSO_4 \cdot 5H_2O = 2CuI + 2K_2SO_4 + I_2 + 10H_2O$$

将过量的 KI(分析纯)溶液和经多次重结晶、与完全不含卤素化合物的 $CuSO_4 \cdot 5H_2O$ 溶液混合,CuI 沉淀后倾出 I_2-KI 溶液,水蒸气蒸馏出碘,经干燥于石英管里在氮气流下升华即得。虽然以上方法并不适于较大量地制取碘,但在某些特殊需要的场合里,这个方法仍不失其优越性。

目前世界年产碘约 14 000 t,主要用来制造照相感光剂、药物、饲料添加剂等。

18.2 卤化氢和氢卤酸

18.2.1 制备

1. 氟化氢和氢氟酸的制备

用高沸点酸 H_2SO_4 和氟化物作用制备 HF。使用浓硫酸的原因为:浓硫酸是难挥发性酸(高沸点);HF、HCl 在水中溶解度大;HF、HCl 不被氧化,而且是易挥发性酸。

$$CaF_2 + H_2SO_4(浓) \xlongequal{\triangle} CaSO_4 + 2HF\uparrow$$

F_2 和 H_2 直接化合反应激烈，以萤石和浓硫酸作用是制取氟化氢的主要方法，HF 溶于水即为氢氟酸。工业上把反应物放在衬铅的铁制容器中进行。因生成的 PbF_2 保护层阻止进一步腐蚀铁。氢氟酸一般用塑料制容器盛装，试剂级氢氟酸比重为 1.14，浓度 40%，约 22.5 $mol \cdot L^{-1}$。

2. 氯化氢和盐酸的制备

氯化氢也能用浓 H_2SO_4 与 NaCl 反应制得。反应分两步进行：

$$NaCl + H_2SO_4 \xlongequal{\triangle} NaHSO_4 + HCl\uparrow$$

$$2NaCl + H_2SO_4 \xlongequal{\triangle} Na_2SO_4 + 2HCl\uparrow$$

NaCl 和硫酸作用，反应的温度控制在 650 ℃以下，避免 Na_2SO_4 熔化。生产的关键在于温度、作用物的配比以及反应炉的形式，也有采用 KCl 或 $CaCl_2$ 代替 NaCl。

工业上则由 Cl_2 和 H_2 直接化合制备 HCl。工业制备氯化氢时，首先在反应器中装置双层的燃烧管，将有外管引进的氢气点燃，然后自内管通入氯气，使氯气在氢气中安全燃烧并生成氯化氢气体。产生的氯化氢气体用水吸收而成盐酸。

$$H_2 + Cl_2 \xlongequal{\quad} 2HCl$$

此外，可以采用 Hargreaves 法制备盐酸：以食盐、二氧化硫、空气和水蒸气为原料，温度保持在 430～540 ℃，实际过程是在一个竖立的反应器中，食盐块放在孔盘上，而后通入二氧化硫、水蒸气和空气。

3. 溴化氢和氢溴酸的制备

因 Br^- 有还原性，HBr 可用 H_3PO_4 与 NaBr 反应来制取。

$$NaBr + H_3PO_4 \xlongequal{\triangle} NaH_2PO_4 + HBr\uparrow$$

磷和 Br_2 反应生成 PBr_3，生成物水解成亚磷酸 H_3PO_3 和 HBr。操作步骤为把 Br_2 滴在磷和少许水的混合物上：

$$2P + 3Br_2 \xlongequal{\quad} 2PBr_3$$

Br_2 先被还原再发生水解反应：

$$PBr_3 + 3H_2O \xlongequal{\quad} H_3PO_3 + 3HBr\uparrow$$

总的反应式：

$$2P + 3Br_2 + 6H_2O \xlongequal{\quad} 2H_3PO_3 + 6HBr\uparrow$$

Br_2 与 H_2 化合反应缓慢，而且反应不完全，HBr 分解。但由氢气与溴蒸气经过燃烧生成溴化氢，该气体经过热的活性炭除去杂质后，用水予以吸收或加压冷凝成液体，这样就制得了氢溴酸。氢溴酸的恒沸物，在恒沸温度为 126 ℃时，蒸馏出的氢溴酸中溴化氢的含量为 48%，制法比较容易，由溴化钾、水和浓硫酸作用而制得。

恒沸溶液的沸点叫该物质的恒沸点。此时气相、液相组成相同，在此温度下 H_2O 和 HX 共同蒸出。例：HCl 溶液恒沸点 110 ℃，组成中含 20.20%的 HCl。许多有机化合物混合后，都可组成恒沸液而难以分离。

4. 碘化氢和氢碘酸的制备

I^- 也具有还原性，氢碘酸的制备与 HBr 的制备类似，用 H_3PO_4 与 NaI 反应来制取：

$$NaI + H_3PO_4 \xlongequal{\triangle} NaH_2PO_4 + HI\uparrow$$

HI 的制备也可以将水滴到非金属卤化物如 PI_3 上,HI 则源源不断地产生:

$$PI_3 + 3H_2O \xlongequal{} H_3PO_3 + 3HI\uparrow$$

或者把水逐滴加入磷和碘的混合物中,即可连续地产生 HI 气体。

$$2P + 6H_2O + 3I_2 \xlongequal{} 2H_3PO_3 + 6HI\uparrow$$

或者利用 I_2 的氧化性:

$$I_2 + H_2S \xlongequal{} 2HI + S\downarrow$$

$$I_2 + H_2SO_3 + H_2O \xlongequal{} 2HI + H_2SO_4$$

I_2 与 H_2 化合反应缓慢,而且反应不完全,HI 分解。

氢碘酸用途不大,通常只用于有关的实验室。氢碘酸的恒沸物可由碘悬浮液与次磷酸或硫化氢作用制成。为保存浓氢碘酸常加一点红磷或汞,否则久置后有碘和多碘离子生成,使溶液颜色变为深棕色。氢碘酸在光照和杂质存在下很容易被氧化,因此须用棕色瓶保存,瓶塞要密合。

18.2.2 性质

1. 物理性质

卤化氢是具有刺激性的无色气体,极易溶于水,在潮湿的空气中与水蒸气结合形成细小的酸雾而“冒烟”,这是因为卤化氢与空气中的水蒸气结合成酸雾的缘故。

卤化氢为极性分子,HF 分子的极性最大,这些分子的极性随卤族元素自上而下元素电负性的减弱,极性亦逐渐减弱。所以 HI 分子的极性最小。

沸点除 HF 外,逐渐增高,因为原子序数逐渐增大,分子间色散力增大。HF 形成分子间氢键,所以沸点是本族最高的一个。液态 HF 为无色液体,无酸性,不导电。

常温常压下,因为 HF 分子间存在氢键,其蒸气密度测定表明,常温下 HF 主要存在形式是 $(HF)_2$ 和 $(HF)_3$,在 86 ℃以上 HF 是气体,才以单分子状态存在。其他卤化氢气体,常温下以单分子状态存在。卤化氢极易液化,液态卤化氢不导电,卤化氢的水溶液称氢卤酸,除氢氟酸外均为强酸。

卤化氢在水中的溶解度相当之大。HF 分子极性大,在水中可无限溶解,1 m^3 的水可溶解 500 m^3 的 HCl。常压下蒸馏氢卤酸,溶液的沸点和组成都在不断地变化,最后溶液的组成和沸点恒定不变时的溶液叫恒沸溶液。

2. 化学性质

(1) 热稳定性

卤化氢的热稳定性是指其受热是否易分解为单质:

$$2HX \xlongequal{\triangle} H_2 + X_2$$

HX 热稳定性大小可由标准摩尔生成热来衡量。

	HF	HCl	HBr	HI
$\Delta_f H_m^\ominus/(kJ\cdot mol^{-1})$	−271.1	−92.31	36.40	26.5

生成焓为负值(即放热反应)的化合物其稳定性要比生成焓为正值的化合物要高,所以卤化氢的稳定性顺序是 HF≫HCl>HBr>HI。事实亦是如此,氟化氢要加热到高于 1000 ℃时分解,

然而碘化氢 300 ℃时分解。这同样可以解释ⅥA 族、ⅤA 族的氢化物自上而下，随着原子序数增大，其热稳定性逐渐减弱的规律。所以溴化氢、碘化氢易分解。

(2) 酸性

卤化氢溶解于水得到相应的氢卤酸，因为它们是极性分子，在水的作用下，解离成 H^+ 和 X^- 离子。

$$HX(aq) \rightleftharpoons H^+(aq) + X^-(aq)$$

	HF	HCl	HBr	HI
表现解离度/(%) (0.10 $mol \cdot L^{-1}$, 18 ℃)	8.5	92.6	93.5	95
解离常数 K_a	3.53×10^{-4}	1.76×10^{-3}	1.5×10^{10}	7.54×10^{10}

根据酸性强度，由氢氟酸至氢碘酸酸性依次增强，氢碘酸是极强的酸。酸性强度的变化规律可以用键能的大小来进行解释。

氢氟酸是弱酸。25 ℃时，氢氟酸的 $K_a = 3.53 \times 10^{-4}$。与其他弱酸相同，HF 溶液的浓度越稀，电离度越大。但是在高浓度的溶液中，由于 F^- 离子能与 HF 分子以氢键缔合，生成稳定的 HF_2^- 离子，反而使 HF 的电离度增大，溶液的酸性增强：

$$HF = H^+ + F^- \qquad K_a = 3.53 \times 10^{-4} \tag{1}$$

$$HF + F^- = HF_2^- \qquad K_2 = 5.1 \tag{2}$$

(2) 式 K_2 值大，表明 HF_2^- 浓度大，由于 F^- 的消耗使反应(1)右移，所以氢离子浓度增大。

$$\text{总反应：}\quad 2HF = H^+ + HF_2^- \qquad K_3 = K_a \times K_2 = 1.80 \times 10^{-3} \tag{3}$$

或 HF 浓度增大，有 H_2F_2 缔合分子存在。

$$H_2F_2 \rightleftharpoons H^+ + HF_2^-$$

H_2F_2 酸性大于 HF。氢氟酸的另一特殊性质是能与二氧化硅或硅酸盐作用，生成气态的四氟化硅。这一反应能够发生的原因是 Si—F 键能大(590 $kJ \cdot mol^{-1}$)。

$$SiO_2(s) + 4HF(g) = SiF_4(g) + 2H_2O(g) \qquad \Delta_r G^\ominus = -80\ kJ \cdot mol^{-1}$$

这一反应广泛用于分析化学上来测定矿物或钢板中 SiO_2 的含量。也正是因有此反应，不能用玻璃或陶瓷容器储存氢氟酸，但可用于在玻璃器皿上刻蚀标记和花纹。液态氟化氢，其介电常数和水相仿，是一种有用的溶剂，能溶解很多无机物和有机物。氢氟酸能严重地损伤皮肤和刺激呼吸系统，使用时应注意防护。皮肤上不慎沾染 HF 时，立即用大量的水冲洗，并涂敷氨水。

HCl 是常用的强酸，由于氧化物溶解速度快及 Cl^- 能和许多金属离子配位，所以 HCl 在和 Al、Zn 等作用时常较稀 H_2SO_4 更为剧烈。HCl 越浓，则它与 Al、Zn 等金属的反应越剧烈。

习惯上把质量分数 $w < 12.2\%$ 的 HCl 叫稀盐酸，$w > 24\%$ 的叫浓盐酸。市售试剂级盐酸比重为 1.19，浓度为 37%，相当于 12 $mol \cdot L^{-1}$。工业盐酸因含有 $FeCl_3$ 杂质而呈黄色。

HBr、HI 是强酸，因为它们易被氧化，通常要放在棕色试剂瓶中。HI 溶液中被氧化生成的 I_2，可加少量 Cu，因其与 I_2 作用生成 CuI 沉淀而使 I_2 被除去。

(3) 还原性

卤化氢或氢卤酸的还原性，实际上是指 HX 失电子的能力。从标准电极电势上看：

$$F_2 + 2e^- \longrightarrow 2F^- \qquad E^\ominus = 2.87\ V$$

$$Cl_2 + 2e^- \longrightarrow 2Cl^- \qquad E^\ominus = 1.36\ V$$

$$Br_2 + 2e^- \longrightarrow 2Br^- \qquad E^\ominus = 1.07\ V$$

$$I_2 + 2e^- \longrightarrow 2I^- \qquad E^\ominus = 0.54\ V$$

大量事实证明,氧化型的氧化能力从 F_2 到 I_2 依次减弱,还原型的还原能力从上到下依次增强,即还原能力为:HF≪HCl<HBr<HI。卤素氢化物还原性的大小,取决于卤离子释放电子的能力,$F^- \rightarrow I^-$ 释放电子能力递增,这可从卤素的电负性大小、卤离子的半径大小来进一步阐明。对氟来讲,电负性最大,F^- 离子的半径又小,由于核吸电子的能力强,释放电子能力必弱,其还原性就差;碘则相反。

HI 溶液常温下即可被空气中的 O_2 所氧化:

$$4HI + O_2 \longrightarrow 2I_2 + 2H_2O$$

由于 HI 在空气中极易被氧化,所以氢溴酸、氢碘酸试剂用棕色瓶来储存。

HBr 和 HCl 在与强氧化剂作用时才表现出还原性。例如:

$$16HCl + 2KMnO_4 \longrightarrow 5Cl_2\uparrow + 2MnCl_2 + 8H_2O + 2KCl$$

HF 则不能被常用的氧化剂所氧化。

(4) 沉淀反应

HX 与某些金属离子作用时,能生成难溶于水的金属卤化物沉淀。例如:

$$HX + AgNO_3 \longrightarrow AgX\downarrow + HNO_3 \qquad (\text{HF 除外})$$

能与 HCl、HBr 和 HI 生成沉淀的金属离子主要有:Ag^+、Cu^+、Hg_2^{2+} 和 Pb^{2+} 离子。此外,$HgBr_2$、HgI_2 和 BiI_3 也难溶于水。

能与 HF 生成沉淀的金属离子主要有:碱土金属离子(Be^{2+} 除外)、Mn^{2+}、Fe^{2+}、Cu^{2+}、Zn^{2+} 和 Pb^{2+} 离子。

18.3 卤化物、卤素互化物和多卤化物

18.3.1 卤化物

1. 金属卤化物

金属卤化物可以看成是氢卤酸的盐,碱金属、碱土金属、大多数镧系元素和锕系元素以及低价金属离子所组成的卤化物均属此类。

(1) 物理性质

金属卤化物,按键型可分为离子型和共价型卤化物。活泼金属和较活泼金属的低氧化态卤化物都是离子型的,如 NaCl、$BaCl_2$、$LaCl_3$、$FeCl_2$ 等;大多数高氧化态的金属卤化物为共价型卤化物,如 $AlCl_3$、$FeCl_3$、$SnCl_4$ 等;部分金属卤化物中,有些是离子型的(AlF_3),有些是共价型的(AlI_3)。总的来看,氟以离子态和金属离子结合的最多,碘最少。具有多种价态的同一金属,它的高氧化态卤化物的离子性要比其低氧化态的小。一般高价态形成的卤化物为共价型,低价态形成的卤化物为离子型。例如 $FeCl_2$ 显离子性,而 $FeCl_3$ 的熔点(282 ℃)和沸点(315 ℃)都很低,易溶解在有机溶剂中,说明 $FeCl_3$ 基本上是共价型的化合物。

金属元素的四种卤化物若全是离子型的，则氟化物熔点最高，如 NaX 的熔点依次为993 ℃、803 ℃、747 ℃、661 ℃；若全部是共价型(有限)分子，碘化物熔点最高，如 PX_5 熔点依次为 −151.5 ℃、−112 ℃、−40 ℃、61 ℃。若轻卤素化合物是离子型，重卤素化合物是共价型(有限)分子，则熔点由高—低—高变化，如 AlX_3 的熔点依次为 1291 ℃(升华)、190 ℃(升华)、97.5 ℃、191 ℃。

金属卤化物一般具有熔、沸点高，易导电的特性。因为它们基本属于离子晶体，晶格能较大，熔融时以自由移动的离子存在。金属卤化物的性质又随着金属电负性、离子半径、电荷以及卤素本身的电负性而有很大的差异。随着金属离子半径减小和氧化态增大，同一周期各元素的卤化物自左向右离子性依次降低，共价性依次增强。而且，它们的熔点和沸点也依次降低。同一主族从上到下，金属离子半径增大、电负性减小，从而形成离子型卤化物的趋势逐渐增大。

(2) 制备

金属卤化物的制法有四种：

① 金属和卤素直接化合，产物是无水卤化物。

$$Mg + Cl_2 = MgCl_2$$

Cl_2 和具有多种氧化态的金属反应，得到易挥发的、较高氧化态的金属氧化物。如：

$$Sn + 2Cl_2 = SnCl_4$$

$$2Fe + 3Cl_2 = 2FeCl_3$$

② 金属氧化物和炭、氯或 CCl_4 反应制备无水氯化物。

$$TiO_2 + 2C + 2Cl_2 = TiCl_4 + 2CO$$

$$2BeO + CCl_4 = 2BeCl_2 + CO_2\uparrow$$

③ 金属或金属氧化物、碳酸盐和氢卤酸作用得无水或含结晶水的卤化物。

$$Zn + 2HCl = ZnCl_2 + H_2\uparrow$$

$$MgO + 2HCl = MgCl_2 + H_2O$$

$$Bi_2O_3 + 6HF = 2BiF_3 + 3H_2O$$

$$CaCO_3 + 2HCl = CaCl_2 + CO_2 + H_2O$$

④ 复分解反应制备难溶的无水卤化物。

$$AgNO_3 + NaCl = AgCl\downarrow + NaNO_3$$

$$Hg(NO_3)_2 + 2KI = HgI_2\downarrow + 2KNO_3$$

(3) 溶解度

因为 F^- 离子很小，Li 和碱土金属以及 La 系元素多价金属氟化物的晶格能远较其他卤化物高，所以氟化物一般难溶。

Hg(Ⅰ)、Ag(Ⅰ)的氟化物中，因为 F^- 变形性小，与 Hg(Ⅰ)、Ag(Ⅰ)形成的氟化物表现离子性而溶于水。而 Cl^-、Br^-、I^- 在极化能力强的金属离子作用下呈现不同程度的变形性，生成的化合物显共价性，溶解度依次减小，AgCl＞AgBr＞AgI。重金属卤化物溶解度较小。

(4) 形成配离子

卤离子能和多数金属离子形成配离子。

$$M^{3+} + 6F^- = MF_6^{3-} \qquad (M = Al、Fe)$$

$$M^{3+} + 4Cl^- \longrightarrow MCl_4^- \quad (M = Al、Fe)$$

$$M^{2+} + 4Cl^- \longrightarrow MCl_4^{2-} \quad (M = Cu、Zn)$$

因此,应注意 X^- 和 M^{n+} 间可能的配位作用,如 Fe^{3+} 和 F^- 形成无色配离子;难溶 AgX 等能和 X^- 形成溶解度稍大的配离子:

$$AgX + (n-1)X^- \longrightarrow AgX_n^{(n-1)-} \quad (X = Cl、Br、I, n = 2、3、4)$$

$$PbCl_2 + 2Cl^- \longrightarrow PbCl_4^{2-}$$

$$HgI_2 + 2I^- \longrightarrow HgI_4^{2-}$$

因此,在用卤离子沉淀这些阳离子时,必须注意“适量”。如用 Cl^- 沉淀 Ag^+ 时,当 $c(Cl^-)$ 在 $10^{-3}\ mol \cdot L^{-1}$ 时,AgCl 沉淀最完全;$c(Cl^-) > 10^{-3}\ mol \cdot L^{-1}$ 时,因生成 $AgCl_2^-$、$AgCl_3^{2-}$ 而使 Ag^+ 沉淀不完全。再比如不活泼金属 Cu 能置换浓 HCl 中的氢,HI 溶液能溶解 HgS 等,都和形成卤配离子有关。

$$2Cu + 6HCl \longrightarrow 2CuCl_3^- + 2H^+ + 2H_2\uparrow$$

$$HgS + 2H^+ + 4I^- \longrightarrow HgI_4^{2-} + H_2S$$

金属离子与氟配离子的配位数、稳定性常常和其他卤配离子不同。如 F^- 和 Al^{3+}、Fe^{3+} 配离子的配位数为 6,而相应氯配离子的配位数为 4,而且不够稳定;Hg^{2+} 和 F^- 的配离子不稳定,而其他 X^- 和 Hg^{2+} 形成的配离子却相当稳定,其中的原因可用软硬酸碱理论解释。

2. 非金属卤化物

硼、碳、硅、氮、磷、硫等非金属都能与卤素形成卤化物,所有的非金属卤化物都是共价型卤化物。它们的分子间作用力是微弱的范德华力,所以,这类卤化物大多数易挥发,有较低的熔点和沸点,有的不溶于水(如 CCl_4,SF_6),溶于水的往往发生强烈水解。同一非金属与不同卤素的化合物,其熔、沸点按 F—Cl—Br—I 的顺序依次增高。这主要是由于非金属卤化物之间的范德华力随相对分子质量增加而增大的缘故。

非金属卤化物与水作用是非金属卤化物最特征的一类反应。离子型卤化物大多数易溶于水,在水中电离成金属离子和卤离子。共价型卤化物绝大多数遇水立即发生水解反应,其水解产物可以生成一种含氧酸和一种氢卤酸,或一种碱和一种酸。比如:

$$PCl_3 + 3H_2O \rightleftharpoons H_3PO_3 + 3HCl$$

这是因为磷的电负性小,为 2.06,氯的电负性大,为 2.83。P^{3+} 显正电性,把持水分子中的 OH^-,生成 H_3PO_3,而 Cl^- 显负电性,把持水分子中的 H^+,生成 HCl。类似的水解反应还有:

$$BF_3 + 3H_2O \rightleftharpoons H_3BO_3 + 3HF$$

$$SiCl_4 + 4H_2O \rightleftharpoons H_4SiO_4 + 4HCl$$

$$BrF_5 + 3H_2O \rightleftharpoons HBrO_3 + 5HF$$

这个过程通常认为是相对带负电的亲核体(即水中的氧原子)进攻卤化物中相对带正电的原子(例如中心原子),然后消去小分子(HX),依次逐步进行而实现的。

NCl_3 能发生水解,其水解产物最终是 NH_3 和 HClO,其反应如下:

$$NCl_3 + 3H_2O \rightleftharpoons NH_3 + 3HClO$$

与上面的反应比较,这个水解反应不同,原因在于中心原子 N 已达到最大共价数,但仍有多余的孤对电子,这时水解反应的发生是通过把电子对给予水分子的质子。这类卤化物水解产生 HClO 而不是 HCl。其机理如下:

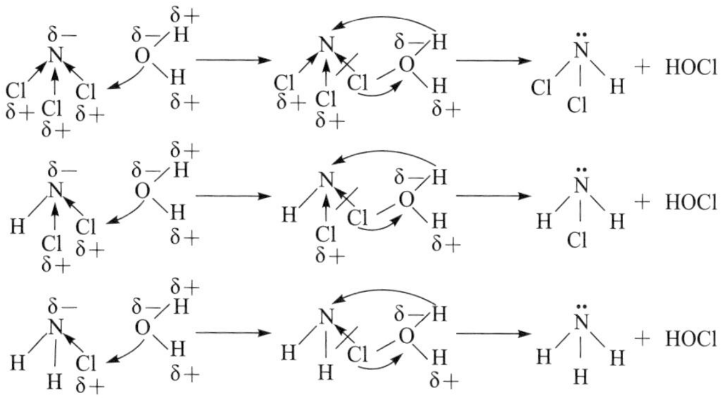

图 18-1　NCl_3 水解机理示意图

事实上，生成的 NH_3 又被 HClO 氧化为 N_2，故总反应是：

$$2NCl_3+3H_2O \rightleftharpoons N_2+3HClO+3HCl$$

Cl_2O 水解与 NCl_3 类似。

$$Cl_2O+H_2O \rightleftharpoons 2HClO$$

那么，为什么 CCl_4 不水解，而 $SiCl_4$ 能发生水解？又为什么 SF_6 不水解而 SF_4 能水解？IF_7 能发生水解吗？其产物是什么？CCl_4、SF_6 还有 NF_3，不发生水解，阻止水解的因素不是热力学因素而是动力学因素。其实 CCl_4、$SiCl_4$ 从热力学的基础的计算表明，这两个反应都将进行到接近完全。

$$SiCl_4(l)+2H_2O(l) = SiO_2(s)+4HCl(aq) \qquad \Delta_r G^\ominus=-140.5\ kJ\cdot mol^{-1}$$

$$CCl_4(l)+2H_2O(l) = CO_2(g)+4HCl(aq) \qquad \Delta_r G^\ominus=-232.3\ kJ\cdot mol^{-1}$$

两者都应水解，而且 CCl_4 的趋势更大，然而通常条件下 CCl_4 是不水解的。这是因为 Si 处于第三周期，在 $SiCl_4$ 中尽管它的化合价已饱和了，但它的最高配位数可达到 6，这是由于硅原子有空的 3d 轨道。然而 C 是第二周期元素，外层 2s、2p 轨道参加成键，最大配位数为 4，而水解前 C 的配位数已达饱和，不能再接受 H_2O 中的孤对电子而与 H_2O 分子配位。另外加上 C—Cl 键能较大，CCl_4 分子对称性强等因素，使得通常条件下 CCl_4 不水解。同理，SF_6 分子中的中心 S 原子(第三周期元素)尽管有可利用的 d 轨道，但它的配位数已达饱和，水分子同样不能进攻，因此 SF_6 也是一个不水解的共价型卤化物。

IF_7 能发生水解，其水解产物为：

$$IF_7+H_2O \rightleftharpoons IOF_5+2HF$$

卤化物的这些性质在生产和研究方面得到广泛的运用。盐浴往往选用离子型卤化物，如 NaCl、KCl、$BaCl_2$。利用它们各自的熔、沸点较高，稳定性相当好，不易受热分解，可以选用熔融态的离子型卤化物作为高温盐浴的热介质。SF_6 熔、沸点低，稳定性好，不易着火，可作为优异的气体绝缘材料，能承受高电压而不致被击穿，主要用于变压器及高电压装置中。那些易挥发的 $SiCl_4$、$AlCl_3$ 在渗硅、渗铝的工艺中，利用在高温时，能在钢铁工件表面分解出具有活性的铝或硅原子，熔入加工件的表层。在碘钨灯中，在灯管中加入少量碘，当钨丝受热升华到灯管壁(温度维持在 250～260 ℃)时，所以与碘化合成 WI_2，然后稳定性差的 WI_2 蒸气又扩散到整个灯管，碰到高温的钨丝便重新分解，并把钨留在灯丝上，这样反复的结果，能提高碘钨灯的发光效率和寿命。

3. 卤离子的分离和鉴定

在水溶液中卤离子的鉴定通常是采用沉淀法，利用卤化银在酸性溶液中的难溶性质，以及生成沉淀的颜色加以区别，或者根据它们在氨溶液中的溶解加以鉴定。卤化银在氨溶液中溶解度减小的顺序为 AgCl＞AgBr＞AgI，在卤化银中，氯化银溶解于亚砷酸钠溶液，借此性质可使其溶解，酸化后加 $AgNO_3$ 可重新得到 AgCl 沉淀。

(1) Cl^- 的鉴定

待检测样用 HNO_3 酸化，再加 $AgNO_3$ 溶液得白色 AgCl 沉淀。离心分离弃去溶液，沉淀经洗涤后，加 2 mol·L^{-1} $NH_3 \cdot H_2O$ 溶解（AgBr 微溶，AgI 不溶）。再往溶解后的溶液中加入 HNO_3，如有白色沉淀生成，可确证原试液中有 Cl^-。

$$Ag^+ + Cl^- = AgCl \downarrow$$

$$AgCl + 2NH_3 \cdot H_2O = Ag(NH_3)_2^+ + Cl^- + 2H_2O$$

$$Ag(NH_3)_2^+ + Cl^- + 2H^+ = AgCl \downarrow + 2NH_4^+$$

(2) Br^-、I^- 的鉴定

往含有 Br^-、I^- 的少量溶液中加 CCl_4，然后滴加氯水，边加边搅拌。开始 CCl_4 层出现紫色，表示有 I_2 生成，随后褪为无色，最后变为黄褐色，表示有 Br_2 生成。

$$Cl_2 + 2I^- = 2Cl^- + I_2\text{（紫色）}$$

$$5Cl_2 + I_2 + 6H_2O = 10HCl + 2HIO_3\text{（无色）}$$

$$Cl_2 + 2Br^- = 2Cl^- + Br_2\text{（黄褐色）}$$

(3) 混合离子溶液

要在 Cl^-、Br^-、I^- 混合溶液中分别检出各种离子，务必注意其他离子以及卤离子彼此间的干扰，如用 Ag^+ 检出 Cl^- 时，CO_3^{2-}、PO_4^{3-}、SO_4^{2-} 等有干扰，生成白色 Ag_2CO_3、Ag_2SO_4 和黄色 Ag_3PO_4 沉淀。同时，Br^-、I^- 也会生成浅黄色 AgBr 和黄色 AgI 而干扰 Cl^- 的检出。因此，就要控制反应条件，消除干扰。

18.3.2　卤素互化物

不同卤素原子之间可以互相共同用电子对形成一系列的化合物，这类化合物称为卤素互化物，其通式为 XX'_n（n=1,3,5,7）。X 的电负性小于 X′。电负性大的轻卤原子为配体（如 F），配位数多为奇数，如 ClF、ClF_3、ClF_5。F^- 因半径小，配位数可高达 7，比如 IF_7。Cl^-、Br^- 随半径增大，配位数减小，如 IF_7、BrF_5、ClF_3、ICl_3。因为 ClF_7 不存在，氯的氟化物通常都作为氟化剂，能使金属的氧化物、氯化物、溴化物及碘化物转变为氟化物。互卤化物总是由单质反应而制备的。XY_3、XY_5、XY_7 的结构见表 18-2。

表 18-2　XY_3、XY_5、XY_7 的结构

互卤化物	XY_3	XY_5	XY_7
X 的杂化轨道	sp^3d	sp^3d^2	sp^3d^3
几何构型	三角双锥	八面体	五角双锥

续表

互卤化物	XY_3	XY_5	XY_7
分子构型			
分子形状	T形	四方锥	五角双锥
实例	ClF_3	ClF_5	IF_7

绝大多数的卤素互化物,它们的性质类似于卤素单质,都是强氧化剂,它们突出的性质是遇水发生水解。例如:

$$IF_5 + 3H_2O \xlongequal{} H^+ + IO_3^- + 5HF$$

IF_5 遇水立即水解,而 IF_7、IBr 水解极慢。

与卤素相同,XY 的主要用途是作卤化剂。ClF 和烯类(双键)化合物的加合和四氟化硫的反应如下:

$$>C{=}C< + ClF \longrightarrow Cl-\overset{|}{\underset{|}{C}}-\overset{|}{\underset{|}{C}}-F$$

$$SF_4 + ClF \xlongequal{} SF_5Cl$$

18.3.3 多卤化物

多卤化物是指金属卤化物与自由卤素或卤素互化物发生加合作用的产物。多卤化物通常是离子化合物。如:

$$KI + I_2 \xlongequal{} KI_3$$

$$CsBr + IBr \xlongequal{} CsIBr_2$$

多卤化物可以是一种卤素,也可以是多种卤素。常见的固态多卤化物有:$KI_3 \cdot H_2O$、CsI_5、$RbI_7 \cdot H_2O$、KI_9、$CsBr_3$ 等。由此可见,只有半径大的碱金属离子才可形成。就多卤离子来说,卤原子的总数为3、5、7、9,有的还带结晶水。这类化合物稳定性差,当受热时可以生成简单的金属卤化物和卤素单质或卤素互化物:

$$CsBr_3 \xlongequal{\triangle} CsBr + Br_2$$

$$CsICl_2 \xlongequal{\triangle} CsCl + ICl$$

多卤化物中,若有F则肯定生成MF,因为MF晶格能大,稳定性高,而MClFBr不能存在。多卤化物分解倾向于生成晶格能高的更稳定的物质。

卤素离子与半径较大的碱金属可以形成多卤化物,结构与性质与卤素互化物近似,易发生水解反应:

$$ICl + H_2O \xlongequal{} HIO + HCl$$

$$BrF_5 + 3H_2O \longrightarrow HBrO_3 + 5HF$$

从反应结果可知:高价态的中心原子和 OH^- 结合生成含氧酸,低价态的配体与 H^+ 结合生成氢卤酸。

多卤阴离子的结构都是已知的。I_3^-、Br_3^-、ICl_2^-、$IBrCl^-$ 等几乎是直线形。这类化合物的结构也可用价层电子对互斥理论说明。

18.4 卤素的含氧化合物

18.4.1 卤素的氧化物

除氟以外,卤素与电负性值比它更大的氧化合时,形成氧化态为正的氧化物。由于氟的电负性最大,它与氧化合时,形成 OF_2、O_2F_2,在此类化合物中,氟的氧化态当然为负值。

卤素氧化物中以氯的氧化物较重要,已知氯的氧化物有 Cl_2O、ClO_2、Cl_2O_6 和 Cl_2O_7 四种,它们都是强的氧化剂,不稳定,易分解或爆炸。

1. 氧化二氯 Cl_2O

Cl_2O 常态下为黄红色气体,加热或振动时爆炸分解为氯气和氧气。实验室中可用干燥的氯通过新沉淀的干燥氧化汞而生成。倘若将产物凝结于液态空气冷却容器中,可得一棕色固体,即 Cl_2O。

$$2Cl_2 + 2HgO \longrightarrow HgCl_2 \cdot HgO + Cl_2O$$

Cl_2O 是次氯酸的酸酐。它能溶于水或碱,生成次氯酸或它的盐。

$$Cl_2O + H_2O \longrightarrow 2HClO$$

Cl_2O 气体在 20 ℃以上便分解,在 2 ℃时变为更不稳定的红色液体。Cl_2O 为一强氧化剂,分子结构为角形,如图 18-2 所示。

2. 二氧化氯 ClO_2

ClO_2 在室温下是黄红色的气体,熔点 −59 ℃,沸点 10 ℃。无论是在气态或液态均极易爆炸,氧化性很强,能氧化许多有机物和无机物。应当指出,一旦浓硫酸与氯酸盐接触即得到 ClO_2,因 ClO_2 不稳定,易发生分解或爆炸。

$$3ClO_3^- + 2H^+ \longrightarrow ClO_4^- + 2ClO_2 + H_2O$$

生产 ClO_2 的方法,多是在酸性介质中还原氯酸钠。如果在溶液中用硫酸与 SO_2 来处理氯酸钠,就比较安全。20 世纪 80 年代初在北美洲仍用下述方法工业化:

$$2ClO_3^- + SO_2 + H^+ \longrightarrow 2ClO_2 + HSO_4^-$$

大量用此法制得的 ClO_2,用作纸浆的漂白剂。ClO_2 的分子是 V 形结构,如图 18-3 所示,Cl—O 键长 147.3 pm,是奇电子化合物。

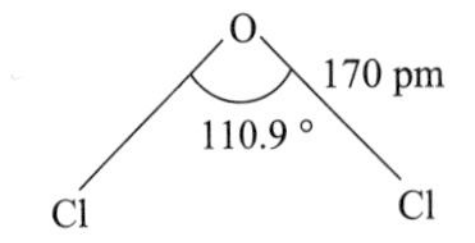

图 18-2 Cl_2O 分子的结构

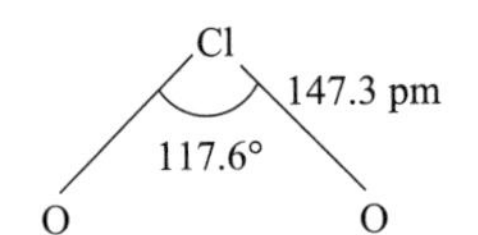

图 18-3 ClO_2 分子的结构

二氧化氯是优良的漂白剂和高效氧化剂，其有效氯含量为 26.3%，是氯气的 26 倍。它作为漂白剂时，能彻底除去色素和杂质，效果极佳。本身性能柔和，不损伤纤维，迄今为止，还未发现有其他漂白剂可与之媲美，主要用于纸浆和其他纤维漂白。它用作高度氧化剂时，不像氯气那样，处理后留有强烈的臭味，也不会生成致癌的氯化有机物，因此在饮水处理和食品的消毒杀菌处理方面也颇具优越性，国外已广泛采用。

3. 六氧化二氯 Cl_2O_6

六氧化二氯是暗红色液体，有强烈刺激性气味，其熔点 4 ℃，沸点 203 ℃。Cl_2O_6 可以看作 $[ClO_2]^+[ClO_4]^-$，氯的氧化态分别为 +5、+7。因此它是氯酸和，高氯酸的混合酸酐。将臭氧与 ClO_2 在 0 ℃条件下反应，可制得 Cl_2O_6：

$$2ClO_2 + 2O_3 = Cl_2O_6 + 2O_2$$

在液态和固态下，ClO_3 和 Cl_2O_6 共存，只有在蒸气状态时，才全部是 ClO_3。Cl_2O_6 与碱反应而生成氯酸盐和高氯酸盐：

$$Cl_2O_6 + 2KOH = KClO_3 + KClO_4 + H_2O$$

Cl_2O_6 加热分解为二氧化氯和氧气：

$$Cl_2O_6 = 2ClO_2 + O_2$$

Cl_2O_6 是一种极强的氧化剂。尽管在室温下稳定，但接触有机物即发生猛烈的爆炸。在常温下就能与金反应生成氯酰盐。这与它的本质 $[ClO_2]^+[ClO_4]^-$ 有关。以下反应说明了这一点：

$$Au + 4Cl_2O_6 = [ClO_2]^+[Au(ClO_4)_4]^- + 3ClO_2$$

$$NO + Cl_2O_6 = NOClO_4 + ClO_2$$

$$SnCl_4 + 6Cl_2O_6 = [ClO_2]_2[Sn(ClO_4)_6] + 4ClO_2 + 2Cl_2$$

4. 七氧化二氯 Cl_2O_7

七氧化二氯为无色易挥发液体，熔点 −91 ℃，沸点 82 ℃。相对来说，Cl_2O_7 较稳定，但热至 120 ℃以上则爆炸。

在低温（−10 ℃）时，将 $HClO_4$ 小心地加入 P_4O_{10} 中进行脱水，然后蒸馏就得到 Cl_2O_7 液体，其反应如下：

$$2HClO_4 \xrightarrow{P_4O_{10}} Cl_2O_7 + H_2O$$

Cl_2O_7 是高氯酸的酸酐，其分子结构如图 18-4 所示。

5. 溴和碘的氧化物

溴的氧化物有 Br_2O、Br_3O_8、BrO_2 等，它们对热都不稳定。

碘的氧化物有 I_2O_4、I_4O_9、I_2O_5 等。I_2O_5 具有代表性。将 HIO_3 热至 200 ℃即得到 I_2O_5：

$$2HIO_3 = I_2O_5 + H_2O$$

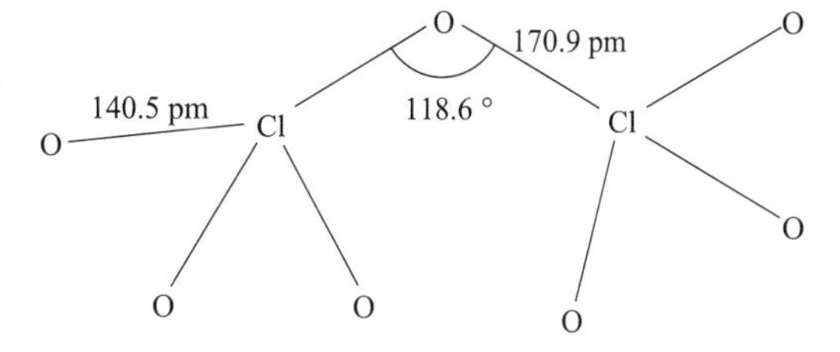

图 18-4　七氧化二氯的结构

I_2O_5 是白色非挥发性晶体，在 275 ℃以下稳定，这与其他轻卤素的氧化物性质有所不同，但它也是一个强氧化剂，可用作氧化剂使 H_2S、CO、HCl 等氧化。它的重要用途之一是测定气体混合物中的一氧化碳。CO 与 I_2O_5 的反应为：

$$I_2O_5 + 5CO = 5CO_2 + I_2$$

I_2O_5 在 70 ℃时能将 CO 定量地转变为 CO_2，故被用于定量测定 CO。

I_2O_5 与水和碱作用形成 HIO_3 或其盐。固态时红外光谱证明其结构如图 18-5 所示，为 I_2O_5 的一个分子的结构。

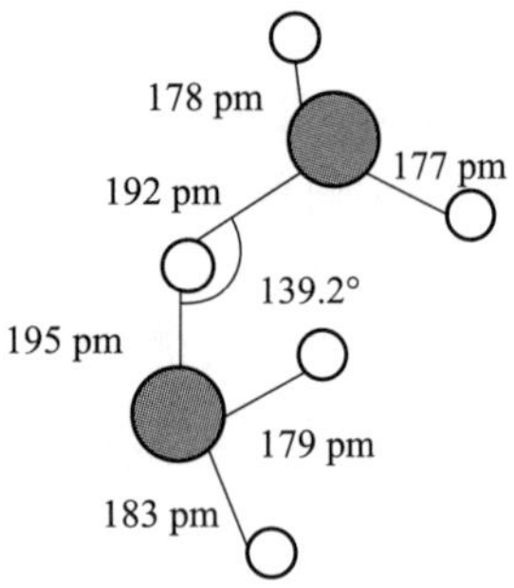

图 18-5 I_2O_5 分子的结构

18.4.2 卤素含氧酸及含氧酸盐

1. 含氧酸根结构

卤素的含氧酸见表 18-3。

各种卤酸根离子的结构，除 IO_6^{5-} 离子是 sp^3d^2 杂化外，均为 sp^3 杂化类型，其结构见图 18-6。

表 18-3 卤素的含氧酸

名称	氟	氯	溴	碘	分子杂化类型	含氧酸根结构
次卤酸	(FOH)	ClOH*	BrOH*	IOH*	sp^3	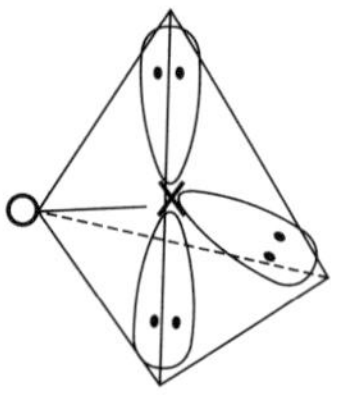
亚卤酸		$HClO_2$*	$HBrO_2$*		sp^3	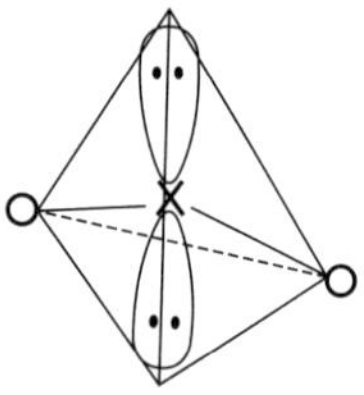
卤酸		$HClO_3$*	$HBrO_3$*	HIO_3	sp^3	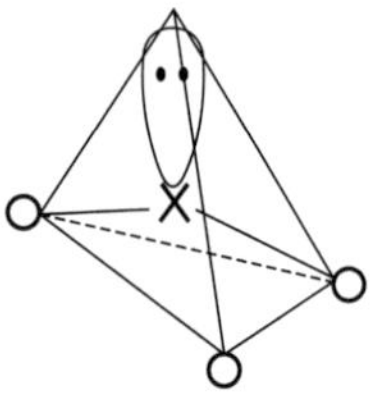
高卤酸		$HClO_4$	$HBrO_4$*	HIO_4，H_5IO_6	sp^3（IO_6^{5-} 离子是 sp^3d^2 杂化）	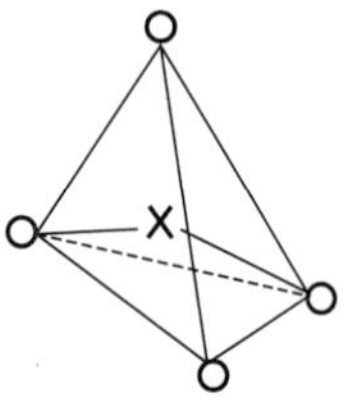

注：* 表示仅存在于溶液中。

2. 卤素含氧酸及其盐

(1) 次卤酸及其盐

卤素单质溶于水发生歧化反应生成 HX 和 HXO：

$$X_2 + H_2O \xlongequal{} HX + HXO$$

次卤酸都是极弱的一元酸，仅存在于溶液中，它们的强度按 HClO、HBrO、HIO 的次序依次减弱。其 K_a 值分别如下：

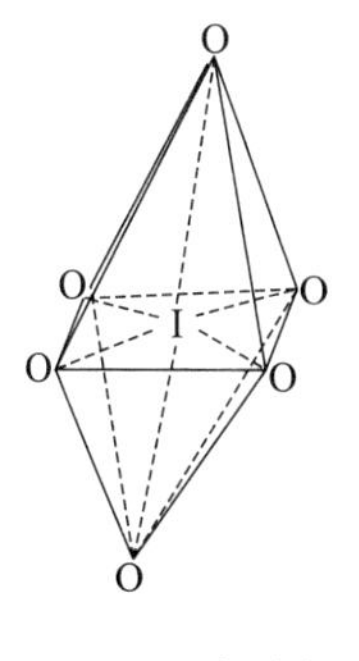

图 18-6 卤酸根离子的结构

	HClO	HBrO	HIO
K_a	3.0×10^{-8}	2.1×10^{-9}	2.3×10^{-11}

从解离常数来看，HClO 是弱酸，如往氯水溶液中加入能和 HCl 作用的 Ag_2O、HgO 或 $CaCO_3$，则可制得较纯的 HClO 水溶液。

$$2Cl_2 + 2HgO + H_2O \xlongequal{} HgO\cdot HgCl_2\downarrow + 2HClO$$

$$2Cl_2 + Ag_2O + H_2O \xlongequal{} 2AgCl\downarrow + 2HClO$$

$$2Cl_2 + CaCO_3 + H_2O \xlongequal{} CaCl_2 + CO_2\uparrow + 2HClO$$

Ag_2O、HgO 或 $CaCO_3$ 的作用是降低氯气水解时生成的离子浓度，使反应正向进行。因 HXO 不稳定，所以至今尚未制得纯的 HXO，如将 Cl_2O 溶于水，只能得较浓（$>5\ mol\cdot L^{-1}$）的 HClO 溶液。

次卤酸都是强氧化剂和漂白剂。

$$2HClO + 2HCl \xlongequal{} 2Cl_2 + 2H_2O$$

$$3HClO + S + H_2O \xlongequal{} H_2SO_4 + 3HCl$$

HClO 与 S 的反应，如果 HClO 过量，则产生 Cl_2。

它很不稳定，仅存在于水溶液中，从 Cl 到 I 稳定性减小。次卤酸能以下面两种方式进行分解：

$$(1)\quad 2HXO \xlongequal{h\nu} 2HX + O_2$$

$$(2)\quad 3HXO \xlongequal{\triangle} 3H^+ + 2X^- + XO_3^-$$

但次溴酸的分解产物中没有 HBr 而有 Br_2。

$$4HBrO \xlongequal{} 2Br_2 + O_2 + 2H_2O$$

$$5HBrO \xlongequal{} HBrO_3 + 2Br_2 + 2H_2O$$

当光照或使用催化剂时，几乎按(1)式进行，分解速率很快。HClO 的杀菌、漂白作用，就是这一反应的实际应用。如果受热，反应主要按(2)式进行，这是 HXO 的歧化反应，由卤素的电势图可知，在酸中只有 HClO 可自发发生歧化反应；在碱中都能发生歧化反应，趋势也都较大，然而，反应速率却取决于物种和反应温度。实验证明，在室温时 ClO^- 的歧化反应速率极慢，当加热到约 77 ℃时，反应速率急剧加快，产物是 ClO_3^- 和 Cl^-；对 BrO^-，在室温就有一定的反应速率，若在 50～80 ℃时，反应进行完全，全部得到 BrO_3^-；至于 IO^-，它的歧化反应在任何温度下，都进行得相当彻底，也就是说，碱中不存在 IO^- 离子，因此 I_2 与碱反应能定量地得到碘酸盐。

$$3I_2 + 6OH^- \xlongequal{} 5I^- + IO_3^- + 3H_2O$$

次卤酸盐 XO^- 也容易分解,其分解速率和溶液的浓度、pH 及温度有关。分解反应为:

$$2XO^- = 2X^- + O_2$$

$$3XO^- = 2X^- + XO_3^-$$

XO^- 盐比 HXO 酸稳定性高,所以经常用其盐在酸性介质中作氧化剂,例如:

$$NaClO + PbCl_2 + H_2O = PbO_2 + 2HCl + NaCl$$

次卤酸盐中比较重要的就是次氯酸盐。次氯酸钠的工业制备方法是无隔膜电解冷的稀食盐水,并搅动溶液,使产生的氯气和氢氧化钠充分反应:

$$2Cl^- + 2H_2O \xlongequal{\text{电解}} 2OH^- + Cl_2 + H_2$$

$$Cl_2 + 2OH^- = ClO^- + H_2O + Cl^-$$

总反应:

$$Cl^- + H_2O \xlongequal{\text{电解}} ClO^- + H_2$$

用氯与 $Ca(OH)_2$ 反应,则生成大家所熟知的漂白粉,该反应在 25 ℃进行。

$$2Cl_2 + 2Ca(OH)_2 = Ca(ClO)_2 + CaCl_2 + 2H_2O$$

漂白粉是次氯酸钙、氯化钙和氢氧化钙所组成的水合复盐。次氯酸钙是漂白粉的有效成分。加硫酸或盐酸于漂白粉上即有氯气产生:

$$Ca(ClO)_2 + 4HCl = CaCl_2 + 2Cl_2\uparrow + 2H_2O$$

漂白粉在空气中放置时,会逐渐失效,这是因为它与空气中的碳酸气作用而生成 HClO,而 HClO 不稳定立即分解。

$$Ca(ClO)_2 + H_2O + CO_2 = CaCO_3 + 2HClO$$

(2) 亚卤酸及其盐

亚卤酸中仅存在亚氯酸。在亚氯酸钡悬浮液中加入稀 H_2SO_4,除去 $BaSO_4$ 沉淀,就可得到亚氯酸水溶液。

$$H_2SO_4 + Ba(ClO_2)_2 = BaSO_4\downarrow + 2HClO_2$$

$HClO_2$ 极不稳定会迅速分解。

$$8HClO_2 = 6ClO_2 + Cl_2 + 4H_2O$$

可见 ClO_2 不是 $HClO_2$ 的酸酐,ClO_2 冷凝时为红色液体。亚氯酸是弱酸($K_a = 10^{-2}$),但酸性大于 HClO。当 ClO_2 和碱溶液反应时生成亚氯酸盐和氯酸盐。

$$2ClO_2 + 2OH^- = ClO_2^- + ClO_3^- + H_2O$$

用 ClO_2 和 Na_2O_2 反应可制得 $NaClO_2$:

$$Na_2O_2 + 2ClO_2 = 2NaClO_2 + O_2$$

亚氯酸盐比亚氯酸稳定,如把亚氯酸盐的碱性溶液放置一年也不见分解,但加热或敲击亚氯酸盐固体时立即发生爆炸,歧化成为氯酸盐和氯化物。

$$3NaClO_2 = 2NaClO_3 + NaCl$$

亚氯酸及其盐具有氧化性,可作漂白剂。

(3) 卤酸及其盐

卤酸都是强酸,按 $HClO_3$、$HBrO_3$、HIO_3 的顺序酸性依次减弱、稳定性依次增强。卤酸的制备有三种方法:

① 利用卤素单质在 OH^- 介质中歧化的特点制取。

$$3X_2 + 6OH^- \longrightarrow 5X^- + XO_3^- + 3H_2O$$

此法优点是 X^-、XO_3^- 易分离且反应彻底，但存在 XO_3^- 转化率只有 1/6 的缺点。

② 卤酸盐与酸反应：

$$Ba(ClO_3)_2 + H_2SO_4 \longrightarrow BaSO_4 \downarrow + 2HClO_3$$

在这个反应中，H_2SO_4 浓度不宜太高，否则易发生爆炸分解。

③ 直接氧化法：

$$I_2 + 10HNO_3 \longrightarrow 2HIO_3 + 10NO_2 + 4H_2O$$

$$I^- + 3Cl_2 + 6OH^- \longrightarrow IO_3^- + 6Cl^- + 3H_2O$$

稳定性 $HXO_3 > HXO$，但也极易分解。$HClO_3$ 与 $HBrO_3$ 未得到过纯酸，减压蒸馏冷溶液可得到黏稠的浓溶液。$HClO_3$ 可存在的最大质量分数为 40%，$HBrO_3$ 为 50%，而且它们的浓度若分别超过 40%与 50%，就会迅速分解并发生爆炸。

$$8HClO_3 \longrightarrow 3O_2 + 2Cl_2 + 4HClO_4 + 2H_2O$$

HIO_3 固体比较稳定，能从溶液中结晶析出为无色晶体，加热到 300 ℃以上才分解为单质碘和氧。可见，卤酸的稳定性按 $HClO_3$、$HBrO_3$、HIO_3 依次增强。

卤酸的浓溶液都是强氧化剂，其中以溴酸的氧化性最强，这反映了 p 区中间横排元素的不规则性。

	BrO_3^-/Br_2	ClO_3^-/Cl_2	IO_3^-/I_2
$E_A^\ominus$/V	1.52	1.47	1.19

$HBrO_3$ 氧化能力最强的原因为：在分子构型相同的情况下，Br 同 Cl 比，外层 18e 的 Br 吸引电子能力大于 8e 的 Cl；Br 与 I 相比，都是 18e，但半径 Br<I，得电子能力 Br>I，所以 BrO_3^- 的氧化能力最强。氧化能力的大小顺序与稳定性刚好相反，越稳定氧化能力越小，它们均是强氧化剂。所以碘能从溴酸盐和氯酸盐的酸性溶液中置换出 Br_2 和 Cl_2，氯能从溴酸盐中置换出 Br_2。

$$2BrO_3^- + 2H^+ + I_2 \longrightarrow 2HIO_3 + Br_2$$

$$2ClO_3^- + 2H^+ + I_2 \longrightarrow 2HIO_3 + Cl_2$$

$$2BrO_3^- + 2H^+ + Cl_2 \longrightarrow 2HClO_3 + Br_2$$

将 Cl_2 分别通入溴或碘溶液中，可以得到溴酸或碘酸。

$$5Cl_2 + Br_2 + 6H_2O \longrightarrow 2HBrO_3 + 10HCl$$

$$5Cl_2 + I_2 + 6H_2O \longrightarrow 2HIO_3 + 10HCl$$

HNO_3、H_2O_2、O_3 都可将单质碘氧化为碘酸。

$$I_2 + 10HNO_3(\text{浓}) \longrightarrow 2HIO_3 + 10NO_2 + 4H_2O$$

在酸性介质中，卤酸盐能氧化相应的卤离子生成卤素：

$$XO_3^- + 5X^- + 6H^+ \longrightarrow 3X_2 + 3H_2O$$

$$K_{Cl} = 2\times10^9,\quad K_{Br} = 1\times10^{38},\quad K_I = 1.6\times10^{44}$$

$HClO_3$ 与 HClO 氧化性的比较：

① $HClO_3$ 中 Cl 为+5 价，得电子趋势大，中心 Cl sp^3 杂化成键数目多。酸强度 $HClO_3 >$

HClO,稀溶液中 $HClO_3$ 以离子 H^+、ClO_3^- 形式存在,而 HClO 酸以分子形式存在。

② 中心 Cl 对称性比 HClO 中 Cl 高,所以 $HClO_3$ 相对稳定,配位 O 不易被夺走,对 $HClO_3$ 来说,第二个因素占主导,所以氧化能力 HClO>$HClO_3$,而盐的氧化性小于相应的酸,因为 M^{n+} 极化能力小于 H^+。

在卤酸盐中比较重要的且有实用价值的是氯酸盐,其中最常见的是 $KClO_3$ 和 $NaClO_3$。$NaClO_3$ 易潮解而 $KClO_3$ 不会吸潮,可制得干燥产品。工业上制备 $KClO_3$ 通常用无隔膜电解槽电解热的(约 127 ℃)NaCl 溶液,得到 $NaClO_3$ 后再与 KCl 进行复分解反应,由于 $KClO_3$ 的溶解度较小,可从溶液中析出。

$$NaClO_3 + KCl = KClO_3 + NaCl$$

在有催化剂存在下,$KClO_3$ 分解为氯化钾和氧;若不存在催化剂,则 $KClO_3$ 在 356 ℃时熔化,395 ℃时开始按下式分解:

$$4KClO_3 \xlongequal{395\ ℃} KCl + 3KClO_4$$

氯酸盐的热分解产物与组成盐的阳离子性质有关,例如碱金属、碱土金属和 Ag^+ 的氯酸盐其分解产物为氯化物和 O_2;Cd^{2+}、Pb^{2+}、Ni^{2+} 等氯酸盐的分解产物除了 Cl_2、O_2 外还有氯化物和氧化物,而 Cu^{2+}、Co^{2+}、Zn^{2+} 等的分解产物为氧化物、Cl_2 和 O_2。

$$16Pb(ClO_3)_2 \xlongequal{\triangle} 14PbO_2 + 2PbCl_2 + 11Cl_2 + 6ClO_2 + 28O_2$$

$$2Zn(ClO_3)_2 \xlongequal{\triangle} 2ZnO + 2Cl_2 + 5O_2$$

固体 $KClO_3$ 是强氧化剂,它与易燃物质如碳、硫、磷及有机物质相混合时,一受撞击即猛烈爆炸,因此,氯酸钾大量用于制造火柴、焰火等。

氯酸盐基本可溶,但溶解度不大。溴酸盐 $AgBrO_3$ 浅黄,$Pb(BrO_3)_2$、$Ba(BrO_3)_2$ 难溶,其余可溶。可溶碘酸盐更少,$Cu(IO_3)_2$ 水合物蓝色,无水盐绿色,$AgIO_3$、$Pb(IO_3)_2$、$Hg(IO_3)_2$,以及 Ca、Sr、Ba 的碘酸盐均难溶。所以溶解度的变化规律:$MClO_3 > MBrO_3 > MIO_3$。

(4) 高卤酸及其盐

高氯酸的制备可采用酸置换法:

$$KClO_4 + H_2SO_4 = KHSO_4 + HClO_4$$

减压蒸馏把 $HClO_4$ 从混合物中分离出来,要求低于 92 ℃。

工业生产的方式为电解氧化 HCl(aq)制取 $HClO_4$,Pt 作阳极,Ag、Cu 作阴极。

Pt 阳极: $Cl^- + 4H_2O = ClO_4^- + 8H^+ + 8e^-$

Ag(Cu)阴极: $2H^+ + 2e^- = H_2$

电解法可得到 20%的 $HClO_4$,经减压蒸馏可得 70%市售 $HClO_4$。质量分数低于 60%的 $HClO_4$ 溶解加热不分解。质量分数为 72.4%的 $HClO_4$ 溶液是恒沸混合物,沸点为 203 ℃,此时分解。

高氯酸是常用的分析试剂,是酸性最强的无机含氧酸,又是一种强氧化剂。$HClO_4$ 在水中完全解离成 H^+、ClO_4^-,ClO_4^- 对 O^{2-} 的吸引力大于 H^+—O^{2-} 结合力,ClO_4^- 抵抗 H^+ 的反极化能力强,使 O—H 键的结合力被削弱。

含有 72.5%$HClO_4$ 的恒沸溶液,其恒沸点为 203 ℃,当有脱水剂 $Mg(ClO_4)_2$ 存在下,用真空蒸馏法蒸馏浓酸,可得无水酸。室温下只能稳定存在 3~4 天,分解成 $HClO_4 \cdot H_2O$ 和 Cl_2O_7。

由于高氯酸有强烈的氧化性，应当避免将浓的高氯酸与乙醇之类的有机溶剂相作用。

固态高氯酸盐在高温下是一个强氧化剂，但其氧化能力比氯酸盐弱。用 $KClO_4$ 制作的炸药比用 $KClO_3$ 为原料的炸药稳定些。$KClO_4$ 在 610 ℃时熔化，同时开始依下式分解：

$$KClO_4 \xlongequal{\triangle} KCl + 2O_2$$

高氯酸盐多易溶于水，但 $KClO_4$ 溶解度不大。高氯酸盐的制备一般是用电解氧化氯酸盐而制备的。高氯酸的大阳离子盐不易溶于水，如 $RbClO_4$、$CsClO_4$。含 ClO_4^- 固态高氯酸盐，与 MnO_4^-、SO_4^{2-}、BF_4^- 等的盐类同晶。$Mg(ClO_4)_2$ 是吸湿能力很强的干燥剂，用它作干燥剂有两个优点：脱湿能力强，吸湿后的 $Mg(ClO_4)_2$ 经加热脱水，又能使用。

在溶液中，ClO_4^- 离子非常稳定，如 SO_2、H_2S、Zn、Al 等较强的还原剂都不能使它还原。当溶液酸化后，ClO_4^- 的氧化性增强。在水溶剂中，一般认为 ClO_4^- 作为配位体的倾向极小，但在非水溶剂，ClO_4^- 当没有其他给予体与它竞争时，也有一定的配位能力，例如 $CoPy_4(ClO_4)_2$。

(5) 高溴酸及其盐

只有最强的氧化剂(F_2、XeF_2)才能将 BrO_3^- 氧化成 BrO_4^-，反应方程式如下：

$$NaBrO_3 + XeF_2 + H_2O = NaBrO_4 + Xe + 2HF$$

$$BrO_3^- + F_2 + 2OH^- = BrO_4^- + 2F^- + H_2O$$

反应后，多余的 BrO_3^- 以 AgF 沉淀之，Ag^+ 和 F^- 则用 $Ca(OH)_2$ 除去。O_3 和 $S_2O_8^{2-}$ 不能将 BrO_3^- 氧化成 BrO_4^-，这可能是动力学原因。BrO_4^- 是比 ClO_4^- 或 IO_4^- 强的氧化剂，这种不规律现象还没有可使人信服的解释，但这种现象在氧族又有重现，即 SeO_4^{2-} 是比 SO_4^{2-} 或 TeO_6^{6-} 更强的氧化剂。

质量分数为 55%的 $HBrO_4$(6 $mol \cdot L^{-1}$)溶液很稳定，在 100 ℃时也能长期稳定地存在。当浓度达 83%时，显得十分不稳定。也可制得晶态水合物 $HBrO_4 \cdot 2H_2O$。

BrO_4^- 离子是四面体形，Br—O 键长为 161 pm，介于 ClO_4^- 中的 Cl—O(146 pm)和 IO_4^- 中的 I—O (179 pm)之间。稀的 $HBrO_4$，在 25 ℃时是一种迟缓的氧化剂，3 $mol \cdot L^{-1}$的酸能氧化不锈钢，12 $mol \cdot L^{-1}$的酸很容易氧化 Cl^-，当它与薄纸相接触会爆炸。

高溴酸钾受热分解为溴酸钾，纯的 $KBrO_4$ 可稳定到 275 ℃左右。

(6) 高碘酸及其盐

将氯气通入碘酸盐的碱性溶液中，可得高碘酸盐：

$$Cl_2 + 2H_2O + OH^- + IO_3^- = 2Cl^- + H_5IO_6$$

酸化高碘酸盐，也可以得到高碘酸：

$$Ba_5(IO_6)_2 + 5H_2SO_4 = 5BaSO_4 \downarrow + 2H_5IO_6$$

工业制备高碘酸的方法是电解氧化碘酸盐溶液得高碘酸盐。

$$Cl_2 + 6OH^- + IO_3^- = 2Cl^- + IO_6^{5-} + 3H_2O$$

现已制出了 $H_5IO_6 \cdot 2H_2O$ 的高碘酸，但浓度高，也不稳定。正高碘酸 H_5IO_6 是无色单斜晶体，熔点为 140 ℃。高碘酸在溶液中以四面体 IO_4^- 离子以及几种水合物形式存在。高碘酸盐的复杂性犹如锑和碲的含氧酸盐，在计量上又与碲酸盐类似。

虽然碘和溴、氯都属于卤族元素，而且高溴酸($HBrO_4$)、高氯酸($HClO_4$)都是强酸，但正高碘酸(H_5IO_6)是弱酸，而偏高碘酸(HIO_4)是强酸，其原因可用鲍林酸碱经验规律来解释。高碘酸在

酸性溶液中存在下列解离平衡:

$$H_5IO_6 \rightleftharpoons H^+ + H_4IO_6^- \qquad K = 1.0 \times 10^{-3}$$

$$H_4IO_6^- \rightleftharpoons IO_4^- + 2H_2O \qquad K = 29.0$$

$$H_4IO_6^- \rightleftharpoons H^+ + H_3IO_6^{2-} \qquad K = 1.0 \times 10^{-3}$$

高碘酸在强酸性溶液中主要以 H_5IO_6 形式存在,它表现为五元弱酸($K_1 = 5.1 \times 10^{-4}$,$K_2 = 4.9 \times 10^{-9}$,$K_3 = 2.5 \times 10^{-15}$)。在碱中以 $H_3IO_6^{2-}$ 形式存在,H_5IO_6 中 I 采取 sp^3d^2 杂化,六配位,正八面体。高碘酸盐的主要性质是其强氧化性,其反应平稳而迅速,是分析化学中的有用试剂。例如,在酸性介质中,H_5IO_6 将 Mn^{2+} 离子定量氧化为 MnO_4^- 离子。

$$5H_5IO_6 + 2Mn^{2+} = 2MnO_4^- + 5HIO_3 + 6H^+ + 7H_2O$$

自由的 H_5IO_6 在 80 ℃脱水变成 $H_4I_2O_9$,在 100 ℃转变成 HIO_4。

高碘酸盐多半为酸式盐,其二取代、三取代和五取代盐均已制得。无论是正盐还是酸式盐均含有 IO_6^{5-} 八面体。酸式盐有 $NaH_4IO_6 \cdot H_2O$、$Na_2H_3IO_6$、$Na_3H_2IO_6$。$H_3IO_6^{2-}$ 盐基本上难溶。

3. 卤素的用途

卤素在工业生产、大众生活领域和科学研究中有着广泛的用途。

SF_6 是很稳定的气体,在高温下也不分解,因此可作为理想的气体绝缘材料。大量的氟气用于制取氟的有机化合物,CCl_3 可用作杀虫剂,CBr_2F_2 可用作灭火剂。液态氟也是火箭、导弹和发射人造卫星方面所用的高效燃料。

氯气或氯氧化物用于漂白或杀菌,如用于造纸纸浆的漂白、纤维织物的漂白等,同时可起到杀菌的作用。单质氯还常作为氧化剂和取代试剂,广泛应用于有机化学的合成反应中。氯乙烯($CH_2=CHCl$)自身可以聚合,形成聚氯乙烯(PVC),大量用于制造商用塑料。

溴主要用于制备有机溴化物,这些有机溴化物可用作杀虫剂,在农业生产中广泛使用。溴还用于制备燃料和化学中间体。溴可与氯配合使用,应用于水的处理和杀菌。和氯相同,溴也具有天然漂白作用。大量的溴用于制造染料,生产照相用的光敏物质溴化银,医药中用作镇静剂和安眠药的溴化钠、溴化钾以及无机溴酸盐。溴的另一个主要用途是制取二溴乙烷($C_2H_4Br_2$),它可作为抗震汽油的添加剂,提高发动机的工作效率。

碘广泛用于制药、照相、橡胶制造、有机碘化物的制备等方面。有机碘化物在有机化学中占重要地位。碘和碘化钾的酒精溶液即碘酒用作消毒剂,可用来处理外部创伤。碘仿(CHI_3)用作防腐剂。碘是维持甲状腺正常功能所必需的元素,因此碘化物可以防止和治疗甲状腺肿大。碘化银用于制造照相软片并可作为人工降雨时造云的"晶种"。

18.5 拟 卤 素

某些−1 氧化态的阴离子在形成离子化合物或共价化合物时,表现出与卤离子相似的性质,在自由状态时,其性质与卤素单质相似,这种物质称为拟卤素。目前已分离出的拟卤素有氰 $(CN)_2$、氧氰 $(OCN)_2$、硫氰 $(SCN)_2$ 和硒氰 $(SeCN)_2$。常见的拟卤离子有氰根离子(CN^-)、氰酸根离子(OCN^-)、异氰酸根离子(ONC^-)、硫氰酸根离子(SCN^-)、硒氰酸根离子($SeCN^-$)等。几种拟卤素见表 18-4。

表 18-4 拟卤素的结构

分子	$(CN)_2$	$(OCN)_2$	$(SCN)_2$	$(SeCN)_2$
名称	氰	氧氰	硫氰	硒氰
价层电子	9	15	15	15
拟卤素离子	CN^-	OCN^-	SCN^-	$SeCN^-$
离子电子式	:C≡N:	:Ö—C≡N:	:S̈—C≡N:	:S̈e—C≡N:
离子电子总数	10	16	16	16

拟卤素和卤素性质相似,可能因为它们有相似的外层电子结构。从自由拟卤素单体中总价电子数的排列来看,假定所有元素价电子之和排列为 $1 \sim n$ 层,每层为 8 个电子(CN 除外,第一层只有 2 个电子),剩余的电子数为 7,而 7 电子则是卤素外层电子构型的特征。例如硫氰的单体(SCN),其价电子总和为 15,第一层 8 个电子,剩余 7 个电子。

1. 制备

和卤素单质相似,自由状态的拟卤素也可用化学或电解方法氧化氰酸或氰酸盐制得:

$$Cl_2 + 2SCN^- = 2Cl^- + (SCN)_2$$
$$Cl_2 + 2Br^- = 2Cl^- + Br_2$$
$$MnO_2 + 4HSCN = (SCN)_2 + Mn(SCN)_2 + 2H_2O$$
$$MnO_2 + 4HCl = Cl_2 + MnCl_2 + 2H_2O$$

2. 性质

① 在游离状态时皆是二聚体,通常具有挥发性(多聚体不然),并具有特殊的刺激性气味。二聚体拟卤素不稳定,许多二聚体还会发生聚合作用,如:

$$x(SCN)_2 \xlongequal{\text{室温}} 2(SCN)_x$$
$$x(CN)_2 \xlongequal{400\ ℃} 2(CN)_x$$

② 与金属反应生成一价阴离子的盐,如:

$$2Fe + 3(SCN)_2 = 2Fe(SCN)_3$$

③ 与氢形成氢酸,但拟卤素所形成的酸一般比氢卤酸弱,其中以氢氰酸最弱。

④ 在水中或碱中发生歧化反应:

$$(CN)_2 + 2OH^- = \underset{\text{氰根}}{CN^-} + \underset{\text{氧氰根}}{CNO^-} + H_2O$$

这与卤素单质的歧化反应类似:

$$Cl_2 + 2OH^- = Cl^- + ClO^- + H_2O$$

⑤ 拟卤素离子也具有还原性:

$$2CN^- + 5Cl_2 + 8OH^- = 2CO_2\uparrow + N_2\uparrow + 10Cl^- + 4H_2O$$
$$CN^- + O_3 = OCN^- + O_2\uparrow$$
$$2OCN^- + 3O_3 = CO_3^{2-} + CO_2\uparrow + N_2\uparrow + 3O_2\uparrow$$

因此,可用 Fe^{2+}、Cl_2、O_3 等除去工业废水中的 CN^-。卤素离子和拟卤素离子的还原性顺序：$F^- < OCN^- < Cl^- < Br^- < CN^- < SCN^- < I^- < SeCN^-$。

⑥ 拟卤素具有很强的配位作用，易形成配合物，如：

$$Fe^{2+} + 6CN^- = [Fe(CN)_6]^{4-}$$
$$Fe^{3+} + 6CN^- = [Fe(CN)_6]^{3-}$$

$[Fe(CN)_6]^{4-}$ 毒性小，可用 Fe^{2+} 除 CN^-，但对于生成$[Fe(CN)_6]^{3-}$的反应来说，$K_{稳}$ 相对小，$[Fe(CN)_6]^{3-}$会迅速离解，$[Fe(CN)_6]^{3-}$毒性也比较大。

拟卤素离子也可以发生下面的配位反应：

$$3CN^- + CuCN = [Cu(CN)_4]^{3-}$$

这与卤素离子的配位反应类似：

$$2I^- + HgI_2 = [HgI_4]^{2-}$$

⑦ 难溶盐和配位性：

重金属氰化物不溶于水，碱金属氰化物溶解度很大，在水中强烈水解而显碱性并放出 HCN。

大多数硫氰酸盐溶于水，重金属盐难溶于水。它们的 Ag(Ⅰ)、Hg(Ⅰ)和 Pb(Ⅱ)盐皆不溶于水。拟卤素所形成的盐常与卤化物共晶。AgCN、AgSCN；$Pb(CN)_2$、$Pb(SCN)_2$；$Hg_2(CN)_2$、$Hg(SCN)_2$，这些难溶盐在 NaCN、KCN 或 NaSCN 溶液中形成可溶性配合物：

$$AgCN + CN^- = Ag(CN)_2^-$$
$$Fe^{3+} + xSCN^- = Fe(SCN)_x^{3-x} \qquad (x = 1 \sim 6)$$

等电子体指电子数和原子数(氢等轻原子数不计在内)相同的分子、离子或基团。有些等电子体化学键和构型类似。等电子体可用以推测某些物质的构型及预示新化合物的合成和结构。例如，N_2、CO 和 NO^+ 互为等电子体。它们都有一个 σ 键和两个 π 键，且都有空的反键 π^* 轨道。根据金属羰基配位化合物的大量存在，预示双氮配位化合物也应存在，后来果真实现，且双氮、羰基、亚硝酰配位化合物的化学键和结构有许多类似之处。又如 BH^- 和 CH 基团互为等电子体，继硼烷之后合成了大量的碳硼烷，且 CH 取代 BH^- 后结构不变。

3. 拟卤素化合物

(1) 氰气

氰$(CN)_2$，剧毒，有苦杏仁味，熔点 −28 ℃，沸点 −20 ℃。在 0 ℃的条件下，1 dm^3 水溶解 4 dm^3氰，常温下为无色可燃气体。氰可用下列方法制取：

$$4HCN(g) + O_2(空气中) \xrightarrow{Ag 催化剂} 2(CN)_2 + 2H_2O$$
$$2Cu^{2+} + 6CN^- = 2[Cu(CN)_2]^- + (CN)_2$$

氰与水反应生成氢氰酸和氰酸。

$$(CN)_2 + H_2O = HCN + HCNO$$

氰的分子为线形结构并有对称性：

$$:N \equiv C - C \equiv N$$

C—N 的键长为 113 pm；C—C 键的键长为 137 pm。

(2) 氢氰酸和氢氰盐

氰能与氢直接化合生成氰化氢(HCN)，氰化氢是无色的极毒气体，它冷却到 26 ℃，凝聚为介电常数很高(25 ℃时为 10^7)的液体。氰化氢与水可以任何比例混合,其水溶液称为氢氰酸。从酸性强度来看 HCN 是个极弱的酸($K_a=2.1\times10^{-9}$)。

氢氰酸的盐称为氰化物。重金属的氰化物不溶于水,而碱金属的氰化物在水中的溶解度都很高,并在水中强烈水解而使溶液显强碱性。

$$CN^- + H_2O \rightleftharpoons HCN + OH^-$$

CN^- 有强的配位性,是良好的配体,极易与过渡金属及锌、镉、汞等形成稳定配离子,如 $[Fe(CN)_6]^{4-}$、$[Hg(CN)_4]^{2-}$ 等。由于氰合配离子的形成,那些不溶性的重金属氰化物在碱金属氰化物溶液中也变得可溶了。

$$AgCN + CN^- = [Ag(CN)_2]^-$$

另外,基于 CN^- 离子的强的配位作用,NaCN 和 KCN 被广泛地用于从矿物中提取金和银。

$$4Au + 8NaCN + 2H_2O + O_2 = 4NaAu(CN)_2 + 4NaOH$$

氰化物如氰化钾是合成药物的常用原料,也是实验室中的常用试剂。所有氰化物及其衍生物都有剧毒,而且中毒作用非常迅速,因为它们能使中枢神经系统瘫痪,使呼吸酶及血液中的血红蛋白中毒,因而使机体窒息。氢氰酸和氰化钠的致死量为 0.05 g,氰化氢在空气中的允许量为 10 ppm,而在水中的量不得超过 0.01 ppm。

氰化物的中毒可以通过多种途径,如由皮肤吸收,从伤口侵入,误食或由呼吸系统进入人体,因此使用时要特别小心,而且因使用氰化物所造成的环境污染也必须处理。电镀厂排放含有 CN^- 的废液,其 CN^- 的含量要低于 0.01 ppg。空气中 HCN 的限度为 10 ppm。在三废处理中可借助于 ClO^- 的氧化性将 CN^- 氧化成 CNO^-,或用 Fe^{2+} 与 CN^- 配合成 $[Fe(CN)_6]^{4-}$ 而解毒,其反应如下:

$$ClO^- + CN^-(\text{有毒}) = CNO^-(\text{无毒}) + Cl^-$$

$$Fe^{2+} + 6CN^- = [Fe(CN)_6]^{4-}$$

处理 CN^- 的方法也可以利用 CN^- 离子的强配位性和还原性:

$$CN^- + 2OH^- + Cl_2 = CNO^- + 2Cl^- + H_2O$$

$$2CNO^- + 4OH^- + 3Cl_2 = 2CO_2 + N_2 + 6Cl^- + 2H_2O$$

(3) 硫氰和硫氰酸盐

在常温下,硫氰为黄色油状液体,凝固点为 −2～3 ℃,它不稳定,逐渐聚合成不溶性的砖红色固态聚合物 $(SCN)_x$。但它在 CCl_4 或 HAc 中却很稳定,而硫氰的 CS_2 或己烷稀溶液却部分离解为 SCN 单体。

硫氰酸盐很容易制备,硫和碱金属氰化物共熔即得:

$$KCN + S = KSCN$$

大多数金属硫氰酸盐皆溶于水,重金属如 Cu(Ⅰ)、Au(Ⅲ)及 Hg(Ⅱ)的硫氰酸盐则不溶于水。SCN^- 离子是一个很好的配位体。它既可用 S 原子上的孤对电子(: SCN^-,硫氰酸根),又可用 N 原子上的孤对电子(: NCS^-,异硫氰酸根)作为电子对授予体。例如,当它与第一系列过渡元素配位时,通过 N 原子成键,而当与第二、第三系列过渡元素形成配合物时则通过 S 原子成键。SCN^- 离子的一个特殊而灵敏的反应是与 Fe^{3+} 离子形成好几种红色产物。这取决于 SCN^- 离子的浓度,这几种产物可用下列反应通式表示:

$$Fe^{3+} + nNCS^- = Fe(NCS)_n^{(3-n)+} \qquad (n=1\sim6)$$

SCN^-离子浓度越大,所形成的配合物溶液的颜色越深。此外,颜色的深度还与溶液放置的时间以及该溶液的 pH 有关。

习　题

18-1 完成下列反应并配平方程式:

(1) $P + Br_2 + H_2O \longrightarrow$

(2) $Cl_2 + I_2 + H_2O \longrightarrow$

(3) $F_2 + 4OH^- \longrightarrow$

(4) $KMnO_4 + KF + HF + H_2O_2 \longrightarrow$

(5) $MnO_4^- + Cl^- + H^+ \longrightarrow$

(6) $Br^- + BrO_3^- + H^+ \longrightarrow$

(7) $NO_2^- + I^- + H^+ \longrightarrow$

(8) $P + H_2O + I_2 \longrightarrow$

(9) $Cl_2 + HgO \longrightarrow$

(10) $Cl_2O_6 + KOH \longrightarrow$

(11) $Cl_2 + Ag_2O + H_2O \longrightarrow$

(12) $HClO_3 \longrightarrow$

(13) $NaBrO_3 + XeF_2 + H_2O \longrightarrow$

(14) $H_5IO_6 + Mn^{2+} \longrightarrow$

(15) $MnO_2 + HSCN \longrightarrow$

(16) $OCN^- + O_3 \longrightarrow$

(17) $Cu^{2+} + CN^- \longrightarrow$

(18) $CNO^- + OH^- + Cl_2 \longrightarrow$

18-2 写出下列物质间的反应方程式:

(1) 氯气与热的碳酸钾;

(2) 常温下,液溴与碳酸钠溶液;

(3) 将氯气通入 KI 溶液中,呈黄色或棕色后,再继续通入氯气至无色;

(4) 碘化钾晶体加入浓硫酸,并微热。

18-3 用食盐为基本原料,制备下列各物质:

(1) Cl_2;(2) NaClO;(3) $KClO_3$。

18-4 完成下列反应:

(1) 从 CaF_2 制备 F_2;

(2) 从 KCl 制备 $KClO_3$;

(3) 从 I_2 制备 HIO_3;

(4) 从海水制 Br_2。

18-5 电解制氟时,为何不用 KF 的水溶液?液态氟化氢为什么不导电,而氟化钾的无水氟化氢溶液却能导电?

18-6 三氟化氮 NF_3(沸点 −129 ℃)不显 Lewis 碱性,而相对分子质量较低的化合物 NH_3(沸点 −33 ℃)却是个人所共知的 Lewis 碱。请说明它们挥发性差别如此之大的原因,并说明二者碱性不同的原因。

18-7 下列哪些氧化物是酸酐:OF_2、Cl_2O_7、ClO_2、Cl_2O、Br_2O 和 I_2O_5?若是酸酐,写出由相应的酸或其他方法得到酸酐的反应。

18-8 回答下列问题:

(1) 比较高氯酸、高溴酸、高碘酸的酸性和它们的氧化性;

(2) 比较氯酸、溴酸、碘酸的酸性和它们的氧化性。

18-9 根据价层电子对互斥理论,推测下列分子或离子的空间构型:

ICl_2^-,ClF_3^-,ICl_4,IF_5,$TeCl_6$,ClO_4^-。

18-10 比较下列各组化合物酸性的递变规律,并解释之。

(1) H_3PO_4,H_2SO_4,$HClO_4$;

(2) HClO,$HClO_2$,$HClO_3$,$HClO_4$;

(3) HClO,HBrO,HIO。

18-11 在三支试管中分别盛有 NaCl、NaBr、NaI 溶液,如何鉴别它们?

18-12 AlF_3(s)不溶于 HF(l)中，但当 NaF 加到 HF(l)中，AlF_3 就可以溶解，然而再把 BF_3 加入 AlF_3 的 NaF-HF(l)的溶液中，AlF_3 又沉淀出来。试解释之。

18-13 氟在本族元素中有哪些特殊性？氟化氢和氢氟酸有哪些特性？

18-14 通 Cl_2 于消石灰中，可得漂白粉，而在漂白粉溶液中加入盐酸可产生 Cl_2，试用电极电势说明这两个现象。

18-15 试解释下列现象：

(1) I_2 溶解在 CCl_4 中得到紫色溶液，而 I_2 在乙醚中却是红棕色；

(2) I_2 难溶于水，却易溶于 KI 中；

(3) 溴能从含碘离子的溶液中取代出碘，碘又能从溴酸钾溶液中取代出溴；

(4) $AlCl_3$ 的熔点只有 190 ℃，而 AlF_3 的熔点高达 1290 ℃；

(5) NH_4F 只能储存在塑料瓶中；

(6) I_2 易溶于 CCl_4 溶液。

18-16 多卤化物的热分解规律怎样？为什么氟一般不易存在于多卤化物中？

18-17 通过$(CN)_2$ 和 Cl_2 的性质比较，说明卤素的基本性质。

18-18 以反应式表示下列反应过程并注明反应条件：

(1) 用过量 $HClO_3$ 处理 I_2；

(2) 氯气长时间通入 KI 溶液中；

(3) 氯水滴入 KBr、KI 混合液中。

18-19 漂白粉长期暴露于空气中为什么会失效？

18-20 Fe^{3+} 可以被 I^- 还原为 Fe^{2+}，并生成 I_2。但如果在含有 Fe^{3+} 的溶液中加入氟化钠，然后再加入 KI 就没有 I_2 生成。解释上述现象。

18-21 三瓶白色固体失去标签，它们分别是 KClO、$KClO_3$ 和 $KClO_4$，用什么方法加以鉴别？

18-22 将易溶于水的钠盐 A 与浓硫酸混合后微热得无色气体 B。将 B 通入酸性高锰酸钾溶液后有气体 C 生成。将 C 通入另一钠盐 D 的水溶液中，则溶液变黄、变橙，最后变为棕色，说明有 E 生成，向 E 中加入氢氧化钠溶液得无色溶液 F，当酸化该溶液时又有 E 出现。请给出 A～F 的化学式。

18-23 A 和 B 均为白色的钠盐晶体，都溶于水，A 的水溶液呈中性，B 的水溶液呈碱性。A 溶液与 $FeCl_3$ 溶液作用，溶液呈棕色。A 溶液与 $AgNO_3$ 溶液作用，有黄色沉淀析出。晶体 B 与浓盐酸反应，有黄绿色气体产生，此气体同冷 NaOH 溶液作用，可得到含 B 的溶液。向 A 溶液中开始滴加 B 溶液时，溶液呈红棕色；若继续滴加过量的 B 溶液，则溶液的红棕色消失。试判断白色晶体 A 和 B 各为何物？写出有关的反应方程式。

18-24 有一种白色固体，可能是 KI、CaI_2、KIO_3、$BaCl_2$ 中的一种或两种的混合物，试根据下述实验判别白色固体的组成：将白色固体溶于水得到无色溶液，向此溶液加入少量的稀 H_2SO_4 后，溶液变黄并有白色沉淀，遇淀粉立即变蓝；向蓝色溶液加入 NaOH 到碱性后，蓝色消失而白色并未消失。

18-25 有一固体物质，难溶于水而能溶于稀的 NaOH 溶液。将该溶液酸化，溶液转为红棕色，在此溶液中加入过量氯水，得到无色透明溶液。在该透明溶液中再加入过量碘化钾，红棕色又出现，再加入亚硝酸钠后，红棕色褪去，得无色溶液。在该溶液中滴入氯化钡溶液，有白色沉淀产生，该沉淀不溶于稀盐酸。根据上述现象，推测原固体物质是什么，并写出有关反应方程式。

第 19 章　铜族和锌族

周期系ⅠB族元素称铜族元素，ⅡB族元素称锌族元素。它们分别为铜(Copper)、银(Silver)、金(Gold)和锌(Zinc)、镉(Cadmium)、汞(Mercury)六种金属元素。两族合在一起是周期表的ds区，左边与d区过渡元素，右边与过渡后p区元素相连接。这种特殊的位置使它们的性质在某些方面与过渡元素相似。如铜族元素表现明显过渡元素的特性：有变价，有颜色及配位能力强等，因此也有把它作为过渡元素。锌族中的镉、汞也有相当多的过渡元素特性。汞与位于它前面的铂、金有十分密切的关系，它们在某些方面又与过渡后p区元素相似。如锌族元素自上至下低价趋于稳定(Hg的零价稳定)，与过渡后p区元素Ga、Ge、As分族的自上至下的低价趋于稳定相一致，并且它们异常低的熔、沸点也与过渡后p区金属相似，为低熔点金属。

铜族和锌族的六种元素都是发现较早、应用较广的元素。铜、银、金有“货币金属”之称，它们均为亲硫元素，除金以游离态存在外，其他元素主要以硫化物矿存在。广泛用于冶金、摄影、电镀、电池、电子及催化剂工业上。

19.1　铜族元素

铜族元素包括铜(Cu)、银(Ag)、金(Au)三种金属元素，它们原子的价电子构型为$(n-1)d^{10}ns^1$，与碱金属元素相似，最外层只有1个s电子，都能形成M(Ⅰ)化合物，但铜族元素都是不活泼的重金属，而碱金属都是活泼的轻金属。

在自然界中，铜族元素除了以矿物形式存在外，还以单质(Au、Ag)形式存在。在自然界铜的分布十分广泛。组成地壳的全部元素中，就目前而言，铜的蕴藏量居第22位，而其丰度虽不能与氧、硅和铁等元素相比，仍不失为一种丰产元素。到目前为止已经发现250多种铜矿石，常见的铜矿物有辉铜矿(Cu_2S)、铜蓝(CuS)、黄铜矿($CuFeS_2$)、赤铜矿(Cu_2O)、黑铜矿(CuO)、孔雀石[$Cu_2(OH)_2CO_3$]。银广泛分布于自然界，在地壳中含量为0.00001%，居地壳中元素丰度的第63位。银主要是以硫化物形式存在的，除了较少的闪银矿(Ag_2S)外，硫化银常与方铅矿共存。金是人类最早发现的金属之一(公元前2500年)，其在地壳中的丰度为$5\times10^{-7}\%$。在自然界，它以天然金或碲化物矿存在。天然金有两种，一种是以微粒形式散布于岩石中的矿脉金；另一种则是存在于砂砾中的砂金。金的碲化物矿主要有：碲金矿($AuTe_2$)、碲金银矿[$(Ag, Au)_2Te$]、针碲金矿[$(Ag, Au)Te_2$]等。金的主要产地在南非。我国江西、甘肃、云南、新疆、山东和黑龙江等省都蕴藏着丰富的铜矿和金矿。

铜是许多动物、植物体内必需的微量元素。铜在生物体中通常是作为氧化酶的辅基的组成部分，如抗坏血酸氧化酶、一元胺氧化酶、细胞色素氧化酶等。和铜不同，银不是生命所必需的物质，但是仍发现在各种生命组织中有痕量银存在，如在牛的肝脏和胰腺中分别含银为0.005%～0.001%和0.0003%～0.0001%。铜和银的单质及可溶性化合物都有杀菌能力，银作为杀菌药剂更具有奇特功效。

19.1.1 铜族元素的单质

1. 物理性质

人们曾获得的天然金、银、铜块中最大的分别重：金 112 kg（黄色），银 13.5 t（白色），铜 42 t（红色）。

铜族元素为有色重金属（密度＞8 $g \cdot cm^{-3}$）。铜、银、金的色泽十分有特征，铜呈浅粉色，银呈白色，金显黄色，因此借它们称呼颜色，如紫铜色、古铜色、银白色、金黄色等。

铜、银、金很柔软，有极好的延展性及可塑性，金尤其如此，例如 1 g 纯金能抽成 2 km 长的金丝，展压成 0.1 μm 的金箔，并且它们有优良的导电性和导热性。金易生成合金，尤其是生成汞齐。自 20 世纪 70 年代以来，金在工业上的用途已超过制造首饰和货币。所有金属中银的导电性、传热性居各种金属之首，被用于高级计算机及精密电子仪表中。

铜的导电性仅次于银，但比银便宜得多。目前世界上一半以上的铜用在电器、电机和电信工业上。铜易与其他金属形成铜合金，如青铜（80% Cu、15% Sn、5% Zn）、黄铜（60% Cu、40% Zn）和白铜（50%～70% Cu、18%～20% Ni、13%～15% Zn）。青铜质坚硬，易铸；黄铜广泛用作仪器零件；白铜用作刀具等。

2. 单质的制备

（1）铜的冶炼与提取

在多种铜矿当中，有工业开采价值的仅 10 余种，分为自然铜矿、氧化铜矿以及硫化铜矿三大类。从铜矿石中提取金属铜，需要根据矿石种类的不同选择适当的冶炼方法。

铜的氧化物矿石，如赤铜矿（Cu_2O）、黑铜矿（CuO），可以直接用炭还原。这个冶炼过程是将铜的氧化物、碳酸盐和硅酸盐等矿石与足量焦炭混合后装入高炉中，升至一定温度时，焦炭或其部分燃烧产生的 CO 将氧化铜还原为金属铜：

$$CuO + C = Cu + CO$$

$$CuO + CO = Cu + CO_2$$

此法生产的铜的杂质含量比较高。

硫化物矿石的冶炼需采用较为复杂的方法。品位低的硫化铜矿不宜直接用于提取铜，需经选矿处理得到含铜较高的铜精矿，浮选富集后得铜精矿（含铜 15%～30%），送冶炼厂冶炼。铜比铁对硫有更强的亲和力，矿石中的硫化铁转化为 FeO 以炉渣形式除去：

$$2CuFeS_2 + O_2 = Cu_2S + 2FeS + SO_2\uparrow$$

$$2FeS + 3O_2 = 2FeO + 2SO_2\uparrow$$

Cu_2S 则与 Cu_2O 反应产生金属铜与二氧化硫：

$$2Cu_2S + 3O_2 = 2Cu_2O + 2SO_2\uparrow$$

$$2Cu_2O + Cu_2S = 6Cu + SO_2\uparrow$$

吹炼所得粗铜含有 0.3%～0.5%的杂质（Ni、Fe、Pb、Sb、Bi、Ag、Au 等），粗铜导电性不高。为获得高导电性更纯的铜，需要精炼。

粗铜常用的精炼方法有火法精炼和电解精炼。火法精炼时，用氧气饱和熔融的金属铜，使杂质成渣除去，其纯度可达 99.95%～99.97%。电解精炼是精制纯铜的主要方法，约占全部精铜产量的 85%。电解精炼是把熔炼产生的粗铜铸成阳极，悬挂在盛有稀硫酸和硫酸铜的电解槽

中,并在阳极之间插入纯铜制成的阴极板。电解反应如下:

$$阳极反应:\quad Cu(粗)-2e^- \rightleftharpoons Cu^{2+}$$

$$阴极反应:\quad Cu^{2+}+2e^- \rightleftharpoons Cu(精)$$

电解时含杂质的阳极慢慢溶解,同时纯铜便沉积在阴极上,析出纯度为99.95%~99.98%的纯铜。电解精炼过程中,阳极中的许多杂质沉积在电解槽底部,称为阳极泥,含有金、银和铂系金属,是提取贵金属的重要原料。

溶于稀硫酸的矿石可采用湿法冶炼,即先用稀硫酸浸取矿石,再电解浸取液使铜沉积。大部分氧化铜矿石可用湿法进行冶炼。

铜矿石中,铜极少以金属铜形态存在,而氧化铜矿难选,主要以湿法冶金方法处理,部分高品位的可火法处理。因此硫化铜矿成为炼铜的主要原料,目前约90%的铜由其生产。

(2)金、银的提取

金银提炼方法是从矿石中直接提取和从有色金属生产中综合回收金银。由于金、银矿含量极少,品位很低,直接分离很困难。“砂里淘金”花费大量劳动力,得到的产量极少。因此,工业上常采用氰化法来配合提取金、银,即先将其变为配合物,然后再还原。

(i)汞齐法

汞齐法是把金或银矿石和汞及水一起细磨,使金或银与汞形成汞膏。加热汞膏使汞蒸发,即可得金或银。

辉银矿混汞时,必须加入胆矾和食盐,此时生成氯化铜,然后将银还原:

$$CuSO_4 + 2NaCl = Na_2SO_4 + CuCl_2$$

$$Fe + CuCl_2 = Cu + FeCl_2$$

$$Cu + CuCl_2 = 2CuCl$$

$$Ag_2S + 2CuCl = 2Ag + CuS + CuCl_2$$

(ii)配位溶解法

金在水中不起任何反应,也不溶于强酸或强碱中,要使金成为易溶而又稳定的金离子,必须使它转化为配离子。在氧存在下浸出金时,配位能力最强的配合剂是氰化物,其次是硫脲和氯离子。

硫脲法无毒、溶解速率快、流程短,但硫脲昂贵。在酸性硫脲溶液中的金、银溶解反应为:

$$Ag + 3CS(NH_2)_2 = Ag[CS(NH_2)_2]_3^+ + e^-$$

$$Au + 2CS(NH_2)_2 = Au[CS(NH_2)_2]_2^+ + e^-$$

水溶液氯化法反应速率快、回收率高,但污染环境和腐蚀设备,溶解反应为:

$$Au+2Cl_2+4e^- = [AuCl_4]^-$$

弱的氰化钾或氰化钠溶液可以浸出矿石中的金、银,再用锌使金从溶液中置换沉淀析出。氰化物对金、银的溶解反应为:

$$4Ag + 8NaCN + 2H_2O + O_2 = 4Na[Ag(CN)_2] + 4NaOH$$

$$Ag_2S + 4NaCN = 2Na[Ag(CN)_2] + Na_2S$$

$$4Au + 8NaCN + 2H_2O + O_2 = 4Na[Au(CN)_2] + 4NaOH$$

氰化法的金银回收率高,对矿石的适应性强。但氰化物有剧毒,且提取速度慢,又易被其他金属离子干扰。用作溶解金、银的氰化物有氰化钠、氰化钾、氰化铵和氰化钙,相对溶金能力是

$NH_4CN > Ca(CN)_2 > NaCN > KCN$。

浸出后的矿浆经浓缩、过滤和洗涤后，含金、银的氰化溶液送去加锌沉淀金、银，使金和银从溶液中析出：

$$2Na[Ag(CN)_2] + Zn \xlongequal{} 2Ag\downarrow + Na_2[Zn(CN)_4]$$

$$2Na[Au(CN)_2] + Zn \xlongequal{} 2Au\downarrow + Na_2[Zn(CN)_4]$$

从浸出液中沉淀金、银的方法还有炭浆法、离子交换法和电解沉积法。

(iii)阳极泥提取金银

阳极泥金银的传统方法是酸化焙烧-熔炼-电解法。铜矿含金较多，铅矿含银较多，而镍矿含铂族元素较多。在电解精炼时，这些贵金属都分别进入相应的阳极泥中。通过一系列的化学处理可以得到金银。

(iv)金与银的精炼

金与银的精炼通常采用两步电解法：先以金银合金为阳极进行电解，产出阴极银，金富集于阳极泥中，即银的电解精炼；再将电解银的阳极泥熔铸为阳极进行电解，在阴极析出金，电解金的阳极泥再熔铸电解或单独处理回收铂族元素，即金的电解精炼。

银的电解精炼是以纯银片、不锈钢板或钛板作阴极，硝酸银和硝酸水溶液作电解液。银的电解过程的电化学体系是：

$$Ag(纯)\,|\,AgNO_3,\ HNO_3,\ H_2O\,|\,Ag(粗)$$

电解时，银从阳极溶解：

$$Ag - e^- \xlongequal{} Ag^+$$

同时银离子在阴极被还原：

$$Ag^+ + e^- \xlongequal{} Ag$$

析出的银粉用无氯根水和热水冲洗至无残酸后烘干，熔化，铸锭。电解时，铜、铅和锌等杂质留在溶液中，金则沉于槽底。此外，为了制备电子管和半导体材料所需要的高纯银(99.999%)，还需要进行真空精炼和二次电解。

银电解产出的阳极泥(黑金粉)含有 50%～70% Au 和 30%～40% Ag，需进一步分离金银。从银电解阳极泥分离金银的方法有两种：一种是用硝酸或浓硫酸溶解阳极泥中的银，不溶部分为品位达 90% Au 的金粉；另一种是将阳极泥再铸成阳极，按银电解精炼方法再电解产出银，阳极泥(二次黑金粉)含金高于 90%。两个方法得到的粗金都可以铸成阳极，进行金电解精炼。

金精炼的电解体系是纯金片作阴极，氯化金的盐酸水溶液作电解液，阴极金 99.95%～99.99%。

$$Au(纯)\,|\,HAuCl_4,\ HCl,\ H_2O\,|\,Au(粗)$$

电解时，阳极发生金的电化学溶解，而阴极则发生金的电化学沉积：

$$Au - 3e^- \xlongequal{} Au^{3+}$$

$$Au^{3+} + 3e^- \xlongequal{} Au$$

金电解的阳极泥主要成分是金银，与黑金粉一起再铸成阳极电解，待铂族金属富集到一定程度才作为提炼铂族金属的原料。

3. 化学性质

铜族元素的化学活泼性远较碱金属低，并按 Cu、Ag、Au 的顺序递减。这种情况与它们的外围电子结构有关：

① 铜族元素原子的次外层为18电子，由于对核电荷的屏蔽作用较相应碱金属小，所以有效核电荷大，原子半径小，对最外层s电子的吸引力强，电离能也较大。

② 和8e层碱金属阳离子相比，18e层铜族阳离子具有较强的极化力，所以铜族元素阳离子的水合能也较大。

③ 铜族元素的升华热较相应碱金属大。

铜族元素次外层$(n-1)$d轨道能量和最外层ns能量相差较小，可有1～2个d电子参与成键，因而有+1、+2、+3氧化态。常见的氧化态分别为铜(+1，+2)、银(+1)、金(+1，+3)。

(1) 与氧气反应

铜在常温下不与干燥空气中的氧化合，加热时能产生黑色的氧化铜。银、金在加热时也不与空气中的氧化合。在含有CO_2的潮湿空气中放久后，铜的表面会逐渐蒙上绿色的铜锈。

$$2Cu+O_2+H_2O+CO_2 \xlongequal{\quad} Cu_2(OH)_2CO_3$$

铜绿可防止金属进一步腐蚀，其组成是可变的。银和金不会发生上述反应。空气中如含有H_2S气体，与银接触后，银的表面上很快生成一层Ag_2S的黑色薄膜而使银失去银白色光泽。

$$4Ag+2H_2S+O_2 \xlongequal{\quad} 2Ag_2S+2H_2O$$

在加热条件下，铜与氧化合成CuO，而银、金不发生变化，此所谓“真金不怕火炼”。但当有沉淀剂或配位剂存在时，铜、银、金也可与氧发生作用：

$$4M+O_2+2H_2O+8CN^- \xlongequal{\quad} 4[M(CN)_2]^-+4OH^- \qquad (M=Cu、Ag、Au)$$

$$2Cu+O_2+2H_2O+4NH_3 \xlongequal{\quad} 2[Cu(NH_3)_2]^{2+}(蓝色)+4OH^-$$

(2) 与卤素反应

铜族元素都能和卤素反应，但反应程度按Cu-Ag-Au的顺序逐渐下降。铜在常温下就能与卤素反应，银反应很慢，金则须在加热时才同干燥的卤素起反应。例如：金在200 ℃时与Cl_2作用，可以得到褐红色的晶体$AuCl_3$。

$$2Au+3Cl_2 \xlongequal{\triangle} 2AuCl_3$$

(3) 与酸反应

在电位序中，铜族元素都在氢以后，所以不能置换稀酸中的氢。但当有空气存在时，铜可缓慢溶于这些稀酸中：

$$2Cu+4HCl+O_2 \xlongequal{\quad} 2CuCl_2+2H_2O$$

$$2Cu+2H_2SO_4+O_2 \xlongequal{\quad} 2CuSO_4+2H_2O$$

当有空气或其他氧化剂存在时，银能与盐酸、氢溴酸和氢碘酸反应生成对应的不溶性卤化银：

$$4Ag+4HCl+O_2 \xlongequal{\quad} 4AgCl+2H_2O$$

浓盐酸在加热时也能与铜反应，这是因为Cl^-和Cu^+形成了较稳定的配离子$[CuCl_4]^{3-}$，使$Cu \xlongequal{\quad} Cu^++e^-$的平衡向右移动：

$$2Cu+8HCl(浓) \xlongequal{\quad} 2H_3[CuCl_4]+H_2\uparrow$$

此外，铜和银不与非氧化性酸反应，但都可溶于硝酸和热的浓硫酸中：

$$Cu+4HNO_3(浓) \xlongequal{\quad} Cu(NO_3)_2+2NO_2\uparrow+2H_2O$$

$$3Cu+8HNO_3(稀) \xlongequal{\quad} 3Cu(NO_3)_2+2NO\uparrow+4H_2O$$

$$Cu + 2H_2SO_4(浓) \longrightarrow CuSO_4 + SO_2\uparrow + 2H_2O$$

银与铜反应类似，但银与浓、稀硝酸的反应更困难一些：

$$Ag + 2HNO_3 \longrightarrow AgNO_3 + H_2O + NO_2\uparrow$$

$$3Ag + 4H^+ + NO_3^- \longrightarrow 3Ag^+ + NO\uparrow + 2H_2O$$

热的浓硫酸易使银溶解，生成硫酸银，并放出 SO_2：

$$2Ag + 2H_2SO_4 \longrightarrow Ag_2SO_4 + SO_2\uparrow + 2H_2O$$

金在水溶液中的电极电势很高，因此，金既不溶于碱也不溶于酸。当有强氧化剂存在时，金溶于某些无机酸，如当有高碘酸、硝酸和二氧化锰存在的条件下，金溶于浓硫酸并可溶于热的无水硒酸中。金溶于王水中：

$$Au + 4HCl + HNO_3 \longrightarrow HAuCl_4 + NO\uparrow + 2H_2O$$

这时，硝酸作为氧化剂，盐酸作为配位剂。

金可与卤素化合，也溶于氯水、溴水、碘化钾和氢碘酸中。铜、银、金在强碱中均很稳定。

(4) 与碱金属氰化物的反应

铜、银、金均可溶于 NaCN 或 KCN 溶液中：

$$2Cu + 8CN^- + 2H_2O \longrightarrow 2[Cu(CN)_4]^{3-} + 2OH^- + H_2\uparrow$$

$$4Ag + 8NaCN + 2H_2O + O_2 \longrightarrow 4Na[Ag(CN)_2] + 4NaOH$$

$$4Au + 8NaCN + 2H_2O + O_2 \longrightarrow 4Na[Au(CN)_2] + 4NaOH$$

19.1.2 铜族元素的化合物

1. 铜的化合物

铜的常见化合物的氧化态为+1 和+2。Cu(Ⅰ)为 d^{10} 构型，没有 d-d 跃迁，Cu(Ⅰ)的化合物一般是白色或无色的。Cu(Ⅱ)为 d^9 构型，它们的化合物中常因 Cu^{2+} 发生 d-d 跃迁而呈现颜色。一般说来，在高温、固态时，Cu(Ⅰ)的化合物比 Cu(Ⅱ)的化合物稳定；在水溶液中，Cu(Ⅰ)易被氧化为 Cu(Ⅱ)，水溶液中 Cu(Ⅱ)的化合物较稳定。

(1) 铜(Ⅰ)化合物

(i) 氧化物和氢氧化物

氧化亚铜(Cu_2O)是暗红色固体，有毒。Cu_2O 为共价化合物，难溶于水。Cu_2O 由于制备条件的不同，晶粒的大小各异，呈现黄、橙、红等不同的颜色；Cu_2O 广泛用于船底油漆和制备红色玻璃。它具有半导体性质，曾用作整流器的材料，此外，还用作船舶底漆(可杀死低级海生动物)及农业上的杀虫剂。

Cu_2O 的制备是在高温(1000 ℃)下分解氧化铜：

$$4CuO \longrightarrow 2Cu_2O + O_2\uparrow$$

Cu_2O 对热稳定，在 1235 ℃熔化而不分解。铜粉和 CuO 的混合物在密闭容器中煅烧，也可制得 Cu_2O：

$$Cu + CuO \xlongequal{800\sim900\ ℃} Cu_2O$$

Cu_2O 为碱性氧化物，能溶于稀酸，但立即歧化分解，这可由 Cu(Ⅰ)在酸性介质中的标准电极电势判断得出，其反应为：

$$Cu_2O + 2HCl \longequal 2CuCl + H_2O$$

$$Cu_2O + H_2SO_4 \longequal CuSO_4 + Cu\downarrow + H_2O$$

所以在水溶液中 Cu(Ⅱ)比 Cu(Ⅰ)稳定。在有配位剂、沉淀剂存在时,Cu(Ⅰ)的稳定性提高:

$$Cu_2O+4HCl \longequal 2H[CuCl_2](泥黄素)+H_2O$$

一般常利用 $CuSO_4$ 或 $CuCl_2$ 溶液与浓盐酸和铜屑混合,在加热条件下制取$[CuCl_2]^-$溶液。

$$Cu^{2+} +4Cl^- +Cu \longequal 2[CuCl_2]^-$$

当用碱性 Cu(Ⅰ)盐溶液与还原剂(如葡萄糖)加热析出黄到红色 Cu_2O。此反应在医疗上诊断糖尿病,通常用的 Fehling 试剂是 $CuSO_4$ 溶液和酒石酸钾钠($KNaC_4H_4O_6$)溶液与 NaOH 溶液混合而成,能氧化醛糖,本身被还原为 Cu_2O。

$$[Cu(OH)_4]^{2-} +CH_2OH(CHOH)_4CHO \longequal Cu_2O\downarrow +CH_2OH(CHOH)_4COOH+2H_2O$$

利用生成 Cu_2O 沉淀的多少,来判断尿糖大致的含量。CuOH 很不稳定,迅速转化成 Cu_2O。

(ii) 卤化物

卤化亚铜 CuCl、CuBr 和 CuI 都是白色难溶的化合物,其溶解度依次减小。CuF 呈红色,易歧化,未曾制得纯态;CuCl 为白色,CuBr 和 CuI 为白色或淡黄色。都难溶于水,水中的溶解度顺序为 CuCl>CuBr>CuI,其溶度积 K_{sp}依次为 1.72×10^{-7}、6.27×10^{-9}、1.27×10^{-12}。

用还原剂还原热卤化铜溶液可以得到卤化亚铜,常用的还原剂有 $SnCl_2$、SO_2、$Na_2S_2O_3$、Cu 等,如:

$$Cu^{2+} +4Cl^- +Cu \longequal 2[CuCl_2]^-$$

将得到的溶液稀释即可得 CuCl 沉淀。

$$2CuCl_2 + SO_2 + 2H_2O \longequal 2CuCl\downarrow + H_2SO_4 + 2HCl$$

$$2CuCl_2 + SnCl_2 \longequal 2CuCl\downarrow + SnCl_4$$

$$CuCl_2 + Cu \longequal 2CuCl$$

往硫酸铜溶液中逐滴加入 KI 溶液,可以看到生成白色的碘化亚铜沉淀和棕色的碘,也就是 CuI 可由 I^- 还原制得:

$$2Cu^{2+} +5I^- \longequal 2CuI\downarrow +I_3^-$$

由于 CuI 是沉淀,所以在碘离子存在时,Cu^{2+} 的氧化性大大增强,这时电池半反应为:

$$Cu^{2+} + I^- + e^- \longequal CuI \qquad E^\ominus = 0.86V$$

$$I_2 + 2e^- \longequal 2I^- \qquad E^\ominus = 0.536V$$

由于这个反应能迅速定量地进行,反应析出的碘能用标准 $Na_2S_2O_3$ 溶液滴定,所以分析化学常用此法定量测定铜。在含有 $CuSO_4$ 和 KI 的热溶液中,再通入 SO_2,由于溶液中棕色的碘与 SO_2 反应而褪色,白色 CuI 沉淀就看得更清楚,其反应为:

$$I_2 +SO_2 +2H_2O \longequal H_2SO_4 +2HI$$

卤化亚铜在干燥的空气中比较稳定,但在有水环境下易发生水解和被氧化。

$$4CuCl + O_2 + 3H_2O \longequal 2CuO\cdot CuCl_2\cdot 3H_2O$$

$$8CuCl + O_2 \longequal 2Cu_2O + 4Cu^{2+} + 8Cl^-$$

氯化亚铜是最重要的亚铜盐,它是有机合成的催化剂和还原剂,石油工业的脱硫剂和脱色剂,肥皂、脂肪等的凝聚剂,还用作杀虫剂和防腐剂。CuCl 的盐溶液能吸收 CO,形成氯化羰基亚铜 $CuCl(CO)\cdot H_2O$,故在分析化学上作为 CO 的吸收剂等,应用颇为广泛。

实验室中用悬挂涂有 CuI 的纸条检测空气中 Hg 的含量，如于 15 ℃在 3 小时内，白色 CuI 不变色，表示空气中的 Hg 低于允许含量(0.1 $mg \cdot m^{-3}$)；在 3 小时以内，如变为亮黄至暗红色，可根据变色的时间判断空气中含 Hg 量。

$$4CuI + Hg \xlongequal{} Cu_2HgI_4 + 2Cu$$

拟卤化亚铜也是难溶物，如 CuCN 的 $K_{sp} = 3.2 \times 10^{-20}$，CuSCN 的 $K_{sp} = 4.8 \times 10^{-15}$。卤化亚铜和拟卤化亚铜易和卤素离子(Cl、Br、I)或拟卤离子(CN^-)形成配离子，其中 $Cu(CN)_4^{3-}$ 极为稳定(配位平衡常数 $\beta_4 = 2 \times 10^{20}$)，因此 CuCN 易溶于 KCN 溶液；而卤化亚铜的配位平衡常数 β_2 较小，所以 CuCl、CuBr、CuI 在相应卤化物溶液中的溶解度比水中只是略为增大一些。

(iii) 硫化物

硫化亚铜以辉铜矿的形式存在于自然界。Cu_2S 是一种难溶的($K_{sp} = 2 \times 10^{-47}$，25 ℃)黑色晶体，具有斜方晶格与萤石晶格两种。硫化亚铜可在无空气条件下，由过量的铜和硫加热制得：

$$2Cu + S \xlongequal{} Cu_2S$$

实验室常用硫化氢或硫化铵与亚铜溶液反应制备 Cu_2S 沉淀。

在硫酸铜溶液中，加入硫代硫酸钠溶液，加热，也能生成 Cu_2S 沉淀，在分析化学中常用此反应除去铜：

$$2Cu^{2+} + 2S_2O_3^{2-} + 2H_2O \xlongequal{} Cu_2S\downarrow + S\downarrow + 2SO_4^{2-} + 4H^+$$

Cu_2S 不溶于水，也不溶于非氧化性的酸，但可溶于硝酸：

$$3Cu_2S + 22HNO_3 \xlongequal{} 6Cu(NO_3)_2 + 3H_2SO_4 + 10NO + 8H_2O$$

在氧化剂如硫酸铁存在时，Cu_2S 可溶于无机酸；铁盐特别是铁的硫酸盐和氯化物的中性溶液也可使 Cu_2S 溶解。

赤热 Cu_2S 与水蒸气反应生成铜、二氧化硫和氢：

$$Cu_2S + 2H_2O \xlongequal{} 2Cu + SO_2 + 2H_2$$

在氢气中加热 Cu_2S 至 650 ℃慢慢还原出铜，但不能为 CO 所还原。

铜还可以生成其他的硫化物，如 Cu_2S_6、Cu_2S_5、Cu_2S_3 等。

(iv) 配合物

Cu^+ 能形成许多配合物，其配位数可以为 2、3、4。配位数为 2 的配离子，用 sp 杂化轨道成键，几何构型为直线形，如$[CuCl_2]^-$。配位数为 4 的配离子，用 sp^3 杂化轨道成键，几何构型为四面体，如$[Cu(CN)_4]^{3-}$。

在热、浓盐酸中，用 Cu 将 $CuCl_2$ 还原，可以形成$[CuCl_2]^-$、$[CuCl_3]^{2-}$和$[CuCl_4]^{3-}$等配离子。

$$CuCl_2 + Cu + 2HCl \xlongequal{} 2H[CuCl_2]$$

Cu_2O 可溶于氨水形成稳定的配合物：

$$Cu_2O + 4NH_3 + H_2O \xlongequal{} 2[Cu(NH_3)_2]^+(\text{无色}) + 2OH^-$$

$[Cu(NH_3)_2]^+$配离子不稳定，易被空气中的 O_2 所氧化，生成深蓝色的$[Cu(NH_3)_4]^{2+}$配离子，该反应可用于除去气体中的氧。

$$4[Cu(NH_3)_2]^+ + O_2 + 8NH_3 + 2H_2O \xlongequal{} 4[Cu(NH_3)_4]^{2+} + 4OH^-$$

在空气中 Cu_2S 可部分溶于氨水生成氨配合物。

Cu^{2+} 与 CN^- 形成的配合物在常温下是不稳定的。室温时，在铜盐溶液中加入 CN^- 离子，得

到氰化铜的棕黄色沉淀。此物分解生成白色 CuCN 并放出$(CN)_2$,反应为:

$$2Cu^{2+}+4CN^- \longrightarrow (CN)_2\uparrow+2CuCN\downarrow$$

继续加入过量的 CN^-,CuCN 溶解形成无色的$[Cu(CN)_4]^{3-}$:

$$CuCN+3CN^- \longrightarrow [Cu(CN)_4]^{3-}$$

$[Cu(CN)_4]^{3-}$极稳定,通入 H_2S 也无 Cu_2S 沉淀生成。利用这种性质,可以将 Cu^{2+} 与 Cd^{2+} 进行分离。

Cu_2S 也溶于氰化钾或氰化钠溶液,形成氰基配合物:

$$Cu_2S+8KCN \longrightarrow 2K_3[Cu(CN)_4]+K_2S$$

铜(Ⅰ)氰配离子$[Cu(CN)_4]^{3-}$用作镀铜的电镀液。因氰化物有毒,所以无氰电镀工艺在迅速发展,如以焦磷酸铜配离子$[Cu(P_2O_7)_2]^{6-}$作电镀液来取代氰化法镀铜。

Cu(Ⅰ)的配合物多为二配位的,其稳定性顺序为:

$$CuCl_2^- < CuBr_2^- < CuI_2^- < Cu(SCN)_2^- < Cu(NH_3)_2^+ < Cu(S_2O_3)_2^- < Cu(CS(NH_2)_2)_2^- < Cu(CN)_2^-$$

(2) 铜(Ⅱ)化合物

(i) 氧化物和氢氧化物

氧化铜(CuO),黑色粉末。目前,工业上生产 CuO 常用废铜料,先制成 $CuSO_4$,再用金属铁还原得到纯净的铜粉,铜粉经焙烧制得:

$$Cu+2H_2SO_4 \longrightarrow CuSO_4+SO_2\uparrow+2H_2O$$

$$CuSO_4+Fe \longrightarrow FeSO_4+Cu$$

$$2Cu+O_2 \xrightarrow{450\ ℃} 2CuO$$

加热铜(Ⅱ)的碱式碳酸盐或硝酸盐,能得到黑色的 CuO:

$$Cu_2(OH)_2CO_3 \longrightarrow 2CuO+CO_2+H_2O$$

$$2Cu(NO_3)_2 \longrightarrow 2CuO+4NO_2+O_2$$

$$2Cu+O_2 \longrightarrow 2CuO$$

CuO 为偏碱性氧化物,它不溶于水,但溶于酸中。

$$CuO+2H^+ \longrightarrow Cu^{2+}+H_2O$$

CuO 对热是稳定的,只有在高于 900 ℃时,才会发生明显的分解反应:

$$4CuO \xrightarrow{1000\ ℃} 2Cu_2O+O_2\uparrow$$

加热时 CuO 可被 H_2、C、CO、NH_3 等还原为 Cu:

$$3CuO+2NH_3 \longrightarrow 3Cu+3H_2O+N_2$$

CuO 在有机分析中作为助氧剂用于测定化合物中的含碳量。

氢氧化铜$[Cu(OH)_2]$,浅蓝色粉末,在室温下溶解度很小($K_{sp}=5\times10^{-19}$),难溶于水。在硫酸铜或其他可溶性铜盐溶液中加入适量的强碱,就生成淡蓝色的氢氧化铜沉淀:

$$CuSO_4+2NaOH \longrightarrow Cu(OH)_2\downarrow+Na_2SO_4$$

$Cu(OH)_2$ 的结构为多个羟基连接的铜原子所构成的无限链,链上的铜原子与另外的链上的两个氧原子上下相连构成畸变八面体。

$Cu(OH)_2$ 的热稳定性较差,受热易分解。在溶液中加热至 60～80 ℃时,$Cu(OH)_2$ 逐渐脱水变为黑褐色的 CuO:

$$Cu(OH)_2 \xrightarrow{60\sim80\ ℃} CuO\downarrow + H_2O$$

$Cu(OH)_2$ 有微弱的两性倾向，以碱性为主，所以既能溶于酸，又能溶于过量的浓碱溶液中：

$$Cu(OH)_2 + H_2SO_4 = CuSO_4 + 2H_2O$$

$$Cu(OH)_2 + 2NaOH = Na_2[Cu(OH)_4] \text{（四羟基合铜酸钠，蓝色）}$$

$Cu(OH)_2$ 可溶于极浓的氢氧化钠或氢氧化钾形成蓝色溶液，加热更易溶解。许多有机化合物，如酒石酸、水杨酸、甘油与淀粉等能加速使新制备的 $Cu(OH)_2$ 沉淀溶解于碱金属的氢氧化物中。

$[Cu(OH)_4]^{2-}$ 能解离出少量 Cu^{2+}，可被含—CHO 的葡萄糖还原成红色的 Cu_2O。利用此反应可检验糖尿病。

$$[Cu(OH)_4]^{2-} + C_6H_{12}O_6 \longrightarrow CuOH + 2OH^- + C_6H_{12}O_7$$

$$2CuOH = Cu_2O\downarrow \text{（红色）} + H_2O$$

$Cu(OH)_2$ 易溶于氨水，能生成深蓝色四氨合铜(Ⅱ)配离子 $[Cu(NH_3)_4]^{2+}$：

$$Cu(OH)_2 + 4NH_3 = [Cu(NH_3)_4](OH)_2$$

这个铜氨溶液具有溶解纤维的能力，在所得的纤维溶液中再加酸时，纤维又可沉淀析出。工业上利用这种性质来制造人造丝。先将棉纤维溶于铜氨溶液中，然后从很细的喷丝嘴中将溶入了棉纤维的铜氨溶液喷注于稀酸中，纤维以细长而具有蚕丝光泽的细丝从稀酸中沉淀出来。

(ii) 卤化物

卤化铜有无水 CuF_2（白色）、$CuCl_2$（棕色）、$CuBr_2$（黑色）、CuI_2 和含结晶水的化合物，如 $CuCl_2 \cdot 2H_2O$（蓝色）。卤化铜随阴离子变形性增大，颜色加深。

卤化铜可用单质 Cu 和卤素单质直接反应，或卤化氢和 CuO 反应制得。

$$Cu + Cl_2 = CuCl_2$$

$$CuO + 2HBr = CuBr_2 + H_2O$$

从溶液中得到的是含结晶水的卤化铜，后者加热可得无水盐。

$$CuCl_2 \cdot H_2O \xrightarrow{100\ ℃} CuCl_2 \text{（棕色）} + H_2O$$

CuF_2 中的 Cu—F 键是第四周期过渡元素氟化物中最弱的，所以在加热时，CuF_2 被用作氟化剂。如：

$$CuF_2 + Mn = MnF_2 + Cu$$

在卤化铜化合物中，最重要的卤化物是氯化铜。X 射线研究证明，无水 $CuCl_2$ 是共价化合物，其结构为由 $CuCl_4^{2-}$ 平面组成的长链，如图 19-1 所示。

$CuCl_2$ 在空气中潮解，它不但易溶于水，而且易溶于乙醇和丙酮。$CuCl_2$ 在很浓的溶液中显黄绿色，在浓溶液中显绿色，在稀溶液中显蓝色。黄色是由于 $[CuCl_4]^{2-}$ 配离子的存在，而蓝色是由于 $[Cu(H_2O)_6]^{2+}$ 配离子的存在，两者并存时显绿色。

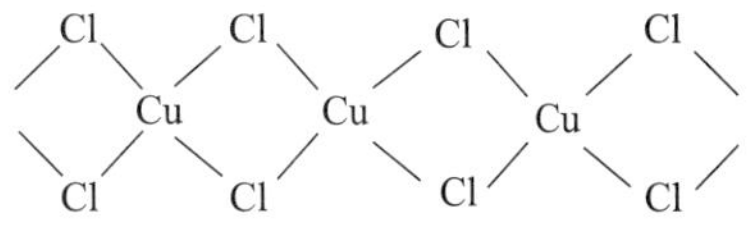

图 19-1　$CuCl_4^{2-}$ 平面长链结构

$CuCl_2 \cdot 2H_2O$ 受热时，按下式分解：

$$2CuCl_2 \cdot 2H_2O \xrightarrow{\triangle} Cu(OH)_2 \cdot CuCl_2 + 2HCl\uparrow + 2H_2O$$

所以制备无水 $CuCl_2$ 时，要在 HCl 气流中将 $CuCl_2 \cdot 2H_2O$ 加热到 140～150 ℃的条件下进行。

无水 $CuCl_2$ 进一步受热，则按下式进行分解：

$$2CuCl_2 \xlongequal{500\ ℃} 2CuCl + Cl_2 \uparrow$$

$CuCl_2$ 与碱金属氯化物反应，生成 $M[CuCl_3]$ 或 $M_2[CuCl_4]$ 型配盐，与盐酸反应而生成 $H_2[CuCl_4]$ 配酸，由于 Cu^{2+} 卤配离子不够稳定，只能在有过量卤离子时形成。

$CuBr_2$ 溶于 HBr 呈特征的紫色，1 mL 溶液中含有 0.05 mg $CuBr_2$(相当于 0.014 mg Cu/mL)即显紫色。这个反应比常用的使 Cu^{2+} 以 CuS 或 $Cu_2[Fe(CN)_6]$沉出并鉴定 Cu^{2+} 的方法还要灵敏，一般认为紫色物为 $CuBr_3^-$。

因 Cu^{2+} 上有一个未成对电子，所以卤化铜都是顺磁性物质。

(iii) 硫化物

天然硫化铜称为铜蓝，它具有特殊结构而不是简单硫化物。硫化铜(CuS)是一种比较稳定的晶体化合物，呈黑色，不溶于水，$K_{sp}=10^{-36}$。

铜与硫混合加热反应生成硫化铜与硫化亚铜。铜粉与溶解于 CS_2 中的硫在约 100 ℃反应，可制取纯硫化铜。实验室中常用硫化氢或硫化铵与铜盐溶液反应制备硫化铜：

$$CuSO_4 + H_2S \xlongequal{} CuS \downarrow + H_2SO_4$$

CuS 不溶于稀酸，但溶于热的稀 HNO_3 中：

$$3CuS + 8HNO_3 \xlongequal{} 3Cu(NO_3)_2 + 2NO \uparrow + 3S \downarrow + 4H_2O$$

在氧化剂如硫酸铁或溶解氧存在时，CuS 可溶于无机酸、铁(Ⅲ)盐以及硫酸盐与氯化物的中性溶液。

CuS 溶度积太小，使其不溶于氨水，但易溶于碱金属氰化物溶液而生成四氰合铜(Ⅰ)配离子：

$$2CuS + 10CN^- \xlongequal{} 2[Cu(CN)_4]^{3-} + (CN)_2 \uparrow + 2S^{2-}$$

(iv) 含氧酸盐

① 硫酸铜

硫酸铜是最重要的铜盐，五水合物是最经常存在的形式($CuSO_4 \cdot 5H_2O$)，俗称胆矾或蓝矾，晶体呈蓝色。胆矾是用热浓硫酸溶液溶解铜屑，或在氧气存在时用稀热硫酸与铜屑反应而制得：

$$Cu + 2H_2SO_4(浓) \xlongequal{} CuSO_4 + SO_2 \uparrow + 2H_2O$$

$$2Cu + 2H_2SO_4(稀) + O_2 \xlongequal{} 2CuSO_4 + 2H_2O$$

氧化铜与稀硫酸反应，经蒸发浓缩也可得到 $CuSO_4 \cdot 5H_2O$。

图 19-2 为 $CuSO_4 \cdot 5H_2O$ 的结构示意图。在蓝色的五水合硫酸铜中，四个水分子以平面四边形配位在 Cu^{2+} 的周围，并分别与两个 SO_4^{2-} 的氧原子结合构成六配位，形成一个不规则的八面体，第五个水分子由氢键连接围绕铜的水分子与 SO_4^{2-} 的氧原子。三水合硫酸铜中，SO_4^{2-} 与三个水分子围绕铜构成平面四方形(Cu—O 键长为 196 pm)，再与另外两 SO_4^{2-} 上的氧原子分别以 239 pm 和 245 pm 的键长构成畸变八面体，这些八面体又以氢键相连接。无水硫酸铜的结构畸变作用比较显著，氧与铜的键长分别 189 pm、200 pm、237 pm。

加热胆矾时容易风化失水，先是形成三水合物，然后是一水合物，最后在约 260 ℃转变为白色粉末的无水物 $CuSO_4$，650 ℃分解为三氧化硫与氧化铜(Ⅱ)。

$$CuSO_4 \cdot 5H_2O \xrightarrow{102\ ℃} CuSO_4 \cdot 3H_2O \xrightarrow{113\ ℃} CuSO_4 \cdot H_2O \xrightarrow{258\ ℃} CuSO_4$$

无水硫酸铜为白色粉末，不溶于乙醇和乙醚，其吸水性很强，吸水后即显出特征的蓝色。可利用这一性质来检验乙醇、乙醚等有机溶剂中的微量水分，也可以无水硫酸铜作干燥剂，从这些有机物中除去少量水分。

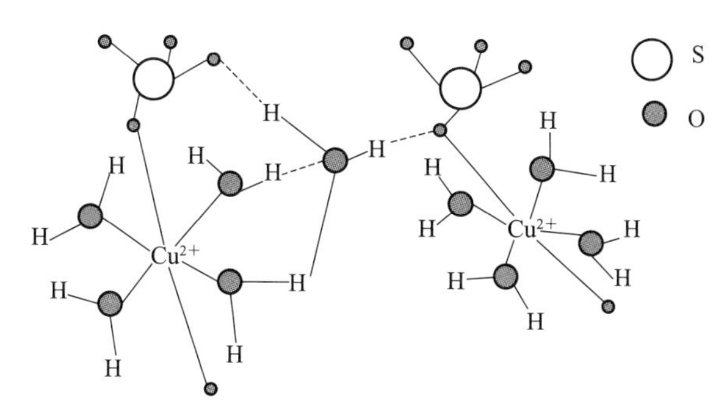

图 19-2 $CuSO_4 \cdot 5H_2O$ 的结构示意图

向硫酸铜溶液中加入少量氨水，得到的不是氢氧化铜，而是浅蓝色的碱式硫酸铜沉淀：

$$2CuSO_4 + 2NH_3 \cdot H_2O \longrightarrow (NH_4)_2SO_4 + Cu_2(OH)_2SO_4 \downarrow$$

若继续加入氨水，碱性硫酸铜沉淀就溶解，得到深蓝色的四氨合铜(Ⅱ)配离子：

$$Cu_2(OH)_2SO_4 + 8NH_3 \longrightarrow 2[Cu(NH_3)_4]^{2+} + SO_4^{2-} + 2OH^-$$

硫酸铜有多种用途，是制备其他含铜化合物的重要原料，在工业上用于镀铜和制颜料。在农业上同石灰乳混合得到波尔多液，通常的配方是：$CuSO_4 \cdot 5H_2O : CaO : H_2O = 1 : 1 : 100$。

波尔多液在农业上，尤其在果园中是最常见的杀菌剂，其主要成分为 $Cu(OH)_2$、$CuSO_4$。

② 硝酸铜

硝酸铜是铜(Ⅱ)的硝酸盐，化学式为 $Cu(NO_3)_2$。亮蓝色的无水硝酸铜是一种易挥发的固体，在真空中升华。硝酸铜的水合物有 $Cu(NO_3)_2 \cdot 3H_2O$、$Cu(NO_3)_2 \cdot 6H_2O$ 和 $Cu(NO_3)_2 \cdot 9H_2O$。

含水的 $Cu(NO_3)_2$ 加热到 170 ℃时，得到碱式盐 $Cu(NO_3)_2 \cdot Cu(OH)_2$，进一步加热到 200 ℃则分解为 CuO。

$$2Cu(NO_3)_2 \longrightarrow 2CuO + 4NO_2 + O_2$$

因此，无法通过加热水合物来制取无水硝酸铜。硝酸铜也可由铜与硝酸银溶液发生置换反应得到。

制备无水 $Cu(NO_3)_2$ 是将铜溶于乙酸乙酯的 N_2O_4 溶液中，从溶液中结晶出 $Cu(NO_3)_2 \cdot N_2O_4$。将它加热到 90 ℃，得到蓝色的 $Cu(NO_3)_2$。

$$Cu + 2N_2O_4 \longrightarrow Cu(NO_3)_2 + 2NO$$

$Cu(NO_3)_2$ 在真空中加热到 200 ℃，升华但不分解。

多年以来人们一直认为过渡金属没有无水硝酸盐。现在知道水是一种比硝酸根更强的配体，所以水合硝酸盐在加热时失去硝酸根而不是失水。

(v) 配合物

Cu^{2+} 离子的外层电子构型为 $3s^2 3p^6 3d^9$。Cu^{2+} 离子带两个正电荷，因此，比 Cu^+ 更容易形成配合物。Cu^{2+} 是配位数为 2、4、6 的配离子，配位数为 2 的很稀少。

当 Cu^{2+} 盐溶解在过量的水中时,形成蓝色的水合离子$[Cu(H_2O)_6]^{2+}$。在$[Cu(H_2O)_6]^{2+}$中加入氨水,容易形成深蓝色的$[Cu(NH_3)_4(H_2O)_2]^{2+}$离子,但第五、六个水分子的取代比较困难。$[Cu(NH_3)_6]^{2+}$仅能在液氨中制得。在固体水合盐中一般配位数为 4。

一般 Cu(Ⅱ)配离子有变形八面体或平面正方形结构,如图 19-3 所示,在不规则的八面体中,有四个等长的短键和两个长键,两个长键在八面体相对的两端点。对于$[Cu(NH_3)_4(H_2O)_2]^{2+}$离子,经常用$[Cu(NH_3)_4]^{2+}$来表示四个 NH_3 分子是以短键与 Cu^{2+} 结合,所以这个配离子也可以用平面正方形结构描述。

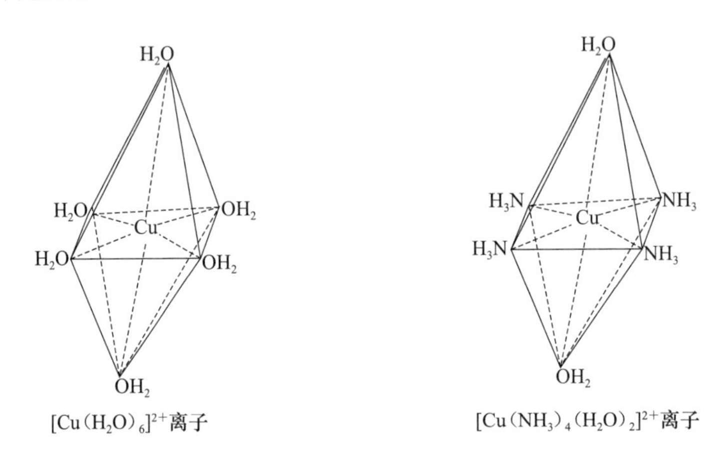

图 19-3 Cu^{2+} 配离子的变形八面体结构

Cu^{2+} 离子还能与卤素、羟基、焦磷酸根、硫代硫酸根形成稳定程度不同的配离子。Cu^{2+} 与卤素离子都能形成$[MX_4]^{2-}$型配合物,但它们在水溶液中的稳定性较差。

(vi) Cu(Ⅰ)与 Cu(Ⅱ)的相互转化

铜的常见氧化态为+1 和+2,同一元素不同氧化态之间可以相互转化。这种转化是有条件的、相对的,这与它们存在的状态、阴离子的特性、反应介质等有关。

气态时,$Cu^+(g)$比 $Cu^{2+}(g)$稳定,由 $\Delta_r G_m^\ominus$的大小可以看出这种热力学的倾向。

$$2Cu^+(g) \longrightarrow Cu^{2+}(g) + Cu(s) \qquad \Delta_r G_m^\ominus = 897\ kJ\cdot mol^{-1}$$

常温时,固态 Cu(Ⅰ)和 Cu(Ⅱ)的化合物都很稳定。

$$CuO_2(s) \longrightarrow CuO(s) + Cu(s) \qquad \Delta_r G_m^\ominus = 113.4\ kJ\cdot mol^{-1}$$

高温时,固态的 Cu(Ⅱ)化合物能分解为 Cu(Ⅰ)化合物,说明 Cu(Ⅰ)的化合物比 Cu(Ⅱ)稳定。

$$2CuCl_2(s) \xlongequal{500\ ℃} 2CuCl(s) + Cl_2\uparrow$$

$$4CuO(s) \xlongequal{1000\ ℃} 2Cu_2O(s) + O_2\uparrow$$

$$2CuS(s) \xlongequal{455\ ℃} Cu_2S(s) + S$$

在水溶液中,简单的 Cu^+离子不稳定,易发生歧化反应,产生 Cu^{2+} 和 Cu。

$$2Cu^+ \longrightarrow Cu + Cu^{2+} \qquad K = 1.7\times10^6$$

水溶液中 Cu(Ⅰ)的歧化是有条件的:$c(Cu^+)$较大时,平衡向生成 Cu^{2+} 方向移动,发生歧化;$c(Cu^+)$降低到非常低时(如生成难溶盐、稳定的配离子等),反应将向反方向反应。

$$2Cu^+ \rightleftharpoons Cu^{2+} + Cu$$

在水溶液中，要使Cu(Ⅰ)的歧化朝相反方向进行，必须具备两个条件：有还原剂存在(如Cu、SO_2、I^-等)和有能降低$c(Cu^+)$的沉淀剂或配位剂(如Cl^-、I^-、CN^-等)。

将$CuCl_2$溶液、浓盐酸和铜屑共煮，会发生如下反应：

$$Cu^{2+} + Cu + 4Cl^- = 2CuCl_2^-$$

$$CuCl_2^- = CuCl\downarrow + Cl^-$$

$CuSO_4$溶液与KI溶液作用，可生成CuI沉淀：

$$2Cu^{2+} + 4I^- = 2CuI\downarrow + I_2$$

Cu(Ⅰ)与Cu(Ⅱ)的相对稳定性还与溶剂有关。在非水、非配位溶剂中，若溶剂的极性小，可大大减弱Cu(Ⅱ)的溶剂作用，则Cu(Ⅱ)可稳定存在。

2. 银的化合物

(1) 银(Ⅰ)化合物

(i) 氧化物和氢氧化物

强碱和Ag^+反应，开始可能观察到白色沉淀(AgOH，在−39 ℃能稳定存在)，随即转化为黑棕色Ag_2O。

$$2Ag^+ + 2OH^- = Ag_2O\downarrow + H_2O$$

在温度低于−45 ℃，用碱金属氢氧化物和硝酸银的90%酒精溶液作用，则可能得到白色的AgOH沉淀。

氧化银为棕黑色，在空气中，当温度超过300 ℃，它会完全分解；在250 ℃，Ag_2O大部分分解，温度低于100 ℃时则只有少量分解。

Ag_2O微溶于水，溶液显微弱碱性。

$$Ag_2O + H_2O = 2Ag^+ + 2OH^-$$

Ag_2O能被光分解，同H_2O_2和臭氧反应时，则得到银和氧，如：

$$Ag_2O + H_2O_2 = 2Ag + H_2O + O_2$$

Ag_2O容易溶解在$NH_3 \cdot H_2O$中生成$[Ag(NH_3)_2]^+$：

$$Ag_2O + 4NH_3 + H_2O = 2[Ag(NH_3)_2]^+ + 2OH^-$$

Ag_2O与NH_3作用，易生成配合物$[Ag(NH_3)_2]OH$，它暴露在空气中易分解为黑色的易爆物AgN_3。所以，凡是接触过$[Ag(NH_3)_2]^+$的器皿、用具，用后必须立即清洗干净，以免潜伏隐患。

Ag_2O在常压下加热，分解放出O_2并得到Ag：

$$2Ag_2O = 4Ag(s) + O_2(g) \qquad \Delta_r H_m^\ominus = 30.6\ kJ \cdot mol^{-1}$$

$$\Delta_r S_m^\ominus = 66.7\ J \cdot (K \cdot mol)^{-1}$$

Ag_2O是构成银-锌蓄电池的重要材料，充放电反应为：

$$AgO + Zn + H_2O \underset{放电}{\overset{充电}{\rightleftharpoons}} Ag + Zn(OH)_2$$

Ag_2O具有氧化性，能被氢、一氧化碳和温和的有机还原剂(如乙醛)还原为金属银。

$$Ag_2O + H_2 = 2Ag + H_2O$$

$$Ag_2O + CH_3CHO = 2Ag + CH_3COOH$$

$$Ag_2O + CO = 2Ag + CO_2$$

Ag_2O 和 MnO_2、Cr_2O_3、CuO 等的混合物，在常温下是 CO 被空气迅速氧化成 CO_2 的催化剂，可用于防毒面具中。

(ii) 卤化物

卤素与银形成的化合物，氟化银(AgF)、氯化银(AgCl)为白色，溴化银(AgBr)为淡黄色，碘化银(AgI)为黄色。

将 Ag_2O 溶于氢氟酸然后蒸发至有黄色晶体析出而制得 AgF，而将硝酸银与可溶性氯、溴、碘化物反应即生成不同颜色的卤化银沉淀。

$$Ag_2O + 2HF = 2AgF\downarrow + H_2O$$

$$Ag^+ + X^- = AgX\downarrow \qquad (X = Cl、Br、I)$$

AgF 是离子型化合物，易溶于水，其他的卤化银均不溶于水及稀硝酸，都有一定的共价性。卤化银的溶解度按 AgCl、AgBr、AgI 次序降低，它们的溶度积(K_{sp})分别为 1.8×10^{-10}、5.0×10^{-13}、9.3×10^{-17}。这是由于阴离子的半径增大，变形性增大，共价性增强，溶解度也就随之减小。

除氟化银外，卤化银在光的作用下分解，因而具有感光性。

$$2AgX = 2Ag + X_2$$

AgBr 的光化学还原作用在卤化银中为最强，因此它被广泛用作照相软片的光敏物质。

$$2AgBr = 2Ag + Br_2$$

然后用氢醌等显影剂处理，将含有银核的 AgBr 还原为金属银而显黑色，这就是显影。最后，用 $Na_2S_2O_3$ 等定影液溶解掉未感光的 AgBr，这就是定影：

$$AgBr + 2S_2O_3^{2-} = [Ag(S_2O_3)_2]^{3-} + Br^-$$

氯化银用于制宇宙射线的电离检测器。碘化银可作为沉淀过冷云的晶核试剂，用于人工降雨中。

(iii) 硫化物

自然界的硫化银 Ag_2S 主要以辉银矿和螺状硫银矿存在。银与硫在不加热的情况下也能直接化合，在 100 ℃左右 Ag_2O 与硫反应生成 Ag_2S 和 Ag_2SO_4。

$$4Ag_2O + 4S = 3Ag_2S + Ag_2SO_4$$

有湿气存在，Ag_2SO_4 能被过量硫转化成为 Ag_2S：

$$3Ag_2SO_4 + 4S + 4H_2O = 3Ag_2S + 4H_2SO_4$$

此外，硫代硫酸钠与 Ag_2O、硝酸银等可溶性银盐，硫代硫酸钠与可溶性硫化物反应，都可以得到 Ag_2S：

$$Ag_2O + S_2O_3^{2-} = Ag_2S + SO_4^{2-}$$

$$2Ag^+ + S_2O_3^{2-} + H_2O = Ag_2S + SO_4^{2-} + 2H^+$$

$$2Ag^+ + S^{2-} = Ag_2S$$

Ag_2S 呈黑色，难溶于水，可能是所有银化合物中最难溶于水的化合物，其溶度积 $K_{sp} = 6.2\times10^{-52}$。$Ag_2S$ 几乎不溶于稀的非氧化性酸，也不溶于氨水和铵盐溶液。但在浓、热硝酸中，生成 $AgNO_3$。Ag_2S 能溶解在硫化物或氰化钠(钾)溶液中。浓 H_2SO_4 能将 Ag_2S 转化成为 Ag_2SO_4 和硫。

在常温和空气中 Ag_2S 是稳定的，在真空管中加热至 350 ℃以上，则有丝状金属银生成，称之为丝伏银或毛银。当温度超过200 ℃时,则氢气能将 Ag_2S 还原成为银。

(iv) 硝酸银

硝酸银是最重要的可溶性银盐,其制法是将金属银溶解于硝酸,然后蒸发所得溶液,便得到硝酸银。

$$Ag + 2HNO_3(浓) \xlongequal{} AgNO_3 + NO_2\uparrow + H_2O$$

$$3Ag + 4HNO_3(稀) \xlongequal{} 3AgNO_3 + NO_2\uparrow + 2H_2O$$

$AgNO_3$ 是无色结晶,熔点212 ℃,易溶于水和很多有机溶剂。在空气中,将 $AgNO_3$ 加热至350 ℃是稳定的,但当加热温度超过440 ℃时就会分解。在有微量有机物存在时,它容易被光还原;如果没有有机物污染时,则它对光并不敏感。许多有机物,如乙醇、糖、淀粉和甲醛等与 $AgNO_3$ 反应时,都能析出细小的金属银。

$$2AgNO_3 \xlongequal{光照} 2Ag + 2NO_2 + O_2$$

$AgNO_3$ 晶体或它的溶液应该装在棕色玻璃瓶中,避光保存。$AgNO_3$ 遇到蛋白质即生成黑色蛋白银,因此,它对有机组织有破坏作用,使用时不要使皮肤接触它。

碳能强烈还原固体 $AgNO_3$。将固体 $AgNO_3$ 与木炭的混合物用铁锤敲击时就会着火(不发生爆炸),但碳和CO却不能还水溶液中的银离子。与此相反,多数金属却容易从 $AgNO_3$ 水溶液置换出银,如:

$$2AgNO_3 + Zn \xlongequal{} 2Ag + Zn(NO_3)_2$$

当 $AgNO_3$ 在NO气氛中加热时,则被还原成为亚硝酸银:

$$AgNO_3 + NO \xlongequal{} AgNO_2 + NO_2$$

$AgNO_3$ 的用途很广。大量的 $AgNO_3$ 用于制造照相底片上的卤化银。10%的 $AgNO_3$ 溶液在医药上作消毒剂和腐蚀剂。此外,它也是重要的化学分析试剂。硝酸银在有毒物质的消除方面也很有用,如将含有 AsH_3(或 PH_3、锑化氢)的排气通过含5% $AgNO_3$ 的 HNO_3 溶液时,则能将胂除去。

$$AsH_3 + 6Ag^+ + 3H_2O \xlongequal{} 6Ag\downarrow + AsO_3^{3-} + 9H^+$$

(v) 配合物

Ag^+ 的重要特征是容易形成配离子,通常以sp杂化轨道与配体如 Cl^-、NH_3、CN^-、$S_2O_3^{2-}$ 等形成稳定性不同的配离子。下列的平衡常数表明了它们的稳定程度:

$$Ag^+ + 2Cl^- \rightleftharpoons [AgCl_2]^- \qquad K_{稳} = 4.5\times10^5$$

$$Ag^+ + 2NH_3 \rightleftharpoons [Ag(NH_3)_2]^+ \qquad K_{稳} = 1.7\times10^7$$

$$Ag^+ + 2S_2O_3^{2-} \rightleftharpoons [Ag(S_2O_3)_2]^{3-} \qquad K_{稳} = 1.6\times10^{13}$$

$$Ag^+ + 2CN^- \rightleftharpoons [Ag(CN)_2]^- \qquad K_{稳} = 1.0\times10^{21}$$

结合卤化银的溶度积数据,AgCl能较好地溶于浓氨水,而AgBr和AgI却难溶于氨水中。同理可说明,AgBr易溶于 $Na_2S_2O_3$ 溶液中,而AgI易溶于KCN溶液中。AgCl溶于稀氨水,AgBr溶于浓氨水生成配位化合物,而AgI不溶于氨水。此外,AgCN和AgSCN难溶于水,但AgCN易溶于过量的NaCN或KCN生成 $[Ag(CN)_2]^-$。

$$4Ag + 8NaCN + 2H_2O + O_2 \xlongequal{} 4Na[Ag(CN)_2] + 4NaOH$$

银配离子的应用范围很广,前面介绍的照相术就应用了生成 $Ag(S_2O_3)_2^{3-}$ 银配离子的反应。

在制造热水瓶的过程中,瓶胆上镀银就是利用银氨配离子与甲醛或葡萄糖的反应:

$$2[Ag(NH_3)_2]^+ + RCHO + 2OH^- \xlongequal{\quad} RCOONH_4 + 2Ag\downarrow + 3NH_3 + H_2O$$

这个反应叫银镜反应,此反应应用于化学镀银及鉴定醛(R—CHO)。要注意镀银后的银氨溶液不能储存,因放置时会析出有强爆炸性的氮化银(Ag_3N)沉淀。为了破坏溶液中的银氨离子,可加盐酸,使它转化为 AgCl 回收。

银通常形成氧化态为+1 的化合物,主要特征如下:

① 在常见银的化合物中,只有 $AgNO_3$ 易溶于水,其他如 Ag_2O、卤化银(AgF 除外)、Ag_2CO_3 等均难溶。

② 银的化合物都有不同程度的感光性,例如 AgCl、$AgNO_3$、Ag_2SO_4、AgCN 等都是白色结晶,见光变成灰黑或黑色。AgBr、AgI、Ag_2CO_3 等为黄色结晶,见光也变灰或变黑,故银盐一般都用棕色瓶盛装并在瓶外裹上黑纸。

③ 银易与许多配体形成配合物。常见的配体 NH_3、CN^-、SCN^-、$S_2O_3^{2-}$ 可溶于水,因此难溶的银盐(包括 Ag_2O)可与上述配体作用而溶解。在 Ag^+ 的鉴定实验中,加入 HCl 有白色沉淀生成仅说明可能有 Ag^+,必须作进一步的鉴定。即加入 $NH_3 \cdot H_2O$ 沉淀溶解,将该溶液酸化,有白色沉淀产生,或在溶液中加入 KI,有黄色沉淀产生,才能证明原始溶液中确实存在 Ag^+。

3. 金的化合物

金虽然是化学性质极稳定的元素,但在一定条件下仍可制得许多金的无机化合物和有机化合物,如金的硫化物、氧化物、氰化物、卤化物、硫氰化物、硫酸盐、硝酸盐、氨合物,以及烷基金和芳基金等化合物。

金在化合物中表现为+1 和+3 两种氧化态,但以+3 氧化态为最稳定。由金的标准电极电势图 $E_A^\ominus$:$Au^{3+} \xrightarrow{1.41} Au^+ \xrightarrow{1.68} Au$ 来看,在酸性溶液中,Au^+ 容易歧化为 Au^{3+} 和 Au:

$$3Au^+ \rightleftharpoons Au^{3+} + 2Au \qquad K = \frac{c(Au^{3+})}{c^3(Au^+)} = 10^{13}$$

在金的化合物中,+1 氧化态金化合物也是存在的,但不稳定。Au^+ 的歧化反应的常数为 10^{13},因此 Au^+ 在水溶液中不能存在,即使是溶解度很小的 AuCl 也要歧化。

金的氯化物有氯化亚金(AuCl)和三氯化金($AuCl_3$),它们可呈固态存在,但在水溶液中不稳定,分解生成配合物。

AuCl 为非晶体柠檬黄色粉末,不溶于水,易溶于氨液或盐酸液中,常温下能缓慢分解析出金,加温时分解速度加快。

$$3AuCl \xlongequal{\quad} 2Au\downarrow + AuCl_3$$

溶于氨水中的 AuCl,用盐酸酸化时可析出 $AuNH_3Cl$ 沉淀。AuCl 与盐酸作用生成亚氯氢金酸:

$$AuCl + HCl \xlongequal{\quad} HAuCl_2$$

金粉在 200 ℃下同氯气作用,得到反磁性的红色固体 $AuCl_3$。

$$2Au + 3Cl_2 \xlongequal{\quad} 2AuCl_3$$

三氯化金溶于水时转变为金氯酸($HAuCl_4 \cdot 3H_2O$)。

$$AuCl_3 \xrightarrow{+H_2O} H_2AuCl_3 \xrightarrow{+HCl} HAuCl_4 \cdot 3H_2O \xrightarrow{120\ ℃} AuCl_3$$

金氯酸呈黄色的针状结晶形态产出，将其加热至 120 ℃时，转变为三氯化金。在 140～150 ℃下将氯气通入金粉中，可获得吸水性强的黄棕色三氯化金，易溶于水和酒精中，将其加热至 150～180 ℃时，分解为 AuCl 和 Cl_2，在 265 ℃时开始升华但并不熔化，说明其共价性显著。

$$AuCl_3 \xrightarrow{250\ ℃} AuCl + Cl_2$$

无论在固态还是在气态下，三氯化金均为二聚体，具有氯桥结构，如图 19-4 所示。

用有机物，如草酸、甲醛或葡萄糖等可以将 $AuCl_3$ 还原为胶态金。在盐酸溶液中，可形成平面$[AuCl_4]^-$，与 Br^- 作用得到$[AuBr_4]^-$，而同 I^- 作用得到不稳定的 AuI。

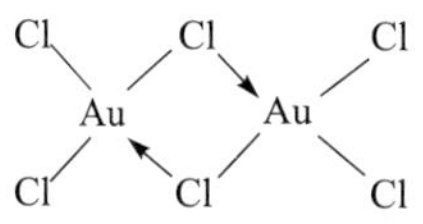

图 19-4　三氯化金的二聚体结构

金的氰化物有氰化亚金和三氰化金，三氰化金不稳定，无实际意义。在氰化物溶液中，金呈配阴离子形态存在于氰化液中：

$$4Au + 8NaCN + O_2 + 2H_2O \longrightarrow 4NaAu(CN)_2 + 4NaOH$$

将金氰配盐溶于盐酸并加热时，金氰配盐分解并析出氰化亚金沉淀：

$$NaAu(CN)_2 + HCl \longrightarrow HAu(CN)_2\downarrow + NaCl$$

在加热至 50 ℃时，氰化亚金会分解：

$$HAu(CN)_2 \longrightarrow AuCN\downarrow + HCN\uparrow$$

$HAuCl_4 \cdot H_2O$、$NaAuCl_4 \cdot 2H_2O$ 和 $KAu(CN)_2$ 是金的典型配合物。Au^+ 的配合物$[Au(CN)_2]^-$很稳定，在水溶液中能存在，$[Au(CN)_2]^-$的 $K_{稳} = 2.0 \times 10^{38}$。

将 $AuCl_3$ 溶于盐酸中，可生成$[AuCl_4]^-$配阴离子溶液，蒸发此溶液，能够得到亮黄色的氯金(Ⅲ)酸水合晶体 $H[AuCl_4] \cdot 4H_2O$。

$$AuCl_3 + HCl \longrightarrow H[AuCl_4]$$

氯金酸及其盐，如黄色的氯金酸钠 $Na[AuCl_4] \cdot 2H_2O$，不仅能溶于水，而且还能溶于乙酸或乙酸乙酯等有机溶剂中，因此可以用这些溶剂来萃取金。氯金酸铯 $Cs[AuCl_4]$的溶解度非常小，可用它来鉴定金元素。

氰化液中的金常用锌、铝等还原剂将其还原，也可采用电解还原法将金还原析出。有氧存在时，金易溶于酸性硫脲液中，其反应可表示如下：

$$4Au + 8SCN_2H_4 + O_2 + 4H^+ \longrightarrow 4[Au(SCN_2H_4)_2]^+ + 2H_2O$$

金在酸性硫脲液中以配阳离子形态存在。

19.2　锌族元素

周期表中的锌族(ⅡB 族)是由锌、镉、汞组成。锌族元素和ⅡA 族元素最外电子层都是 ns^2，形成 M(Ⅱ)化合物。它们是与 p 区元素相邻的 d 区元素，具有与 d 区元素相似的性质，如易于形成配合物等。在某些性质上它们又与第四、五、六周期的 p 区金属元素有些相似，如电负性较铜族小(1.65、1.69、2.00)，熔点低(s 电子成对)，水合离子都无色等。锌族元素一般以矿物形式存在，例如闪锌矿(ZnS)、菱锌矿($ZnCO_3$)、铅锌矿、砂(HgS)等。

锌族最外层只有两个 s 电子，次外层有 18 个电子，有效核电荷大，核对电子的引力强，与同周期碱土金属比较，原子半径和离子半径 M^{2+} 都小，所以锌族元素没有碱土金属活泼。但锌族元素比铜族元素活泼。锌族元素的化学活泼性,依 Zn、Cd、Hg 顺序递减。锌族有+1、+2 两种氧化态。

锌族元素的氢氧化物是弱碱性,易脱水分解,氢氧化锌和氢氧化镉都是两性氢氧化物。锌族元素从上到下,氢氧化物的碱性增强,而金属活泼性却是减弱的;碱土金属的活泼性以及它们氢氧化物的碱性从上到下都是增强的。

ⅡA 和ⅡB 两族元素的硝酸盐都易溶于水;它们的碳酸盐难溶于水;锌族元素的硫酸盐易溶于水,而钙、锶、钡的硫酸盐则微溶于水。锌族元素的盐在水溶液中都有一定程度的水解。

ⅡB 族的离子都是无色的,所以它们的化合物一般是无色的。但因它们的极化作用及变形性较大,当与易变形的阴离子结合时往往有较深的颜色。二元化合物有相当程度的共价性。

19.2.1 锌族元素的单质

1. 物理性质

锌、镉、汞都是银白色金属(锌略带蓝色)。与过渡金属相比,锌族元素的一个重要特点是熔、沸点较低。锌族元素原子半径大以及其次外层 d 轨道全充满,不参与形成金属键,使得锌族元素单质的金属键较弱。特别是汞($5d^{10}6s^2$)的 6s 轨道上的两个电子非常稳定,因此它的金属键更弱,是室温下唯一的液态金属(−39 ℃)。

锌是银白色的金属,具有较低的熔点(419.5 ℃)和沸点(908 ℃)。当未制成合金时,锌的强度和硬度高于锡和铅,但明显低于铝和铜。除非它的纯度很高,通常锌在室温下呈脆性,但如加热到 100~150 ℃,则容易加工。镉是银白色(微呈蓝色)、有延展性的金属,比锌软,比锡稍硬,熔点和沸点都比锌低。

在 0~200 ℃之间,汞的膨胀系数随着温度升高而均匀地改变,并且不润湿玻璃,在制造温度计时常利用汞的这一性质。另外也用汞填充在气压计中。汞可以溶解其他金属形成汞齐(例如:Na-Hg,Au-Hg,Ag-Hg),因组成不同,汞齐可以呈液态和固态两种形式。汞齐在化学、化工和冶金中都有重要用途,如钠汞齐与水作用,缓慢放出氢气,在有机化学中常用作温和的还原剂。此外,利用汞能溶解金、银的性质,在冶金中用汞来提炼这些贵金属。锌、镉、汞与其他金属容易形成合金,例如,黄铜(Cu-Zn)是锌最重要的合金之一。

2. 单质的制备

(1) 锌的冶炼

锌在自然界中主要以硫化物、碳酸盐、硅酸盐、磷酸盐以及其他化合物形式存在于矿床中,其相对丰度为 0.008%。锌最主要的矿石是闪锌矿 ZnS、菱锌矿 $ZnCO_3$ 和红锌矿 ZnO。锌矿常与铅、铜、镉等共存,成为多金属矿,最常见的是铅锌矿。我国铅锌矿蕴藏量极丰富,湖南省常宁水口山和临湘桃林是全国著名的铅锌矿产地。

从锌矿石中提取金属锌必须经过三个步骤:矿石处理、焙烧和提炼过程。矿石先经过粉碎,然后可利用不同矿物颗粒表面对水具有的不同的润湿程度,来进行不同矿物的分离,也就是浮选。除浮选法外,也可利用矿物的密度、磁性、电学性质等差别进行不同矿物的选别。全世界 95%的锌矿石的选矿作业是通过浮选法,获得含 40%~60% ZnS 的精矿。

一般硫化锌与碳的反应必须在温度超过 1300 ℃时才能连续进行,因此在工业上提取锌的过程中,必须进行硫化锌的氧化焙烧,使它转变成具有良好反应活性的氧化物。焙烧过程的基本反应是：

$$2ZnS + 3O_2 \xlongequal{\text{焙烧}} 2ZnO + 2SO_2 \uparrow$$

所得的 ZnO 可用热还原法或电解法得到金属 Zn。热还原法是将 ZnO 与焦炭混合，在鼓风炉中加热至 1100～1300 ℃，Zn 及 Cd 等以蒸气逸出，冷凝即得粗 Zn。

$$2C + O_2 \xlongequal{} 2CO$$

$$ZnO + CO \xlongequal{} Zn(g) + CO_2 \uparrow$$

将生成的锌蒸馏出来，得到纯度为 98％的粗锌，其中主要杂质为铅、镉、铜、铁等。通过精馏将铅、镉、铜、铁等杂质除掉，得到纯度为 99.9％的锌。

电解法是将粗 ZnO 溶于 H_2SO_4，并加 Zn 粉置换出不活泼的 Cd、Co、Ni、Cu、Ag 等杂质，获得精制的 $ZnSO_4$ 溶液。以此 $ZnSO_4$ 作电解液，铝板为阴极，Pb 为阳极进行电解。

阳极：　$4OH^- - 4e^- \rightleftharpoons 2H_2O + O_2$

阴极：　$2Zn^{2+} + 4e^- \rightleftharpoons 2Zn$

总反应：　$2Zn^{2+} + 4OH^- \rightleftharpoons 2Zn + 2H_2O + O_2$

用电解法制备的金属锌，纯度可达 99.99％，这是锌铝合金加工所必需的纯度。为了制取更高纯度的锌，可以采用真空蒸馏、再次电解和区域提纯等新工艺。

（2）镉和汞的提取

镉是分散元素，地壳中无单独的镉矿存在，常与锌矿共生。镉一般以 CdS 形式存在于闪锌矿中。在地壳中镉的含量仅为 1.8×10^{-5}％。镉大部分是在炼锌时作为副产品得到的。由于镉的沸点（765 ℃）比锌的沸点（907 ℃）低，将含镉的锌加热到镉的沸点以上、锌的沸点以下的温度，镉先被蒸出得到粗镉。再将粗镉溶于 HCl，用 Zn 置换，可以得到较纯的镉。

汞主要是以化合态的硫化汞（俗称朱砂、丹砂或辰砂）的形式存在，在地壳中的含量也较少，为 5×10^{-5}％。汞的生产以火法为主，湿法为次。火法较简单，生产费用较低。火法炼汞是将汞矿石在氧化气氛及 650～750 ℃的温度下焙烧即可得汞：

$$HgS + O_2 \xlongequal{\triangle} Hg + SO_2$$

也可将辰砂（HgS）与石灰在高于 350 ℃的条件下混合焙烧而得汞：

$$4HgS + 4CaO \xlongequal{\text{焙烧}} 4Hg + 3CaS + CaSO_4$$

制得的粗汞用稀 HNO_3 洗涤并鼓入空气，使比汞活泼的杂质金属均被氧化溶解，生成硝酸盐，不溶的汞进一步真空蒸馏提纯，即得 99.99％的纯汞。也可以按照以下方式制取汞：

$$HgS + Fe \xlongequal{\triangle} Hg + FeS$$

HgS 在空气中灼烧至 600～700 ℃，被还原为汞单质。

3. 化学性质

锌族元素与铜族元素相比有很大的不同，主要表现在：锌族的常见氧化态为＋2。由于锌、镉、汞全充满的 d 亚层比较稳定，这些元素很少表现出过渡金属的特征。铜族元素则不然，不仅能失去最外层的 s 电子，还可以失去次外层 d 轨道中的电子。还有一点值得注意，汞的前两级电离能也较高，金也如此，这也许反映出充满电子的 4f 亚层对原子核的屏蔽效果不佳。化学活泼

性随着原子序数的增大而递减,与碱土金属恰好相反,但比铜族强。两族元素的化学活泼性有如下次序:

$$Zn>Cd>H>Cu>Hg>Ag>Au$$

锌、镉、汞在干燥的空气中都是稳定的。在含有 CO_2 的潮湿空气中,锌的表面常生成一层致密的碱式碳酸锌薄膜,从而阻止反应的继续发生,以保护锌不被继续氧化。

$$8Zn+7O_2+2CO_2+6H_2 = 2ZnCO_3 \cdot 3Zn(OH)_2$$

在空气中加热锌、镉、汞,都能形成相应的氧化物。

$$2Zn + O_2 \xlongequal{\triangle} 2ZnO(\text{白色})$$

$$2Cd + O_2 \xlongequal{\triangle} 2CdO(\text{红棕色})$$

$$2Hg + O_2 \underset{400\ ℃}{\overset{360\ ℃}{\rightleftharpoons}} 2HgO(\text{红色或黄色})$$

锌、镉能从稀酸中置换出氢气,而汞只能溶于氧化性酸:

$$Hg + 4HNO_3(\text{浓}) = Hg(NO_3)_2 + 2NO_2\uparrow + 2H_2O$$

$$3Hg + 8HNO_3(\text{稀}) = 3Hg(NO_3)_2 + 2NO\uparrow + 4H_2O$$

$$6Hg(\text{过量}) + 8HNO_3(\text{稀}) \xlongequal{\text{冷}} 3Hg_2(NO_3)_2 + 2NO\uparrow + 4H_2O$$

与镉、汞不同,锌是两性金属,能溶于强碱溶液,并置换出氢气:

$$Zn+2NaOH+2H_2O = Na_2[Zn(OH)_4]+H_2\uparrow$$

锌也能溶于氨水中形成配离子:

$$Zn+4NH_3+2H_2O = [Zn(NH_3)_4]^{2+} +H_2\uparrow +2OH^-$$

而同样是两性的金属铝,却不能溶解于氨水中,可以利用这一点对锌和铝进行鉴别。

锌在加热情况下,可以与大部分非金属作用,与卤素在通常条件下反应较慢。锌、镉、汞均能与硫粉作用,生成相应的硫化物。特别是汞,在室温下就可以与硫粉作用,生成 HgS。空气中含微量 Hg 蒸气,对人体健康不利。撒落在地上的 Hg 可用锡箔将其沾起,形成锡汞齐;也可撒上硫粉,形成无毒 HgS。若空气中已有汞蒸气,可以把碘升华为气体,使汞蒸气与碘蒸气相遇,生成 HgI_2,以除去空气中的汞蒸气。储存 Hg 时需加水封,以防 Hg 蒸发。

金属锌在电学方面可以用作电极。银-锌电池以 Ag_2O_2 为正极,Zn 为负极,用 KOH 作电解质,电极反应为:

正极: $Ag_2O_2+4e^- +2H_2O = 2Ag+4OH^-$

负极: $Zn-2e^- +2OH^- = Zn(OH)_2$

总反应: $2Zn+Ag_2O_2+2H_2O = 2Ag+2Zn(OH)_2$

银-锌电池的蓄电量是 $1.57\ A\cdot min\cdot kg^{-1}$,比铅蓄电池($0.29\ A\cdot min\cdot kg^{-1}$)高得多,所以银-锌电池常被称为高能电池。

19.2.2 锌族元素的化合物

锌族元素中,锌和镉在常见的化合物中氧化态为+2,其化合物有抗磁性,且 Zn^{2+} 的化合物经常是无色的,这是因为不存在 d-d 跃迁的缘故。汞在常见的化合物中有+1 和+2 两种氧化态。锌族元素的多数盐类含有结晶水,形成配合物倾向也大。

1. 氧化物和氢氧化物

锌族元素 Zn、Cd、Hg 都能形成＋2 氧化态的共价型氧化物，分别为氧化锌(ZnO)、氧化镉(CdO)、氧化汞(HgO)。锌族元素的氧化物都难溶于水，可溶于强酸生成相应盐。

Zn、Cd 在加热条件下，与氧气化合生成相应氧化物。Hg 和 O_2 反应生成 HgO，温度应控制在 360 ℃左右，温度过高会分解。Hg^{2+} 与 NaOH 溶液反应生成 HgO。Zn^{2+}、Cd^{2+}、Hg^{2+} 的含氧酸盐热分解，如硝酸盐热分解生成相应的氧化物。

$$2M(NO_3)_2 = 2MO + 4NO_2\uparrow + O_2\uparrow \qquad (M=Zn、Cd、Hg)$$

ZnO 俗名锌白，纯 ZnO 为白色，加热则变为黄色，ZnO 的结构属硫化锌型。CdO 由于制备方法的不同而显不同颜色，如镉在空气中加热生成褐色 CdO。在 250 ℃时氢氧化镉热分解则得到绿色 CdO，CdO 具有 NaCl 型结构。氧化物的热稳定性依 ZnO、CdO、HgO 次序逐一递减，ZnO、CdO 较稳定，受热升华但不分解。HgO 为制造汞盐的主要原料，也可作医疗、分析试剂，陶瓷颜料等。

HgO 有一定的氧化性：

$$HgO + SO_2 = Hg + SO_3$$

$$2P + 3H_2O + 5HgO = 2H_3PO_4 + 5Hg$$

但因 Hg 有毒，一般不用 HgO 作氧化剂。

锌、镉的氢氧化物常用它们的可溶盐溶液与适量碱沉淀出 $Zn(OH)_2$、$Cd(OH)_2$。

$$ZnCl_2 + 2NaOH = Zn(OH)_2\downarrow + 2NaCl$$

$$CdCl_2 + 2NaOH = Cd(OH)_2\downarrow + 2NaCl$$

汞的可溶盐溶液与碱作用生成的 $Hg(OH)_2$ 极不稳定，立即分解成黄色 HgO 沉淀：

$$Hg^{2+} + 2OH^- = HgO\downarrow + H_2O$$

$Zn(OH)_2$ 为两性物质，与强酸作用生成锌盐，与强碱作用得到无色$[Zn(OH)_4]^{2-}$。

$$Zn(OH)_2 + 2H^+ = Zn^{2+} + 2H_2O$$

$$Zn(OH)_2 + 2OH^- = [Zn(OH)_4]^{2-}$$

$Cd(OH)_2$ 也显两性，但偏碱性。只有在热、浓的强碱中才缓慢溶解，生成无色的$[Cd(OH)_4]^{2-}$。

$Zn(OH)_2$ 的热稳定性强于 $Cd(OH)_2$，但受热都会脱水，分别生成 ZnO 和 CdO。在 NH_4^+ 存在下，$Zn(OH)_2$、$Cd(OH)_2$ 都可以溶于氨水形成配位化合物，而 $Al(OH)_3$ 却不能，据此可以将铝盐与锌盐、镉盐加以区分和分离。

$$Zn(OH)_2 + 2NH_3 + 2NH_4^+ = [Zn(NH_3)_4]^{2+} + 2H_2O$$

$$Cd(OH)_2 + 2NH_3 + 2NH_4^+ = [Cd(NH_3)_4]^{2+} + 2H_2O$$

锌、镉、汞的氧化物和氢氧化物都是共价型化合物，共价性依 Zn、Cd、Hg 的顺序而增强。

2. 硫化物

锌族元素都存在硫化物，ZnS 是白色，CdS 是黄色，HgS 是黑色，天然辰砂 HgS 呈红色。

可用锌族单质直接反应或在 Zn^{2+}、Cd^{2+}、Hg^{2+} 溶液中分别通入 H_2S 制备相应的硫化物。

$$M + S = MS \qquad (M = Zn、Cd、Hg)$$

$$M^{2+} + H_2S = MS + 2H^+ \qquad (ZnS 沉淀不完全)$$

由于硫化锌能溶于 0.1 mol·L^{-1}盐酸，所以往中性锌盐溶液中通 H_2S 气体，ZnS 沉淀不完全，因在沉淀过程中 $c(H^+)$增加，阻碍了 ZnS 的进一步沉淀。但它不溶于醋酸。

$$Zn^{2+} + H_2S \rightleftharpoons ZnS\downarrow + 2H^+$$

ZnS 可用作白色颜料，它同 $BaSO_4$ 共沉淀所形成的混合晶体 $ZnS \cdot BaSO_4$ 叫作锌钡白，俗称立德粉，是一种较好的白色颜料，没有毒性，在空气中比较稳定。

$$ZnSO_4(aq) + BaS(aq) = ZnS \cdot BaSO_4\downarrow$$

CdS 用作黄色颜料，称为镉黄。纯的镉黄可以是 CdS，也可以是 $CdS \cdot ZnS$ 的共熔体。CdS 的溶度积更小，所以它不溶于稀酸，但能溶于浓酸。所以控制溶液的酸度，可以使锌、镉分离。

难溶硫化物的共价性比相应氧化物共价性强，硫化物在水中的溶解度很小。硫化物能溶解于酸。

$$MS + 2H^+ = M^{2+} + H_2S \qquad (M = Zn、Cd、Hg)$$

由于生成 H_2O 的倾向强于生成 H_2S，所以难溶硫化物比相应氧化物难溶于强酸。如 HgO 溶于 HNO_3 或 HCl，而 HgS 不溶于 HNO_3 或 HCl。

硫化物中硫的还原性表现为它和 O_2 反应生成相应的氧化物或硫酸盐。

$$2ZnS + 3O_2 = 2ZnO + 2SO_2$$

$$ZnS + 2O_2 \xlongequal{\triangle} ZnSO_4$$

因 ZnS 的溶度积不是很小，所以 ZnS 能溶于碱生成$[Zn(OH)_4]^{2-}$。

$$ZnS + 4OH^- = [Zn(OH)_4]^{2-} + S^{2-}$$

Hg_2S 的溶度积很小($K_{sp} = 1.0 \times 10^{-45}$)，不发生水解反应，但它却能转化(即使在 0 ℃)成溶度积更小的 HgS 和 Hg。HgS 是溶解度最小的金属硫化物，只能溶于王水或 HCl 和 KI 的混合物中。

$$3HgS + 12HCl + 2HNO_3 = 3H_2[HgCl_4] + 3S\downarrow + 2NO\uparrow + 4H_2O$$

HgS 的另一特性是能溶于浓 Na_2S 溶液中，生成二硫合汞酸钠：

$$HgS + Na_2S = Na_2[HgS_2]$$

因此可以用加 Na_2S 的方法把 HgS 从铜、锌族元素硫化物中分离出来。

ZnS 晶体中加入微量 Cu、Mn、Ag 等离子作激活剂，经光照射后可发出不同颜色的荧光，这种材料叫荧光粉，常用于制作荧光屏、夜光仪表和电视荧光粉等。

3. 卤化物

(1) 卤化锌

锌的四种卤化物(ZnF_2、$ZnCl_2$、$ZnBr_2$、ZnI_2)可由锌和卤素直接反应，或氢卤酸和 ZnO 或 $ZnCO_3$ 反应制得：

$$Zn + X_2 = ZnX_2 \qquad (X = Cl、Br、I)$$

$$ZnO + 2HX = ZnX_2 + H_2O \qquad (X = F、Cl、Br、I)$$

无水 ZnF_2 是离子化合物，它的熔点高于其他的卤化锌。由于 Zn^{2+}、Cd^{2+} 为 18 电子构型，极化能力和变形性都很强，所以氯化锌和氯化镉具有相当程度的共价性，主要表现在熔、沸点较低，熔融状态下导电能力差。因此，通过将 $ZnCl_2$ 溶液蒸干或加热含结晶水的 $ZnCl_2$ 晶体的方法，是得不到无水 $ZnCl_2$ 的，只能得到碱式盐。

$$ZnCl_2 + H_2O = Zn(OH)Cl + HCl$$

无水 $ZnCl_2$ 是白色容易潮解的固体，其熔点不高(365 ℃)，熔体电导率不高，在酒精和其他有机溶剂中能溶解，这说明它有明显的共价性。$ZnCl_2$ 的溶解度很大，吸水性很强，有机化学中常用它作为去水剂和催化剂。在 $ZnCl_2$ 在浓溶液中能够生成二氯·羟合锌(Ⅱ)酸：

$$ZnCl_2 + H_2O \longrightarrow H[ZnCl_2(OH)]$$

这个配合酸具有显著的酸性，能溶解金属氧化物：

$$FeO + 2H[ZnCl_2(OH)] \longrightarrow Fe[ZnCl_2(OH)]_2 + H_2O$$

在焊接金属时用 $ZnCl_2$ 清除金属表面的氧化物就是根据这一性质。焊接金属用的"熟镪水"就是氯化锌的浓溶液。焊接时它不损害金属表面，而且水分蒸发后，熔化的盐覆盖在金属的表面，使之不再氧化，能保证焊接金属的直接接触。

$ZnBr_2$ 的性质和 $ZnCl_2$ 相似。卤化锌(包括拟卤化物)和卤素离子(包括拟卤离子)作用生成 ZnX_3^- 和 ZnX_4^{2-} 配离子。其中某些拟卤配离子比卤配离子更为稳定，如 $Zn(CN)_4^{2-}$ 的稳定常数为 5.0×10^{16}。

(2) 卤化汞

汞和卤素单质直接反应，或 HgO 和卤化氢反应，均可以制得卤化汞(碘化汞除外)：

$$Hg + X_2 \longrightarrow HgX_2$$

$$HgO + 2HX \longrightarrow HgX_2 + H_2O$$

由于 $HgCl_2$ 易升华，俗称升汞，可用固体 $HgSO_4$ 和固体 NaCl 反应制备。

$$HgSO_4 + 2NaCl \xrightarrow{300\ ℃} HgCl_2\uparrow + Na_2SO_4$$

$HgCl_2$ 为白色针状晶体，微溶于水，有剧毒，内服 0.2～0.4 g 可致死，医院里用 $HgCl_2$ 稀溶液作手术刀剪的消毒剂。

碘化汞可由可溶性的汞盐和 I^- 反应制得。

$$Hg^{2+} + 2I^- \longrightarrow HgI_2(\text{红色})$$

卤化汞的溶解度依 $HgCl_2$、$HgBr_2$、HgI_2 顺序减小。HgF_2 是离子型化合物，在水中发生强烈水解，即使在 $2\ mol\cdot L^{-1}$ HF 溶液中也有 80%水解，生成 HgO 和 HF。

$$HgF_2 + H_2O \longrightarrow HgO + 2HF$$

$HgCl_2$ 水溶液的导电能力极低，表明它在水溶液中主要以 $HgCl_2$ 分子存在，只有少量 $HgCl^+$、Cl^-、$HgCl_3^-$ 及极少量的 Hg^{2+} 和 $HgCl_4^{2-}$。

$$HgCl_2 \rightleftharpoons HgCl^+ + Cl^- \qquad K_1 = 3.3\times10^{-7}$$

$$HgCl^+ \rightleftharpoons Hg^{2+} + Cl^- \qquad K_2 = 1.8\times10^{-7}$$

$HgCl_2$ 的解离常数很小，这是因为 Hg^{2+} 的有效核电荷较 Zn^{2+}、Cd^{2+} 高，离子极化力强，使键型发生变化，$ZnCl_2$、$CdCl_2$ 为离子键，$HgCl_2$ 为共价键。

$HgCl_2$ 在水中有很微弱的水解：

$$HgCl_2 + H_2O \rightleftharpoons Hg(OH)Cl + HCl$$

$HgCl_2$ 遇到氨水即析出白色氯化氨基汞 $Hg(NH_2)Cl$ 沉淀，与上面的水解类似：

$$HgCl_2 + 2NH_3 \longrightarrow Hg(NH_2)Cl\downarrow + NH_4Cl$$

$HgBr_2$ 的性质和 $HgCl_2$ 相似，不过 $HgBr_2$ 更难解离($K_1 = 5.5\times10^{-9}$，$K_2 = 9.1\times10^{-10}$)，因此也就更难水解。虽然 $HgCl_2$、$HgBr_2$ 的溶解度不大，水解度也小，但其水溶液还是呈酸性。

固体 HgI_2 有红色和黄色两种，常温下 HgI_2 呈红色，于 129 ℃转化为黄色 HgI_2。

(3) 卤化亚汞

卤化亚汞都是反磁性物质,表明 Hg(Ⅰ)中没有未成对电子,要用 Hg_2X_2(X 为卤素)表示其组成。Hg_2^{2+} 中每个 Hg 原子以 sp 杂化轨道成键,Hg_2X_2 是线形分子结构,X—Hg—Hg—X,而没有单个离子。

Hg_2Cl_2 俗称甘汞,可用还原剂,如 $SnCl_2$、SO_2、Hg 等还原 $HgCl_2$ 制得。若用 Hg 作还原剂,反应方程式为:

$$HgCl_2 + Hg \xlongequal{} Hg_2Cl_2\downarrow$$

若用 $SnCl_2$ 作还原剂,必须注意 $SnCl_2$ 和 $HgCl_2$ 的相对用量。

$$2HgCl_2 + SnCl_2(\text{适量}) \xlongequal{} Hg_2Cl_2(\text{白色}) + SnCl_4$$

$$Hg_2Cl_2 + SnCl_2 \xlongequal{} 2Hg(\text{黑色}) + SnCl_4$$

$HgCl_2$ 和 $SnCl_2$ 的反应可用以检验 Hg^{2+} 或 Sn^{2+} 离子。

在硝酸亚汞溶液中加入盐酸,也能生成 Hg_2Cl_2 沉淀:

$$Hg_2(NO_3)_2 + 2HCl \xlongequal{} Hg_2Cl_2\downarrow + 2HNO_3$$

Hg_2Cl_2 无毒,因味略甜,俗称甘汞,医药上作轻泻剂,化学上用以制造甘汞电极,它是不溶于水的白色粉末。在光的照射下,容易分解成汞和氯化汞:

$$Hg_2Cl_2 \xlongequal{\text{光照}} HgCl_2 + Hg$$

所以应该把 Hg_2Cl_2 储存在棕色瓶中。

Hg_2Cl_2 用以制甘汞电极:

$$Hg_2Cl_2(s) + 2e^- \rightleftharpoons 2Hg(l) + 2Cl^- \qquad E^\ominus = 0.2682\ V$$

甘汞电极是一种常用的参比电极。电极内 KCl 溶液有饱和、1 $mol\cdot L^{-1}$ 及 0.1 $mol\cdot L^{-1}$ 等三种浓度,通常用的是饱和甘汞电极。

在一定条件下,Hg_2Cl_2 自氧化还原为 Hg 及 Hg(Ⅱ)化合物,如:

$$Hg_2Cl_2 + 2OH^- \xlongequal{} Hg + HgO + 2Cl^- + H_2O$$

$$Hg_2Cl_2 + NH_3 \xlongequal{} Hg + HgNH_2Cl + HCl$$

4. 配合物

由于锌族的离子为 18 电子结构,具有很强的极化力与明显的变形性,因此比相应主族元素有较强的形成配合物的倾向。在配合物中,常见的配位数为 4,Zn^{2+} 的配位数为 4 或 6,分别以 sp^3 或 sp^3d^2 杂化轨道成键。

(1) 氨配合物

在 Zn^{2+}、Cd^{2+} 的溶液中分别加入 $NH_3\cdot H_2O$,均生成氢氧化物沉淀,当 $NH_3\cdot H_2O$ 过量后生成稳定的氨的配合物:

$$M^{2+} + 2NH_3\cdot H_2O \xlongequal{} M(OH)_2 + 2NH_4^+ \qquad (M = Zn、Cd)$$

$$M(OH)_2 + 2NH_3 + 2NH_4^+ \xlongequal{} [M(NH_3)_4]^{2+} + 2H_2O \qquad (M = Zn、Cd)$$

$$Zn^{2+} + 4NH_3 \xlongequal{} [Zn(NH_3)_4]^{2+}(\text{无色}) \qquad K = 5.0\times 10^8$$

$$Cd^{2+} + 6NH_3 \xlongequal{} [Cd(NH_3)_6]^{2+}(\text{无色}) \qquad K = 1.4\times 10^6$$

在水溶液中,Zn^{2+} 和 Cd^{2+} 与同种配体形成的两种配合物相比,一般说来后者较稳定。六氨合锌化合物只能在固态下存在,且很不稳定,易释放出 NH_3。Hg^{2+} 和 Hg_2^{2+} 均不与氨水形成氨配合物，而是生成白色沉淀($HgNH_2Cl$)和灰色沉淀($HgNH_2Cl+Hg$)。

(2) 氰配合物

Zn^{2+}、Cd^{2+}、Hg^{2+} 离子与氰化钾均能生成很稳定的氰配合物：

$$Zn^{2+}+4CN^{-} = [Zn(CN)_4]^{2-} \qquad K=1.0\times10^{16}$$

$$Cd^{2+}+4CN^{-} = [Cd(CN)_4]^{2-} \qquad K=1.3\times10^{18}$$

$$Hg^{2+}+4CN^{-} = [Hg(CN)_4]^{2-} \qquad K=3.3\times10^{41}$$

Hg_2^{2+} 离子形成配离子的倾向较小。Hg^{2+} 离子主要形成配位数为 2 的直线形和配位数为 4 的四面体配合物。

(3) 其他配合物

Zn^{2+}、Cd^{2+}、Hg^{2+} 离子可以与卤素离子和拟卤离子 SCN^- 形成一系列配离子：

$$Hg^{2+}+4Cl^{-} = [HgCl_4]^{2-} \qquad K=1.6\times10^{15}$$

$$Hg^{2+}+4I^{-} = [HgI_4]^{2-} \qquad K=7.2\times10^{29}$$

$$Hg^{2+}+4SCN^{-} = [Hg(SCN)_4]^{2-} \qquad K=7.7\times10^{21}$$

配离子的组成同配位体的浓度有密切关系，在 0.1 mol·L^{-1} Cl^- 离子溶液中，$HgCl_2$、$[HgCl_3]^-$ 和 $[HgCl_4]^{2-}$ 的浓度大致相等；在 1 mol·L^{-1} Cl^- 离子的溶液中主要存在的是 $[HgCl_4]^{2-}$ 离子。Hg^{2+} 与卤素离子形成配合物的稳定性依 Cl、Br、I 顺序增强。

Hg^{2+} 与过量的 KI 反应，首先产生红色碘化汞沉淀，然后生成的 HgI_2 沉淀可以继续与过量的 KI 生成无色的碘配离子：

$$HgI_2+2I^{-} = HgI_4^{2-}$$

$K_2[HgI_4]$ 和 KOH 的混合溶液叫作奈斯特试剂。如果在溶液中有微量的 NH_4^+ 离子存在，加几滴奈斯特试剂，就会产生特殊的红色碘化氨基·氧合二汞(Ⅱ)沉淀：

$$NH_4^{+}+4OH^{-}+2HgI_4^{2-} = [Hg_2NH_2O]I\downarrow+7I^{-}+3H_2O$$

这个反应常用来鉴定 NH_4^+ 或 Hg^{2+} 离子。$[Hg_2NH_2O]I$ 的分子结构如图 19-5 所示。

在碱性条件下，Zn^{2+} 与二苯硫腙反应，生成粉红色的内配盐沉淀，其分子结构如图 19-6 所示。此内配盐能溶于 CCl_4 中，呈棕色。实验现象为：绿色的二苯硫腙四氯化碳溶液与 Zn^{2+} 反应后充分振荡，静置，上层为粉红色，下层为棕色。这个反应用于 Zn^{2+} 的鉴定。

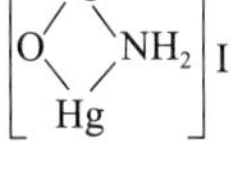

图 19-5　$[Hg_2NH_2O]I$ 的分子结构

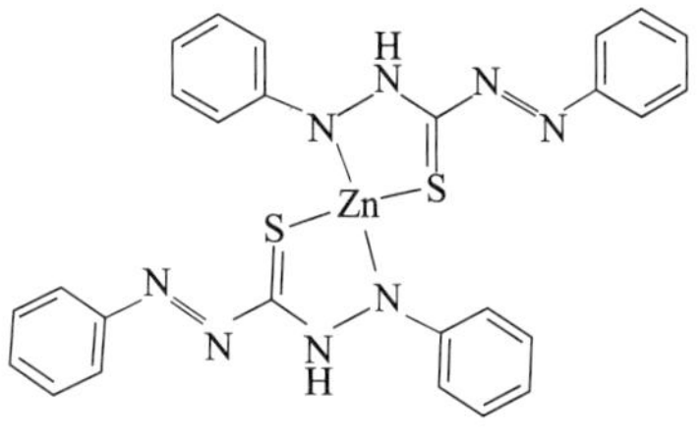

图 19-6　Zn^{2+} 与二苯硫腙的内配盐分子结构

5. 其他重要的化合物

将金属锌或氧化锌溶于稀硫酸或在 700 ℃焙烧 ZnS，均可得到硫酸锌。硫酸锌有三种水合物，它们的转变温度为：

$$ZnSO_4\cdot7H_2O \xrightarrow{39\ ℃} ZnSO_4\cdot6H_2O \xrightarrow{70\ ℃} ZnSO_4\cdot H_2O \xrightarrow{>240\ ℃} ZnSO_4$$

硫酸镉有两种水合物，其转变温度为：

$$3CdSO_4 \cdot 8H_2O \xrightarrow{75\ ℃} CdSO_4 \cdot H_2O \xrightarrow{>105\ ℃} CdSO_4$$

与硫酸锌不同，温度变化对 $CdSO_4$ 的溶解度无明显影响，故用硫酸镉制备标准电池。

锌、镉的碳酸盐都难溶，均在约 350 ℃时分解，这是由于 Zn^{2+}、Cd^{2+} 极化能力比ⅡA 族相应金属离子强，因此它们不如碱土金属的碳酸盐稳定，分解温度较低。锌、镉的硝酸盐、硫酸盐、高氯酸盐等均可溶于水，而与汞和亚汞相关的可溶性含氧酸盐常见的有硝酸汞 $Hg(NO_3)_2$、硝酸亚汞 $Hg_2(NO_3)_2$。$Hg(NO_3)_2$ 和 $Hg_2(NO_3)_2$ 是离子型化合物，易溶于水。

$Hg(NO_3)_2$ 可用 HgO 或 Hg 与硝酸作用制取：

$$HgO + 2HNO_3 = Hg(NO_3)_2 + H_2O$$

$$Hg + 4HNO_3(浓) = Hg(NO_3)_2 + 2NO_2 + 2H_2O$$

$Hg(NO_3)_2$ 溶液中有$[Hg(NO_3)_3]^-$和$[Hg(NO_3)_4]^{2-}$存在。

硝酸汞 $Hg(NO_3)_2$ 与 Hg 作用可制取 $Hg_2(NO_3)_2$：

$$Hg(NO_3)_2 + Hg = Hg_2(NO_3)_2$$

过量的 Hg 和中等浓度 HNO_3 反应，得 $Hg_2(NO_3)_2 \cdot 2H_2O$ 晶体，其中 $H_2O—Hg—Hg—OH_2$ 呈线形结构。HgO 和 $HClO_4$ 作用完全后，于室温下再用 Hg 还原，得 $Hg_2(ClO_4)_2 \cdot 4H_2O$。

$Hg_2(NO_3)_2$ 遇水发生水解，得碱式硝酸亚汞盐沉淀：

$$Hg_2(NO_3)_2 + H_2O = Hg_2(OH)NO_3 + HNO_3$$

因此配制 $Hg_2(NO_3)_2$ 溶液时，必须加适量 HNO_3。

其他亚汞盐都是难溶物，因此可由 $Hg_2(NO_3)_2$ 得到相应难溶亚汞盐，如：

$$Hg_2(NO_3)_2 + K_2CO_3 = Hg_2CO_3\downarrow + 2KNO_3$$

$$Hg_2(NO_3)_2 + Na_2SO_4 = Hg_2SO_4\downarrow + 2NaNO_3$$

$$Hg_2(NO_3)_2 + Na_2S = Hg_2S\downarrow + 2NaNO_3$$

这几种亚汞化合物都不够稳定。例如，白色碳酸亚汞(Hg_2CO_3)见光分解，同时在 130 ℃也能分解：

$$Hg_2CO_3 \xlongequal{75\ ℃} CO_2 + Hg_2O$$

Hg_2SO_4 的溶度积不太小，为 5.0×10^{-7}，它遇水发生水解生成 $Hg_2SO_4 \cdot Hg_2O \cdot H_2O$。

习　题

19-1 完成并配平下列反应方程式。

(1) $Ag_2S + CuCl \longrightarrow$

(2) $AgBr + S_2O_3^{2-} \longrightarrow$

(3) $[Cu(NH_3)_2]^+ + O_2 + NH_3 + H_2O \longrightarrow$

(4) $CuS + CN^- \longrightarrow$

(5) $AsH_3 + Ag^+ + H_2O \longrightarrow$

(6) $[Ag(NH_3)_2]^+ + HCHO + OH^- \longrightarrow$

(7) $AuCl_3 + HCl \longrightarrow$

(8) $Hg + HNO_3(稀) \longrightarrow$

(9) $HgS + HCl + HNO_3 \longrightarrow$

(10) $Hg_2Cl_2 + SnCl_2 \longrightarrow$

19-2 试回答以下问题：

(1) 实验证明，硫化铜与硫酸铁在细菌作用下，在潮湿多雨的夏季，成为硫酸和硫酸盐而溶解于水，这就是废石堆渗沥水，矿坑水成为重金属酸性废水的主要原因。试写出配平的化学方程式。

(2) 从金矿中提取金，传统的也是效率极高的方法是氰化法。氰化法提金是在氧存在下氰化物盐类可以溶解金。试写出配平的化学方程式。

(3) 实验室中所用的 CuO 是黑色粉末。在使用电烙铁时，其头部是一铜制的烙铁头，长期使用，表面被氧化，但脱落下来的氧化膜却是红色的，试说明原因。

19-3 将锌粒投入 $CuSO_4$ 溶液后，常常可以观察到这样的现象：锌粒表面有黑色粉状物生成，并出现少量气泡。静止 2～3 h，黑色粉状物大量增加。经过滤后得到的部分黑色粉状物用蒸馏水洗涤 5～6 次，至少量洗液中滴入过量氨水无颜色变化为止。晾干黑色粉状物后进一步实验：取少量黑色粉状物于试管中，滴加适量的稀盐酸即出现紫红色粉状物，并伴有极少量的气泡，溶液显淡黄绿色。吸取淡黄绿色溶液少许至另一洁净试管中，加入过量氨水，生成蓝色溶液。请问黑色粉状物的组成是什么？生成黑色粉状物的原因是什么？如欲在锌与 $CuSO_4$ 溶液的反应中观察到表面析出紫红色铜，应采取什么措施？

19-4 选择合适的物质，分别将下列各种微溶盐溶解：

(1) $CuCl$；(2) $AgBr$；(3) CuS；(4) HgI_2；(5) $HgNH_2Cl$。

19-5 用简单的方法将下列物质分离：

(1) Hg_2Cl_2、$HgCl_2$；(2) $CuSO_4$、$CdSO_4$；(3) $Hg(NO_3)_2$、$Pb(NO_3)_2$；

(4) $Cu(NO_3)_2$、$AgNO_3$；(5) $ZnCl_2$、$SnCl_2$。

19-6 定影过程中是用 $Na_2S_2O_3$ 溶液溶解胶片上未曝光的 $AgBr$，但将胶片在用久了的定影液中定影，胶片会"发花"，为什么？

19-7 焊接铁皮时，为什么常用氯化锌溶液处理铁皮表面？

19-8 为什么 HgS 不溶于 HCl、HNO_3 和 $(NH_4)_2S$ 中而能溶于王水或 Na_2S 中？

19-9 在 125 ℃时会发生如下反应：

$$Hg_2Cl_4(g)(A) + Al_2Cl_6(g)(B) = 2HgAlCl_5(g)(C)$$

试画出(A)、(B)、(C)的结构式。

19-10 金与浓硝酸反应时需要加(浓)盐酸，试说明加(浓)盐酸的作用是什么？写出相应的反应方程式。

19-11 给出下列过程的实验现象和相关的反应式：

(1) 向$[Cu(NH_3)_4]^{2+}$溶液中滴加盐酸；

(2) 向 $CuCl_4^{2-}$ 溶液中滴加 KI 溶液，再加入适量的 Na_2SO_3 溶液；

(3) 向 $AgNO_3$ 溶液中滴加少量 $Na_2S_2O_3$ 溶液；

(4) 向 $Hg(NO_3)_2$ 溶液中滴加 KI 溶液。

19-12 Cu^{2+} 在水溶液中比 Cu^{+} 更稳定，Ag^{+} 比较稳定，金易形成＋3 氧化态化合物。试解释之。

19-13 当向蓝色的 $CuSO_4$ 溶液中逐滴加入氨水时，观察到先生成蓝色沉淀，然后沉淀又逐渐溶解成深蓝色溶液。向深蓝色溶液中通入 SO_2 气体，又生成白色沉淀[晶体中含有一种呈三角锥体和一种呈正四面体的离(分)子]，将白色沉淀加入稀硫酸中，又生成红色粉末和 SO_2 气体，同时溶液呈蓝色。请写出上述反应的方程式。

19-14 在某混合溶液中含有 Ag^{+}、Ba^{2+}、Fe^{3+}、Zn^{2+} 和 Cd^{2+} 等 5 种离子，画出它们的分离流程图，注明条件与现象，并鉴定它们的存在。

19-15 若 $HgCl_2$溶液中有 NH_4Cl 存在，当加入氨水时，为什么得不到白色沉淀 $HgNH_2Cl$？

19-16 汞与次氯酸(物质的量之比 1∶1)发生反应，得到两种反应产物，其一是水。写出该反应的方程式以及反应得到的含汞产物的中文名称。

19-17 $CuCl_2$、$AgCl$、Hg_2Cl_2 都是难溶于水的白色粉末，试区别这三种金属氯化物。

19-18 将少量某种钾盐溶液 A 加到一硝酸盐溶液 B 中，生成黄绿色沉淀 C。将少量 B 加到 A 中，则生成无色溶液 D 和灰黑色沉淀 E；将 D 和 E 分离后，在 D 中加入无色硝酸盐 F，可生成金红色沉淀 G。F 与过量的 A 反应则生成 D。F 与 E 反应又生成 B。试确定各字母所代表的物质，写出有关的反应方程式。

19-19 有一黑色固体化合物 A，它不溶于水、稀醋酸和氢氧化钠，却易溶于热盐酸中，生成一种绿色溶液 B，如溶液 B 与铜丝一起煮沸,逐渐变棕黑得到溶液 C。溶液 C 若用大量水稀释,生成白色沉淀 D。D 可溶于氨水溶液中,生成无色溶液 E;若暴露于空气中,则迅速变成蓝色溶液 F。往溶液 F 中加入 KCN 时,蓝色消失,生成溶液 G。往溶液 G 中加入锌粉,则生成红棕色沉淀 H。H 不溶于稀的酸和碱,可溶于热硝酸生成蓝色溶液 I。往溶液 I 中慢慢加入 NaOH 溶液,生成蓝色胶冻沉淀 J。将 J 过滤、取出,然后强热,又生成原来化合物 A。试判断上述各字母所代表的物质,并写出相应的反应方程式。

19-20 无色晶体 A 溶于水后加入盐酸得白色沉淀 B。分离后将 B 溶于 $Na_2S_2O_3$ 溶液得无色溶液 C。向 C 中加入盐酸得白色沉淀混合物 D 和无色气体 E。E 与碘水作用后转化为无色溶液 F。向 A 的水溶液中滴加少量 $Na_2S_2O_3$ 溶液,立即生成白色沉淀 G,该沉淀由白变黄、变橙、变棕,最后转化为黑色,说明有 H 生成。请给出 A～H 所代表的化合物或离子,并给出相关的反应方程式。

第 20 章　铬族和锰族

元素周期表中ⅥB 族元素有铬 Cr(Chromium)、钼 Mo(Molybdenum)、钨 W(Tungsten)。该族元素的价电子层结构为$(n-1)d^{4\sim5}ns^{1\sim2}$,s 电子和 d 电子都参加成键,最高氧化态为+6;若部分 d 电子参加成键,则呈现低氧化态,如 Cr 有+2、+3 氧化态。铬族元素的金属活泼性是按从铬到钨的顺序逐渐降低的,这也可以从它们与卤素反应的情况中看出来。氟可与这些金属剧烈反应,铬在加热时能与氯、溴和碘反应。钼在同样条件下只与氯和溴化合,钨则不能与溴和碘化合。

元素周期表中ⅦB 族包括锰 Mn(Manganesium)、锝 Tc(Technetium)、铼 Re(Rhenium)三种元素。Tc 是放射性元素,Re 属稀有元素。锰族元素的价电子构型为$(n-1)d^5ns^2$(其中锝有人认为是$4d^65s^1$)。和其他族类似,锰族的高氧化态依 Mn、Tc、Re 顺序而趋向稳定,低氧化态则相反,以 Mn^{2+} 为最稳定。从发现史和存在量的角度来看,ⅦB 族元素的差别非常悬殊,锰每年以数百万吨为人们所利用,其最普通的矿石——软锰矿早就用于玻璃的制造,而锝和铼的存在量十分稀少,是发现较晚的元素。有趣的是:锝是通过人工生产的方法得到的第一种新元素,而铼是人们发现的最后一种天然存在的元素。

20.1　铬及其化合物

铬是铬族元素(铬、钼、钨)中最晚发现的一种。1797 年法国的沃克兰(L. N. Vauguelin)从西伯利亚红铅矿(现称为铬铅矿 $PbCrO_4$)中发现了一种新元素。后来因该元素的化合物有各种颜色,被命名为 Chromium,铬。1798 年用木炭还原 CrO_3,首次分离得到金属形态的铬,同年还发现了铬铁矿。生产铬酸盐的工艺始于 1816 年,用铬化合物的媒染法始于 1820 年。1858 年发明了铬鞣法,镀铬工艺则开始于 1926 年。铬酰化合物发现于 1824 年,亚铬化合物发现于 1844 年,第一个铬金属有机化合物分离于 1919 年,羰基铬则首次合成于 1927 年。

铬原子的价层电子构型是 $3d^54s^1$,能形成多种氧化态的化合物,如+1、+2、+3、+4、+5 和+6,其中以+3、+6 两类化合物最为常见和重要。铬是人体必需的微量元素,但铬(Ⅵ)化合物有毒。铬在地壳中的丰度为 1.22×10^{-4},与钒(1.36×10^{-4})、氯(1.26×10^{-4})相当,占第 21 位。

20.1.1　铬的单质

1. 存在形式

铬铁矿是唯一有工业价值的铬矿石。它是一种尖晶石,主要组成是铬酸铁($FeCr_2O_4$),品位较高的铬铁矿含 Cr_2O_3 为 42%～56%,FeO_2 为 10%～26%以及少量的 MgO、Al_2O_3、SiO_2 等。主要产地为俄罗斯、南非、菲律宾、土耳其及罗得西亚,此外还有美国、阿尔巴尼亚、古巴、巴西、日本、印度。其他含铬的矿石还有铬铅矿,存在于俄罗斯、巴西、匈牙利、菲律宾和美国等。还有如铬电气石、铬石榴石、铬云母和铬绿泥石等矿石,其中只含微量铬,是以 Cr^{3+} 取代部分 Fe^{3+} 和

Al^{3+}形成的。绿宝石是绿柱石中少量铝的位置被铬取代而成;红宝石则因刚玉晶体含有微量铬而染上鲜艳的红色。

2. 生产和工业用途

铬的最重要矿物是铬铁矿 $FeCr_2O_4$(即 $FeO \cdot Cr_2O_3$)。金属铬可以在电弧炉中用炭还原铬铁矿生产铬铁。如用硅铁代替炭作还原剂,可得低碳的铬铁,这种铁-铬合金可直接用作添加剂来生产硬质和"不锈"的铬钢。

$$FeCr_2O_4 + 4C \longrightarrow 2Cr + Fe + 4CO$$

制较纯铬的方法是在返焰炉中用固体 Na_2CO_3 或 NaOH 熔矿。

$$4FeCr_2O_4 + 8Na_2CO_3 + 7O_2 \longrightarrow 2Fe_2O_3 + 8Na_2CrO_4 + 8CO_2$$

然后用水浸取 Na_2CrO_4,经酸化浓缩得到 $Na_2Cr_2O_7$ 结晶,再用炭还原 $Na_2Cr_2O_7$ 得 Cr_2O_3,最后用铝热法自 Cr_2O_3 得到金属 Cr。

$$Na_2Cr_2O_7 + 2C \longrightarrow Cr_2O_3 + Na_2CO_3 + CO$$

$$Cr_2O_3(s) + 2Al(s) \longrightarrow 2Cr(s) + Al_2O_3(s) \qquad \Delta_r G_m^\ominus = -529.6\ kJ \cdot mol^{-1}$$

金属铬的另一种生产方法是还原 Cr_2O_3 生产金属铬。Cr_2O_3 是由铬铁矿经碱熔制得铬酸钠后,用水浸出,沉淀然后用炭还原制得。用铝(铝热法)或硅还原 Cr_2O_3 化学反应为:

$$Cr_2O_3 + 2Al \longrightarrow 2Cr + Al_2O_3$$

$$2Cr_2O_3 + 3Si \longrightarrow 4Cr + 3SiO_2$$

用这种方法生产铬的纯度为97%~99%,主要杂质是铝或硅。电解铬矾溶液得到的铬其纯度为99.8%,主要杂质是铁。电解 Cr_2O_3 溶液可得到纯度更高的铬,尤其气体含量更少(O_2 0.02%,N_2 0.0025%,H_2 0.009%)。

金属铬是极硬的银白色金属,有延展性,含杂质的铬质硬,在空气中金属表面易生成保护膜。但在常温下呈脆性,故应用受到限制。但铬的镀层有优良的耐腐蚀性和耐磨性以及装饰性,应用非常广泛。

3. 化学性质

铬比较活泼,标准电极电势图为:

酸性介质($E_A^\ominus$): $Cr_2O_7^{2-} \xrightarrow{1.33\ V} Cr^{3+} \xrightarrow{-0.41\ V} Cr^{2+} \xrightarrow{-0.86\ V} Cr$

碱性介质($E_B^\ominus$): $Cr_2O_4^{2-} \xrightarrow{-0.12\ V} Cr(OH)_3 \xrightarrow{-1.1\ V} Cr(OH)_2 \xrightarrow{-1.4\ V} Cr$

Cr 缓慢地溶于稀盐酸和稀硫酸中,先有 Cr(Ⅱ)生成,Cr(Ⅱ)在空气中迅速被氧化成 Cr(Ⅲ)。

$$Cr + 2HCl \longrightarrow CrCl_2(\text{蓝色}) + H_2\uparrow$$

$$4CrCl_2 + 4HCl + O_2 \longrightarrow 4CrCl_3(\text{绿色}) + 2H_2O$$

铬与浓硫酸反应,则生成二氧化硫和硫酸铬(Ⅲ)。

$$2Cr + 6H_2SO_4 \longrightarrow Cr_2(SO_4)_3 + 3SO_2 + 6H_2O$$

但铬不溶于浓硝酸,因为表面生成致密的氧化物薄膜而呈钝态。

在高温下,铬活泼,和 X_2、O_2、S、C、N_2 直接化合,生成相应化合物,一般生成 Cr(Ⅲ)化合物。高温时也和酸反应,熔融时也可以和碱反应。

铬在冷、浓 HNO_3 中钝化。铬与铝相似,也因易在表面形成一层氧化膜而钝化。未钝化的铬可以与 HCl、H_2SO_4 等作用,甚至可以从锡、镍、铜的盐溶液中将它们置换出来;有钝化膜的铬

在冷 HNO_3、浓 H_2SO_4，甚至王水中皆不溶解。

铬是最硬的金属。主要用于电镀和冶炼合金钢。铬能增强钢的耐磨性、耐热性和耐腐蚀性能，并可使钢的硬度、弹性和抗磁性增强，因此用它冶炼多种合金钢。普通钢中含铬量大多在0.3%以下，含铬在1%～5%的钢叫铬钢，含12%以上的钢称为不锈钢，是广泛使用的金属材料。镀铬层优点是耐磨、耐腐蚀又极光亮。在汽车、自行车和精密仪器等器件表面镀铬，可使器件表面光亮、耐磨、耐腐蚀。

20.1.2　铬(Ⅲ)的化合物

Cr^{3+} 离子的外电子层结构是 $3s^2 3p^6 3d^3$，属于8～18电子结构，离子半径比较小(62 pm)，显两性，容易生成配合物。Cr^{3+} 中3个未成对d电子在可见光的作用下发生d-d跃迁，使化合物显颜色。

铬(Ⅲ)的重要化合物主要有：氧化物 Cr_2O_3、氢氧化物 $Cr(OH)_3$ 和常见的盐，如 $CrCl_3$、$Cr_2(SO_4)_3$、$KCr(SO_4)_2$(铬钾矾)等。

1. 三氧化二铬(Cr_2O_3)和氢氧化物($Cr(OH)_3$)

Cr_2O_3 为绿色晶体，是一种绿色颜料，俗称铬绿。Cr_2O_3 具有明显的两性，与酸或碱溶液作用生成相应的盐。

$$Cr_2O_3 + 6H^+ = 2Cr^{3+} + 3H_2O$$

$$Cr_2O_3 + 2OH^- + 3H_2O = 2Cr(OH)_4^-$$

Cr_2O_3 与焦硫酸钾在高温下反应：

$$Cr_2O_3 + 3K_2S_2O_7 = 3K_2SO_4 + Cr_2(SO_4)_3$$

Cr_2O_3 常用作媒染剂、有机合成的催化剂以及油漆的颜料，也是冶炼金属铬和制取铬盐的原料。

铬(Ⅲ)盐溶液与适量的氨水或 NaOH 溶液作用时，即有灰绿色的胶状沉淀 $Cr(OH)_3$ 生成。将其一分为二，向一份中继续加碱，$Cr(OH)_3$ 逐渐溶解，变为亮绿色的亚铬酸盐 $Cr(OH)_4^-$ 溶液；向另一份中加酸，$Cr(OH)_3$ 溶解，又变为 Cr^{3+} 溶液。这说明 $Cr(OH)_3$ 也具有两性。

$$Cr(OH)_3 + 3H^+ = Cr^{3+} + 3H_2O$$

此外，$Cr(OH)_3$ 还能溶解在过量的氨水中，生成铬氨配合物。这一性质与 $Al(OH)_3$ 和 $Fe(OH)_3$ 不同。

$$Cr(OH)_3 + 6NH_3 = [Cr(NH_3)_6](OH)_3$$

由铬的标准电极电势图可知，在碱性介质中，$Cr(OH)_4^-$ 具有较强的还原性。中等强度的氧化剂，如 H_2O_2、Cl_2 等，即可将 $Cr(OH)_4^-$ 氧化成为 CrO_4^{2-}。

$$\underset{\text{亮绿色}}{2Cr(OH)_4^-} + 3H_2O_2 + 2OH^- = \underset{\text{黄色}}{2CrO_4^{2-}} + 8H_2O$$

2. 铬(Ⅲ)盐及配合物

常见的铬(Ⅲ)盐有 $CrCl_3 \cdot 6H_2O$(紫色或绿色)、$Cr_2(SO_4)_3 \cdot 18H_2O$(紫色)、铬钾矾 $KCr(SO_4)_2 \cdot 12H_2O$(蓝紫色)。它们都易溶于水，水合离子$[Cr(H_2O)_6]^{3+}$不仅存在于溶液中，也存在于上述化合物的晶体中。$[Cr(H_2O)_6]^{3+}$为八面体结构。

在酸性溶液中 Cr(Ⅲ)的还原性很弱，相应的标准电极电势为：

$$Cr_2O_7^{2-} + 14H^+ + 6e^- \longrightarrow 2Cr^{3+} + 7H_2O \qquad E_A^\ominus = 1.33\ V$$

因而只有过硫酸铵或高锰酸钾等少数强氧化剂才能将 Cr(Ⅲ)氧化为 Cr(Ⅵ)。

$$2Cr^{3+} + 3S_2O_8^{2-} + 7H_2O \xrightarrow{\triangle} Cr_2O_7^{2-} + 6SO_4^{2-} + 14H^+$$

$$10Cr^{3+} + 6MnO_4^- + 11H_2O \longrightarrow 5Cr_2O_7^{2-} + 6Mn^{2+} + 22H^+$$

Cr^{3+} 离子具有很强的形成配合物的倾向，除少数配合物外，Cr(Ⅲ)的配位数通常为 6，例如，Cr^{3+} 离子与 CN^-、X^-、NH_3 及有机配体易形成稳定的配合物。Cr^{3+} 离子的配合物大多显色。

配合物 $CrCl_3 \cdot 6H_2O$ 由于制备条件的不同，可以得到三种不同颜色的晶体。这三种晶体在一定条件下又能相互转化。

制备方法	蒸发结晶	将暗绿色溶液冷却，通入 HCl 气	用乙醚处理紫色晶体，溶液通 HCl
配合物化学式	$[Cr(H_2O)_4Cl_2]Cl \cdot 6H_2O$	$[Cr(H_2O)_6]Cl_3$	$[Cr(H_2O)_5Cl]Cl_2 \cdot H_2O$
晶体颜色	暗绿	紫色	浅绿

Cr^{3+} 在液态氨中才能形成$[Cr(NH_3)_6]^{3+}$，在氨水溶液中形成 $Cr(OH)_3$ 沉淀。

若$[Cr(H_2O)_6]^{3+}$ 内界中的 H_2O 为 NH_3 取代后，配离子颜色发生以下变化：

$$\underset{紫}{[Cr(H_2O)_6]^{3+}} \underset{NH_4^+}{\overset{NH_3}{\rightleftharpoons}} \underset{浅红}{[Cr(NH_3)_3(H_2O)_3]^{3+}} \underset{NH_4^+}{\overset{NH_3}{\rightleftharpoons}} \underset{黄}{[Cr(NH_3)_6]^{3+}}$$

根据晶体场理论，在八面体配离子中，Cr^{3+} 的三个 d 电子处于能量较低的 t_{2g} 轨道，作为配位体的 NH_3 分子其场强是 H_2O 分子的 1.25 倍。因此，配位 NH_3 分子越多，Cr^{3+} 的 d 轨道分裂能越大，激发 t_{2g} 轨道中 d 电子就要吸收能量更高、波长更短的光(如紫光)，故配离子呈现吸收光(波长短的光)的补色，即黄或红色。

$Cr_2(SO_4)_3 \cdot 18H_2O$ 是蓝紫色晶体，溶于水得蓝紫色溶液；若放置或加热，则变为绿色溶液。蓝紫色是$[Cr(H_2O)_6]^{3+}$ 的颜色，加热时由于$[Cr(H_2O)_6]^{3+}$ 和 SO_4^{2-} 结合成结构复杂的离子，溶液的颜色由蓝紫色变为绿色。

Cr(Ⅲ)化合物主要用于鞣革中，碱式硫酸铬$[Cr(OH)SO_4]$是重要的铬鞣剂。

20.1.3 铬(Ⅵ)的化合物

1. 三氧化铬(CrO_3)

CrO_3 为暗红色的针状晶体，易潮解、有毒。CrO_3 可由固体 $K_2Cr_2O_7$(或 $Na_2Cr_2O_7$)和浓 H_2SO_4 经复分解反应制得，具体的方法为，向 $K_2Cr_2O_7$ 饱和溶液中加入过量浓 H_2SO_4，即析出暗红色晶体 CrO_3。

$$K_2Cr_2O_7 + H_2SO_4(浓) \longrightarrow 2CrO_3\downarrow + K_2SO_4 + H_2O$$

实验室中所用的洗液就是重铬酸钾饱和溶液和浓硫酸的混合物(往 5 g $K_2Cr_2O_7$ 配制的热溶液中加入 100 mL 浓 H_2SO_4)叫铬酸洗液，有强氧化性，可用来洗涤化学玻璃器皿，以除去器壁上黏附的油脂层。洗液经使用后，棕红色逐渐转变成暗绿色。若全部变成暗绿色，说明 Cr(Ⅵ)已转化成为 Cr(Ⅲ)，洗液已失效。

CrO_3 熔点较低，热稳定性较差，受热时(434～511 ℃)发生分解：

$$4CrO_3 \xlongequal{\triangle} 2Cr_2O_3 + 3O_2\uparrow$$

CrO_3 溶于碱生成铬酸盐：

$$CrO_3 + 2NaOH = Na_2CrO_4 + H_2O$$

因此，CrO_3 被称作铬(Ⅵ)酸的酐，简称铬酐。它遇水能形成铬(Ⅵ)的两种酸：铬酸 H_2CrO_4 和其二聚体 $H_2Cr_2O_7$。铬酸是强酸，酸度接近于硫酸，但只存在于水溶液中而未分离出游离的 H_2CrO_4。

CrO_3 有强氧化性，遇有机物可发生剧烈的氧化还原反应，甚至起火。在工业上主要用于电镀业和鞣革业，还可用作纺织品的媒染剂和金属清洁剂等。

2. 铬酸盐和重铬酸盐

由于 Cr(Ⅵ)的含氧酸无游离状态，因而常用的是其盐。铬酸钠(Na_2CrO_4)和铬酸钾(K_2CrO_4)都是黄色晶体，前者和许多钠盐相似，容易潮解。这两种铬酸盐的水溶液都显碱性。重铬酸钠($Na_2Cr_2O_7$)和重铬酸钾($K_2Cr_2O_7$)都是橙红色晶体，易潮解，它们的水溶液都显酸性。$Na_2Cr_2O_7$ 和 $K_2Cr_2O_7$ 的商品名分别称红矾钠和红矾钾，都是强氧化剂，在鞣革、电镀等工业中广泛应用。$K_2Cr_2O_7$ 具有无吸潮性，又易用重结晶法提纯的优点，使其成为分析化学中常用的基准试剂。但 $Na_2Cr_2O_7$ 价廉，溶解度也比较大，若工业上重铬酸盐用量较大，要求纯度不高时，宜选用 $Na_2Cr_2O_7$。

铬酸盐和重铬酸盐的性质差异主要表现在以下三个方面。

(1) 溶解性

大多数重铬酸盐易溶于水，而铬酸盐中钾、钠、铵盐易溶，其余的一般难溶。因此，无论向重铬酸盐还是向铬酸盐溶液中加入某种沉淀金属离子时，由于 CrO_4^{2-} 和 $Cr_2O_7^{2-}$ 间的转化关系，生成的都是铬酸盐沉淀。例如，当向铬酸盐或重铬酸盐溶液中加入 Ba^{2+}、Pb^{2+}、Ag^+ 等离子时，生成的都是铬酸盐沉淀。

$$CrO_4^{2-} + Pb^{2+} = PbCrO_4\downarrow \text{（铬黄）}$$

$$Cr_2O_7^{2-} + 2Pb^{2+} + H_2O = 2PbCrO_4\downarrow + 2H^+ \quad \text{（此反应用于鉴定 } Pb^{2+}\text{）}$$

$$CrO_4^{2-} + 2Ag^+ = Ag_2CrO_4\downarrow \text{（砖红色）}$$

$$Cr_2O_7^{2-} + 4Ag^+ + H_2O = 2Ag_2CrO_4\downarrow + 2H^+ \quad \text{（此反应用于鉴定 } Ag^+\text{）}$$

若向难溶的 Ag_2CrO_4、$PbCrO_4$、$BaCrO_4$、$SrCrO_4$ 的溶液中加酸，平衡向着生成 $Cr_2O_7^{2-}$ 离子的方向移动，沉淀溶解。其溶解的反应式是沉淀反应的逆反应，以 $BaCrO_4$ 的溶解为例：

$$2BaCrO_4 + 4HNO_3 = H_2Cr_2O_7 + 2Ba(NO_3)_2 + H_2O \qquad K = 6.1\times10^{-6}$$

在 HAc 溶液中，只有 $SrCrO_4$ 溶解，其他三种难溶铬酸盐都不溶。

(2) 氧化性

在酸性介质中，重铬酸盐具有较强的氧化性，而碱性溶液中铬酸盐的氧化性极差。$Cr_2O_7^{2-}$ 在酸性溶液中可氧化 H_2S、H_2SO_3、HCl、HI、$FeSO_4$ 等物质，本身被还原为 Cr^{3+}：

$$Cr_2O_7^{2-} + 3SO_3^{2-} + 8H^+ = 2Cr^{3+} + 3SO_4^{2-} + 4H_2O$$

$$Cr_2O_7^{2-} + 6Fe^{2+} + 14H^+ = 2Cr^{3+} + 6Fe^{3+} + 7H_2O \quad \text{（此反应用于测定 Fe 含量）}$$

$$Cr_2O_7^{2-} + 3H_2S + 8H^+ = 2Cr^{3+} + 3S\downarrow + 7H_2O$$

$$Cr_2O_7^{2-} + 6I^- + 14H^+ \xlongequal{} 2Cr^{3+} + 3I_2\downarrow + 7H_2O$$

加热条件下 $Cr_2O_7^{2-}$ 能与浓 HCl 作用放出 Cl_2：

$$K_2Cr_2O_7 + 14HCl(浓) \xlongequal{} 2CrCl_3 + 3Cl_2\uparrow + 7H_2O + 2KCl$$

在酸性溶液中 $Cr_2O_7^{2-}$ 能氧化 H_2O_2，$Cr_2O_7^{2-}$ 被还原为 Cr^{3+} 离子。在反应过程中，先生成中间产物过氧化铬 CrO_5。

$$Cr_2O_7^{2-} + 4H_2O_2 + 2H^+ \xlongequal{} 2CrO_5 + 5H_2O$$

CrO_5 不稳定，易分解放出氧气。

$$4CrO_5 + 12H^+ \xlongequal{} 4Cr^{3+} + 7O_2\uparrow + 6H_2O$$

在乙醚存在时，乙醚层呈现蓝色则表明 CrO_5 的存在，是检验 Cr(Ⅵ)和 H_2O_2 的灵敏反应。

重铬酸钾也可被乙醇还原：

$$3CH_3CH_2OH + 2K_2Cr_2O_7 + 8H_2SO_4 \xlongequal{} 3CH_3COOH + 2Cr_2(SO_4)_3 + 2K_2SO_4 + 11H_2O$$

利用该反应可检测司机是否酒后驾驶。

(3) CrO_4^{2-} 和 $Cr_2O_7^{2-}$ 相互转化

若向黄色 CrO_4^{2-} 溶液中加酸，溶液变为 $Cr_2O_7^{2-}$ 橙色液；反之，向橙色 $Cr_2O_7^{2-}$ 溶液中加碱，又变为 CrO_4^{2-} 黄色液。

$$\underset{黄色}{2CrO_4^{2-}} + 2H^+ \rightleftharpoons \underset{橙红色}{Cr_2O_7^{2-}} + H_2O \qquad K = 4.2\times10^{14}$$

由平衡方程式可知，加酸平衡右移，溶液中 $c(Cr_2O_7^{2-})$ 升高，溶液显橙红色；加碱平衡左移，溶液中 $c(CrO_4^{2-})$ 升高，溶液显黄色。即溶液中 $Cr_2O_7^{2-}$ 和 CrO_4^{2-} 的浓度受 $c(H^+)$ 的影响，酸性溶液中主要以 $Cr_2O_7^{2-}$ 离子的形式存在，碱性溶液中主要以 CrO_4^{2-} 离子的形式存在。

3. 氯化铬酰(CrO_2Cl_2)

CrO_2Cl_2 是血红色液体。固体 $K_2Cr_2O_7$ 和 KCl 混合物及浓 H_2SO_4 在加热下作用，得到 CrO_2Cl_2(熔点 −96.5 ℃，沸点 117 ℃)。

$$K_2Cr_2O_7 + 4KCl + 3H_2SO_4 \xlongequal{\triangle} 2CrO_2Cl_2 + 3K_2SO_4 + 3H_2O$$

遇水易分解生成 H_2CrO_4 和 HCl。

$$CrO_2Cl_2 + 2H_2O \xlongequal{} H_2CrO_4 + 2HCl$$

钢铁分析中为消除铬对测定锰含量的干扰，利用生成 CrO_2Cl_2 的反应加热使其挥发。

4. 含铬废水的处理

在铬的化合物中，以 Cr(Ⅵ)的毒性最大。铬酸盐能降低生化过程的需氧量，从而发生内窒息。它对胃、肠等有刺激作用，对鼻黏膜的损伤最大，长期吸入会引起鼻膜炎，并有致癌作用。Cr(Ⅲ)化合物的毒性次之，Cr(Ⅱ)及金属铬的毒性较小。电镀和制革工业以及生产铬化合物的工厂是含铬废水的主要来源。我国国标规定，工业废水含 Cr(Ⅵ)的排放标准为 0.1 $mg\cdot L^{-1}$。处理含铬废水的方法有三种：

(1) 化学法

一般用 $FeSO_4$、Na_2SO_3、$Na_2S_2O_3$、$N_2H_4\cdot 2H_2O$(水合肼)或含 SO_2 的烟道废气等作为还原剂，将 Cr(Ⅵ)还原成 Cr(Ⅲ)，再用石灰乳沉淀为 $Cr(OH)_3$ 除去，从而将废水内含 Cr(Ⅵ) 量降至 0.01～0.1 $mg\cdot L^{-1}$。

$$Cr_2O_7^{2-}+3H_2SO_3+2H^+ \longrightarrow 2Cr^{3+}+4H_2O+3SO_4^{2-}$$

(2) 电解法

电解法是用金属铁作阳极，Cr(Ⅵ)在阴极上被还原成Cr(Ⅲ)，阳极溶解下来的亚铁离子也可将Cr(Ⅵ)还原成Cr(Ⅲ)。

阳极反应：　$Fe \longrightarrow Fe^{2+}+2e^-$

阴极反应：　$2H^++2e^- \longrightarrow H_2$

随着阳极Fe溶解成Fe^{2+}，它就将溶液中的$Cr_2O_7^{2-}$还原为Cr^{3+}。

$$Cr_2O_7^{2-}+14H^++6Fe^{2+} \longrightarrow 2Cr^{3+}+6Fe^{3+}+7H_2O$$

同时，由于阴极附近的H^+离子浓度降低，pH增大，使Cr^{3+}和Fe^{3+}生成氢氧化物沉出。经处理后废水中含铬量可降至0.01 mg·L^{-1}。

(3) 离子交换法

Cr(Ⅵ)在废水中常以阴离子CrO_4^{2-}或$Cr_2O_7^{2-}$存在，让废水流经阴离子交换树脂进行离子交换。交换后的树脂用NaOH处理，再生后重复使用。交换和再生的反应式如下：

$$2R_4NOH+CrO_4^{2-} \longrightarrow (R_4N)_2CrO_4+2OH^-$$

用NaOH溶液洗脱下来的高浓度CrO_4^{2-}溶液，应回收利用。

20.2 钼、钨及其化合物

钼、钨与铬同属ⅥB族，原子序数分别为42和74。Mo在地壳丰度为$7.5\times10^{-4}\%$，占第40位。W的地壳丰度为10^{-3}，占第39位。

铬与钼、钨的常见氧化态有差异，铬一般以Cr^{3+}存在(氧化后才成+6氧化态化合物)，而在钼与钨的化学中几乎没有什么报道。钼和钨的最高氧化态为+6，若它们原子中的部分d电子参与成键，氧化态还有+5、+4、+3、+2。

钼与钨相互之间在许多方面是相似的，均常以+6氧化态或者形形色色的多酸阴离子存在，不同氧化态的相对稳定性不同，它们的高氧化态(+4、+5、+6)都更为稳定等。过渡元素中4d、5d电子都比3d易被激发而参与成键，又因与第四周期相应元素相比较，半径大，故钼、钨高氧化态化合物更为稳定。

20.2.1 钼和钨的单质

钼在地壳中分布在各种物质中。从生物化学观点看，如果钼在土壤中含量过多，会发生植物由黄变橙的染色过程，并引起植物发育不良。

1. 金属的发现史

辉钼矿(二硫化钼，MoS)与石墨都是黑色柔软的矿物，二者非常相像。它们在很长的时间内被混淆不清，都被称作钼。1745年，克维斯特(B. Qvist)研究了辉钼矿，证明矿物含有硫并发现其中含有铁和铜(有些矿样中还含锡)，此外他肯定这种矿物还含有其他金属。1778年，瑞典化学家舍勒(C. W. Scheele)将辉钼矿石反复用硝酸溶解与蒸发，从而得到一种新的酸性氧化物。1782年，瑞典化学家埃尔姆(P. J. Hjelm)用亚麻子油调和木炭、钼酸密闭灼烧，首次制备出金属钼，并将该元素命名为Molybdenum，其中文译名为“钼”，元素符号为Mo。1910年左右，美国通用电器公司的科研人员首次将金属钼制成延性金属，金属钼就从此成为市场上的重要产品。钼化合物的研究是开始于1817年，大量的工作是在19世纪完成的。

钨的发现始于1779年。当时，沃尔夫(Peter Wolfe)考察并研究了当时新发现的一种矿石，名为Wolfamite，并指出它含有一种新的物质。1783年，瑞典化学家舍勒研究了当时在瑞典出产的一种密度大的白色矿石Tungsten。舍勒用硝酸分解这种矿石，得到一种与钼酸相似的白色酸，称为钨酸。他认为，还原钨酸有获得一种新金属的可能。后来，舍勒及伯格曼(Bergman)进一步指出，该酸可用还原法制得一种新的金属。同一年，西班牙的两位化学家德·鲁亚尔兄弟(F. D. Elhuyar，J. J. D. Elhuyar)用硝酸分解钨矿得到钨酸，用木炭还原钨酸首次制得黑褐色的金属钨粒。过了67年，人们才制得纯净的银白色金属钨。所以在前后四年中，从Wolfamite(黑钨矿)和Scheelite(白钨矿)中制得的金属具有两个名称——Wolfram及Tungsten，但又是同样的一种金属。如果依照一般的习惯，按发现的先后而定元素的名称便有困难了。现在只得将两个名称都保留使用。1959年，国际纯粹与应用化学联合会(IUPAC)曾将钨改名为Wolfram，但美国和英国并未接受这个名称。Tungsten至今仍保留在英文中，现在两个名称都被主要的科学团体所承认，我国仍习惯用Tungsten表示钨，元素符号为W，中译名为“钨”。

2. 金属的存在和用途

常见的重要钼矿有辉钼矿(MoS_2)。辉钼矿也是仅有的一种大型的、具有工业开采价值的矿物，国外最大的矿产区在美国的科罗拉多州，其次是在加拿大和智利。辉钼矿是一种风化了的花岗岩，还含有一些其他矿物，如钼华和黑钨矿。其他一些钼矿物有：钼铅矿($PbMoO_4$)、钼华($Fe_2O_3 \cdot 3MoO_6 \cdot 7.5H_2O$)、钼钨钙矿($CaMoO_4 \cdot CaWO_4$)。大部分的钼直接从钼矿中生产，一部分则是铜生产中的副产物。我国以河南栾川钼矿储量最大，品位亦高，并易采易选；其他如湖南郴州也具有丰富的钼矿。

常见的重要钨矿有黑钨矿($FeWO_4 \cdot MnWO_4$)、白钨矿($CaWO_4$)。黑钨矿中常杂有铌和钽，常存在钨矿中的其他杂入元素还有钪、砷、硅、锑、镁、钒、锡、银及钛等。白钨矿是一种钨酸钙化合物，化学式为$CaWO_4$，是钨的重要矿石。组织结构良好的水晶为收藏家所喜爱，并偶尔作为宝石之用。白钨矿可经由化学合成方法，如柴氏法等制备，所得的结晶可用作仿钻、闪烁晶体及固态的激活激光媒质。重要的钨矿位于玻利维亚、美国(加利福尼亚州和科罗拉多州)、中国、葡萄牙、俄罗斯以及韩国。中国出产全世界钨的75%。通过使用炭还原钨的氧化物获得纯的金属。全世界钨的储藏总量估计为700万吨，其中约30%是黑钨矿，70%是白钨矿。但是目前大多数这些矿藏无法经济性地开采。按照目前的消耗量这些矿藏只够使用约140年。另一个获得钨的方法是回收。

钼、钨是银白色金属，较硬，熔点高，在全部金属中钨的熔点最高。钨的密度很大。用H_2还原MO_3的反应温度低于Mo、W的熔点，得到的产品都是粉状物，将粉状物加压成型，然后在He或N_2气氛下，电弧加热烧结为棒状或块状。块状的Mo、W有较强的韧性和延性。钼、钨主要用于冶炼特种合金钢，一般钢材中含钼约0.01%左右，耐热钢和工具钢含钼约0.15%～0.70%，结构钢含钼约1%，不锈钢和某些高速切削钢含钼可达6%。钼钢用于制炮身、坦克、轮船甲板、涡轮机等。钨多用于冶炼高速切削钢，如含钨12%～20%、含钼6%～12%的钢是很好的高速切削钢；又如含14%～22%钨、3%～5%铬的合金钢，即使在红热时其硬度也不变，也是很好的高速切削钢。钼、钨还用于制电灯丝和其他无线电器材。

3. 钼和钨冶炼

钼矿中辉钼矿(MoS_2)的品位很低，约 0.3%(以 Mo 计约为 0.18%)。用浮选法可得到辉钼矿含量为 90%～95%的精矿。将此精矿进行焙烧去硫，制得工业级 MoO_3；再进行升华可得高纯 MoO_3，或用氨水浸取制得钼酸铵$(NH_4)_2MoO_4$。

$$2MoS_2 + 7O_2 = 2MoO_3 + 4SO_2$$

$$MoO_3 + 2NH_3 \cdot H_2O = (NH_4)_2MoO_4 + H_2O$$

过滤后用$(NH_4)_2S$ 沉淀滤液中的杂质 Cu^{2+} 等：

$$Cu(NH_3)_4^{2+} + S^{2-} = CuS\downarrow + 4NH_3$$

多余的$(NH_4)_2S$ 用 $Pb(NO_3)_2$ 除去：

$$Pb^{2+} + S^{2-} = PbS\downarrow$$

滤去 CuS、PbS 沉淀，酸化除杂质后的钼酸铵溶液得钼酸 H_2MoO_4 沉淀，于 400～500 ℃焙烧，得到白色 MoO_3。

$$(NH_4)_2MoO_4 + 2H^+ = H_2MoO_4\downarrow + 2NH_4^+$$

$$H_2MoO_4 \xlongequal{400 \sim 500\ ℃} MoO_3 + H_2O$$

白钨矿经浮选，黑钨矿经磁选后，将精矿砂和碳酸钠 Na_2CO_3 约在 800～900 ℃共熔。

$$CaWO_4 + Na_2CO_3 = Na_2WO_4 + CaCO_3$$

$$4FeWO_4 + 4Na_2CO_3 + O_2 = 4Na_2WO_4 + 2Fe_2O_3 + 4CO_2$$

$$4MnWO_4 + 4Na_2CO_3 + O_2 = 4Na_2WO_4 + 2Mn_2O_3 + 4CO_2$$

钨矿中所含 Si、P、As 等杂质，在熔矿过程中分别生成可溶性的 Na_2SiO_3、Na_3PO_4、Na_3AsO_4。为除去 P、As 杂质，使 PO_4^{3-}、AsO_4^{3-} 生成 NH_4MgPO_4 和 NH_4MgAsO_4 沉淀；为除去 Si 杂质，控制溶液酸度使其生成 H_2SiO_3 凝胶。实际上是用加入 $NH_4Cl\text{-}NH_3 \cdot H_2O$ 控制溶液酸度，提供足量的 NH_4^+，此外还加适量 $MgCl_2$。

$$Mg^{2+} + NH_4^+ + MO_4^{3-} = NH_4MgMO_4\downarrow \qquad (M = P、As)$$

$$SiO_3^{2-} + 2H^+ = H_2SiO_3\downarrow$$

过滤后，滤液用 HCl 酸化，生成 H_2WO_4 沉淀。

$$WO_4^{2-} + 2H^+ \xlongequal{pH<1} H_2WO_4\downarrow$$

为提高 WO_3 纯度，将生成的 H_2WO_4 和 $NH_3 \cdot H_2O$ 作用得钨酸铵$(NH_4)_2WO_4$ 溶液，蒸发浓缩，析出$(NH_4)_2WO_4$ 晶体，将其在 500～600 ℃下焙烧，得黄色 WO_3。

$$(NH_4)_2WO_4 \xlongequal{\triangle} WO_3 + H_2O\uparrow + 2NH_3\uparrow$$

在高温下用纯净 H_2 还原 MoO_3、WO_3，得纯 Mo 和 W。

辉钼矿中常含有稀散元素铼等，采用湿法冶金技术，可同时将它们作为副产物回收。

4. 化学性质

钼和钨的化学性质较稳定。与铬相似，它们的表面也易形成氧化膜而呈钝态。常温下，钼、钨不与氧、氮、卤素(氟除外)等化合。在高温下和氧作用，生成 MoO_3、WO_3；和炭作用，生成 Mo_2C、MoC、W_2C、WC；粉末的 Mo、W 和 NH_3 一同加热，得到 Mo_2N、MoN、W_2N。

钼与热浓 H_2SO_4 作用生成 MoO_2SO_4，HNO_3 或王水均可以溶解 Mo，HNO_3 和 Mo 作用生成 H_2MoO_4，但 Mo 不溶于 HCl。熔融碱不和 Mo 反应，Mo 与 KNO_3、$KClO_3$、Na_2O_2 共熔，被氧

化成钼酸盐。

钨不与 HCl、HNO_3、H_2SO_4 作用,只有王水或 HNO_3-HF 混合液才能缓慢溶解它。强碱液或熔融碱都不和 W 反应,W 只和 KNO_3、$KClO_3$、Na_2O_2 共熔时生成钨酸盐。生物体系对钨的爱好明显不如钼。作为一种微量元素,钨在生物体内的含量及其作用却比钼小。然而,从人类的安全和健康考虑,人们还是对钨的毒性和代谢,以及钨在某些生物化学过程中的作用进行了广泛的研究。

20.2.2 钼和钨的含氧化合物

钼和钨在化合物中的氧化态可以表现为+2 到+6,其中最稳定的氧化态为+6,例如三氧化钼(MoO_3)和三氧化钨(WO_3)、钼酸、钨酸及其相应的盐。Mo(Ⅳ)化合物则有二硫化钼 MoS_2 和 MoO_2,它们存在于自然界中。钨(Ⅳ)化合物较不稳定,而钨(Ⅵ)化合物较稳定。

1. 氧化物

MoO_3 是白色粉末,加热时变黄,熔点为 795 ℃,沸点为 1155 ℃,即使在低于熔点的情况下,它也有显著的升华现象。WO_3 为淡黄色粉末,加热时变为橙黄色,熔点为 1473 ℃,沸点为 1750 ℃。

MoO_3 虽可由钼或 MoS_2 在空气中灼烧得到,但通常是向钼酸铵中加盐酸,析出钼酸,再加热焙烧而得。

$$(NH_4)_2MoO_4 + 2HCl \xlongequal{\quad} H_2MoO_4\downarrow + 2NH_4Cl$$

$$H_2MoO_4 \xlongequal{\triangle} MoO_3 + H_2O$$

同样,WO_3 也可由往钨酸钠溶液中加入盐酸,析出钨酸(H_2WO_4),再加热脱水而得。

$$Na_2WO_4 + 2HCl \xlongequal{\quad} H_2WO_4\downarrow + 2NaCl$$

$$H_2WO_4 \xlongequal{\triangle} H_2O + WO_3$$

和 CrO_3 不同,MoO_3 和 WO_3 虽然都是酸性氧化物,但它们都不溶于水,仅能溶于氨水和强碱溶液生成相应的含氧酸盐。

$$MoO_3 + 2NH_4 \cdot H_2O \xlongequal{\quad} (NH_4)_2MoO_4 + H_2O$$

$$WO_3 + 2NaOH \xlongequal{\quad} Na_2WO_4 + H_2O$$

这两种氧化物的氧化性极弱,仅在高温下能被氢、炭或铝还原。

2. 含氧酸及其盐

钼酸和钨酸都是三氧化物的水合物,但一般常写为 H_2MoO_4 和 H_2WO_4。钼酸和钨酸在水中的溶解度很小,例如,在浓的硝酸溶液中,钼酸盐可转化为黄色的水合钼酸 $MoO_3 \cdot 2H_2O$,加热脱水变为白色的钼酸 $MoO_3 \cdot H_2O$。在正钨酸盐的热溶液中加强酸,析出黄色的钨酸 $WO_3 \cdot H_2O$,在冷的溶液中加入过量的酸,则析出白色的胶体钨酸 $WO_3 \cdot xH_2O$,白色的钨酸经长时间沸煮后,就转变为黄色。

将钼和钨的三氧化物溶于碱金属氢氧化物,可结晶出简单钼酸盐和钨酸盐,通式为 M_2MoO_4 和 M_2WO_4,其中的阴离子是简单的四面体形 MoO_4^{2-} 和 WO_4^{2-}。其他许多金属的含氧酸盐都可用复分解反应制得。碱金属、铵和镁盐都溶于水,但其他金属盐皆不溶。

钼酸盐、钨酸盐与铬酸盐不同,它们的氧化性很弱。在酸性溶液中,只能用强还原剂才能将 Mo(Ⅵ)还原为 Mo^{3+}。例如向$(NH_4)_2MoO_4$ 溶液中加入浓盐酸,再用金属锌还原,溶液最初显蓝色[钼蓝,为 Mo(Ⅵ)、Mo(Ⅴ)混合氧化态的化合物],然后还原为红棕色的 MoO_2^+,若 HCl 浓度很大,会出现翡翠绿色物种 $[MoOCl_5]^{2-}$。

$$2MoO_4^{2-} + Zn + 8H^+ = 2MoO_2^+ + Zn^{2+} + 4H_2O$$

$$2MoO_4^{2-} + Zn + 12H^+ + 10Cl^- = 2[MoOCl_5]^{2-} + Zn^{2+} + 6H_2O$$

继续还原,最终黑棕色物种为 $MoCl_3$。

$$2MoO_4^{2-} + 3Zn + 16H^+ + 6Cl^- = 2MoCl_3^- + 3Zn^{2+} + 8H_2O$$

钨酸盐的氧化性就更弱。

钼酸根和钨酸根离子中的氧原子可被硫原子取代而生成硫代钼酸根和硫代钨酸根离子,它们在碱金属盐如 K_2MoO_4 中与 SO_4^{2-} 同类型。

3. 同多酸和杂多酸

(1) 同多酸

前已提到,在 CrO_4^{2-} 离子的溶液中加酸后可得 $Cr_2O_7^{2-}$ 离子,如酸性很强,还可形成 $Cr_3O_{10}^{2-}$、$Cr_4O_{13}^{2-}$ 等多铬酸根离子。钼酸盐和钨酸盐在酸性溶液中,亦有很强的缩合倾向,且较铬酸盐更为突出。

由两个或多个同种简单含氧酸分子缩水而成的酸叫同多酸。能够形成同多酸的元素有 V、Mo、W、B、Si、P、As 等。它们形成的同多酸有:焦硫酸($H_2S_2O_7$)、重铬酸($H_2Cr_2O_7$)、三钼酸($H_2Mo_3O_{10}$)。除上述的各种多酸外,前面已学习过的多钒酸(如二钒酸 $H_4V_2O_7$、三钒酸 $H_3V_3O_9$)、多硅酸(如焦硅酸 $H_6Si_2O_7$)等都属于同多酸。这些酸相应的盐称同多酸盐,如十二钨酸十铵 $(NH_4)_{10}W_{12}O_{41} \cdot 11H_2O$ 等。它们的结构是简单含氧酸根以角、棱或面相连而成,其连接的公共点均为氧原子。

同多酸分子中的 H^+ 被金属阳离子 M^{n+} 取代后形成同多酸盐。在钒、钼、钨同多酸盐中常见的有:偏钒酸铵 $(NH_4)_4V_4O_{12}$、钼酸铵 $(NH_4)_6Mo_7O_{24} \cdot 4H_2O$、钨酸铵 $(NH_4)_6W_7O_{24} \cdot 6H_2O$ 等。

同多酸的生成条件和溶液酸度、浓度有关。往(简单)含氧酸盐溶液中逐渐加酸,随着溶液酸度增大,同多酸盐的缩合度(所含重复结构单元的数目)增加。Si、P、V、Cr、Mo、W 等元素的简单含氧酸属弱酸,结构中有—OH,因而容易缩水形成同多酸。

(2) 杂多酸

由两种不同含氧酸分子缩水而成的酸叫杂多酸。人们对钼和钨的磷、硅杂多酸研究较多,如:十二钼硅酸 $H_4(SiMo_{12}O_{40})$、十二钨硼酸 $H_5(BW_{12}O_{40})$,相应的盐称杂多酸盐。例如,向磷酸钠的热溶液加入 WO_3 达到饱和,就析出 12-钨磷酸钠,它的化学式为 $Na_3[P(W_{12}O_{40})]$或 $3Na_2O \cdot P_2O_5 \cdot 24WO_3$,其中 P : W = 1 : 12。杂多酸是一类特殊的配合物,其中的 P 或 Si 是配合物的中心原子,多钼酸根或多钨酸根为配位体。它们是固体酸。

用硝酸酸化的 $(NH_4)_2MoO_4$ 溶液加热到约 50 ℃,加入 Na_2HPO_4 溶液,可得到黄色晶体状沉淀 12-钼磷酸铵。

$$12MoO_4^{2-} + 3NH_4^+ + HPO_4^{2-} + 23H^+ = (NH_4)_3[P(Mo_{12}O_{40})] \cdot 6H_2O + 6H_2O$$

钼、钨和磷的杂多酸及其盐常用于分析化学上,例如上述反应就可用于检定 MoO_4^{2-} 或 PO_4^{3-} 离子。在这些杂多酸盐中,磷(Ⅴ)是中心原子,$W_3O_{10}^{2-}$ 和 $Mo_3O_{10}^{2-}$ 是配位体。在多酸中能够作为中心原子的元素很多,最重要的有 V、Nb、Ta、Cr、Mo、W 等过渡元素和 Si、P 等非金属元素。

钼磷杂多酸和一些还原剂如 $SnCl_2$、Zn 作用，杂多酸中部分 Mo(Ⅵ)被还原为 Mo(Ⅴ)，生成特征蓝色化合物，称为“钼磷蓝”，其可能组成是 $H_3PO_4 \cdot 10MoO_3 \cdot Mo_2O_5$。钢铁、土壤、农作物中的含磷量，常用生成“钼磷蓝”的比色法测定。目前杂多酸盐被用作催化剂等。

20 世纪 60 年代以前，多酸化学的发展较慢，但近几十年来对杂多化合物性质的研究十分活跃，由于它们具有优异性能，其应用前景为人们所瞩目。杂多酸具有酸性和氧化还原性以及在水溶液和固态中具有稳定均一的确定结构，从而显示出良好的催化性能。例如 P-V-Mo 杂多酸是乙烯氧化成乙醛、异丁烯酸的合成反应的很好的催化剂。此外，在用作新型的离子交换剂以及分析试剂上，杂多化合物也是很有前途的。最近发现一些杂多化合物具有较好的抗病毒、抗癌作用，如曾报道 $NaSb_9W_{21}O_{86}^{18-}$ 和$(NH_4)_{16}[Sb_8 \cdot W_{20}O_{80}] \cdot 32H_2O$ 具有这种性质。

20.3 锰及其化合物

锰族元素中，锰的性质与锝、铼有较大的差别，而锝、铼的性质相似。3 种元素在固态都有典型的金属结构，锝和铼具六方紧堆结构，锰有 4 种同素异形体，其中 α 型是室温下最稳定的一种，具有体心立方结构。锝是人工合成的元素，其相对原子质量取决于所用的同位素的种类。锰和铼的相对原子质量测定得相当准确，这是因为前者只有一种天然的同位素，而后者两种同位素在地球上的相对含量基本上是不变的(^{185}Re 37.500%，^{187}Re 62.500%)。本族元素中锰和铼的电子层结构是$(n-1)d^5ns^2$，而锝是$(n-1)d^6ns^1$，ns 电子和$(n-1)$d 电子能部分或全部参与形成化学键，因此它们具有各种不同的氧化态，高氧化态可为+7，锰的 $3d^5$ 电子比较稳定，一方面导致+2 是锰的最稳定氧化态(锝和铼的+2 氧化态不稳定，只存在于配离子中)，一方面使离域作用减小，产生较弱的金属-金属(M—M)键合作用。

20.3.1 锰的单质

1. 发现和存在

18 世纪后半期，瑞典化学家甘思(Johann Gahn)研究软锰矿时，认为它是一种不同于以往金属的氧化物，但他并没有成功分离。舍勒尝试分离，也没有成功。到了 1774 年，甘思在一只坩埚里盛满了潮湿的木炭粉末，把用油调过的软锰矿粉放在木炭末正中，上面再覆盖一层木炭末，外面罩上一只坩埚，用泥密封；加热约 1 小时后，打开坩埚，埚内生成了纽扣般大小的一块金属锰。这种金属锰纯度不高，高纯度(99.9%)的锰是在 20 世纪 30 年代通过电解 Mn(Ⅱ)溶液才得到的。甘思将之命名为 Manganese，中文按其译音定名为“锰”。

锰在地壳中含量 1.06×10^{-3}，丰度为 0.085%，占第 14 位。在最丰产的过渡元素中，锰仅次于铁和钛，居第 3 位。它分布很广，主要以氧化物形式存在。锰的重要矿石为氧化物和碳酸盐，前者如软锰矿(MnO_2)、黑锰矿(Mn_3O_4)，后者为菱锰矿($MnCO_3$)，分布在前苏联、加蓬、南非、巴西、澳大利亚、印度和中国。

锰矿经风雨浸淋，锰、铁和其他金属的氧化物胶粒被冲洗入海，聚集形成“锰结核”，每年约有 10^7 t 沉积在海底。锰核的组成不定，干的锰核中一般含有 15%～30% Mn。

2. 制备和性质

根据还原方法的不同，单质锰分为“还原锰”和“电解锰”两种。在高温用炭或铝还原氧化锰得到还原锰。

$$MnO_2 + 2CO \longrightarrow Mn + 2CO_2$$

$$3Mn_3O_4 + 8Al \longrightarrow 9Mn + 4Al_2O_3$$

电解 $MnCl_2$ 得到纯度很高的电解锰。锰是灰色似铁的金属，表面容易生锈而变暗黑，纯锰用途不大，主要是制造合金的重要材料。高锰钢既坚硬、又强韧，是轧制铁轨和架设桥梁的优良材料。Mn 与 Al、Fe 制成的合金钢是一种很有前途的超低温合金钢，其强度、韧性都十分优异，可用于液化天然气、液氮的储存和运送。锰也是人体必需的微量元素，在心脏及神经系统里起着举足轻重的作用。

锰属于活泼金属，在空气中锰表面生成的氧化膜，可以保护金属内部不受侵蚀。粉末状的锰能彻底被氧化，有时甚至能起火。

锰溶于一般的无机酸，生成 Mn(Ⅱ)盐。Mn 和冷水不发生反应，因生成的 $Mn(OH)_2$ 膜阻碍了反应的进行，加入 NH_4Cl 即可发生反应，放出 H_2，这一点与 Mg 相似。

锰和强酸反应生成 Mn(Ⅱ)盐和氢气：

$$Mn + 2H^+ \longrightarrow Mn^{2+} + H_2\uparrow$$

锰和冷、浓 H_2SO_4 反应很慢。

锰和卤素直接化合生成卤化锰 MnX_2，它们的晶型和 MgX_2 相同。锰和氟除生成 MnF_2 外，还生成 MnF_3。高温时，锰和 O_2、S、C、Si、B 等生成相应化合物。更高温度时，可与 N_2 化合。

$$3Mn + N_2 \xrightarrow{>1200\ ℃} Mn_3N_2$$

但锰不能直接与氢化合。有氧化剂存在时，Mn 和熔碱反应，生成绿色的锰酸钾。

$$2Mn + 4KOH + 3O_2 \xrightarrow{熔融} 2K_2MnO_4 + 2H_2O$$

20.3.2　锰的化合物

锰可呈现多种氧化态，在一定条件下，它们可以相互转化。因此，锰化合物的氧化还原性质表现极为丰富而重要。

1. Mn(Ⅱ)化合物

(1) 卤化物

Mn(Ⅱ)的价电子层具有 $3d^5$ 的半充满稳定结构，故 Mn^{2+} 离子是最稳定的状态。Mn(Ⅱ)的大多数配合物都是高自旋的，并呈八面体形，5 个 d 电子呈球形对称分布。这种构型特点，在离子，半径、水合热、配合物生成常数以及离子颜色等方面都有明显的反映。在大多数弱八面体配位场，如 H_2O 中，Mn^{2+} 的 d 电子构型是 $(t_{2g})^3(e_g)^2$，t_{2g} 电子是不成键电子，e_g 是反键电子，因此，t_{2g} 电子不影响金属-配位键的键长，而反键轨道上的电子处于高能级，要排斥配位体，增加键长，从而使中心离子的半径增长。

锰(Ⅱ)的重要化合物是锰盐。常见的可溶性 Mn(Ⅱ)盐有：$MnSO_4$、$MnCl_2$ 和 $Mn(NO_3)_2$。Mn(Ⅱ)的强酸盐通常易溶于水，但 Mn(Ⅱ)的弱酸盐大多难溶于水，如碳酸锰($MnCO_3$)、硫化锰(MnS)等。

Mn(Ⅱ)能与卤素生成卤化物，如 MnF_2、$MnCl_2$、$MnBr_2$ 和 MnI_2 等。

MnF_2 为粉红色，微溶于水，其制备方法有四种：氢氟酸与碳酸锰或氢氧化锰反应；干燥的氟化氢与锰粉在 180 ℃作用;加热二氯化锰与干燥氟化氢反应;CO 与 NH_4MnF_3 反应。

单晶研究证实,MnF_2 具有变形的金红石结构,含有四方的变形 MnF_6 八面体,4 个 Mn—F 键长为 211 pm,2 个 Mn—F 键长为 214 pm。低温时 MnF_2 有反磁性,−193 ℃以上遵守 Curie-Weiss 定律,光谱分裂因子接近自由电子值。

无水氯化锰(Ⅱ)是粉红色晶体,可以采用金属锰溶于浓盐酸,在 580 ℃温度下通干燥 HCl 气脱水。$MnCl_2$ 易溶于水,在水溶液中析出六水、四水、二水的结晶水合物。在低温下析出的六水合物在−2 ℃时很快分解成四水合物。四水合物 $MnCl_2 \cdot 4H_2O$ 可在 $MnCl_2$ 的饱和溶液中制得,它是单斜晶体。水合 Mn(Ⅱ)卤化物有如下的热分解过程:

$$MnCl_2 \cdot 6H_2O \xlongequal{-2\ ℃} MnCl_2 \cdot 4H_2O + 2H_2O$$

$$MnCl_2 \cdot 4H_2O \xlongequal{55\ ℃} MnCl_2 \cdot 2H_2O + 2H_2O$$

$$MnCl_2 \cdot 2H_2O \xlongequal{135\ ℃} MnCl_2 \cdot H_2O + H_2O$$

$$MnCl_2 \cdot H_2O \xlongequal{210\ ℃} MnCl_2 + H_2O$$

$$MnCl_2 \xlongequal{191 \sim 228\ ℃} Mn + Cl_2$$

在 65 ℃温度下可自 $MnCl_2$ 饱和溶液中析出 $MnCl_2 \cdot 2H_2O$,它在室温下极易潮解。晶体结构属单斜晶系。

碳酸锰与氢溴酸反应,产物在 100 ℃脱水,725 ℃下在溴化氢气流中可制得无水溴化锰(Ⅱ);用乙酸锰与溴化乙酰在苯中反应,产物在 200 ℃下于氮气流中干燥,也可制备溴化锰(Ⅱ)。溴化锰(Ⅱ)易潮解,它有两种水合物,四水合物 $MnBr_2 \cdot 4H_2O$ 和二水合物 $MnBr_2 \cdot 2H_2O$。四水合物可由溴化锰的饱和溶液在室温蒸发制备;二水合物可在 65 ℃蒸发溴化锰饱和溶液而制得,也可按化学计量的碳酸锰与氢溴酸反应而成。

碘化锰(Ⅱ)易溶于水。无水碘化锰(Ⅱ)可在乙醚中由锰与碘直接作用而成,也可由 MnO_2 或 MnS 在密闭管内与三碘化铝在 230 ℃下反应制备。碳酸锰与氢碘酸按化学计量反应,可生成水合碘化锰 $MnI_2 \cdot 4H_2O$。

(2) 氧化物

锰有多种氧化物 Mn_2O_7、MnO_2、Mn_2O_3、Mn_3O_4 和 MnO。MnO 为锰氧化态最低的氧化物。高氧化态的氧化锰可被 H_2、CO 还原,生成绿灰至暗棕色的 MnO。还原需在低温下进行,高于 1200 ℃可还原成金属。

$$MnO_2 + H_2 \xlongequal{} MnO + H_2O$$

$$MnO_2 + CO \xlongequal{} MnO + CO_2$$

加热分解草酸锰 MnC_2O_4 或碳酸锰 $MnCO_3$,也能得到 MnO:

$$MnC_2O_4 \xlongequal{\triangle} MnO + CO + CO_2$$

$$MnCO_3 \xlongequal{\triangle} MnO + CO_2$$

$MnCO_3$ 于 100 ℃开始分解,330 ℃时生成的部分 MnO 还原 CO_2 得到 CO 和高氧化态氧化锰(锰的平均氧化态大于 2),而在还原气氛(如 H_2)下热分解 MnC_2O_4,可得到较纯的 MnO。

MnO 是碱性氧化物,不溶于水,能溶于酸。细粉末 MnO 在空气中会吸收氧呈褐色,MnO 有氯化钠的结构,当温度低于−155 ℃时具备抗铁磁性。

(3) 氢氧化物

Mn(Ⅱ)的氢氧化物是唯一按化学计量形成的锰的氢氧化物。由锰的标准电极电势图可知：Mn(Ⅱ)在碱性介质中还原性较强。Mn^{2+} 溶液遇 NaOH 或 $NH_3 \cdot H_2O$ 都能生成碱性、近白色 $Mn(OH)_2$ 沉淀。

$$Mn^{2+} + 2OH^- = Mn(OH)_2 \downarrow$$

$$Mn^{2+} + 2NH_3 \cdot H_2O = Mn(OH)_2 \downarrow + 2NH_4^+$$

$Mn(OH)_2$ 的 $K_{sp}=4.0\times10^{-14}$ 和 $Mg(OH)_2$ 的 $K_{sp}=1.8\times10^{-11}$ 相近，因此 $NH_3 \cdot H_2O$ 沉淀 Mn^{2+} 的反应不很完全，在有浓 NH_4^+ 存在时，得不到 $Mn(OH)_2$ 沉淀。

$Mn(OH)_2$ 是胶状白色沉淀，在空气中由于氧化迅速使颜色变深，甚至溶于水的少量氧气也能将其氧化成褐色 $MnO(OH)_2$。因此制备纯净 $Mn(OH)_2$ 必须在无氧条件下进行。

$$2Mn(OH)_2 + O_2 = 2MnO(OH)_2$$

这个反应在水质分析中用于测定水中的溶解氧。反应原理是在经吸氧后的 $MnO(OH)_2$ 中加入适量 H_2SO_4 使其酸化后，和过量的 KI 溶液作用，I^- 被氧化而析出 I_2，再用标准 $Na_2S_2O_3$ 溶液滴定 I_2，经换算就可知水中的溶解氧的含量。

Mn(Ⅱ)在酸性溶液中很稳定，只有强氧化剂如 $NaBiO_3$、$(NH_4)_2S_2O_8$ 等在高酸度的热溶液，才能将其氧化。

(4) 盐类

酸性介质中的 Mn^{2+} 遇到强氧化剂，如 $(NH_4)_2S_2O_8$、$NaBiO_3$、PbO_2、H_5IO_6 时被氧化成 MnO_4^-。

$$2Mn^{2+} + 5S_2O_8^{2-} + 8H_2O = 2MnO_4^- + 10SO_4^{2-} + 16H^+$$

$$2Mn^{2+} + 5BiO_3^- + 14H^+ = 2MnO_4^- + 5Bi^{3+} + 7H_2O$$

这两个反应用于鉴定 Mn^{2+}。做这些实验时，Mn^{2+} 浓度不宜太大，用量不宜过多(特别是第一个反应)，因为尚未被氧化的 Mn^{2+} 能和已生成的 MnO_4^- 反应得到棕色 MnO_2。

$$2MnO_4^- + 3Mn^{2+} + 2H_2O = 5MnO_2 + 4H^+$$

大多数二价锰盐皆易溶于水，而硫化锰、磷酸锰和碳酸锰仅微溶于水。二价锰的强酸盐在溶液中只有微弱的水解反应。二价锰盐中硫酸锰是最稳定的，即使在赤热时也不分解。

硫酸锰(Ⅱ)可由硫酸与任何锰化合物反应制得，也可由硫酸与氧化锰(Ⅱ)或碳酸锰(Ⅱ)反应制取。商品硫酸锰是由硫酸与还原剂作用于二氧化锰来制备的：

$$2MnO_2 + C + 2H_2SO_4 = 2MnSO_4 \cdot H_2O + CO_2$$

它也是制取氢醌的副产物，因为其中一个步骤是用 MnO_2 作氧化剂使苯胺转化为醌：

$$2C_6H_5NH_2 + 4MnO_2 + 5H_2SO_4 = 2C_6H_4O_2 + 4MnSO_4 + (NH_4)_2SO_4 + 4H_2O$$

硫酸锰(Ⅱ)有几种水合物：七、五、四、一和无水化合物。它们的转变温度如下：

$$MnSO_4 \cdot 7H_2O \xrightleftharpoons{9\ ℃} MnSO_4 \cdot 5H_2O \xrightleftharpoons{26\ ℃} MnSO_4 \cdot 4H_2O \xrightleftharpoons{27\ ℃} MnSO_4 \cdot H_2O$$

水合盐加热到 200 ℃以上，即可得到无水 $MnSO_4$。它相当稳定，即使加热到赤热也不分解，而 Fe(Ⅱ)、Co(Ⅱ)和 Ni(Ⅱ)的硫酸盐在这温度下皆已分解了。

硫酸锰(Ⅱ)与氨生成很多加合物 $MnSO_4 \cdot nNH_3(n=1\sim6)$。硫酸锰与肼、尿素和其他碱生成加合物。

无水硝酸锰(Ⅱ)可由水合硝酸锰在 P_2O_5 作为干燥剂的真空干燥器中干燥获得，也可由五氧化二氮与无水 $MnCl_2$ 反应而得。在此反应中得到 $Mn(NO_3)_2 \cdot N_2O_4$，在 90 ℃真空中加热，除去 N_2O_4，即制得 $Mn(NO_3)_2$。$Mn(NO_3)_2 \cdot N_2O_4$ 也可由 N_2O_4-乙酸乙酯混合物与金属锰反应而制备。无水硝酸锰是无色化合物，可潮解，易溶于水、二氧六环、四氢呋喃、乙腈等溶剂中，加热时分解成二氧化锰和二氧化氮。

易溶锰(Ⅱ)盐有以下几个特性：

① 锰(Ⅱ)的强酸盐比弱酸盐稳定。因为弱酸盐中的弱酸根水解使溶液显碱性，而在碱性溶液中锰(Ⅱ)易被空气中的氧气氧化，所以弱酸盐不够稳定。在制备锰(Ⅱ)时，无论用单质锰或碳酸锰与酸反应，均需溶液的 pH<7，否则将有 $MnO(OH)_2$ 沉淀析出。

② 锰(Ⅱ)盐结晶时，由于结晶温度不同，从溶液中析出晶体的含水量也不同。

③ 锰(Ⅱ)可以形成复盐和配离子，如 $MnCl_2$ 和碱金属氯化物形成相应的复盐 $MCl \cdot MnCl_2$。

④ 锰(Ⅱ)无水盐能和氨生成氨合物，如 $MnSO_4 \cdot 6NH_3$，这些氨合物受热脱氧。

自然界存在的碳酸锰叫锰晶石，是一种比较重要的锰矿石。实验室用碳酸盐加于硝酸锰(Ⅱ)溶液中，可制得 $MnCO_3$，沉淀在无氧条件下洗涤并在真空干燥器中干燥。在 100～200 ℃加热可得无水化合物。在有 CO_2 存在时加热含结晶水的 $MnCO_3 \cdot H_2O$，得无水 $MnCO_3$。碳酸锰的稳定性是由于它的不溶性，25 ℃时 $K_{sp}=8.8\times10^{-11}$，它甚至在沸水中也很少水解。纯净盐类是粉红色的，在空气中由于氧化，慢慢变暗。$MnCO_3$ 受热分解，生成锰的氧化物，其氧化态依赖于分解时有无氧的存在。

Na_2HPO_4 溶液和 Mn^{2+} 溶液反应，得到白色 $Mn_3(PO_4)_2 \cdot 7H_2O$ 晶体。Na_2HPO_4、NH_4Cl 溶液及少量 $NH_3 \cdot H_2O$ 和 Mn^{2+} 溶液反应，得到白色丝状晶体 $NH_4MnPO_4 \cdot H_2O$。后者受热得焦磷酸锰($Mn_2P_2O_7$)。

$$Mn^{2+} + NH_4^+ + PO_4^{3-} + H_2O \xlongequal{} NH_4MnPO_4 \cdot H_2O \downarrow$$

$$2NH_4MnPO_4 \cdot H_2O \xlongequal{\triangle} Mn_2P_2O_7 + 2NH_3 \uparrow + 3H_2O$$

总之，锰(Ⅱ)化合物的性质和镁、铁(Ⅱ)盐相似。

2. 锰(Ⅲ)化合物

锰(Ⅲ)化合物都不太稳定，然而几个配离子如$[Mn(PO_4)_2]^{3-}$和$[Mn(CN)_6]^{3-}$比较稳定。$[Mn(PO_4)_2]^{3-}$的溶液显紫色(和 MnO_4^- 颜色相近)，利用生成它的反应可以定量测定锰含量。在磷酸介质中，用氧化剂(如 NH_4NO_3)把锰(Ⅱ)氧化成$[Mn(PO_4)_2]^{3-}$，再用已知浓度的 Fe^{2+} 溶液滴定锰(Ⅱ)，可计算出锰的含量。

固态 $M_3[Mn(CN)_6]$呈暗红色，它的组成和 $M_3[Fe(CN)_6]$相似，两种物质的晶型也相同。在溶液中 Mn^{2+} 容易歧化分解为 Mn^{2+} 和 MnO_2，所以它在酸性溶液中很不稳定。

$$2Mn^{3+} + 2H_2O \xlongequal{} MnO_2 + Mn^{2+} + 4H^+$$

3. 锰(Ⅳ)化合物

最重要的锰(Ⅳ)化合物是二氧化锰 MnO_2。MnO_2 为棕黑色粉末，是锰最稳定的氧化物，在酸性溶液中有强氧化性，与浓 HCl 作用有氯气生成，与浓 H_2SO_4 作用有氧气放出：

$$MnO_2 + 4HCl(浓) \xlongequal{} MnCl_2 + Cl_2 \uparrow + 2H_2O$$

$$2MnO_2 + 2H_2SO_4(浓) = 2MnSO_4 + O_2\uparrow + 2H_2O$$

前一反应常用于实验室制备少量氯气，但 MnO_2 与稀 HCl 不反应。

二氧化锰在干电池中作去极剂。在锰-锌干电池中，锌为负极，石墨为正极，NH_4Cl 和淀粉糊作电解质。电解质中 NH_4Cl 水解：

$$NH_4^+ + H_2O = NH_3 \cdot H_2O + H^+$$

当有电流通过时，H^+ 在正极上得到电子产生 H_2，它有一定的超电势，所以要用 MnO_2 消去这种极化作用，反应如下：

$$MnO_2 + NH_4^+ + 2H_2O + e^- = Mn(OH)_2 + NH_3 \cdot H_2O$$

MnO_2 在强碱介质中可显示出还原性。例如，MnO_2 和 KOH 的固体混合后加热熔融，空气中的 O_2（或加入 $KClO_3$、KNO_3 等氧化剂）能将 MnO_2 氧化成深绿色的锰酸钾：

$$3MnO_2 + 6KOH + KClO_3 = 3K_2MnO_4 + 3H_2O + KCl$$

总之，MnO_2 在强酸中易被还原，在碱中有一定的还原性，在中性时稳定。

MnO_2 主要作氧化剂，在有机合成、化工生产、干电池制造以及玻璃、油漆等许多工业领域中都有重要的用途。

简单的锰(Ⅳ)盐在水溶液中极不稳定，或水解生成水合二氧化锰 $MnO(OH)_2$，或在浓强酸中和水反应生成氧气和锰(Ⅱ)盐。

在较浓的硫酸溶液中，高锰酸氧化硫酸锰生成黑色的 $Mn(SO_4)_2$ 晶体，此晶体在稀硫酸中水解生成水合二氧化锰沉淀。

二氧化锰能和许多金属氧化物生成亚锰酸盐 $M_2[MnO_3]$。亚锰酸盐的组成因反应物用量及反应条件不同而异，如氧化钙和二氧化锰作用生成的亚锰酸盐有：$2CaO \cdot MnO_2$、$CaO \cdot MnO_2$、$CaO \cdot 2MnO_2$、$CaO \cdot 3MnO_2$、$CaO \cdot 5MnO_2$。

4. 锰(Ⅵ)化合物

最重要的锰(Ⅵ)化合物是锰酸钾 K_2MnO_4。在熔融碱中，MnO_2 被氧气氧化成 K_2MnO_4。

$$2MnO_2 + O_2 + 4KOH = 2K_2MnO_4 + 2H_2O$$

锰酸钾是无水深绿（近似于黑）色晶体，锰酸钠带有结晶水 $Na_2MnO_4 \cdot nH_2O(n=4, 6, 10)$。锰酸盐只有在相当强的碱中才稳定，溶于强碱溶液显绿色，但在酸性、中性及弱碱性介质中，发生歧化反应：

$$3K_2MnO_4 + 2H_2O = 2KMnO_4 + MnO_2\downarrow + 4KOH$$

锰酸盐是制备高锰酸盐的中间体。固体 K_2MnO_4 加热至 220 ℃以上，开始分解成 K_2MnO_3 和 O_2：

$$2K_2MnO_4 \xlongequal{\triangle} 2K_2MnO_3 + O_2\uparrow$$

5. 锰(Ⅶ)化合物

重要的锰(Ⅶ)化合物有高锰酸钾和高锰酸钠。实验工作中常用钾盐，因钠盐易潮解。

以软锰矿为原料（MnO_2）制备高锰酸钾，先制锰酸盐 K_2MnO_4：

$$3MnO_2 + 6KOH + KClO_3 = 3K_2MnO_4 + KCl + 3H_2O$$

将锰酸盐转化为高锰酸盐有三种方法：

① 将 CO_2 通入碱性 K_2MnO_4 溶液，由于溶液的碱度降低，MnO_4^{2-} 发生自氧化还原作用，得到 $KMnO_4$ 溶液和 MnO_2 沉淀，过滤，浓缩溶液得 $KMnO_4$ 晶体。此法仅 2/3 的 K_2MnO_4 转化为

$KMnO_4$,产率较低。

② 用 Cl_2 氧化 K_2MnO_4 溶液,得到 $KMnO_4$ 和 KCl。

$$2K_2MnO_4 + Cl_2 \longrightarrow 2KMnO_4 + 2KCl$$

所得 $KMnO_4$ 和 KCl 较难分离干净。

③ 用电解氧化法制备 $KMnO_4$。

阳极反应: $2MnO_4^{2-} - 2e^- \longrightarrow 2MnO_4^-$

阴极反应: $2H_2O + 2e^- \longrightarrow H_2 + 2OH^-$

电解法产率高,利用率高,质量好,得到的 KOH 可用于第一步由 MnO_2 制 K_2MnO_4。

高锰酸钾是深紫(近似黑)色晶体。在 180 ℃分解放出纯 O_2。

$$2KMnO_4 \xlongequal{\triangle} K_2MnO_4 + MnO_2 + O_2 \uparrow$$

这是实验室制备少量氧气的一种简便方法。

高锰酸钾是强氧化剂,和还原剂反应所得产物因溶液酸度不同而异,例如和 SO_3^{2-} 的反应:

酸性: $2MnO_4^- + 5SO_3^{2-} + 6H^+ \longrightarrow 2Mn^{2+} + 5SO_4^{2-} + 3H_2O$

近中性: $2MnO_4^- + 3SO_3^{2-} + H_2O \longrightarrow 2MnO_2 + 3SO_4^{2-} + 2OH^-$

碱性: $2MnO_4^- + SO_3^{2-} + 2OH^- \longrightarrow 2MnO_4^{2-} + SO_4^{2-} + H_2O$

酸性介质中 $KMnO_4$ 的氧化性最强,它是无机和分析化学中最常用的氧化剂。酸性介质中 $KMnO_4$ 氧化 H_2O_2、$H_2C_2O_4$ 等的反应用于定量测定 H_2O_2、$H_2C_2O_4$、Ca^{2+} 等的含量。

$$5H_2O_2 + 2MnO_4^- + 6H^+ \longrightarrow 2Mn^{2+} + 5O_2 + 8H_2O$$

$$5H_2C_2O_4 + 2MnO_4^- + 6H^+ \longrightarrow 2Mn^{2+} + 10CO_2 + 8H_2O$$

用 $KMnO_4$ 测定 Ca^{2+} 含量的方法是:先用 $C_2O_4^{2-}$ 将 Ca^{2+} 完全沉淀为 CaC_2O_4,滤出 CaC_2O_4,洗涤,用稀酸溶解,再用 $KMnO_4$ 滴定 $H_2C_2O_4$。

MnO_4^- 在浓碱介质中分解成锰酸根 MnO_4^{2-} 和 O_2:

$$4MnO_4^- + 4OH^- \longrightarrow 4MnO_4^{2-} + O_2 + 2H_2O$$

光对 $KMnO_4$ 的分解反应有催化作用,因此 $KMnO_4$ 溶液应保存在棕色瓶中。

$KMnO_4$ 和冷的浓硫酸作用生成绿褐色油状七氧化二锰 Mn_2O_7,后者遇有机物即燃烧,受热爆炸分解。

$$2KMnO_4 + H_2SO_4 \longrightarrow Mn_2O_7 + K_2SO_4 + H_2O$$

各氧化态化合物的总结:

锰之所以存在上述各种情况,这首先取决于它有 7 个可以成键的价电子。但是,究竟有多少电子成键,使某氧化态转化为另一氧化态?这和溶液的酸碱性以及与它反应的氧化剂或还原剂的相对强弱等条件有关。因此,在学习过程中应加以重视。现将锰的各种氧化态的氧化物和氧化物的水合物归纳如下:

锰能生成以下各种氧化物:

分子式	MnO	Mn_2O_3	MnO_2	(MnO_3)	Mn_2O_7
氧化态	+2	+3	+4	+6	+7
酸碱性	碱性	两性	弱酸性	酸性	酸性
存在离子	Mn^{2+}	Mn^{3+}	Mn^{4+}(极易水解)	MnO_4^{2-}	MnO_4^-

和上述氧化物对应的氧化物水合物为：

碱性增强，还原性增强

←

$Mn(OH)_2$　$Mn(OH)_3$　$Mn(OH)_4$　H_2MnO_4　$HMnO_4$

→

酸性增强，氧化性增强

20.4　锝、铼及其化合物

锝 Tc，最初是人工元素，后来在自然界中也少量发现。1937 年，皮埃尔（C. Perrier）和塞格雷（E. Segre）用加速的氘核在回旋加速器里轰击钼原子，首次得到 ^{95}Tc 和 ^{97}Tc，它们的半衰期分别是 60 d 和 90 d。锝有质量数为 90～110 的众多同位素，最有用的是 ^{99}Tc，其半衰期是 2.12×10^5 a，可自铀核自发分裂的生成物中得到，也可以从 ^{98}Mo 的热中子照射，通过下面反应而制得：

$$^{98}Mo(n,\ \gamma)^{99}Mo \xrightarrow[6\sim7\,h]{\beta} Tc$$

1925 年诺达克（N. Noddack）、塔克（I. Tacke）和伯格（O. Berg）在高岭土中发现铼。同时，洛林（F. H. Loring）和德鲁斯（J. F. G. Druce）在锰的化合物中也发现了铼，目前人们从硫化钼矿（Cu-Mo 矿）的烟尘中回收铼。在地壳中，铼的含量非常低，约为 5×10^{-10}，并且极为分散。铼的自然资源估计总量约为 1000 t，其中 70%在美国，20%～25%在智利。我国拥有的世界上最大的铜矿中也含有铼，我国又是钼蕴藏量很丰富的国家（居世界第 3 位），所以也有一定的铼藏量。

Re^{4+} 和 Mo^{4+} 半径相近，常常共生在一起，ReS_2 和 MoS_2 的晶格常数也几乎相同，铼在 MoS_2 晶格中取代钼成为 ReS_2 和 MoS_2 的固溶体，所以在辉钼矿中的铼含量可从小于 10^{-5}%到大于 0.2%。一般以斑岩铜矿床中的辉钼矿贪铼量为最高。铼不仅在地壳中丰度很低，各方面的研究证实铼是名副其实的稀有元素。在海水中铼的浓度极低（可能以 ReO_4^- 形式存在）；对太阳光谱黑线的仔细寻找没有发现铼的谱线，即使有铼的话，以氢原子为 10^{12}，铼也不会超过 0.5；其他恒星的光谱中也没有发现铼；对各种陨石样品的分析，含铼量均极低；月球火山岩中含铼量更低。

铼的主要来源是辉钼矿等伴生矿物。在焙烧辉钼矿精矿时，钼转变为 MoO_3，而挥发性的 Re_2O_7 则进入烟尘和烟道气中，可用湿法流程用水吸收并提取，还有低品位钼矿砂生产钼酸钙的母液以及铜矿冶炼中的烟尘烟道气等都可作为提取铼的资源。

铼的用途也不太多，它在工业上的应用都是小规模的，其应用不能不受到价格昂贵的限制。铼的最主要用途在电工和电子技术上。含铼质量分数为 40%～50%的铼钼合金，大约在 −263 ℃时就具有超导性，可用作超导材料。由于铼的高熔点和低蒸气压，它可作为灯泡、电子管及闪光灯的加热丝；由于它在质谱仪中对许多物质是惰性的，它可用作质谱仪的灼热灯丝；铼及其合金可用作电阻加热炉的加热元件，在真空或惰性气体保护下，加热不会发生脆变。

铼在其他方面的应用还有：铼及铼合金的高密度、耐腐蚀、较大的中子吸收截面以及高温性能使它们适用于核技术的辐射屏蔽；铼可用作钢笔尖的合金组分；航空工业上应用的反射能力很强的铼镜可用高铼酸铵还原制得。

20.4.1　铼单质

金属铼的制备可以采用高铼酸铵在高温下用氢气还原的方法，这样制得的纯铼粉能满足近代质谱仪中无钾铼灯丝的要求。过去也常用氢气还原高纯 $KReO_4$ 来制取铼。先于 520 ℃,再于 1000 ℃,还原制得的铼粉,虽用水及稀酸反复洗涤,但总有 0.4%左右的钾难以除去而影响其加工及产品性能,所以已逐渐趋于淘汰。在实验室中还可用多种方法制备高纯金属铼。

铼的卤化物、铼的羰基化合物或六氯铼(Ⅳ)酸铵的热分解可制得铼镜。广泛地研究过铼的电解,最好的方法是电解 NH_4ReO_4 的 H_2SO_4 溶液,在阴极上得到光亮的纯铼镀层。含有微量钾的铼粉,可通氯气加热氯化,制得低沸点(330 ℃)的 $ReCl_5$,然后在不高于 10 ℃的水中水解歧化生成水合二氧化铼,滤出真空干燥后,用氢气高温还原为纯铼。

铼是银灰色有光泽的金属,在潮湿的空气中表面会逐渐失去光泽。纯铼片的金属光泽可以保持数年之久。铼的熔点在同周期相邻元素之间(钨 3400 ℃,锇 2700 ℃),在所有金属元素中仅次于钨,在所有元素中仅次于碳(3550 ℃)和钨。铼具有弱的顺磁性。铼的外层价电子构型为 $5d^5 6s^2$,与锰相似,而与锝不同。

块状的铼在空气中是稳定的,海绵状或粉状的金属则比较活泼,铼加热到 350～400 ℃时燃烧生成 Re_2O_7 而升华。铼在氟中燃烧生成 ReF_6 和 ReF_7 的混合物。铼于 400～500 ℃与氯反应时 Re_2Cl_{10} 为主要产物。铼还能和溴化合生成 Re_2Br_{10},但不能和碘反应。升温条件下,铼能和硫反应生成二硫化物,但不能与氮气反应。

在潮湿的空气中,海绵状的铼可缓慢地被氧化成含氧酸。铼能溶解于稀硝酸、浓硝酸、浓硫酸、王水及溴水中,反应速率取决于颗粒大小和样品的性质,但是它们不溶于氢卤酸中。铼可溶于中性或酸性的 H_2O_2 溶液中,还可溶于氨性的 H_2O_2 中。

铼在有氧化剂,如 KNO_3、Na_2O_2 等存在时与 NaOH 共熔,也生成高铼酸盐。ReO_4^- 则更是铼的最稳定的离子。

20.4.2 $Re_2Cl_8^{2-}$ 的结构

Re(Ⅲ)的双核配位卤化物是用次磷酸盐还原高铼酸盐的氢卤酸溶液制得的,也可由高铼酸盐或六卤铼(Ⅳ)酸盐在浓的氢卤酸中用氢在加压下还原而成。

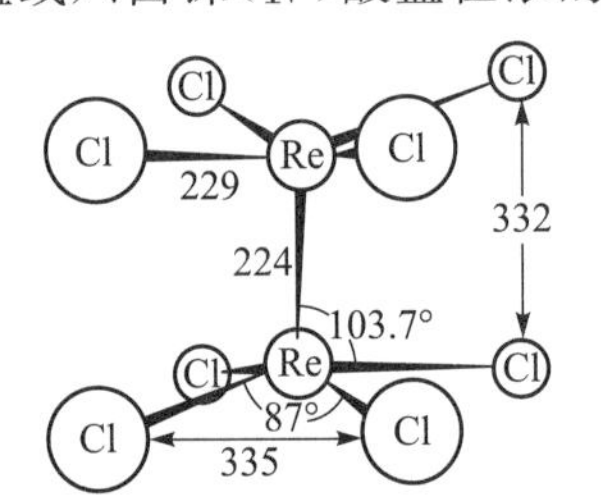

图 20-1 $Re_2Cl_8^{2-}$ 离子的结构

$K_2Re_2Cl_8 \cdot 2H_2O$ 是蓝色晶体。在 $Re_2Cl_8^{2-}$ 离子中,Re 与 Re 之间的金属-金属键是四重的,如图 20-1 所示。该离子有 $2\times4+8\times2=24$ 个价电子,平均一个 Re 有 12 个电子,因此,必须和另一个金属 Re 生成四重金属键才能达到16e 的结构(为什么是 16e? 因为 Cl^- 接受反馈 π 键的能力较弱,不能分散中心金属原子的负电荷累积,故只能达到 16e 结构)。

$Re_2Cl_8^{2-}$ 离子在成键时,Re 用 $d_{x^2-y^2}$,s,p_x,p_y 四个轨道进行杂化,产生四个 dsp^2 杂化轨道,接受四个 Cl^- 配体的孤对电子,形成四根正常的 σ 键,两个金属各自还剩四个 d 轨道,d_{z^2}、d_{yz}、d_{xz}、d_{xy},相互重叠形成四重的金属-金属键,如图 20-2 所示。这四重键,一根是 d_{z^2}-d_{z^2} 头对头产生的 σ 键,两根是由 d_{yz} 与 d_{yz}、d_{xz} 与 d_{xz} 肩并肩产生的 π 键,还有一根是 d_{xy} 与 d_{xy} 面对面产生的 δ 键。该离子的 24 个价电子,在 8 条 Re—Cl σ 键中用去 16 个,剩下 8 个则填入四重键中。

$Re_2Cl_8^{2-}$ 的结构为重叠构型,即上下 Cl 原子对齐成四方柱形,Cl—Cl 键长 332 pm,小于其范德华半径(约 350 pm),表明 Cl—Cl 之间部分键合,如图 20-3 所示。$Re_2Cl_8^{2-}$ 的结构为重叠型而

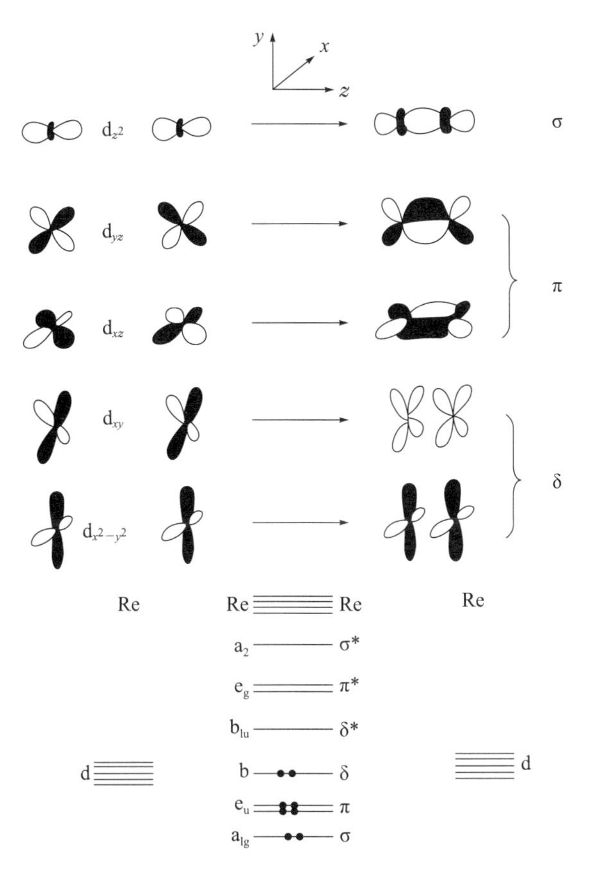

图 20-2　$Re_2Cl_8^{2-}$ 离子的轨道进行杂化和四重键结构

不是交错型的原因在于，重叠型使 d_{xy} 和 d_{xy}（或 $d_{x^2-y^2}$ 与 $d_{x^2-y^2}$）能进行有效的 δ 重叠，但交错型时，这种重叠趋势趋于 0；重叠型的 δ 重叠的结果使在 Re 与 Re 之间形成了 1 根 σ、2 根 π 和 1 根 δ 四重键，因而键距很短，键能很大，约为 300 ～ 500 kJ · mol^{-1}，比一般单键或双键的键能都大，故 $Re_2Cl_8^{2-}$ 能稳定存在。

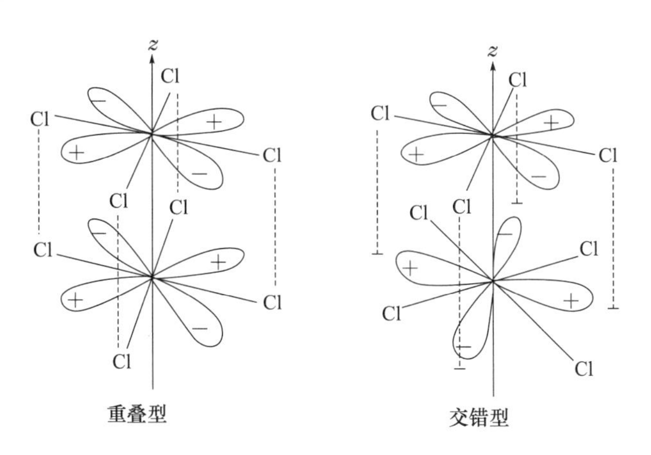

图 20-3　$Re_2Cl_8^{2-}$ 的重叠型和交错型结构

习　题

20-1 完成并配平下列反应方程式：

(1) $FeCr_2O_4+Na_2CO_3+O_2 \longrightarrow$　(2) $Cr_2O_3+OH^-+H_2O \longrightarrow$

(3) $Mn^{2+}+NaBiO_3+H^+ \longrightarrow$　(4) $Cr^{3+}+MnO_4^-+H_2O \longrightarrow$

(5) $(NH_4)_2MoO_4+H^+ \longrightarrow$　(6) $BaCrO_4+HNO_3 \longrightarrow$

(7) $K_2Cr_2O_7+KCl+H_2SO_4 \longrightarrow$　(8) $Na_2WO_4+HCl \longrightarrow$

(9) $MnO_2+KOH+KClO_3 \longrightarrow$　(10) $H_2C_2O_4+MnO_4^-+H^+ \longrightarrow$

20-2 选择最合适的方法实现下列反应：

(1) 制备氯化铼；

(2) 溶解 WO_3。

20-3 试以钼和钨为例说明什么叫同多酸？何谓杂多酸？举例说明。

20-4 回答下列各问题：

(1) 在生成 $PbCrO_4$ 黄色沉淀的体系中，酸度不能太高也不能太低。为什么？

(2) 向用硝酸酸化的 $NaBiO_3$ 中慢慢滴入 $MnCl_2$ 溶液中，先出现紫色，然后紫色又逐渐变成棕色，试用方程式解释之。

20-5 Re 的双核簇状化合物[$Re_2Cl_8^{2-}$]的合成如下所示：

$$2ReO_4^- \xrightarrow[HCl]{H_3PO_2} Re_2Cl_8^{2-}$$

(1) 合成过程中 Re 的氧化态发生了怎样的变化？

(2) 合成该簇状化合物时，为什么要求金属原子的氧化态要有这样的变化？

(3) 用价键理论说明 Re 原子采取的杂化类型和 Re—Cl 键、Re—Re 键的成键情况。

(4) 试说明该簇合物的磁性。

20-6 从重铬酸钾出发制备：(1) 铬酸钾，(2) 三氧化二铬，(3) 三氧化铬，(4) 三氯化铬，写出反应方程式。

20-7 根据所述实验现象，写出相应的反应方程式：

(1) CrO_3 加热时如同火山爆发；

(2) 在硫酸铬溶液中逐渐加入氢氧化钠溶液，开始生成灰蓝色沉淀，继续加碱，沉淀又溶解，再向所得溶液中滴加溴水，溶液的绿色又转化为黄色；

(3) 向用硫酸酸化了的重铬酸钾溶液中通入硫化氢时，溶液由橙红色变为绿色，同时有浅黄色沉淀析出；

(4) 往 $K_2Cr_2O_7$ 溶液中加入 $BaCl_2$ 溶液时有黄色沉淀产生，将该沉淀溶解在浓盐酸溶液中时得到一种绿色溶液；

(5) 重铬酸钾与硫一起加热，得到绿色固体。

20-8 取不纯的软锰矿 0.3060 g，用 60 mL 0.054 $mol \cdot L^{-1}$ 草酸溶液和稀硫酸处理，剩余的草酸用 10.62 mL $KMnO_4$ 溶液除去，1 mL $KMnO_4$ 溶液相当于 1.025 mL 草酸溶液。试计算软锰矿中含 MnO_2 的质量分数。

20-9 选择最合适的制备路线和实验条件，以辉钼矿为原料制备金属钼。

20-10 Tc_2O_7 与 Re_2O_7 的结构有何不同？

20-11 在含有 CrO_4^{2-} 离子和 Cl^- 离子(它们的浓度均为 1.0×10^{-3} $mol \cdot L^{-1}$)的混合溶液中逐滴地加入 $AgNO_3$ 溶液，问何种物质先沉淀，两者能否分离开？

20-12 如何将 Ag_2CrO_4、$BaCrO_4$、$PbCrO_4$ 固体混合物分离开？

20-13 解释下列实验现象：

(1) 向 $K_2Cr_2O_7$ 与 H_2SO_4 溶液中加入 H_2O_2，再加入乙醚并摇动，乙醚层为蓝色，水层逐渐变绿；

(2) 向 $BaCrO_4$ 固体加浓盐酸时无明显变化，经加热后溶液变绿；

(3) 向 $K_2Cr_2O_7$ 溶液中滴加 $AgNO_3$ 溶液，有砖红色沉淀析出，再加入 NaCl 溶液并煮沸，沉淀变为白色。

20-14 试比较 Cr^{3+} 和 Al^{3+} 在化学性质上的相同点与不同点。

20-15 铬的某化合物 A 是橙红色、溶于水的固体，将 A 用浓盐酸处理，产生黄绿色刺激性气体 B 并生成暗绿色溶液 C。在 C 中加入 KOH 溶液，先生成蓝色沉淀 D，继续加入过量 KOH 溶液，则沉淀消失，变成绿色溶液 E。在 E 中加入 H_2O_2 加热则生成黄色溶液 F，F 用稀酸酸化，又变为原来的化合物 A 的溶液。问A～F 各是什么物质，写出每一步变化的反应方程式。

20-16 某绿色固体 A 可溶于水，向其水溶液中通入 CO_2，即得棕黑色沉淀和紫红色溶液 C。B 与浓 HCl 溶液共热时放出黄绿色气体，溶液近乎无色，将此溶液和溶液 C 混合，即得沉淀 B。将气体 D 通入 A 溶液，可得 C。试判断 A 是哪种钾盐。写出有关反应方程式。

20-17 向一含有三种阴离子的混合溶液中滴加 $AgNO_3$ 溶液至不再有沉淀生成为止。过滤，当用稀硝酸处理沉淀时，砖红色沉淀溶解得到橙红色溶液，但仍有白色沉淀。滤液呈紫色，用硫酸酸化后加入 Na_2SO_3，则紫色逐渐消失。指出上述溶液中含哪三种阴离子，并写出有关反应方程式。

20-18 有一锰的化合物不溶于水且为很稳定的黑色粉末状物质 A，该物质与浓硫酸反应得到淡红色溶液 B，且有无色气体 C 放出。向 B 溶液中加入强碱得到白色沉淀 D。此沉淀易被空气氧化成棕色固体 E。若将 A 与 KOH、$KClO_3$ 一起混合熔融，可得一绿色物质 F，将 F 溶于水并通入 CO_2，则溶液变成紫色 G，且又析出 A。试问 A～G 各为何物，并写出相应的反应方程式。

20-19 有一种橙红色晶体 A，加热分解可得一种墨绿色化合物 B、一种化学惰性的气体单质 C 及一种最常见化合物。B 既可溶于强碱，得到一种深绿色溶液 D，又可溶于盐酸，得到绿色溶液 E。灼烧过的 B 不能溶于酸、碱溶液。D 与溴水反应，得到黄色溶液 F，溶液酸化，转变成橙红色溶液。1955 年，W. Hafner 用无水的 B 盐与 Al、$AlCl_3$、C_6H_6 在 140 ℃和加压的条件下，合成出 1∶1 型离子化合物 G，G 中包含一个 Sandwich 结构和一个正四面体结构。G 中的 Sandwich 结构在碱性条件下与 $S_2O_4^{2-}$ 反应，生成了中性的 Sandwich 化合物 H。

(1) 试写出 A～H 物种的化学式(或离子式)；

(2) 试画出 F 和 H 的结构式；

(3) 试写出合成化合物 G 的方程式；

(4) 试写出合成化合物 H 的方程式。

第21章 铁系元素和铂系元素

元素周期表中ⅧB族包括铁(Fe)、钴(Co)、镍(Ni)、钌(Ru)、铑(Rh)、钯(Pd)、锇(Os)、铱(Ir)、铂(Pt)共9种元素。

铁(Fe)、钴(Co)、镍(Ni)位于周期表的ⅧB族,它们的物理性质和化学性质都比较相似,合称为铁系元素。铁系元素的价电子层构型为$3d^{6\sim8}4s^2$。除铁、镍能形成+6氧化态外,它们的常见氧化态为+2、+3,铁的+3氧化态稳定,而钴、镍的+2氧化态稳定。这三种金属都有强磁性,形成的许多合金都是优良的磁性材料。它们的密度较大,熔点随Fe、Co、Ni的次序降低,这可能与3d轨道中成单电子数按Fe、Co、Ni次序减少有关。

周期系中Ⅷ族第二及第三行元素钌、铑、钯、锇、铱、铂等6种元素,由于这两组元素在性质上有很多相似之处,并且在自然界里也常共生而存在,因此统称为铂系元素。铂系金属都是稀有元素,按密度可分为轻铂系:Ru、Rh、Pd;重铂系:Os、Ir、Pt。它们与Au、Ag一起称为贵金属。铂系元素具有难熔性、催化活性、化学惰性等共性。依据价层电子结构,铂系元素的ns轨道除了Os和Ir有两个电子外,其余都只有一个或没有电子,属特例排布,电子添加在$(n-1)$d轨道上。同一周期从左到右熔点逐渐降低,这可能与$(n-1)$d轨道中成单电子数从左到右逐渐减少,金属键逐渐减弱有关。铂系元素的原子半径相差不大,主要是由于镧系收缩效应引起的。铂系元素价壳层电子能量相差不大,故呈现出多种氧化态。铂系元素原子的价层电子构型不如铁系元素有规律,钌、铑、铂最外层只有1个ns电子。每个周期的铂系元素形成高氧化态化合物的倾向从左到右逐渐降低,这与铁系元素相似。大多数铂系金属能吸收气体,尤其是钯吸收氢的能力特别强。催化活性高也是铂系金属的一个特性,例如,铂和钯可用作一些化学反应的催化剂。

21.1 铁系元素的单质

1. 存在与分布

铁、钴、镍是有光泽的银白色金属,铁、钴略带灰色,镍为银白色。铁、镍有很好的延展性,而钴则较硬而脆。

铁矿主要有磁铁矿(Fe_3O_4)、赤铁矿(Fe_2O_3)、黄铁矿(FeS_2)等。在自然界中还存在多种多样的硅酸铁矿。铁有生铁、熟铁之分,生铁含碳为1.7%~4.5%,熟铁含碳在0.1%以下,而钢的含碳量介于两者之间。纯铁是一种银白色金属,具有较好的延性和展性,其特征性质之一是它的铁磁性,但在温度高于770 ℃时,它变为顺磁性材料,可是晶体结构并未发生变化。在770 ℃至晶型转变的910 ℃区间的铁,常称之为β-铁。铁的性质会因掺杂了痕量的其他元素而发生很大变化,这是许多种钢具有重要用途的基础。

钴是一种银白色金属,它的外形和纯铁或镍相似。钴的化学和冶金学大概是在16世纪中叶开始的,但早在公元前1450年的埃及人和巴比伦人制造的陶器中已经用到钴颜料。钴矿主要有辉钴矿(CoAsS)、砷钴矿($CoAs_2$)等。钴的硬度高于铁,电解沉积出来的钴其硬度又高于高温生产的金属钴。钴中含有少量碳时(最高达0.3%)会增大钴金属的抗张强度和耐压强度,而不会影响其硬度。与铁和镍一样,钴是铁磁性的。虽然铁在铁磁性元素中具有最高的磁化强度,而钴却是可以增大此磁化强度的唯一元素。

镍矿主要矿物有镍黄铁矿[$(Ni,Fe)_9S_8$]、硅镁镍矿[$(Ni,Mg)SiO_3 \cdot nH_2O$]、针镍矿或黄镍矿(NiS)、红镍矿(NiAs)等。海底的锰结核中镍的储量很大,是镍的重要远景资源。此外,镍是陨石的重要组成物之一,常用是否含镍来区分陨石和其他矿物。陨铁是含镍的铁合金,镍含量可高达5%~20%。

2. 单质的制备

(1) 单质铁的制备

单质铁的制备一般采用冶炼法。以赤铁矿(Fe_2O_3)和磁铁矿(Fe_3O_4)为原料,与焦炭和助溶剂在熔矿炉内反应,焦炭燃烧产生二氧化碳(CO_2),二氧化碳与过量的焦炭接触就生成一氧化碳(CO),一氧化碳和矿石内的氧化铁作用就生成金属铁。加入 $CaCO_3$ 在高温下生成 CaO 除去铁矿石中的 SiO_2,生成炉渣 $CaSiO_3$。

$$C + O_2 \xlongequal{\text{点燃}} CO_2$$

$$CO_2 + C \xlongequal{\text{高温}} 2CO$$

$$Fe_2O_3 + 3CO \xlongequal{\text{高温}} 2Fe + 3CO_2$$

$$Fe_3O_4 + 4CO \xlongequal{\text{高温}} 3Fe + 4CO_2$$

$$CaCO_3 \xlongequal{\text{高温}} CaO + CO_2$$

$$SiO_2 + CaO \xlongequal{} CaSiO_3$$

以上反应都是可逆反应,所产生的CO气浓度越大越好,要使反应进行完全,必须在800 ℃以上进行。

化学纯的铁是用氧气还原纯氧化铁来制取,也可由羰基合铁热分解来得到纯铁。

(2) 单质钴的制备

含钴矿物原料一般组成复杂,钴品位不高,故提取工艺繁复,钴回收率低,有待改进提高。常用提取方法如下:

人们可以从砷钴矿中提取钴。砷钴矿精矿一般含有9%~12% Co。首先将精矿配以焦炭熔剂在电炉或鼓风炉中熔炼,生成黄渣;黄渣破碎后在沸腾炉中进行自热氧化焙烧,使钴金属转化为氧化物;焙砂用稀硫酸溶液浸出即获得硫酸钴溶液。净液过程包括氧化中和水解除铁、砷,硫化除铜,次氯酸钠氧化水解沉钴与镍分离。产出的氢氧化钴配入石油焦烧结,随后电炉还原熔炼浇铸粗钴阳极。

人们也从氧化钴矿中提取钴。钴土矿先在鼓风炉中熔炼,控制适当还原气氛,使钴、镍及铜等氧化物还原为金属,而大部分铁则进入炉渣中。所得合金送入电弧炉熔炼,吹风氧化,使锰铁氧化造渣,以除去绝大部分锰、铁,其产物钴铁经水碎后送往焙烧炉氧化焙烧。焙砂用稀硫酸浸出即获得含铁较高的硫酸钴溶液。此溶液通过氯酸钠氧化、碳酸钠中和,将铁成为黄钠铁钒渣除去,铁渣含钴< 0.1%。除铁液可经深度净化后制取纯硫酸钴;也可作为原料以生产粗钴阳极,再经电解精炼产出电解钴。

(3) 单质镍的制备

工业上由矿石中回收和提纯镍的方法主要有几种:

① 电解法:将富集的硫化物矿焙烧成氧化物,用炭还原成粗镍,再经电解得高纯度的金属镍。

② 羰基化法:将镍的硫化物矿与一氧化碳作用生成四羰基镍,加热后分解,又得纯度很高的金属镍。

$$Ni(CO)_4 \xlongequal{\triangle} Ni + 4CO\uparrow$$

③ 氢气还原法:将镍的氧化物矿石经过化学浸出,分离共存元素,得到较纯的氧化镍,然后用氢气在一定的压力和温度下还原氧化镍,便得到金属镍。

④ 在鼓风炉中混入氧置换硫,加热镍矿可得到镍的氧化物。而此种氧化物再和与铁反应过的酸液进行作用,就能得到镍金属。

⑤ 矿石经煅烧成氧化物后,再用水煤气或炭还原得到镍。

3. 化学性质

根据标准电极电势判断,Fe、Co、Ni 属于中等活泼金属,活泼性依次递减。

(1) 与非金属单质的反应

在高温下,Fe、Co、Ni 能和 O、S、Cl 等非金属作用。

铁与氧的反应取决于反应条件。新还原出来的微细铁粉在空气中室温下就会自燃,块状铁在温度超过 150 ℃时在干燥空气中就开始氧化,在过量氧气中生成的主要产物是 Fe_2O_3 和 Fe_3O_4,高于 575 ℃和低氧空气中则主要氧化产物为 FeO。

$$4Fe + 3O_2 \xlongequal{150\ ℃} 2Fe_2O_3$$

$$3Fe + 2O_2 \xlongequal{点燃} Fe_3O_4$$

微细分散的钴粉也可以在空气中可自燃,但大块的钴金属在低于 300 ℃下,在空气中仍是稳定的。将钴加热到 900 ℃时在表面上生成氧化物 Co_3O_4 和 CoO;升温至 900 ℃以上,Co_3O_4 会分解,则氧化物仅含有 CoO。

$$3Co + 2O_2 \xlongequal{500\ ℃} Co_3O_4$$

$$2Co + O_2 \xlongequal{>900\ ℃} 2CoO$$

与铁、钴类似,在一定条件下,微细分散的镍粉在空气中可以自燃。镍丝可在氧气中以光亮的光焰燃烧。镍片在空气中加热时会像钢铁一样表面失去光泽变暗,生成 NiO。

$$2Ni + O_2 \xlongequal{500\ ℃} 2NiO$$

铁与硫反应放出大量热,生成 FeS;钴可与硫反应,反应中往往发光发热;当镍与硫一起加热时,也可以直接化合生成二元化合物。

$$M + S \xlongequal{\triangle} MS \qquad (M = Fe、Co、Ni)$$

卤素则可在较低温度(−200 ℃)与铁反应,氟、氯和溴与 Fe 反应生成 Fe(Ⅲ)化合物 FeX_3,而碘则只生成 Fe(Ⅱ)化合物 FeI_2。氟与钴反应可生成 CoF_3,但其他卤素仅能生成 Co(Ⅱ)卤化物。加热的镍可在氯和溴蒸气中燃烧生成黄色的卤化镍(Ⅱ);镍和碘须在高于 400 ℃的温度在封闭反应管中发生反应。

$$2Fe+3X_2 \xlongequal{200\sim300\ ℃} 2FeX_3 \qquad (X=F、Cl、Br)$$

$$M+Cl_2 \xlongequal{\triangle} MCl_2 \qquad (M=Co、Ni)$$

(2) 与水的反应

成块状的纯铁、钴、镍单质在空气和纯水中是稳定的。含杂质铁在潮湿空气中形成铁锈($Fe_2O_3 \cdot xH_2O$)。铁在室温下的锈蚀现象与水、氧气和一种电解质的存在是不可少的。铁完全浸泡在表面上有空气的淡水或盐水中会发生缓慢的锈蚀作用,但如果此铁是部分浸没的,在铁-水交界面上的氧气会迅速得到补充,便会发生快速的锈蚀。锈蚀是一种电化学过程,锈蚀速度主要取决于在铁-水交界面所发生的过程。在此交界面处氧被一种分步进行的阴极反应所还原,此过程可以归纳为如下反应:

$$O_2+2H_2O+4e^- \xlongequal{} 4OH^-$$

铁在阳极反应中进入溶液,形成Fe(Ⅱ)阳离子而提供上列反应所需的4个电子:

$$2Fe-4e^- \xlongequal{} 2Fe^{2+}$$

此时溶液中的Fe^{2+}和OH^-在氧气的作用下便生成了黄棕色的水合氧化铁(Ⅲ)沉淀物铁锈。

$$4Fe(OH)_2+O_2 \xlongequal{} 2Fe_2O_3+4H_2O$$

铁的锈蚀是铁与空气和水发生作用生成水合氧化物的过程。这是一个特殊的腐蚀问题,因为它有重大的经济重要性而受到广泛重视。防止铁器锈蚀的方法之一是在表面涂刷阻锈剂,如氢氧化钠、磷酸钠或铬酸钾溶液;还有一种办法是在铁表面上镀一层其他金属,如镀锌铁(白铁)、镀锡铁(马口铁)等;涂刷红铅漆或油漆也是常用的防锈办法。

Fe在高于500 ℃时可以快速地同水蒸气反应放出氢气,温度低于570 ℃时生成的氧化物是Fe_3O_4,而高于此温度时生成的氧化物是Fe_2O_3。

$$3Fe+4H_2O \xlongequal{550\sim570\ ℃} Fe_3O_4+4H_2\uparrow$$

$$2Fe+3H_2O \xlongequal{赤热} Fe_2O_3+3H_2\uparrow$$

Co在烧至赤热时会被水蒸气氧化成CoO;Ni在赤热时与水蒸气反应生成氧化物和氢气。

(3) 与酸、碱的反应

铁在水溶液系统中的标准电极电势如下:

酸性介质　$Fe^{2+}+2e^- \xlongequal{} Fe \qquad E^\ominus_A=0.440\ V$

　　　　　$Fe^{3+}+e^- \xlongequal{} Fe^{2+} \qquad E^\ominus_A=0.771\ V$

碱性介质　$Fe(OH)_3+e^- \xlongequal{} Fe(OH)_2+OH^- \qquad E^\ominus_B=-0.56\ V$

　　　　　$Fe(OH)_2+2e^- \xlongequal{} Fe+2OH^- \qquad E^\ominus_B=-0.877\ V$

从电势可以判断出,单质铁在酸性溶液中为还原剂,而在碱性溶液中则是一种更强的还原剂。依照铁的电势在电位序中的位置,它可以从稀酸水溶液中置换出氢气。

单质Fe溶于HCl和稀H_2SO_4生成Fe^{2+}和H_2。Fe与HNO_3作用,若Fe过量,生成$Fe(NO_3)_2$;HNO_3过量,则生成$Fe(NO_3)_3$。铁能形成Fe(Ⅱ)和Fe(Ⅲ)两类化合物。Co、Ni在HCl和稀H_2SO_4中的溶解比Fe缓慢。

$$M+2H^+(稀) \xlongequal{} M^{2+}+H_2\uparrow \qquad (Co、Ni溶解缓慢)$$

$$Fe+6HNO_3(热、浓) \xlongequal{} Fe(NO_3)_3+3NO_2\uparrow+3H_2O$$

$$Fe + 4HNO_3(较浓) \xlongequal{} Fe(NO_3)_3 + NO\uparrow + 2H_2O$$
$$8Fe + 30HNO_3(稀) \xlongequal{} 8Fe(NO_3)_3 + 3N_2O\uparrow + 15H_2O$$
$$10Fe + 36HNO_3(稀) \xlongequal{} 10Fe(NO_3)_3 + 3N_2\uparrow + 18H_2O$$
$$8Fe + 30HNO_3(稀) \xlongequal{} 8Fe(NO_3)_3 + 3NH_4NO_3 + 9H_2O$$

当铁与冷浓 H_2SO_4 和 HNO_3 短时间接触后，便表现有抗御与硝酸进一步反应的作用，称为表面钝化，故可用铁制品储运浓硝酸；钝化后的铁，不再能溶于稀硝酸，也不再能从铜(Ⅱ)盐溶液中置换铜，但它能溶于还原性酸，如稀盐酸中，这种钝化作用是由于在铁表面上生成了一层氧化物保护膜。用其他氧化剂，如铬(Ⅵ)酸也可以使铁表面钝化。

钴比铁较能耐抗无机酸的浸蚀，这可以从标准电极电势数据看出：

$$E^\ominus(Co/Co^{2+}) = -0.27\ V, \quad E^\ominus(Fe/Fe^{2+}) = -0.44\ V$$

钴能溶解在稀盐酸和稀硫酸中并放出氢气。浓硝酸在室温下能快速地与钴反应，但在 −10 ℃时可使钴表面钝化。氢氟酸和磷酸也能与钴作用。氯化氢在 450 ℃时与钴反应生成氯化钴(Ⅱ)。

镍是一种正电性金属，其电极电势反应：

$$Ni \xlongequal{} Ni^{2+} + 2e^- \qquad E^\ominus = -0.250\ V$$

和钴的电极电势相近，它在无机酸中的溶解要比铁慢得多。镍可从非氧化性酸中释出 H_2，这些酸包括亚硫酸、硫酸、盐酸和磷酸。稀硝酸和亚硝酸能很快溶解金属镍放出氮氧化物。浓硝酸可使镍表面钝化。

铁能被浓碱溶液浸蚀，而钴、镍对浓碱稳定。实验室常用镍坩埚熔融碱性物质。

(4) 与其他物质的反应

铁能与 CO_2 反应生成 Fe_3O_4、Fe_2O_3 两种氧化物(取决于温度条件)，同时 CO_2 被还原成 CO。CO_2 在温度高于 700 ℃时与钴发生如下平衡反应：

$$Co + CO_2 \rightleftharpoons CoO + CO$$

铁粉在 100～200 ℃与 200 atm 的 CO 反应，生成挥发性的剧毒化合物五羰合铁 $Fe(CO)_5$。

在 200 ℃时和 100 atm 下，微细钴粉与 CO 反应生成羰合物 $Co_2(CO)_8$，在温度高于 225 ℃和常压下则生成碳化物 Co_2C。在 470 ℃时，Co 与氨反应生成 Co_2N，但这个化合物在 600 ℃时分解。在 450 ℃时将硫化氢通过钴粉之上可生成 Co_3S_4，但在 700 ℃时则生成 CoS。

CO 在相对较低的温度即能与镍反应(50 ℃)生成四羰合物 $Ni(CO)_4$。在温度高于 300 ℃时，Ni 可将氨分解，在 445 ℃左右生成氮化物 Ni_3N。硫化氢在适中温度下腐蚀镍生成 NiS。当将 CS_2 通过加热至高于 350 ℃的镍屑之上时，生成 NiS 和 Ni_2S 的混合物。氮的氧化物都以一定程度与加热的镍反应生成 NiO 和 N_2。

4. 用途

以铁和钴为基体的钢或合金用于制造永磁体，常用铁与其他铁磁性金属钴和镍所制的合金，例如 FeNi 和 $FeNi_3$ 都有很高的磁导率，铁-钴-镍系的永磁合金和铁氧体磁性材料属于第一代合成的永磁体。纯铁的用途较少，主要在分析化学中作为一级基准物(往往以纯铁丝的形式)和在高频电子线路中用作线圈的压结铁芯。铁的最重要用途是冶炼钢和合金，少部分的铁以铸铁和生铁的形式应用，铁是特种合金钢的重要组成部分，这些材料的铁含量有时低于 50%，其他组成物有铬、镍、钴等。在某些镍基合金和钴基合金中铁仅为低含量组成物，有时低于 10%。

钴主要用于超级耐热合金、工具钢、硬质合金、磁性材料等方面。以化合物形式(催化剂、干燥材料、试剂、陶瓷釉等）消费量约 25%，其余约 5%。近几年新发展的稀土-钴永磁材料以及在高级电子设备中应用，可能为钴的未来消费开辟出新的重要领域。钴的更优越的磁性是它具有已知最高的居里点 1121 ℃。现已发展出多种多样的特种专用的钴钢和钴合金材料。

镍是一种能高度抛光的银白色金属。纯度为 99.5%的工业级金属镍，在工业技术中有很重要的多方面应用。镍有良好延性和适中强度，可以承受锻打、熔焊、机械加工和展压成板材，并在多种介质中有很高的抗腐蚀性。镍的机械性类似于软钢的性质，但与钢不同的是它耐腐蚀。此外，由于镍无毒，被应用于食品加工业和医药制造业的生产设备和器皿。镍的最重要用途是制造强抗腐蚀的镍钢。在化学工业中镍被用作催化剂，例如不饱和有机化合物的加氢和石油炼制业中。

21.2　铁系元素的化合物

21.2.1　铁系元素的氧化物和氢氧化物

Fe、Co、Ni 都能形成＋2 或＋3 氧化态的氧化物和氢氧化物。

1. 氧化物

铁系元素的氧化物有低氧化态和高氧化态。低氧化态的氧化亚铁（FeO）、氧化亚钴（CoO）、氧化亚镍（NiO）具有碱性，溶于强酸而不溶于碱。高氧化态的氧化铁（Fe_2O_3）、氧化钴（Co_2O）、氧化镍（Ni_2O_3）是难溶于水的两性氧化物，但以碱性为主。铁系元素的氧化物列于下表中：

氧化物	FeO	Fe_2O_3	Fe_3O_4	CoO	$Co_2O_3^*$	NiO	$Ni_2O_3^*$
颜色	黑色	砖红色	黑色	灰绿	黑色	暗绿	黑色
氧化性					强		强
酸碱性	碱性	两性		碱性	碱性	碱性	碱性

* 氧化物不稳定或不存在。

（1）铁的氧化物

氧化亚铁（FeO）是铁的氧化物之一，由氧化态为＋2 的铁与氧共价结合。氧化亚铁经常容易与铁锈混淆，但铁锈的主要成分为水合氧化铁。氧化亚铁属于非整比化合物，其中铁和氧元素的比例会发生变化，范围从 $Fe_{0.84}O$ 到 $Fe_{0.95}O$。FeO 可以在隔绝空气条件下加热草酸亚铁制得：

$$FeC_2O_4 \xlongequal{\triangle} FeO + CO\uparrow + CO_2\uparrow$$

由草酸亚铁分解得到粉状的 FeO 反应活性很高，能在空气中自燃。加热后的样品需要被冷却，以防止歧化反应的发生，并且分解的温度不宜过高。

$$3FeC_2O_4 \xlongequal{160\ ℃} Fe_3O_4 + 4CO\uparrow + 2CO_2\uparrow$$

FeO 也可以在 900 ℃条件下通过氧化铁与 CO 反应（在还原焰中加热氧化铁）得到：

$$Fe_2O_3 + CO \xlongequal{900\ ℃} 2FeO + CO_2$$

在实验室条件下,可根据铁氧化物还原曲线控制氧分压和温度,以 Fe_2O_3 和 Fe 为原料获得高纯 FeO:

$$Fe_2O_3 + Fe \xlongequal{} 3FeO$$

FeO 显碱性,能溶于酸性溶液中,但一般不溶于水或碱性溶液中。

氧化铁或称三氧化二铁(Fe_2O_3),是铁锈和赤铁矿的主要成分。制备 Fe_2O_3 的方法有湿法和干法。湿法制备的过程为,将一定量的 5%硫酸亚铁溶液迅速与过量烧碱溶液反应,在常温下通入空气使之全部变成红棕色的氢氧化铁胶体溶液,在金属铁存在的条件下,硫酸亚铁与空气中氧作用,生成三氧化二铁沉积在晶核上,溶液中的硫酸根又与金属铁作用,重新生成硫酸亚铁,硫酸亚铁再被空气氧化成铁红继续沉积,如此循环到整个过程结束,生成氧化铁红。

$$FeSO_4 + 2NaOH \xlongequal{} Fe(OH)_2 + Na_2SO_4$$

$$4Fe(OH)_2 + O_2 + 2H_2O \xlongequal{} 4Fe(OH)_3$$

$$4FeSO_4 + 4H_2O + O_2 \xlongequal{} 2Fe_2O_3 \downarrow + 4H_2SO_4$$

$$Fe + H_2SO_4 \xlongequal{} FeSO_4 + H_2 \uparrow$$

干法制备 Fe_2O_3 的过程是,将硝酸与铁片反应生成硝酸亚铁,经冷却结晶,脱水干燥,经研磨后在 600~700 ℃煅烧 8 ~ 10 h,再经水洗、干燥、粉碎制得氧化铁红产品,也可以氧化铁黄为原料,经 600~700 ℃煅烧制得氧化铁红。

$$4Fe(NO_3)_3 \xlongequal{\triangle} 2Fe_2O_3 + 12NO_2 \uparrow + 3O_2 \uparrow$$

在空气中灼烧亚铁化合物或氢氧化铁等,可得 Fe_2O_3。

$$4Fe_3O_4 + O_2 \xlongequal{高温} 6Fe_2O_3$$

$$2Fe(OH)_3 \xlongequal{\triangle} Fe_2O_3 + 3H_2O$$

$$2FeSO_4 \xlongequal{\triangle} Fe_2O_3 + SO_2 + SO_3$$

Fe_2O_3 具有 α 和 γ 两种不同构型,α 型是顺磁性的,而 γ 型是铁磁性的。自然界存在的赤铁矿是 α 型。如将硝酸铁或草酸铁加热,可得 α 型 Fe_2O_3。将 Fe_3O_4 氧化,则得到 γ 型的 Fe_2O_3。γ 型 Fe_2O_3 在 400 ℃以上转变成 α 型。

Fe_2O_3 不溶于水,能溶于酸和浓热的强碱,但灼烧后的 Fe_2O_3 不溶于酸。

$$Fe_2O_3 + 6H^+ \xlongequal{} 2Fe^{3+} + 3H_2O$$

$$Fe_2O_3 + 2KOH(浓,热) \xlongequal{} 2KFeO_2 + H_2O$$

Fe_2O_3 可以用作红色颜料、磨光粉以及某些反应的催化剂。

铁除了上述的 FeO 和 Fe_2O_3 外,还能形成四氧化三铁(Fe_3O_4),又称磁性氧化铁。在 Fe_3O_4 中的 Fe 含有 Fe^{2+} 和 Fe^{3+}。X 射线衍射实验表明,Fe_3O_4 具有反式尖晶石结构,可写成 $Fe^{III}[(Fe^{II}Fe^{III})O_4]$。

自然界中,Fe_3O_4 存在于磁铁矿中,但含有各种杂质,其制备的方法主要有以下几种:

在氧气中燃烧铁粉:

$$3Fe + 2O_2 \xlongequal{点燃} Fe_3O_4$$

铁与水蒸气高温反应:

$$3Fe + 4H_2O \xlongequal{550\sim570\ ℃} Fe_3O_4 + 4H_2$$

铁与二氧化氮加热反应：

$$3Fe+2NO_2 \xlongequal{\triangle} Fe_3O_4+N_2$$

氧化铁与氢气反应：

$$3Fe_2O_3+H_2 \xlongequal{高温} 2Fe_3O_4+H_2O$$

Fe_3O_4 溶于酸，不溶于水、碱及乙醇、乙醚等有机溶剂。天然的 Fe_3O_4 不溶于酸，潮湿状态下在空气中会缓慢氧化成 Fe_2O_3。

$$4Fe_3O_4+O_2 \xlongequal{\triangle} 6Fe_2O_3$$

在高温下可与还原剂 CO、Al、C 等反应：

$$3Fe_3O_4+8Al \xlongequal{\triangle} 4Al_2O_3+9Fe$$

$$Fe_3O_4+4CO \xlongequal{高温} 3Fe+4CO_2$$

在加热条件下可与还原剂氢气发生反应：

$$Fe_3O_4+4H_2 \xlongequal{\triangle} 3Fe+4H_2O$$

Fe_3O_4 也可以与酸、酸性氧化物、酸式盐反应：

$$Fe_3O_4+8HCl \xlongequal{} 2FeCl_3+FeCl_2+4H_2O$$

$$4Fe_3O_4+18SO_3+O_2 \xlongequal{} 6Fe_2(SO_4)_3$$

$$4Fe_3O_4+36KHSO_4+O_2 \xlongequal{熔融} 6Fe_2(SO_4)_3+18H_2O+18K_2SO_4$$

在当代电气化和信息化社会中，磁性材料的应用非常广泛。Fe_3O_4 磁性材料作为一种多功能磁性材料，在肿瘤的治疗、微波吸收材料、催化剂载体、细胞分离、磁记录材料、磁流体、医药等领域均已有广泛的应用。

(2) 钴的氧化物

将金属钴在空气或水蒸气中加热，或将氢氧化钴、草酸钴、碳酸钴或硝酸钴热分解，都可以得到橄榄绿色粉末的氧化亚钴(CoO)。

$$CoC_2O_4 \xlongequal{\triangle} CoO+CO\uparrow+CO_2\uparrow$$

$$2Co_3O_4 \xlongequal{\triangle} 6CoO+O_2\uparrow$$

CoO 具有氯化钠晶格，在低于 19 ℃时是反铁磁性物质。CoO 显碱性，不溶于水，但溶于酸生成钴(Ⅱ)盐，其还原性很弱。

氧化亚钴(CoO)在空气中加热，高于 500 ℃会转变为黑色的四氧化三钴(Co_3O_4)：

$$6CoO+O_2 \xlongequal{>500\ ℃} 2Co_3O_4$$

Co_3O_4 与磁性氧化铁 Fe_3O_4 为异质同晶的，其中 Co(Ⅱ)离子四面体和 Co(Ⅲ)离子八面体分别被氧原子包围。这两种氧化物都容易被氢或炭还原成金属。在陶瓷工业中利用 CoO 同二氧化硅和氧化锌的反应以制备瓷釉颜料。

氧化物 Co_2O_3 是未经确证的化合物。用 H_2O_2 氧化 $Co(OH)_2$ 的水悬浮液，或用碱来分解 Co(Ⅲ)配合物，得到一种黑色或棕色的粉末 $Co_2O_3(aq)$。在 150 ℃进行干燥，得到一水合物 $Co_2O_3 \cdot H_2O$，这个化合物的化学式通常写成 CoO(OH)。当进一步加热试图使之脱水时，这个水合物开始放出氧气,生成黑色的 Co_3O_4。

(3) 镍的氧化物

氧化亚镍(NiO),呈绿色粉末,生活中应用广泛,也用于制取高纯(>99.98%)的镍。本品对人体健康有害,接触时需注意防护,对人体可能有致癌、致敏的风险。NiO 具有氯化钠型晶格并与 CoO 同晶型。在室温时,NiO 是反铁磁性的,磁矩近于 1.3 B.M.,熔点(1955±20) ℃,密度 6.82 $g \cdot cm^{-3}$。

将氢氧化镍、碳酸镍或硝酸镍隔绝空气加热,可得到暗绿色的 NiO:

$$Ni(OH)_2 \xlongequal{\triangle} NiO + H_2O$$

NiO 显碱性,不溶于水但能溶于酸,但溶于酸生成镍(Ⅱ)盐,其还原性非常弱。在高温长时间煅烧过的 NiO 难溶于酸。

NiO 同氢气发生可逆反应:

$$NiO + H_2 \rightleftharpoons Ni + H_2O$$

在相对较低的温度下,在氢气流中,上述反应自左向右进行。

纯的无水氧化镍(Ⅲ)也未得到证实,但 β-NiO(OH)是存在的,它是在低于 25 ℃用次溴酸钾的碱性溶液与硝酸镍(Ⅱ)反应得到的黑色沉淀,它易溶于酸,生成 Ni(Ⅱ),是强氧化剂。若用 NaOCl 氧化碱性硫酸镍溶液,可得到黑色的 $NiO_2 \cdot nH_2O$,它不稳定,但对有机化合物是一个有用的氧化剂。

2. 氢氧化物

铁系元素的氢氧化物列于下表中:

氢氧化物	$Fe(OH)_2$	$Fe(OH)_3$	$Co(OH)_2$	$Co(OH)_3$	$Ni(OH)_2$	$Ni(OH)_3$
颜色	白色	棕红色	粉红色	棕褐色	绿色	黑色
氧化还原性	还原性		还原性	氧化性	弱还原性	强氧化性
酸碱性	碱性	两性偏碱	两性偏碱	碱性	碱性	碱性

(1) 铁的氢氧化物

氢氧化亚铁 $Fe(OH)_2$,几乎不溶于水,是一种碱。实验室制备的过程为,在试管里注入少量硫酸亚铁溶液,滴入几滴煤油,用胶头滴管深入溶液液面之下滴入氢氧化钠溶液,可以看到有白色絮状沉淀 $Fe(OH)_2$ 生成。

$$Fe^{2+} + 2OH^- \xlongequal{\text{隔绝氧气}} Fe(OH)_2 \downarrow$$

$Fe(OH)_2$ 在空气中迅速被氧化,变成灰绿色,最后变成棕红色的 $Fe(OH)_3$。因此,不易制得纯的 $Fe(OH)_2$。

$$4Fe(OH)_2 + O_2 + 2H_2O \xlongequal{\quad} 4Fe(OH)_3$$

$Fe(OH)_2$ 的碱性强于它的酸性,在盐酸和硫酸中,会生成 Fe(Ⅱ)盐。

大部分难溶性碱不溶于碱性溶液,但新制的 $Fe(OH)_2$ 例外。

$$Fe(OH)_2 + 4OH^-(\text{浓}) \xlongequal{\quad} [Fe(OH)_6]^{4-}$$

久置的 $Fe(OH)_2$ 不与碱反应,因此在碱性环境下可以保持 $Fe(OH)_2$ 性状,不会变为 $Fe(OH)_3$。将微细分散的铁粉溶解在 50%氢氧化钠中,可以生成四氢氧根合铁(Ⅱ)酸钠 $Na_2[Fe(OH)_4]$,冷却时它成为微细的蓝绿色晶体。用氨水不能将 Fe(Ⅱ)完全地沉淀为氢氧化物，至少部分原因是生成了铁(Ⅱ)的氨配合物。

$Fe(OH)_2$ 是比 Fe^{2+} 更强的还原剂。在氧化性酸中，可以转化为 Fe(Ⅲ)：

$$3Fe(OH)_2 + 10HNO_3 \xlongequal{\quad} 3Fe(NO_3)_3 + 8H_2O + NO\uparrow$$

$Fe(OH)_2$ 在 O_2 的作用下，可以转化为 Fe_2O_3：

$$4Fe(OH)_2 + O_2 \xlongequal{\triangle} 2Fe_2O_3 + 4H_2O$$

氢氧化铁 $Fe(OH)_3$ 为棕色或红褐色粉末或深棕色絮状沉淀或胶体。它可由三价铁离子(Fe^{3+})和氢氧根离子(OH^-)生成：

$$6NaOH + Fe_2(SO_4)_3 \xlongequal{\quad} 2Fe(OH)_3\downarrow + 3Na_2SO_4$$

$Fe(OH)_3$ 略有两性，但碱性强于酸性，只有新沉淀出来的 $Fe(OH)_3$ 能溶于浓的强碱溶液中。热的浓氢氧化钾溶液就可溶解 $Fe(OH)_3$，生成铁(Ⅲ)酸钾($K_3[Fe(OH)_6]$)：

$$Fe(OH)_3 + 3OH^- \xlongequal{\quad} [Fe(OH)_6]^{3-}$$

$Fe(OH)_3$ 溶于非氧化性的盐酸中，仅发生中和反应：

$$Fe(OH)_3 + 3HCl \xlongequal{\quad} FeCl_3 + 3H_2O$$

$Fe(OH)_3$ 加热分解成氧化铁和水：

$$2Fe(OH)_3 \xlongequal{\triangle} Fe_2O_3 + 3H_2O$$

(2) 钴的氢氧化物

向 Co(Ⅱ)盐溶液中加入碱金属氢氧化物时，依赖于反应条件，可以得到蓝色或粉红色的氢氧化钴(Ⅱ)沉淀。粉红色变体是其中较稳定的一种，当将蓝色变体较长时间放置或加热，即转变成粉红色物种。

$$Co^{2+} + 2OH^- \xlongequal{\quad} Co(OH)_2\downarrow$$

$Co(OH)_2$ 是两性化合物，能溶在碱溶液中生成$[Co(OH)_4]^{2-}$离子的蓝色溶液。

$$Co(OH)_2 + 2OH^-(\text{浓}) \xlongequal{\quad} [Co(OH)_4]^{2-}$$

$Co(OH)_2$ 的碱悬浮液会被空气氧化成棕色的 CoO(OH)，这个氧化过程也可借加入次氯酸盐、溴水或过氧化氢来实现。粉红色的 $Co(OH)_2$ 的密度为 3.597 $g\cdot cm^{-3}$，它具有水镁石 $Mg(OH)_2$ 结构，在其中钴原子被 6 个氢氧根离子所包围；蓝色变体比较是无序的，其结构尚未弄清楚。

$Co(OH)_2$ 在空气中也能慢慢地被氧化成棕色的 $Co(OH)_3$，若用氧化剂，可使反应迅速进行：

$$2Co(OH)_2 + Br_2 + 2NaOH \xlongequal{\quad} 2Co(OH)_3\downarrow + 2NaBr$$

氢氧化物 $Co(OH)_3$ 是未经确证的化合物。氢氧化钴(Ⅲ)不稳定，是强氧化剂，与盐酸反应时，能将 Cl^- 氧化成 Cl_2。

$$2Co(OH)_3 + 6HCl \xlongequal{\quad} 2CoCl_2 + Cl_2\uparrow + 6H_2O$$

(3) 镍的氢氧化物

当将一种碱金属氢氧化物溶液加入镍(Ⅱ)盐的水溶液中时，氢氧化镍 $Ni(OH)_2$ 沉淀为微细分散的绿色粉末。

$$Ni^{2+} + 2OH^- \xlongequal{\quad} Ni(OH)_2\downarrow$$

初沉淀时，$Ni(OH)_2$ 往往难于过滤，但经长时间放置，$Ni(OH)_2$ 就逐渐晶化。如果镍盐未能完全沉淀,特别是如果用了很浓的镍(Ⅱ)溶液,则沉淀可能是碱式盐。卤化镍常有此情况,已经表征过的碱式盐有 $NiCl_2 \cdot 3Ni(OH)_2$ 和 $NiCl_2 \cdot Ni(OH)_2$。氢氧化镍(Ⅱ)的密度为 4.15 $g \cdot cm^{-3}$,它结晶成 CdI_2 层状结构,在其中每个镍原子被 6 个氢氧根离子所包围。

加热至 200 ℃,$Ni(OH)_2$ 开始分解为氧化物。$Ni(OH)_2$ 不能与空气中的氧作用,只有在强碱性条件下,并加入较强的氧化剂如 NaOCl、Br_2 等,才能使其氧化为黑色的 $Ni(OH)_3$ 或 NiO(OH):

$$2Ni(OH)_2 + NaOCl + H_2O = 2Ni(OH)_3 \downarrow + NaCl$$

$$2Ni(OH)_2 + Br_2 + 2NaOH = 2Ni(OH)_3 \downarrow + 2NaBr$$

同样,$Ni(OH)_3$ 是强氧化剂,它与盐酸反应时,能将 Cl^- 氧化成 Cl_2。

$$2Ni(OH)_3 + 6HCl = 2NiCl_2 + Cl_2 \uparrow + 6H_2O$$

$Ni(OH)_2$ 不溶于氢氧化钠溶液,但易溶于浓氨水中生成蓝紫色溶液,其中含有六氨合镍(Ⅱ)阳离子。

21.2.2 铁系元素的盐

1. 氧化态为+2 的盐的性质

铁系元素+2 氧化态的盐中最常见的是硫酸盐、硝酸盐和卤化物。它们的性质有许多相似之处。它们的强酸盐(如硝酸盐、硫酸盐、氯化物和高氯酸盐等)都溶于水,生成的 M^{2+} 离子因其弱水解作用溶液显酸性:

$$M^{2+} + H_2O = M(OH)^+ + H^+$$

弱酸盐(如碳酸盐、磷酸盐、硫化物等)大多难溶于水。例如,它们的硫化物是难溶于水的黑色沉淀,能溶于强酸:

$$MS + 2H^+ = M^{2+} + H_2S \uparrow$$

铁系元素+2 氧化态盐的 M^{2+} 水合离子具有一定的颜色;它们的硫酸盐都能与硫酸铵或碱金属硫酸盐生成复盐。重要的复盐有硫酸亚铁铵 $(NH_4)_2SO_4 \cdot FeSO_4 \cdot 6H_2O$,俗称摩尔盐。

需要特别指出的是,Fe(Ⅲ)盐易被空气中的 O_2 氧化成高铁盐。因此,亚铁盐固体应密闭保存,亚铁盐溶液应新鲜配制,配制时除应加入适量的酸外,必要时可加入单质铁,使溶液中的 Fe^{3+} 被还原成 Fe^{2+} 离子:

$$4Fe^{2+} + O_2 + 4H^+ = 4Fe^{3+} + 2H_2O$$

$$2Fe^{3+} + Fe = 3Fe^{2+}$$

钴(Ⅱ)和镍(Ⅱ)盐稳定,Co^{2+} 和 Ni^{2+} 离子在溶液中也非常稳定。

(1) 卤化物

(i) 卤化亚铁

用氯化氢气与加热的铁反应,可得氯化铁和氯化亚铁,也可以用氢气还原 $FeCl_3$ 或将氯化亚铁水合物脱水来制备。

$$2HCl + Fe = FeCl_2 + H_2 \uparrow$$

最方便的实验室制备法是将 $FeCl_3$ 与氯苯一起加热回流:

$$C_6H_5Cl + 2FeCl_3 = 2FeCl_2 + C_6H_4Cl_2 + HCl$$

$FeCl_2$ 为菱形晶系的晶体,具有 $CdCl_2$ 型结构;它易潮解且极易溶于水和乙醇中。在蒸气中,$FeCl_2$ 主要是单分子。

$FeCl_2$ 的水溶液可被氯气氧化：

$$2FeCl_2+Cl_2 \xlongequal{} 2FeCl_3$$

$FeCl_2$ 与碱反应：

$$FeCl_2+2NaOH \xlongequal{} Fe(OH)_2+2NaCl$$

所生成的 $Fe(OH)_2$ 置于潮湿空气被氧化：

$$4Fe(OH)_2+O_2+2H_2O \xlongequal{} 4Fe(OH)_3$$

溴化亚铁可通过溴或溴化氢与赤热的铁直接反应来制备，与氯化物不同，$FeBr_2$ 在这些条件下是不稳定的。水合的溴化铁 $FeBr_2$ 可在 400 ℃条件下，在 HBr 气流中脱水为无水盐。与 $FeCl_2$ 类似，$FeBr_2$ 在空气中会潮解，极易溶于水。无水的 $FeBr_2$ 也能溶于乙醚、乙醇和乙腈中，表明此化合物的共价性。

$FeBr_2$ 可以和 NaOH 在无氧的环境下反应，生成 NaBr 和 $Fe(OH)_2$。$FeBr_2$ 和 $AgNO_3$ 溶液反应生成淡黄色的 AgBr 沉淀：

$$FeBr_2+2AgNO_3 \xlongequal{} Fe(NO_3)_2+2AgBr\downarrow$$

$FeBr_2$ 有弱氧化性，可以氧化并置换锌：

$$Zn+FeBr_2 \xlongequal{} ZnBr_2+Fe$$

碘化亚铁可以容易地由单质来制备，因为碘化铁是不存在的。将铁粉溶解在碘水溶液中并将所得的溶液蒸发，可以沉积出四水合物的绿色晶体 $FeBr_2\cdot 4H_2O$。$FeBr_2$ 极易溶于水并略有水解，也能溶于乙醚和乙醇中。

(ii) 二卤化钴

在氯气中加热钴的主要产物是二氯化钴，将粉红色的六水合物在 150 ℃真空加热脱水或用氯化亚硫酰处理，都可容易地得到无水 $CoCl_2$。$CoCl_2$ 以 $CdCl_2$ 型结构而结晶，每个钴离子被 6 个氯离子所包围。$CoCl_2$ 易溶于水生成粉红色溶液，溶于乙醇时生成深蓝色溶液。

六水合二氯化钴 $CoCl_2\cdot 6H_2O$ 是重要的钴(Ⅱ)盐，因所含结晶水的数目不同而呈现多种颜色。随着温度上升，所含结晶水逐渐减少，颜色随之变化。它们相互转变温度和特征颜色如下：

$$\underset{\text{粉红}}{CoCl_2\cdot 6H_2O} \xrightarrow{52.3\ ℃} \underset{\text{紫红}}{CoCl_2\cdot 2H_2O} \xrightarrow{90\ ℃} \underset{\text{蓝紫}}{CoCl_2\cdot H_2O} \xrightarrow{120\ ℃} \underset{\text{蓝色}}{CoCl_2}$$

制备硅胶时加入少量的 $CoCl_2$，经烘干后硅胶呈蓝色，这种硅胶干燥剂具有吸湿能力，蓝色无水 $CoCl_2$，随着吸水量逐渐增多，经蓝紫、紫红至粉红色。当硅胶干燥剂变为粉红色后，再经烘干驱水又能重复使用。这个性质使 $CoCl_2$ 广泛用作干燥剂（如二氧化硅胶）的指示剂。$[Co(H_2O)_6]^{2+}$ 离子在溶液中显粉红色，用这种稀溶液在白纸上写字几乎看不出字迹。将此白纸烘热脱水即显出蓝色字迹，吸收空气中潮气后字迹再次隐去，所以 $CoCl_2$ 溶液被称为隐显墨水。

单质溴作用于加热的金属钴，或将红色的六水合物脱水，均可得到绿色的无水盐 $CoBr_2$。$CoBr_2$ 极易溶于水，能溶于许多极性有机溶剂中。$CoBr_2$ 在潮湿空气中潮解生成红色溶液。在室温下，$CoBr_2$ 可从水溶液中结晶出六水合物，其在 100 ℃时熔化，变成二水合物。

碘化钴(Ⅱ)有两个异构体，α-变体和 β-变体。α-变体是由微细钴粉在 400～500 ℃与碘化氢反应而生成的。当将此化合物进行高真空升华时，则有一些黄色的 β-变体升华出来。黑色的 α-变体在水中生成粉红色溶液，而 β-变体生成无色溶液，但加热时逐渐变为粉红色。这两种异构体的晶体结构尚未查明。将氧化钴、氢氧化钴或碳酸钴溶解在氢碘酸中，可以结晶出暗红色的六水合物。与氯化钴(Ⅱ)不同,在六方系的 $CoI_2 \cdot 6H_2O$ 中,钴原子被6个水分子所包围,Co—OH_2 键长为 230 pm。CoI_2 的浓水溶液在低于 20 ℃时呈暗红色,超过 35 ℃时呈绿色。在较高温度下可从水溶液中析出绿色的 $CoI_2 \cdot 4H_2O$ 和 $CoI_2 \cdot 2H_2O$。

(iii) 二卤化镍

镍和单质氯在高温流动系统或在 20 ℃乙醇中反应,都可得到二氯化镍($NiCl_2$)。实验室制法是用氯化亚硫酰给六水合物脱水。$NiCl_2$ 与 $FeCl_2$、$CoCl_2$ 和 $MnCl_2$ 是异质同晶物,具有 $CdCl_2$ 晶格。在 440～700 ℃温度范围内,气化成单分子和双聚分子物种。$NiCl_2$ 从水溶液中结晶为绿色的六水合物 $NiCl_2 \cdot 6H_2O$。$NiCl_2$ 在 993 ℃时升华,其水合物和转变温度为:

$$NiCl_2 \cdot 7H_2O \xrightarrow{-34\ ℃} NiCl_2 \cdot 6H_2O \xrightarrow{>40\ ℃} NiCl_2 \cdot 4H_2O \xrightarrow{348\ ℃} NiCl_2 \cdot 2H_2O$$

在温度高于 40 ℃蒸发 $NiCl_2$ 水溶液,可以得到四水合物 $NiCl_2 \cdot 4H_2O$;用 HCl 处理饱和 $NiCl_2$ 水溶液,也可得到四水合物。高于 75 ℃可得到二水合物 $NiCl_2 \cdot 2H_2O$。二水合物具有颇为复杂的结构,它是由聚合长链组成的,在其中镍原子被排布成变形四方平面的四个氯原子和两个水分子所包围;聚合长链又通过氢键而连接在一起。这些水合物都是绿色晶体,无水盐为黄褐色。$NiCl_2$ 在乙醚或丙酮中的溶解度比 $CoCl_2$ 小得多,利用这一性质可分离钴和镍。

单质溴作用于赤热的金属镍,或在室温下令溴和镍在乙醚溶液中反应,都可以方便地制得无水 $NiBr_2$。绿色的六水合溴化镍 $NiBr_2 \cdot 6H_2O$ 很容易释放出结晶水,温度超过 29 ℃时从水溶液中结晶出三水合物 $NiBr_2 \cdot 6H_2O$。在 5 ℃时,将六水合物放在浓硫酸上进行干燥时可脱水变成二水合物。在 $NiBr_2 \cdot 6H_2O$ 中镍原子的配位环境是 2 个 Br 和 4 个 H_2O,而在 $NiBr_2 \cdot 2H_2O$ 中镍的配位环境是 4 个 Br 和 2 个 H_2O;在这两种情况中 Ni—Br、Ni—O 键长都是 260 pm 和 200 pm。NaI 与 $NiCl_2$ 在乙醇中发生交换反应,可得到无水 NiI_2。NiI_2 只有一个水合盐——蓝绿色的六水合物 $NiI_2 \cdot 6H_2O$。与其他卤化镍的六水合物不同,含有 $[Ni(H_2O)_6]^{2+}$ 阳离子。

(2) 硝酸盐

(i) 硝酸亚铁

硝酸亚铁可用铁屑在低温溶解于稀硝酸,经冷却结晶、离心分离制得。

$$4Fe + 10HNO_3 = 4Fe(NO_3)_2 + NH_4NO_3 + 3H_2O$$

硝酸亚铁还可将硫酸亚铁和硝酸钡进行复分解反应制得。在室温下,$Fe(NO_3)_2$ 结晶为绿色的六水合物 $Fe(NO_3)_2 \cdot 6H_2O$,在低于 −10 ℃时可得到九水合物。

$Fe(NO_3)_2$ 水溶液微弱水解:

$$Fe(NO_3)_2 + 2H_2O = Fe(OH)_2 + 2HNO_3$$

$Fe(NO_3)_2$ 溶液对热是不稳定的,加热时会放出 NO,铁被氧化并沉淀为 $Fe(OH)_3$。

$$9Fe(NO_3)_2 + 6H_2O = 5Fe(NO_3)_3 + 3NO\uparrow + 4Fe(OH)_3\downarrow$$

$Fe(NO_3)_2$ 溶液显弱酸性:

$$Fe^{2+} + 2H_2O \rightleftharpoons Fe(OH)_2 + 2H^+$$

在空气中 $Fe(NO_3)_2$ 被氧化为 $Fe(NO_3)_3$,加热可以分解 FeO。

(ii) 硝酸钴

将氧化钴、氢氧化钴或碳酸钴溶解在稀硝酸中,然后在室温下进行结晶,得到红色吸湿性的六水合物 $Co(NO_3)_2 \cdot 6H_2O$。加热至 56 ℃时,$Co(NO_3)_2 \cdot 6H_2O$ 变为三水合物;更高温度则发生分解作用。无水 $Co(NO_3)_2$ 可以制备如下:将水合 $Co(NO_3)_2$ 溶解在硝酸中,然后将 N_2O_5 凝聚到此溶液中,或将金属钴溶解在等体积的 N_2O_4 和乙酸乙酯的混合物中,均可制得无水盐。在后一方法中分离出深紫色的加合物 $Co(NO_3)_2 \cdot 2N_2O_4$,真空加热至 50 ℃时 $Co(NO_3)_2 \cdot 2N_2O_4$ 变为 $Co(NO_3)_2 \cdot N_2O_4$,在 120 ℃得到淡紫色的 $Co(NO_3)_2$。在以上反应中均未发生 Co(Ⅱ)被氧化成 Co(Ⅲ)的作用。

(iii) 硝酸镍

在室温下,可从水溶液中结晶出宝石绿色的六水合物晶体 $Ni(NO_3)_2 \cdot 6H_2O$。它们与相应的钴盐是异质同晶的,含有正八面体$[Ni(H_2O)_6]^{2+}$离子,Ni—O 的键长为 203 pm,高于 54 ℃得四水合物,高于 85.4 ℃时得二水合物,在发烟硝酸中用 N_2O_5 氛围下脱水,或用 N_2O_4 与四羰合镍的液相反应,都可得到淡绿色的无水硝酸盐。

$$Ni(CO)_4 + 2N_2O_4 = Ni(NO_3)_2 + 2NO + 4CO$$

上述反应很剧烈,初步产物是加合物 $Ni(NO_3)_2 \cdot N_2O_4$,真空加热即可除去 N_2O_4。$Ni(NO_3)_2$ 不挥发,在氮气中加热至高于 260 ℃时分解产生亚硝酸盐 $Ni(NO_2)_2$。N_2O_4 与 $Ni(CO)_4$ 的气相反应只能得到亚硝酸盐 $Ni(NO_2)_2$。

六水合物热分解得到碱式硝酸盐,向其饱和溶液中加氢氧化钠时也得到碱式盐。碱式硝酸盐的典型组成为 $Ni(NO_3)_2 \cdot Ni(OH)_2 \cdot H_2O$。它具有层状结构,像大多数碱式镍(Ⅱ)盐一样,具有复杂的离子晶格$[Ni(H_2O)_6][Ni(NO_3)_2(OH)_2]$。

(3) 硫酸盐

(i) 硫酸亚铁

硫酸亚铁($FeSO_4$)是比较重要的亚铁盐,可从铁与硫酸反应或碱性铁化合物(如碳酸亚铁或氢氧化亚铁)与硫酸反应制得。

$$Fe + H_2SO_4 = FeSO_4 + H_2\uparrow$$

$$Fe_2O_3 + 3H_2SO_4 = Fe_2(SO_4)_3 + 3H_2O$$

$$Fe_2(SO_4)_3 + Fe = 3FeSO_4$$

工业上用氧化黄铁矿的方法来制取硫酸亚铁:

$$2FeS_2 + 7O_2 + 2H_2O = 2FeSO_4 + 2H_2SO_4$$

将铁屑与稀硫酸反应,然后将溶液浓缩,冷却后就有绿色的七水合硫酸亚铁($FeSO_4 \cdot 7H_2O$)晶体析出,俗称绿矾。绿矾是古代已知的化合物,为单斜系晶体,密度 1.88 $g \cdot cm^{-3}$,极易溶于水。$FeSO_4 \cdot 7H_2O$ 加热失水,可得无水的白色 $FeSO_4$,强热则分解成 Fe_2O_3 和硫的氧化物。

$$2FeSO_4 \xlongequal{\triangle} Fe_2O_3 + SO_2 + SO_3$$

绿矾在空气中可逐渐风化而失去一部分水,并且表面容易氧化为黄褐色碱式硫酸铁(Ⅲ)$Fe(OH)SO_4$。

$$4FeSO_4 + 2H_2O + O_2 = 4Fe(OH)SO_4$$

因此,亚铁盐在空气中不稳定,易被氧化成铁(Ⅲ)盐。在酸性介质中,Fe^{2+} 较稳定,而在碱性介质中立即被氧化。因而在保存 Fe^{2+} 盐溶液时,应加入足够浓度的酸,必要时应加入几颗铁钉来防止氧化。但是,即使在酸性溶液中,在强氧化剂如 $K_2Cr_2O_7$、$KMnO_4$、Cl_2 等存在时,Fe^{2+} 也会被氧化成 Fe^{3+}。

$$6FeSO_4 + K_2Cr_2O_7 + 7H_2SO_4 = 3Fe_2(SO_4)_3 + Cr_2(SO_4)_3 + K_2SO_4 + 7H_2O$$

$$10FeSO_4 + 2KMnO_4 + 8H_2SO_4 = 5Fe_2(SO_4)_3 + 2MnSO_4 + K_2SO_4 + 8H_2O$$

$$2FeCl_2 + Cl_2 \xlongequal{} 2FeCl_3$$

$FeSO_4$ 容易生成复盐 $M_2^I SO_4 \cdot FeSO_4 \cdot 6H_2O$,式中 M^I 为碱金属。当 M^I 为铵时,此复盐常称为硫酸亚铁铵$(NH_4)_2SO_4 \cdot FeSO_4 \cdot 6H_2O$ 或摩尔盐。相比 $FeSO_4$,摩尔盐不易失水和被空气氧化,这是由于大量的氢键网络保护中心金属离子。在分析化学中用以配制 Fe(Ⅱ)的标准溶液,在容量分析中得到广泛应用。摩尔盐的微酸性溶液可保持较长时期不变质,因为该复盐在空气中稳定。NO 与亚铁离子可生成棕色配离子$[Fe(H_2O)_5NO]^{2+}$,分析化学上利用此性质进行棕色环试验。

$FeSO_4$ 与鞣酸反应,可生成易溶的鞣酸亚铁,由于它在空气中易被氧化成黑色的鞣酸,所以可用来制蓝黑墨水。此外,绿矾可用于染色和木材防腐方面,在农业上还可作杀虫剂,用硫酸亚铁浸泡种子,对防治大麦的黑穗病和条纹病效果较好。

(ii) 硫酸钴

硫酸钴($CoSO_4$)可以用金属钴溶于硫酸及硝酸的混合酸中,用蒸气加热至沸,经蒸发浓缩、冷却结晶、分离或氧化钴和硫酸反应制得。

$$2Co + 2HNO_3 + 2H_2SO_4 \xlongequal{} 2CoSO_4 + NO_2\uparrow + NO\uparrow + 3H_2O$$

$$CoO + H_2SO_4 \xlongequal{} CoSO_4 + H_2O$$

从 $CoSO_4$ 的水溶液中可以结晶出橙红色的七水合物 $CoSO_4 \cdot 7H_2O$,它与 $FeSO_4 \cdot 7H_2O$ 为同晶型的,在 30 ℃时结晶或将七水合物在 41.5 ℃加热,可以得到橙红色的六水合物,加热至高于 70 ℃生成一水合物,高于 250 ℃时得到无水硫酸盐。

向 $CoSO_4$ 溶液中加入碱金属(或铵)硫酸盐并进行结晶,可以得到硫酸复盐,例如$(NH_4)_2SO_4 \cdot CoSO_4 \cdot 6H_2O$,这个红色晶体与摩尔盐$(NH_4)_2SO_4 \cdot FeSO_4 \cdot 6H_2O$ 为同晶型的。钴(Ⅱ)还有一些碱式硫酸盐,如蓝色的 $CoSO_4 \cdot 3Co(OH)_2$ 和紫色的 $2CoSO_4 \cdot 3Co(OH)_2 \cdot 5H_2O$。

(iii) 硫酸镍

利用金属镍与硫酸和硝酸的反应,或将 NiO 或 $NiCO_3$ 溶于稀 H_2SO_4 中,均可以制取硫酸镍:

$$2Ni + 2HNO_3 + 2H_2SO_4 \xlongequal{} 2NiSO_4 + NO_2\uparrow + NO\uparrow + 3H_2O$$

$$NiO + H_2SO_4 \xlongequal{} NiSO_4 + H_2O$$

$$NiCO_3 + H_2SO_4 \xlongequal{} NiSO_4 + H_2O + CO_2\uparrow$$

$NiSO_4$ 能生成由绿色 $NiSO_4 \cdot 7H_2O$ 到 $NiSO_4 \cdot H_2O$ 的所有水合物。斜方系的七水合物在 15~25 ℃时结晶,在略高些的温度上,从水溶液结晶出两种不同的 $NiSO_4 \cdot 6H_2O$ 物相,蓝绿色的 α 相和绿色的 β 相结晶。七水合物 $NiSO_4 \cdot 7H_2O$ 的晶体结构是由$[Ni(H_2O)_6]^{2+}$八面体、SO_4^{2-} 四面体构筑成的,额外的水分子是通过氢键与硫酸根离子相结合着的。四方系的 α-$NiSO_4 \cdot 6H_2O$ 也含有$[Ni(H_2O)_6]^{2+}$八面体,其中 Ni—O 的键长为 202 和 204 pm。

将水合物在高于 300 ℃脱水,可得无水 $NiSO_4$。$NiSO_4$ 是一种能溶于冷水的黄色粉末。与铁、钴类似,$NiSO_4$ 也能生成一系列复盐 $M_2^I[Ni(H_2O)_6](SO_4)_2$($M^I$=K, Rb, Cs, NH_4, Tl),它们同+2 氧化态的过渡金属离子的相应复盐是类质同晶的。$NiSO_4 \cdot 7H_2O$ 大量用于电镀和催化剂。

2. 氧化态为+3 的盐的性质

铁系元素+3 氧化态的盐主要是铁(Ⅲ)盐和钴(Ⅲ)盐,以铁(Ⅲ)盐居多。钴(Ⅲ)盐只能存在于固态,溶于水迅速分解为钴(Ⅱ)盐。这是因为在酸性溶液中,Co^{3+} 的氧化性比 Fe^{3+} 强。

$$Fe^{3+} + e^- \rightleftharpoons Fe^{2+} \qquad E^\ominus = 0.771\ V$$

$$Co^{3+} + e^- \rightleftharpoons Co^{2+} \qquad E^\ominus = 1.82\ V$$

例如 $Fe_2(SO_4)_3 \cdot 9H_2O$ 是很稳定的，而 $Co_2(SO_4)_3 \cdot 18H_2O$ 不仅在溶液中不稳定，在固体状态也不稳定，分解成硫酸钴(Ⅱ)和氧。类似的镍盐尚未见到，可以推想这与高氧化态镍的氧化性更强有关。

铁(Ⅲ)盐最重要的性质是 Fe^{3+} 离子的强水解性和氧化性。

高电荷的 Fe^{3+} 水解能力强，其盐的水溶液显强酸性。Fe^{3+} 离子水解时生成一系列的水解产物：

$$[Fe(H_2O)_6]^{3+} + H_2O \rightleftharpoons [Fe(H_2O)_5OH]^{2+} + H_3O^+$$

$$[Fe(H_2O)_5OH]^{2+} + [Fe(H_2O)_5OH]^{2+} \rightleftharpoons [Fe(H_2O)_4(OH)_2Fe(H_2O)_4]^{4+} + 2H_2O$$

$[Fe(H_2O)_4(OH)_2Fe(H_2O)_4]^{4+}$ 的结构如图 21-1 所示。

当溶液 pH 为 2～3 时，聚合倾向增大，最终生成 $Fe(OH)_3$ 或 $Fe_2O_3 \cdot nH_2O$ 沉淀。因此，在配制 Fe^{3+} 盐溶液时，必预先加入一定量的浓酸抑制水解反应，然后再加水稀释到一定的体积。向 Fe^{3+} 的强酸盐溶液中加入碳酸盐、硫化物，得到的是 $Fe(OH)_3$ 沉淀、CO_2 或 H_2S。

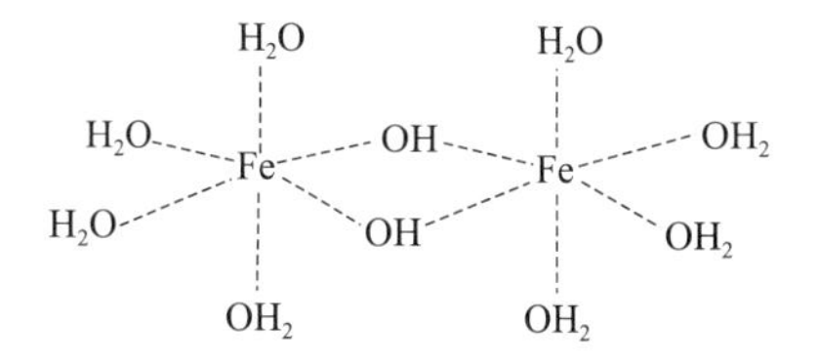

图 21-1 $[Fe(H_2O)_4(OH)_2Fe(H_2O)_4]^{4+}$ 的结构示意图

$Fe_2(SO_4)_3$ 或 $FeCl_3$ 用作净水剂，就是利用上述性质。它们的胶状水解产物和悬浮在水中的泥沙一起聚沉，混浊的水即变清澈。

铁(Ⅲ)盐的另一性质是氧化性。虽然氧化态为+3 的盐中，Fe(Ⅲ)的氧化性相对较弱，但在酸性介质中，Fe^{3+} 离子为中强氧化剂，能与 H_2S、I^-、Sn^{2+}、SO_3^{2-}、$SnCl_2$ 等多种还原剂作用，例如：

$$2Fe^{3+} + 2I^- \rightleftharpoons 2Fe^{2+} + I_2$$

$$Fe_2(SO_4)_3 + SnCl_2 + 2HCl \rightleftharpoons 2FeSO_4 + SnCl_4 + H_2SO_4$$

$$2FeCl_3 + 2KI \rightleftharpoons 2FeCl_2 + I_2 + 2KCl$$

$$2FeCl_3 + H_2S \rightleftharpoons 2FeCl_2 + S + 2HCl$$

常用的铁(Ⅲ)盐主要有：$FeCl_3$、$Fe(NO_3)_3$、$Fe_2(SO_4)_3$。

Fe(Ⅲ)的卤化物的热稳定性按 $F^- > Cl^- > Br^- > I^-$ 顺序而递降。氟化物 FeF_3 有很高的稳定性，在约 1000 ℃左右升华。单质氟作用于金属铁、氯化亚铁或氯化铁，或在 HF 气流中令水合氟化铁脱水，都可制得 FeF_3。简单方便的实验室制备方法是利用 HF 与无水氯化铁反应：

$$FeCl_3 + 3HF \rightleftharpoons FeF_3 + 3HCl$$

FeF_3 仅微溶于水，不溶于乙醇和乙醚。在氢气中加热时，它被还原为氟化亚铁。在水溶液中，FeF_3 的水解作用很微弱；在有碱金属氟化物存在时，可从溶液中结晶出配合氟化物 $MFeF_4$。

铁(Ⅲ)盐中，三氯化铁($FeCl_3$)比较重要。将铁在干燥氯气中适中加热，可以凝聚得到黑色晶体的 $FeCl_3$。

$$2Fe + 3Cl_2 \rightleftharpoons 2FeCl_3$$

在加压下加热氧化铁和四氯化碳，可以得到无水的棕黑色 $FeCl_3$。无水 $FeCl_3$ 的熔点为 282 ℃，沸点 315 ℃，易溶于水和有机溶剂(如乙醚、丙酮)中。无水 $FeCl_3$ 易潮解变成 $FeCl_3 \cdot xH_2O$(x=6，3.5，2.5，2)。

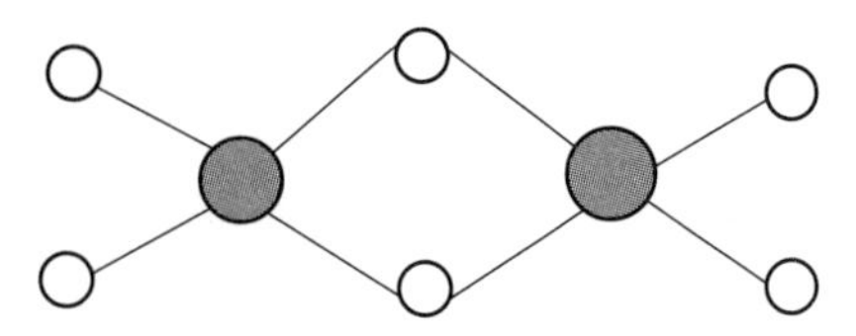

图 21-2 FeCl$_3$ 分子结构示意图

FeCl$_3$ 有明显的共价性,无水 FeCl$_3$ 在 400 ℃主要以二聚体 Fe_2Cl_6 分子存在(图 21-2),其结构和 $AlCl_3$ 相似,750 ℃以上分解为分子。

FeCl$_3$ 主要用于有机染料的生产上。在印刷制版中,它可用作铜版的腐蚀剂。把铜版上需要去掉的部分与 $FeCl_3$ 反应,使 Cu 变成 $CuCl_2$ 而溶解。

$$Cu+2FeCl_3 \longrightarrow CuCl_2+2FeCl_2$$

此外,$FeCl_3$ 能引起蛋白质的迅速凝聚,所以在医疗上用作伤口的止血剂。FeI_3 因常含有 FeI_2 杂质,从未分离得到纯品。Fe(Ⅲ)是一种很强的氧化剂,很难同碘离子共存。水溶液中,自由碘单质可将铁(Ⅲ)还原至 Fe(Ⅱ)。

与卤化铁相比较,已制得的 CoF_3 和 $CoCl_3$ 不稳定。CoF_3 受热即按下式分解:

$$2CoF_3 \longrightarrow 2CoF_2+F_2$$

$CoCl_3$ 在室温和有水时,按下式分解:

$$2CoCl_3 \longrightarrow 2CoCl_2+Cl_2$$

相应的氧化态为+3 的镍盐尚未制得。由于高氧化态的钴盐和镍盐不稳定,在科研和生产中很少用到它们。

将浓硫酸与无水 $FeSO_4$ 或 Fe_2O_3 共煮,可得到几乎为白色粉末的无水硫酸铁 $Fe_2(SO_4)_3$。

$$Fe_2O_3+3H_2SO_4 \longrightarrow Fe_2(SO_4)_3+3H_2O$$

用硝酸氧化 $FeSO_4$ 溶液,所得的 $Fe_2(SO_4)_3$ 溶液,可结晶出一系列的水合物,常见的水合物含有十二、九、六和三分子水。热分解时生成 Fe_2O_3 和 SO_3:

$$Fe_2(SO_4)_3 \longrightarrow Fe_2O_3+3SO_3$$

铁(Ⅲ)矾的通式为 $M^{I}Fe(SO_4)_2 \cdot nH_2O$。铁铵矾和铁钾矾为媒染剂,可以从硫酸铁和硫酸铵或硫酸钾的混合溶液中结晶制得。它们具淡紫色,含有$[Fe(H_2O)_6]^{3+}$离子,但在水溶液中会因水解而呈棕色。$Fe_2(SO_4)_3$ 在 pH 较小条件下(1.6~1.8 之间),发生水解不产生氢氧化铁沉淀,而是产生一些双聚体离子$[Fe_2(OH)_2]^{4+}$,这些离子能和 SO_4^{2-} 及碱金属离子、NH_4^+ 离子结合形成一种浅黄色的复盐晶体,俗称黄铁矾。

$$3Fe_2(SO_4)_3+6H_2O \longrightarrow 6Fe(OH)SO_4+3H_2SO_4$$

$$4Fe(OH)SO_4+4H_2O \longrightarrow 2Fe_2(OH)_4SO_4+2H_2SO_4$$

$$2Fe(OH)SO_4+2Fe_2(OH)_4SO_4+Na_2SO_4+2H_2O \longrightarrow Na_2Fe_6(SO_4)_4(OH)_{12}\downarrow+H_2SO_4$$

高铁酸盐是+6 氧化态的铁盐,具有很强的氧化性,溶于水中能释放大量的原子氧,其酸碱条件下的电极电势为:

$$FeO_4^{2-}+8H^++3e^- \longrightarrow Fe^{3+}+4H_2O \qquad E_A^\ominus=2.20\ V$$

$$FeO_4^{2-}+4H_2O+3e^- \longrightarrow Fe(OH)_3+5OH^- \qquad E_B^\ominus=0.72\ V$$

高铁酸盐在碱性条件下可用强氧化剂次氯酸盐氧化 $Fe(OH)_3$ 来制备,也可以用氧化铁与硝酸盐在碱性条件下共熔得到。

$$2Fe(OH)_3+3ClO^-+4OH^- \longrightarrow 2FeO_4^-+3Cl^-+5H_2O$$

$$Fe_2O_3+3KNO_3+4KOH \xlongequal{\text{共熔}} 2K_2FeO_4+3KNO_2+2H_2O$$

高铁酸的钠盐和钾盐是可溶的,$BaFeO_4$ 是紫红色沉淀:

$$FeO_4^{2-} + Ba^{2+} = BaFeO_4 \downarrow$$

向 $NiSO_4$ 溶液中加 Na_2CO_3 溶液，得到浅绿色碱式碳酸镍晶体。

$$2Ni^{2+} + 2CO_3^{2-} + H_2O = Ni_2(OH)_2CO_3 \downarrow + CO_2 \uparrow$$

向 Ni^{2+} 溶液中加入 Na_3PO_4 溶液，可以得到绿色 $Ni_3(PO_4)_2$ 晶体。若向 Ni^{2+} 溶液中加入 $(NH_4)_2S$，得到黑色的 NiS，新生成的 α-NiS($K_{sp}=3\times10^{-21}$)溶于稀的强酸，经放置或加热后仅能溶于 HNO_3，这是因为 α-NiS 转变成了 β-NiS($K_{sp}=1\times10^{-24}$)和 γ-NiS($K_{sp}=2\times10^{-26}$)。

21.3　铁系元素的配位化合物

21.3.1　铁的配位化合物

$Fe^{2+}(d^6)$、$Fe^{3+}(d^5)$都是很好的配位化合物形成体，Fe(Ⅱ)常生成八面体或四面体配合物，而 Fe(Ⅲ)主要形成八面体配合物，在弱场中也可形成四面体，例如$[FeCl_4]^-$。

1. 水配合物

在许多 Fe(Ⅱ)的水合盐晶体中都含有六水合铁(Ⅱ)离子($[Fe(H_2O)_6]^{2+}$)这个离子。例如，亚铁铵$(NH_4)_2SO_4 \cdot FeSO_4 \cdot 6H_2O$ 中，八面体$[Fe(H_2O)_6]^{2+}$离子有明显的四方和略斜方变形，其中的 Fe—O 键长分别为 214 pm、188 pm 和 185 pm。$FeSO_4 \cdot 7H_2O$、$Fe(ClO_4)_2 \cdot 6H_2O$ 以及在不含其他给电子体的 Fe^{2+} 水溶液中都含有这个六水合离子，但并不存在于 $FeCl_2 \cdot 6H_2O$ 中。含有这个离子的配合物具有淡蓝绿色。

$[Fe(H_2O)_6]^{2+}$的水溶液显微弱的酸性，因为存在下列水解平衡：

$$[Fe(H_2O)_6]^{2+} + H_2O = [Fe(H_2O)_5(OH)]^+ + H_3O^+ \qquad K=3.16\times10^{-9}$$

因此，向此水溶液中加入碳酸钠，即产生碳酸亚铁沉淀而不会放出二氧化碳，这与六水合 Fe(Ⅲ)离子的反应不同，但$[Fe(H_2O)_6]^{2+}$与强碱反应时即产生 $Fe(OH)_2$ 沉淀。

淡紫色的六水合铁(Ⅲ)离子$[Fe(H_2O)_6]^{3+}$出现在固体状态的铁(Ⅲ)矾中和含低配位能力阴离子的铁(Ⅲ)盐的酸性溶液中，例如，$FeCl_3 \cdot 6H_2O$ 实际上是$[FeCl_2(H_2O)_4]Cl \cdot 2H_2O$。$[Fe(H_2O)_6]^{3+}$的主要化学特性是具有高的酸度。

2. 氨配合物

在溶液中，Fe^{2+}、Fe^{3+}与 NH_3 难以生成配合物，由于它们在氨溶液中强烈水解而形成氢氧化物沉淀。

$$Fe^{2+} + 2NH_3 \cdot H_2O = Fe(OH)_2 \downarrow + 2NH_4^+$$

$$Fe^{3+} + 3NH_3 \cdot H_2O = Fe(OH)_3 \downarrow + 3NH_4^+$$

Fe^{2+}的无水盐与氨气作用，可得到氨的配合物$[Fe(NH_3)_6]^{2+}$，但遇水即按下式分解：

$$[Fe(NH_3)_6]Cl_2 + 6H_2O = Fe(OH)_2 \downarrow + 4NH_3 \cdot H_2O + 2NH_4Cl$$

而 Fe^{3+}离子由于其水合离子发生强烈水解，所以在水溶液中加入氨水时，只能形成 $Fe(OH)_3$ 沉淀。

3. 卤素配合物

在盐酸溶液中，Fe^{3+}与 Cl^- 形成黄色$[FeCl_4]^-$的配合物。随着溶液中 Cl^- 浓度不同，可以形成$[FeCl]^{2+}$、$[FeCl_2]^+$、$[FeCl_4]^-$等配离子。Fe^{3+}与 Br^- 形成的配合物是热不稳定的，与 I^- 不形

成配合物。

4. 硫氰配合物

Fe^{3+}与硫氰酸根离子(SCN^-)作用生成血红色的六硫氰酸根合铁(Ⅲ)离子:

$$Fe^{3+} + 6SCN^- \Longrightarrow [Fe(SCN)_6]^{3-}$$

这是 Fe^{3+} 的一个灵敏反应,用来鉴定 Fe^{3+}。反应须在酸性环境中进行,因为溶液酸度小时,Fe^{3+}发生水解,生成 $Fe(OH)_3$,破坏了硫氰配合物而得不到血红色溶液。这个配合物能溶于乙醚或异戊醇。当 Fe^{3+} 浓度很低时,就可用乙醚或异戊醇进行萃取,可得到较好的效果。

5. 氰配合物

使亚铁盐与 KCN 溶液反应得 $Fe(CN)_2$ 沉淀,KCN 过量时沉淀溶解。

$$Fe^{2+} + 2CN^- \Longrightarrow Fe(CN)_2\downarrow \text{(白色)}$$

$$Fe(CN)_2 + 4CN^- \Longrightarrow [Fe(CN)_6]^{4-} \text{(浅黄色)}$$

$[Fe(CN)_6]^{4-}$离子在水溶液中相当稳定,几乎检验不出有 Fe^{2+} 离子的存在。它是一个沉淀剂,在实验室常用它来鉴定 Cu^{2+} 离子。此外,$[Fe(CN)_6]^{4-}$ 酸根离子(亚铁氰离子)是一个人们熟知的稳定无毒的配离子,它同多种多样的阳离子生成为数众多的盐。它的钾盐和氯化氢(或冷硫酸)在乙醚中反应,可以得到自由酸 $H_4Fe(CN)_6$ 的乙醚合物。

六氰合铁(Ⅱ)酸钾 $K_4[Fe(CN)_6]$在工业上是从煤气厂氧化物废渣来制备的。在实验室中,$K_4[Fe(CN)_6]$是用过量氰化钾处理 $FeSO_4$ 水溶液,先沉淀出来的氰化铁(Ⅱ)在沸煮时即溶解在过量的氰化钾溶液中,冷却时即结晶出亚铁氰化钾。

$K_4[Fe(CN)_6]\cdot 3H_2O$ 为黄色的晶体,称为黄血盐。它在 100 ℃失去全部结晶水,为白色粉末。

$$K_4[Fe(CN)_6] \xlongequal{\triangle} 4KCN + FeC_2 + N_2$$

$$[Fe(CN)_6]^{4-} + 4H^+ + NO_3^- \Longrightarrow [Fe(CN)_5NO]^{2-} + CO_2 + NH_4^+$$

五氰亚硝酰合铁(Ⅱ)酸钠是 $Na_2[Fe(CN)_5NO]\cdot 2H_2O$ 比较稳定的红色晶体,加热到 400 ℃才分解,释放出$(CN)_2$ 和 NO。

在溶液中,S^{2-} 与$[Fe(CN)_5NO]^{2-}$ 作用,生成红紫色物质,用以鉴定 S^{2-}。

$$[Fe(CN)_5NO]^{2-} + S^{2-} \Longrightarrow [Fe(CN)_5NOS]^{4-} \text{(红紫)}$$

$$Fe^{2+} + 2CN^- \Longrightarrow Fe(CN)_2\downarrow \text{(白色)}$$

$$Fe(CN)_2 + 4CN^- \Longrightarrow [Fe(CN)_6]^{4-}$$

根据下述电极电势判定:

$$E^{\ominus}_{A}(Fe^{3+}/Fe^{2+}) = 0.77\ V$$

$$E^{\ominus}(Fe(CN)_6^{3+}/Fe(CN)_6^{2+}) = 0.36\ V$$

许多氧化试剂如 Cl_2、H_2O_2、MnO_4^-、$Cr_2O_7^{2-}$ 和 $S_2O_8^{2-}$ 等能有效地将$[Fe(CN)_6]^{4-}$ 氧化成$[Fe(CN)_6]^{3-}$,结晶其钾盐溶液,析出有毒的红色晶体 $K_3[Fe(CN)_6]$,俗称赤血盐。

$$2[Fe(CN)_6]^{4-} + Cl_2 \Longrightarrow 2[Fe(CN)_6]^{3-} + 2Cl^-$$

$$2[Fe(CN)_6]^{4-} + H_2O_2 \Longrightarrow 2[Fe(CN)_6]^{3-} + 2OH^-$$

$$2[Fe(CN)_6]^{4-} + I_2 \Longrightarrow 2[Fe(CN)_6]^{3-} + 2I^-$$

赤血盐的溶解度比黄血盐大,在碱性介质中有氧化作用,在中性溶液中有微弱的水解:

$$4K_3[Fe(CN)_6] + 4KOH(浓) = 4K_4[Fe(CN)_6] + O_2 + 2H_2O$$

$$K_3[Fe(CN)_6] + 3H_2O = Fe(OH)_3(s) + 3KCN + 3HCN$$

处理含 CN^- 废水时，常选用 Fe^{2+} 盐。$[Fe(CN)_6]^{4-}$ 在动力学上是惰性的，很难与水中其他配体交换，CN^- 难以解离；$[Fe(CN)_6]^{3-}$ 在动力学上是活性的，使得 $[Fe(CN)_6]^{3-}$ 的二次毒性大。

六氰合铁(Ⅱ)酸盐最为人们熟知的反应是它同过量 Fe^{2+} 盐的反应，产物为一种蓝色沉淀物，称之为普鲁士蓝。六氰合铁(Ⅱ)酸盐同过量 Fe^{2+} 盐反应，也产生一种蓝色沉淀，称为滕氏蓝。这两种化合物经结构分析证明是同一化合物，化学式都可写作六氰合铁(Ⅱ)酸铁(Ⅲ) $Fe_4[Fe(CN)_6]_3$。

如果将物质的量之比为 1∶1 的 Fe^{3+} 和 $[Fe(CN)_6]^{4-}$ 酸盐溶液混合在一起，则得到可溶性的普鲁士蓝，其组成为 $KFe[Fe(CN)_6]\cdot H_2O$。

$$K^+ + Fe^{3+} + [Fe(CN)_6]^{4-} = KFe^{II}[Fe^{III}(CN)_6]\downarrow$$

这是鉴定 Fe^{2+} 的灵敏反应。

可溶的普鲁士蓝的分子式为 $M^{I}Fe^{III}[Fe^{II}(CN)_6]\cdot yH_2O$，其结构如图 21-3 所示。Fe 位于立方体的顶点，一半是 Fe^{3+}(高自旋)，一半是 Fe^{2+}(低自旋)；CN^- 位于 12 条棱边上；K^+ 或 H_2O 位于立方体的中心，每间隔一个立方体中有一个 M^{I} (M^{I} = Na, K, Rb)。不溶的普鲁士蓝的分子式为 $Fe_4[Fe(CN)_6]_3\cdot xH_2O$。在它的晶格中，四分之一的 Fe^{III} 占据立方体的中心而不是顶点。

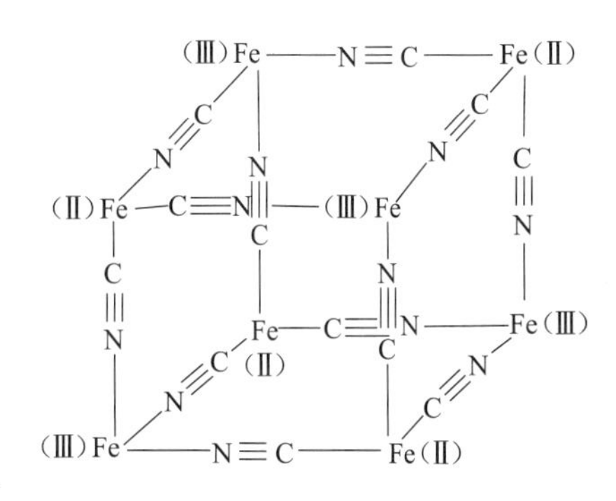

图 21-3　可溶的普鲁士蓝晶体结构

近来，根据单晶 X 射线衍射数据提出了不同的解释，认为在普鲁士蓝中所有的 Fe^{III} 和 Fe^{II} 位于立方体的顶点，但有四分之一的 $[Fe^{II}(CN)_6]^{4-}$ 的位置被水分子占据。另外，水分子占据了 Fe^{III} 周围缺少 CN^- 离子的位置，每个立方体的中心有一个水分子，这种结构相当于 $Fe_4[Fe(CN)_6]_6\cdot xH_2O$($x$=14～16)。而可溶形式的普鲁士蓝含有钾或其他碱金属，但在上述的分子式中不是化学计量的。

普鲁士蓝主要用于油漆和油墨工业，也用于制蜡笔、图画颜料等。

6. 草酸和磷酸配合物

Fe^{3+} 离子很容易同氧给体阴离子，如磷酸根、羧酸根、羟基羧酸根和苯氧基形成配合物。

绿色的三(草酸根)合铁(Ⅲ)配合物含有 $[Fe(C_2O_4)_3]^{3-}$ 离子，向 Fe^{3+} 盐溶液加入过量碱金属或铵的草酸盐，即可容易地得到此草酸根配合物。

$$FeCl_3 + 3K_2C_2O_4 = K_3[Fe(C_2O_4)_3] + 3KCl$$

$K_3[Fe(C_2O_4)_3]$ 具有光学活性，见光分解生成黄色的 FeC_2O_4：

$$2K_3[Fe(C_2O_4)_3] = 2FeC_2O_4 + 2CO_2\uparrow + 3K_2C_2O_4$$

向 $FeCl_3$ 溶液中加入磷酸，溶液由黄色变为无色，生成了无色的 $[Fe(PO_4)_3]^{6-}$、$[Fe(HPO_4)_3]^{3-}$ 配离子。常用于分析化学中对 Fe^{3+} 的掩蔽。

7. 羰基配合物

金属羰基化合物是金属，特别是过渡元素与中性配体 CO 分子形成的一类化合物。在这类化合物中，金属原子处于低氧化态(氧化态为 0 或负值)，存在 σ 配键和反馈 π 键。

$$Fe(活性粉) + 5CO \xlongequal{\triangle} Fe(CO)_5(黄色)$$

早在 1949 年,Reppe 发展了五羰基合铁 $Fe(CO)_5$ 在有机合成工作中的应用。$Fe(CO)_5$ 为三角双锥结构(图 21-4),具有抗磁性。

羰基化合物的熔、沸点比一般常见的金属化合物低,易挥发、受热分解为金属和 CO,常用于分离和提纯金属。羰基化合物有毒,吸入羰基化合物后,血红素便与 CO 相结合,并把胶态金属带到全身各器官,这种中毒很难治疗。制备羰基化合物必须在与外界隔离的密封容器中进行。

8. 其他重要配合物

1949 年,两个科研小组分别独立地发现了双环戊二烯基合铁(Ⅱ),简称二茂铁。发现的过程具有偶然性,科研工作者用氯化铁(Ⅲ)处理环戊二烯基溴化镁,试图把环戊二烯基偶联起来,但最终的产物为二茂铁。在 1952 年,人们测定了二茂铁的正确结构,从此展开了环戊二烯基与过渡金属的 π 键芳香环的研究,也为金属有机化学的发展掀开了新的帷幕。

二茂铁的熔点为 173 ℃,不溶于水,易溶于乙醚、苯、乙醇等有机溶剂。$(C_5H_5)_2Fe$ 是反铁磁性的,其结构如图 21-5 所示。Fe^{2+} 与 $C_5H_5^-$ 环之间的键是由茂环离域 π 轨道上的 π 电子与 Fe^{2+} 的空轨道 d 形成的 σ 配键。二茂铁晶体中,铁原子夹在两个环戊二烯基环当中,两个环平面是平行的正五边形,所有的 C—C 和 Fe—C 键长都相等。

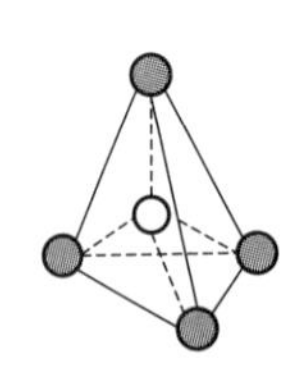

图 21-4　$Fe(CO)_5$ 的三角双锥结构

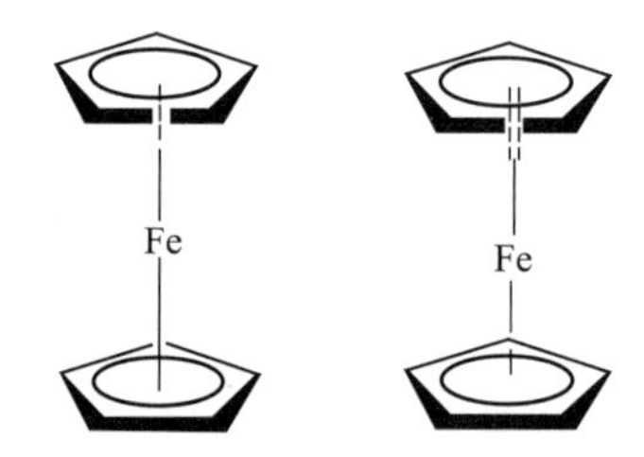

图 21-5　二茂铁的重叠型和交错型构型

二茂铁可通过多种途径来制备。比较方便的实验室制备方法是环戊二烯基钠与氯化铁(Ⅱ)在四氢呋喃中的反应:

$$FeCl_2 + 2C_5H_5Na = (C_5H_5)_2Fe + 2NaCl$$

溴化环戊二烯镁与 $FeCl_2$ 在有机溶剂中反应,也可以得到二茂铁:

$$2C_5H_5MgBr + FeCl_2 = (C_5H_5)_2Fe + MgBr_2 + MgCl_2$$

另一种实验室制法是在一种碱(如二乙胺)的存在下让环戊二烯与 $FeCl_2$ 反应:

$$FeCl_2 + 2C_5H_6 + 2Et_2NH = (C_5H_5)_2Fe + 2Et_2NH_2Cl$$

Fe^{2+} 与螯合试剂 1,10-二氮菲(phen)能在水溶液和惰性溶剂中生成$[Fe(phen)_3]^{2+}$型的八面体阳离子。

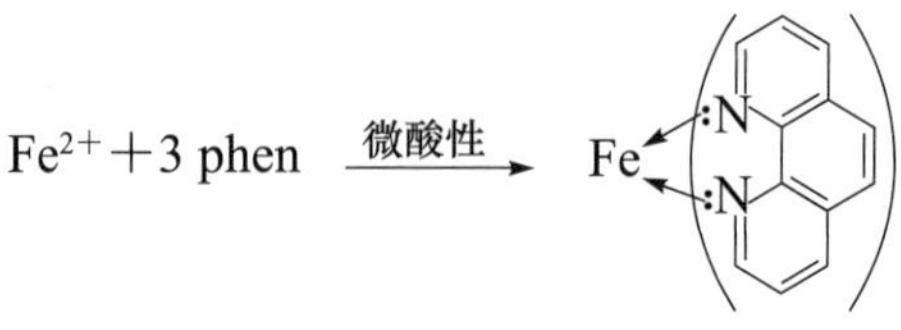

$$Fe^{2+} + 3\ phen \xrightarrow{\text{微酸性}} Fe$$

三(1, 10-邻二氮菲)铁(Ⅱ)硫酸盐被广泛用作铁试剂。$[Fe(phen)_3]^{2+}$ 在水溶液中为红色,通过氧化可以转化为蓝色的$[Fe(phen)_3]^{3+}$,利用这种颜色变化,可以作为氧化还原滴定的指示剂。

$$[Fe(phen)_3]^{3+}(蓝色)+e^- \longrightarrow [Fe(phen)_3]^{2+}(红色) \qquad E^\ominus=1.15\ V$$

Fe^{2+}与亚硝酰离子(NO^+)能形成棕色的$[Fe(NO)(H_2O)_5]^{2+}$配合物。

$$3Fe^{2+}+NO_3^-+4H^+ \longrightarrow 3Fe^{3+}+NO+2H_2O$$

$$[Fe(H_2O)_6]^{2+}+NO \longrightarrow [Fe(NO)(H_2O)_5]^{2+}+H_2O$$

$[Fe(NO)(H_2O)_5]^{2+}$配合物中有3个未成对电子,红外光谱实验表明存在NO^+。$[Fe(NO)(H_2O)_5]^{2+}$的棕色来源于电荷迁移光谱。

21.3.2 钴和镍的配位化合物

1. 钴的配位化合物

Co(Ⅱ)的价电子排布为$3d^74s^2$,其配合物可分为两类:一类是粉红色或紫红色为特征的八面体配合物,另一类是以蓝色为特征的四面体的配合物:

$$\underset{粉红色}{[Co(H_2O)_6]^{2+}} \underset{H_2O}{\overset{Cl^-}{\rightleftharpoons}} \underset{蓝色}{[CoCl_4]^{2-}}$$

Co(Ⅱ)的八面体配合物大多是高自旋的,低自旋的配合物少见。Co(Ⅱ)的低自旋的八面体配合物在溶液中具有较强的还原性。

Co(Ⅲ)的价电子排布为$3d^74s^2$,易生成低自旋的配合物,除了CoF_6^{3-}(高自旋)外,其他配合物几乎都是低自旋的(包括$[Co(H_2O)_6]^{3+}$);Co(Ⅲ)也能形成多核配合物和诸多同分异构体;Co(Ⅲ)的八面体配合物的配体交换速率很慢,呈动力学惰性。

(1) 水配合物

粉红色的六水合钴(Ⅱ)离子$[Co(H_2O)_6]^{2+}$存在于$Co(ClO_4)_2\cdot 6H_2O$、$Co(NO_3)_2\cdot 6H_2O$、$CoSO_3\cdot 6H_2O$和$CoSO_4\cdot 7H_2O$的晶体结构中,它也存在于不含配阴离子的钴(Ⅱ)盐水溶液中,但其中还会含有少量的四水合离子$[Co(H_2O)_4]^{2+}$。六水合离子的水溶液几乎不呈酸性,当在溶液上方保持一定压力的二氧化碳气氛的情况下,向溶液中加入碱金属碳酸盐水溶液,可以沉淀出碳酸盐$CoCO_3$。

(2) 氨配合物

对钴氨配合物组成和结构的研究,在配合物化学理论的建立和发展过程中曾经起过重要的作用。1893年瑞士化学家沃纳(Abraham Gottlob Werner)在前人工作的基础上,根据Co(Ⅱ)、Cr(Ⅱ)等化合物用当时的原子价规律无法解释的现象,提出了配位化合物结构理论。Co(Ⅲ)盐与氨生成四种颜色不同的化合物,分析得到它们的组成。若向这些化合物溶液中加入$AgNO_3$溶液,能够证明它们分子中所含可被$AgNO_3$沉淀的Cl原子数不同。

$CoCl_3\cdot 6NH_3$	橙黄	用$AgNO_3$沉淀出3个Cl^-
$CoCl_3\cdot 5NH_3$	红紫	用$AgNO_3$沉淀出2个Cl^-
$CoCl_3\cdot 4NH_3$	紫	用$AgNO_3$沉淀出1个Cl^-
$CoCl_3\cdot 3NH_3$	绿	用$AgNO_3$沉淀不出AgCl

上述四个化合物若分别用HCl处理,不易中和其中的NH_3。于是Werner提出:配合物可分为“内界”和“外界”。内界的几何构型可以是平面的,也可以是立体的。六配位配离子是八面体构型,八

面体结构中有顺式和反式两种。因此上述四种配合物应为：$[Co(NH_3)_6]Cl_3$、$[CoCl(NH_3)_5]Cl_2$、$[CoCl_2(NH_3)_4]Cl$、$[CoCl_3(NH_3)_3]$。对$[CoCl_2(NH_3)_4]Cl$的组成分析表明，用 Ag^+ 只能沉淀出其外界的一个 Cl^-。据 Werner 关于内界几何构型的顺式、反式概念，$[CoCl_2(NH_3)_4]Cl$ 可以有两种结构(图 21-6)。1907 年，Werner 终于从绿色的$[CoCl_2(NH_3)_4]Cl$ 中分离出蓝紫色的另一种结构的异构体。

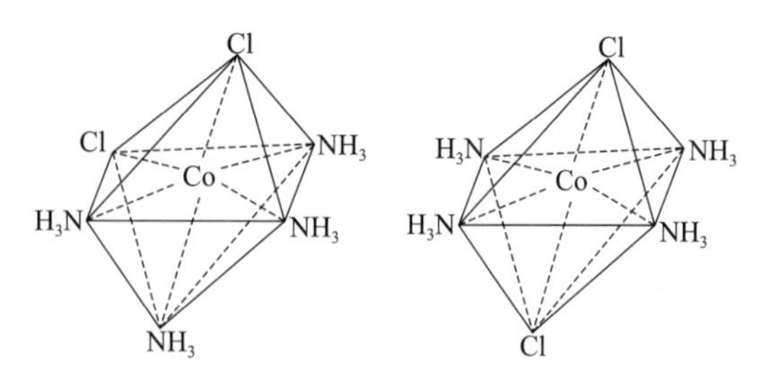

图 21-6 $[CoCl_2(NH_3)_4]^+$ 的顺反结构

许多钴(Ⅱ)盐和氨反应生成氨合物，往往有 6 分子的氨与钴(Ⅱ)盐结合。这些氨合物可在过量氨的水溶液中制备，但它们容易在此介质中被氧化，例如，$[Co(NH_3)_6]^{2+}$ 易被氧化剂或空气中的 O_2 所氧化，生成橙黄色的$[Co(NH_3)_6]^{3+}$ 离子：

$$4[Co(NH_3)_6]^{2+} + O_2 + 2H_2O = 4[Co(NH_3)_6]^{3+} + 4OH^-$$

在前面已经谈到，Co^{3+} 离子在水溶液中很不稳定，氧化性很强，易还原成 Co^{2+} 离子，所以钴盐在溶液中都是以 Co^{2+} 离子存在。但当它形成氨合离子后，其电极电势发生了很大变化。

$$[Co(NH_3)_6]^{3+} + e^- = [Co(NH_3)_6]^{2+} \qquad E^\ominus = 0.1\ V$$

即由配位前的 $E^\ominus = 1.80\ V$ 降至配位后的 $E^\ominus = 0.1\ V$，这说明氧化态为 +3 的钴由于形成氨合离子而变得相当稳定，以致空气中的氧就能把$[Co(NH_3)_6]^{2+}$ 氧化成$[Co(NH_3)_6]^{3+}$。

磁矩测定表明，$[Co(NH_3)_6]^{2+}$ 中有 3 个成单电子，是高自旋配合物；而$[Co(NH_3)_6]^{3+}$ 是低自旋配合物，已没有未成对的电子。这也说明了为什么$[Co(NH_3)_6]^{3+}$ 比$[Co(NH_3)_6]^{2+}$ 稳定。

(3) 氰配合物

从氯化钴(Ⅱ)和氰化钾溶液中可以沉淀出浅棕色的 $Co(CN)_2 \cdot 2H_2O$ 或 $Co(CN)_2 \cdot 2.5H_2O$。

$$Co^{2+} + 2CN^- = Co(CN)_2 \downarrow$$

这些水合物可在氮气流中于 250 ℃脱水生成蓝色的无水氰化钴(Ⅱ)。水合物和无水盐的磁矩分别为 3.27 和 3.12 B. M.，这比预期的有 3 个成单电子的磁矩要低得多。这些化合物的晶体结构被解释为水溶性普鲁士蓝的结构，其中一个钴原子是低自旋的(1 个成单电子)并被 6 个碳原子所包围，另一个钴原子是高自旋的(3 个成单电子)，并被最近邻的 6 个氧原子所包围。

在过量的氰化钾存在下生成一种橄榄绿色的溶液，为$[Co(CN)_6]^{4-}$：

$$Co^{2+} + 6CN^- = [Co(CN)_6]^{4-}$$

根据电极电势判定：

$$[Co(CN)_6]^{3-} + e^- = [Co(CN)_6]^{4-} \qquad E^\ominus = -0.83\ V$$

$[Co(CN)_6]^{4-}$ 具有强的还原性，能被空气迅速氧化：

$$4[Co(CN)_6]^{4-} + O_2 + 2H_2O = 4[Co(CN)_6]^{3-}(黄) + 4OH^-$$

$[Co(CN)_6]^{4-}$ 能还原水使之放出氢气：

$$2[Co(CN)_6]^{4-} + 2H_2O = 2[Co(CN)_6]^{3-} + 2OH^- + H_2 \uparrow$$

$[Co(CN)_6]^{4-}$的形成可用价键理论(VB)解释,判定其杂化类型为 d^2sp^3 杂化。

(4) 卤素配合物

形式为$[CoX_4]^{2-}$的氯、溴和碘配合物是容易制备的,即将含有按配比量的碱金属卤化物和卤化钴(Ⅱ)的水溶液蒸发结晶。$[CoCl_4]^{2-}$离子具有四面体结构,但氯离子四面体不是完全的正四面体,因为虽然 Co—Cl 键长都相等,但这个离子有角度畸变,例如,在 Cs_2CoCl_4 化合物中,角度分别为 107°20′、108°50′、109°20′和 116°20。

氯化钴(Ⅱ)在盐酸溶液中含有一系列的氯配合物,可以用如下方程式来说明:

$$[Co(H_2O)_6]^{2+} + Cl^- \rightleftharpoons [CoCl(H_2O)_5]^+ + H_2O$$

$$[CoCl(H_2O)_5]^+ + Cl^- \rightleftharpoons [CoCl_2(H_2O)_2]^+ + 3H_2O$$

$$[CoCl_2(H_2O)_2]^+ + Cl^- \rightleftharpoons [CoCl_3(H_2O)]^- + H_2O$$

$$[CoCl_3(H_2O)]^- + Cl^- \rightleftharpoons [CoCl_4]^{2-} + H_2O$$

在稀盐酸(3 mol・L^{-1})中,$[Co(H_2O)_6]^{2+}$和$[CoCl(H_2O)_5]^+$是主要的存在物种;而在浓度高于 8 mol・L^{-1}的酸中,阴离子物种$[CoCl_3(H_2O)]^-$和$[CoCl_4]^{2-}$占主导地位。

将钴(Ⅱ)溶解在硫氰酸溶液中,结晶后可以得到深红紫色的四配离子。

$$Co^{2+} + 4SCN^- = [Co(SCN)_4]^{2-}$$

这一反应用于定性检验和定量测定 Co^{2+}。$[Co(SCN)_4]^{2-}$配离子不稳定,在水溶液中易离解成简单离子。

$$[Co(SCN)_4]^{2-} = Co^{2+} + 4SCN^- \qquad K_{不稳} = 10^{-3}$$

$[Co(SCN)_4]^{2-}$配离子的浓溶液呈暗蓝色,稀释后变为粉红色。$[Co(SCN)_4]^{2-}$可溶于丙酮或戊醇,在许多有机溶剂中生成稳定的蓝色溶液,可用于比色分析中。

$[Co(SCN)_4]^{2-}$可以与 Hg^{2+} 发生如下反应:

$$[Co(SCN)_4]^{2-} + Hg^{2+} = Hg[Co(SCN)_4]\downarrow$$

此反应是重量法测钴的原理。

(5) 多核配合物

OH^-、NH_2^-、NH^{2-}、O_2^{2-}、O_2^- 等起着桥连的作用,把两个 Co(Ⅲ)连接起来,形成钴的多核配合物。

(NH$_3$)$_4$Co(μ-NH$_2$)(μ-OH)Co(NH$_3$)$_4$　　(NH$_3$)$_3$Co(μ-NH$_2$)(μ-OH)$_2$Co(NH$_3$)$_3$

μ-羟基-μ-氨基二[四氨合钴(Ⅲ)]　二(μ-羟基)-μ-氨基二[三氨合钴(Ⅲ)]

碳酸钴与一氧化碳在氢气的氛围下可生成八羰基合二钴 $Co_2(CO)_8$。

$$2CoCO_3 + 2H_2 + 8CO = Co_2(CO)_8 + 2CO_2 + 2H_2O$$

$Co_2(CO)_8$ 为橙黄色,其结构如图 21-7 所示。

在 $Co_2(CO)_8$ 中,与 1 个 Co 配位的 CO 称为端羰基,与 2 个 Co 配位的 CO 称为酮式羰基。由图 21-7 可知,$Co_2(CO)_8$ 中每个 Co 周围都有 3 个端羰基、2 个酮式羰基。另外 Co 和 Co 之间有金属-金属键。在强场配体 CO 的作用下,Co 原子的价电子发生重排:

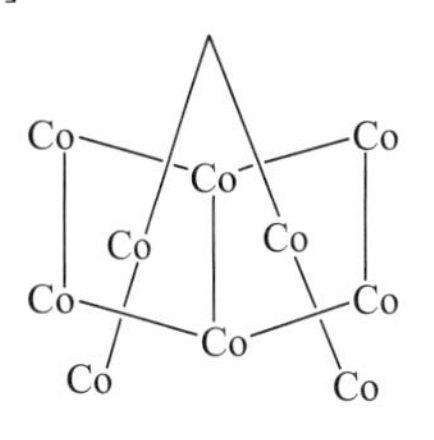

图 21-7　$Co_2(CO)_8$ 的分子结构

$$Co:\quad 3d^74s^2 \rightarrow 3d^84s^1$$

有单电子的两个3d、单电子的4s和3个空的4p轨道发生不等性d^2sp^3杂化，其中3个空的杂化轨道与3个端基CO成键，3个有成单电子的杂化轨道，其中2个与桥式CO成键，另一个形成Co—Co金属键。

2. 镍的配合物

Ni(Ⅱ)离子是d^8组态，配合物的配位数有4、5、6，其空间构型包括八面体、三角双锥、四方锥、四面体和平面四边形。

Ni(Ⅱ)配合物的特征是存在复杂的立体化学构型间的平衡。Ni(Ⅱ)的配位数为4的大多数配合物选择平面正方形的几何构型，这是d^8组态的特征结构(可获得更多的晶体场稳定化能)。Ni^{2+}平面正方形配合物是逆磁性的。Ni(Ⅱ)的八面体构型配合物中，中心原子一般认为采取sp^3d^2杂化成键，而不太可能采取d^2sp^3杂化。

Ni(Ⅱ)易与NH_3、CN^-、$C_2O_4^{2-}$形成配离子，其配离子的稳定常数如下：

$[Ni(NH_3)_6]^{2+}$	3.1×10^8
$[Ni(C_2O_4)_3]^{4-}$	3.2×10^8
$[Ni(CN)_4]^{2-}$	2.0×10^{31}

Ni^{2+}与过量NH_3能形成稳定的蓝色$[Ni(NH_3)_6]^{2+}$配离子，不易被空气中的O_2氧化。磁矩测量表明，$[Ni(NH_3)_6]^{2+}$中有两个未成对电子。

Ni(Ⅱ)与过量CN^-形成$[Ni(CN)_4]^{2-}$配离子，配位数为4，配离子呈平面正方形，由中心离子Ni^{2+}采用dsp^2杂化与4个CN^-形成，是一个稳定的配离子。$[Ni(CN)_4]^{2-}$配阴离子的钠盐$Na_2[Ni(CN)_4]\cdot3H_2O$是黄色的，而它的钾盐$K_2[Ni(CN)_4]\cdot H_2O$却是橙色的。其中$K_2[Ni(CN)_4]$的溶液易被金属钾(在液氨中)还原，先生成红色的$K_4[Ni_2(CN)_6]$，然后生成黄色沉淀物$K_4[Ni(CN)_4]$，这个Ni(0)的配位氰化物在160 ℃以前是热稳定的，但在空气中很快被氧化，在水溶液中放出氢气，$[Ni(CN)_4]^{2-}$离子与$[Ni(CO)_4]$为等电子体。

镍与硫氰根不能形成稳定的配合物。

Ni^{2+}在氨性溶液中，与镍试剂丁二酮肟(DMG)生成鲜红色的螯合物沉淀：

```
                                   H3C     O----H—O      CH3
                                      \    |      |     /
                                       C==N       N==C
Ni2+ + H3C—C——C—CH3  ===            |      ↘    ↙     |
           ‖   ‖                    |        Ni        |
           N   N                    |      ↗    ↖     |
           |   |                       C==N       N==C
          OH  OH                      /    |      |     \
                                   H3C     O—H----O      CH3
```

此反应用于定性分析中Ni^{2+}的鉴定。

向Ni(Ⅱ)溶液加入氨水，会先生成绿色的沉淀，接着沉淀溶解，转化为蓝色的溶液：

$$[Ni(H_2O)_6]^{2+} + 2NH_3 \xlongequal{} Ni(OH)_2\downarrow + 2NH_4^+ + 4H_2O$$

$$Ni(OH)_2 + 4NH_3 + 2NH_4^+ \xlongequal{} [Ni(NH_3)_6]^{2+} + 2H_2O$$

单质镍与一氧化碳反应，可得四羰基合镍$Ni(CO)_4$：

$$Ni + 4CO \xlongequal{} Ni(CO)_4$$

$[Ni(CO)_4]$中的Ni原子的价电子构型为$3d^84s^24p^0$，在与CO形成羰合物时，经重排为$3d^{10}$

$4s^0 4p^0$。Ni 原子采取 sp^3 杂化，CO 中 C 的孤对电子向杂化轨道配位，形成 σ 配键，CO 又以空的 π_{2p}^* 轨道接受来自 Ni d 轨道的电子形成 π 键，从而增加配合物的稳定性，同时削弱了 CO 内部成键，活化 CO 分子。无色的[$Ni(CO)_4$]配合物为正四面体。

镍(Ⅲ)的配位化合物不多。紫色晶体 K_3[NiF_6]氧化能力强，能把水氧化；五配位的[$NiBr_3(PEt_3)_2$]为黑色固体，具有三角双锥构型。

21.3.3　铁系元素的生物配位化合物

铁系元素配位化合物在生命过程中起着非常重要的作用。血红蛋白和维生素 B_{12} 就是其中的例子。

血红蛋白是由珠朊蛋白和含亚铁的血红素组成的。血红素分子是一个具有卟啉结构的大环配位化合物(图 21-8)。在卟啉分子中心，由卟啉中四个吡咯环上的氮原子与一个 Fe^{2+} 离子配位结合，珠蛋白肽链中第 8 位的一个组氨酸残基中的吲哚侧链上的氮原子从卟啉分子平面的上方与亚铁离子配位结合。当血红蛋白不与氧结合的时候，有一个水分子从卟啉环下方与亚铁离子配位结合，而当血红蛋白载氧的时候，就由氧分子顶替水的位置。因此，血红素中的 Fe(Ⅱ)原子的配位数为 6。

1926 年，人们发现肝脏中抗恶性贫血因子后，导致人们在 1948 年发现维生素 B_{12}，不久之后就发现维生素 B_{12} 中含有钴。维生素 B_{12} 通称为氰基钴氨(图 21-9)，是钴与咕啉形成的配合物，其中含有钴(Ⅲ)原子。它是唯一已知的含有金属离子的维生素。

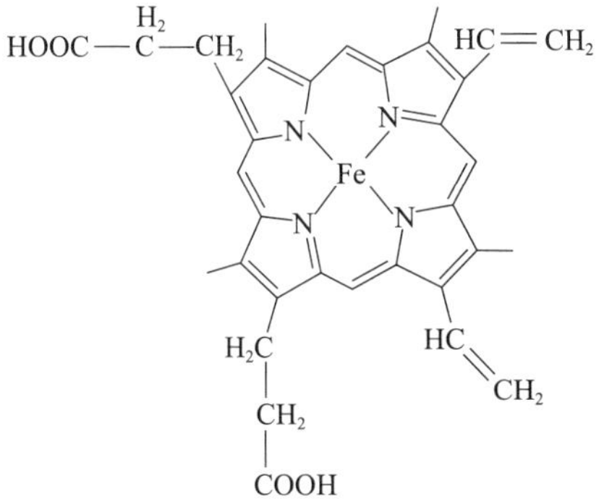

图 21-8　血红素的结构

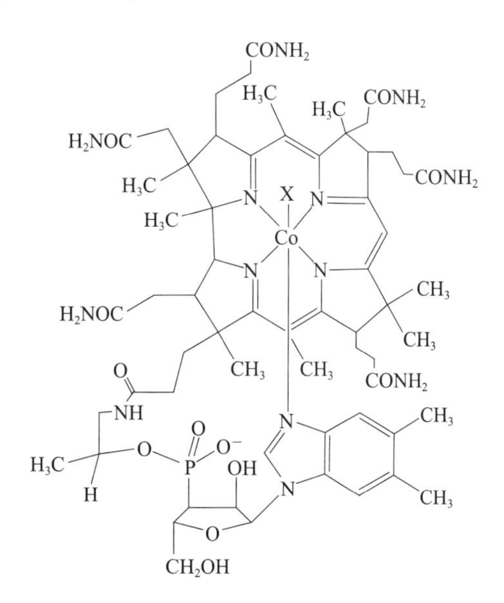

图 21-9　维生素 B_{12} 的结构

维生素 B_{12} 有点类似于金属卟啉，不同点在于用 4 个吡咯啉环代替了 4 个吡咯环，在其中钴原子八面体被 1 个氰基碳原子和 5 个氮原子所包围(5 个氮原子中，4 个来自于吡咯啉环，1 个来自于苯并咪唑环)，其上的氰基可以被其他阴离子取代，例如 OH^- 取代产物是羟基钴胺，而 NO_2^- 取代产物是亚硝酸根钴胺。

21.4 铂系元素

21.4.1 铂系元素的单质

1. 单质的制备

铂系元素在自然界几乎完全以单质状态存在,高度分散于铬铁矿、磁铁矿、钛铁矿等各种矿石之中,并共生在一起。此外,硫化铜镍矿中一般均含有铂系元素,它现在已成为铂系金属的主要来源。铂系元素都是稀有金属,它们在地壳中的含量都很小,其各自相对丰度(质量分数)为:

$$\text{Ru } 1.0\times10^{-7} \quad \text{Rh } 1.0\times10^{-7} \quad \text{Pd } 1.0\times10^{-6}$$
$$\text{Os } 1.0\times10^{-7} \quad \text{Ir } 1.0\times10^{-7} \quad \text{Pt } 5.0\times10^{-7}$$

目前,铂系金属单质大多是处理脉矿获得,少数是冶炼重金属的副产品。铂系金属的萃取及分离方法十分复杂,并且随着矿类型的不同而改变。硫化铜镍矿提取铂系金属的方法为,首先将矿石粉碎,然后用浮选及磁选法分离各种硫化物。在硫化镍中含有大量的铂系金属。在高温条件下,用控制氧化法以生成一小部分的金属镍,则大部分铂系金属存在于镍中,可用磁选法将其与其他杂质分离。分离出的产物与碱黄共热使大部分的镍转变为硫化物,以进一步浓集铂系金属。

铂精矿用王水溶解,铂、钯、金进入溶液,用硫酸亚铁从所得的溶液中还原金,再经电解即可得到纯金。向溶液中加入氯化铵,使铂以氯铂酸铵沉淀出来,经煅烧得粗铂,再用溴酸钠水解法精制。传统的溶解、沉淀法处理工序长而复杂,分离金属不完全,很难得到高纯度的产品。金属回收率低、成本高。1970 年开始出现的萃取工艺,以 Cl_2-HCl 混合物作介质,实现贵重金属的完全浸出,提高了分离效率,缩短了处理时间,保证获得高纯度产品。所以,铂精炼的现代化流程均以溶剂萃取法为基础。

将沉淀铂后所得的滤液用过量的氨水处理,然后再加入盐酸使钯以黄色的二氯二氨合钯(Ⅱ)$Pd(NH_3)_2Cl_2$ 而沉淀下来,将此产物溶于氨水及用盐酸重新沉淀之,重沉淀过的 $Pd(NH_3)_2Cl_2$ 在 1000 ℃缓慢灼烧,可以得到海绵状钯。

用王水处理,所得的不溶性残渣与无水碳酸钠、硼砂、氧化铅及木炭混合后进行熔炼,则氧化硅、氧化铅及一些碱金属以溶渣状态而除去之,贵金属则留在铅合金中,用吹炼法使铅以氧化铅形式而除去,剩下的合金用硝酸除去银及残余的铅,残渣中含有铑、铱、钌及少量的锇。将残渣用硫酸氢钠熔融,使铑以 Rh(Ⅲ)硫酸根配合物溶解,而铱、钌及锇则不发生反应。熔融物冷却后,用水萃取,过滤后用氢氧化钠处理溶液,所得的 Rh(Ⅲ)氢氧化物的沉淀溶于盐酸后再用硝酸钠处理,使铑变成钠盐 $Na_3[Rh(NO_2)_6]$,再加入氯化铵以沉淀 $(NH_4)_3[Rh(NO_2)_6]$,加盐酸使沉淀中铑成为 $[RhCl_6]^{3-}$ 阴离子,用阳离子交换树脂除去杂质后加入甲酸,使铑从 +3 氧化态还原为金属,得到的是很细的黑色粉末,然后在氢气氛下加热到 1000 ℃以得到很纯的海绵铑。

硫酸氢钠熔融后的不溶解残渣中含有钌、铱及微量的锇,除去硫酸铅后的残渣与氢氧化钾、硝酸钾或过氧化钾共熔,钌被氧化为钌酸盐 K_2RuO_4 或 Na_2RuO_4,铱被氧化成 IrO_2。将熔融物冷却后用水萃取,再将溶液用氯气处理。通过加热的方法,使 RuO_4 蒸出,用稀盐酸与甲醇混合溶液收集,最终得到氧氯化物 $RuOCl_2$,将此化合物在氢气氛中灼烧得到海绵钌。

若有锇存在,其量不论多少,都会影响钌的提纯。分离锇的方法之一是用盐酸收集挥发性的

RuO_4 和 OsO_4。蒸发此溶液以蒸出 OsO_4。挥发性的 OsO_4 用氢氧化钠的乙醇溶液吸收，再加入氯化铵使生成 $OsO_2(NH_3)_4Cl_3$ 沉淀。在氢气中灼烧这种配合物，即得到金属锇。

在氢氧化钾-硝酸钾熔融物中，不溶的 Ir(Ⅳ)氧化物使其溶于王水，再加入氯化铵使铱以六氯铱(Ⅳ)酸铵$(NH_4)_2[IrCl_6]$析出。将纯的$(NH_4)_2[IrCl_6]$在氢气氛下加热到 1000 ℃，以得到纯的铱粉。

2. 物理性质

钌、铑、钯的密度约为 12 $g \cdot cm^{-3}$，称为轻铂系金属；锇、铱、铂的密度约为 22 $g \cdot cm^{-3}$，称为重铂系金属，Os 是已知的密度最大的金属。铂系金属价格昂贵，它们和银、金一样被称为贵金属。天然铂在欧洲也有称为第八种金属的，因为在那时以前只知道 7 种金属，即：金、银、汞、铜、铁、锡及铅。

在铂系元素的单质中，除金属锇呈蓝灰色以外，其他金属都呈银白色。同一周期铂系元素的熔点、沸点从左到右逐渐降低，这种变化趋势与铁系元素相似。钌和锇的硬度大并且脆，其余铂系单质均有延展性。纯净的铂具有高度的可塑性，将铂冷轧可以制得厚度为 0.0025 mm 的箔。

大多数铂系金属能吸收气体，尤其是钯吸收氢的能力特别大。催化活性高也是铂系金属的一个特性，例如，铂和钯可用作一些化学反应的催化剂。

3. 化学性质

铂系金属对酸的化学稳定性比所有其他各族金属都高。常温均为惰性金属，不与非氧化性酸反应。钯能缓慢溶于浓硝酸和热硫酸中；铂不能溶于硝酸、HF 酸，但能溶于王水；块状的钌和锇、铑和铱常温下不仅不溶于普通强酸，甚至对王水呈现出一定的惰性，特别是铑和铱。

$$3Pt + 4HNO_3 + 18HCl = 3H_2[PtCl_6] + 4NO + 8H_2O$$

$$Pd + 4HNO_3(\text{浓}) = Pd(NO_3)_2 + 2NO_2 + 2H_2O$$

在有氧化剂存在时，铂系金属与碱共熔，可被氧化为可溶性的含氧酸盐或氧化物。

$$Ru + 2KOH + KClO_3 = K_2RuO_4 + KCl + H_2O$$

$$2Os + 3O_2 + 4NaOH = 2Na_2OsO_4 + 2H_2O$$

$$2Pd + 4KOH + O_2 = 2PdO + 2K_2O + 2H_2O$$

铂系金属不和氮作用。常温下一般不与卤素、氧、硫、磷等发生作用。室温下只有粉状的锇在空气中会慢慢地被氧化，生成挥发性的四氧化锇 OsO_4。需要注意的是，OsO_4 的蒸气没有颜色，对呼吸道有剧毒，尤其有害于眼睛，会造成暂时失明。其他铂系金属需在高温下才能与 O_2 作用，Pt 抵抗氧的能力最强。高温下，铂系金属能与 P、Si、Pb、As、Sb、S、Te 和 Se 作用，生成相应的化合物。在使用铂制器皿时，要避免熔融的强碱或碱金属过氧化物或热的 P、S、Se、Te、As、Si、Pb、Sb 以及它们的化合物在还原条件下对 Pt 的腐蚀。

铂系金属都有一个特性，即很高的催化活性，金属细粉的催化活性尤其大。大多数铂系金属能吸收气体，特别是 H_2，其中 Pd 吸收 H_2 能力最强(体积比 1∶700)，锇吸收氢气的能力最差。氢在铂中的溶解度很小，但铂溶解氧的能力比钯强。钯吸收氧的体积比为 1∶0.07，而铂溶解氧的体积比为 1∶70。铂系金属吸收气体并使其活化的特性与它们的高催化性能有密切的关系。

4. 用途

铂系金属主要应用于化学工业及电气工业方面，其中以铂和钯的实际用途最广。由于铂的化学稳定性很高，又能耐高温，在化学上常用它制作实验室中使用的铂坩埚、铂蒸发皿、铂电极等。但是熔化的苛性碱或过氧化钠对铂的腐蚀很严重,在高温下,它也能被碳、硫、磷等还原性物质所浸蚀,因此使用铂器皿时应该遵守一定的操作规则。

铑的一种用途是作为加入铂合金的成分。由于铑的硬度及镀层的良好反光性能,因此常电镀于其他金属上,它也用作电子电路中的电接触点材料。铂和铂铑合金可用于制作高温热电偶,用于测定 1200～1800 ℃范围内的温度。

钯常代替价格更贵的铂、钯合金用作继电器中的触头及牙科合金,含钌 4%及含铑 1%的钯合金常用于珠宝业。钯的主要用途为在化学工业中用作催化剂及护套与衬里等结构材料。粉末状的钯是有机化学加氢反应中的催化剂。

铱能抵抗多种熔融金属、熔融盐及氧化物的浸蚀。铱坩埚用来作为制备如钛酸钡、钨酸钙等高熔点盐单晶的容器。铱加入铂及钯中以增加硬度及用作高熔点玻璃的挤压模具。铂铱的合金可制长度和质量的标准器,如保存在法国巴黎的国际米尺标准,就是用含有 90%铂及 10%铱的合金做成的。

钌主要用于钯及铂合金中以增加硬度及加于锇合金中,也用作某些特殊反应的催化剂。含有 60%左右锇的合金用于仪表枢轴等需要硬度特别高的场合。

21.4.2 铂系元素化合物

1. 含氧化合物

铂系金属可以生成多种类型的氧化物,它们的主要化合物列于表 21-1 中。

表 21-1 铂系金属的主要氧化物

氧化态	Ru	Rh	Pd	Os	Ir	Pt
+2	—	—	PdO(黑色)	—	—	—
+3	—	Rh_2O_3(棕褐色)	—	—	Ir_2O_3(棕色)	—
+4	RuO_2(深蓝色)	RhO_2(黑色)	—	OsO_2(深褐色)	IrO_2(黑色)	PtO_2(褐色)
+8	RuO_4(橘黄色)	—	—	OsO_4(浅黄色)	—	—

由表可见,铂系金属氧化物的氧化态可从+2 一直到+8,但是各元素的主要氧化物只有一种或两种,仅锇和钌有四氧化物。

1000 ℃时,在氧气中加热 $RuCl_3$ 或者金属钌,生成深蓝色 RuO_2。

$$Ru + O_2 \xlongequal{1000\ ℃} RuO_2$$

由于 RuO_2 的磁矩仅 0.78 B. M.,因此 RuO_2 中可能存在金属-金属间键。RuO_2 电极具有高活性和耐腐蚀性,广泛用于氯碱工业。通常,RuO_2 中总含一些 Ru_2O_3。碱与 $RuCl_3$ 溶液作用,生成 $Ru(OH)_3$。$Ru(OH)_3$ 不稳定,极易被空气氧化为 Ru(Ⅳ)的化合物。

钌的四氧化物 RuO_4,其制备方法有很多种。金属钌与过氧化钠共熔,或者金属钌、氢氧化钾与硝酸钾共熔,然后在酸中用 Cl_2 或者高锰酸钾处理熔体,得 RuO_4。

$$Ru + 3Na_2O_2 \xlongequal{} Na_2RuO_4 + 2Na_2O$$

$$Ru + 3KNO_3 + 2KOH \xlongequal{熔融} K_2RuO_4 + 3KNO_2 + H_2O$$

$$RuO_2 + KNO_3 + 2KOH \xlongequal{熔融} K_2RuO_4 + KNO_2 + H_2O$$

钌化合物的酸性溶液，与 $KMnO_4$、$NaClO_3$、HIO_4 或 Cl_2 共热，也可得到 RuO_4。

$$3Na_2RuO_4 + NaClO_3 + 3H_2SO_4 = 3RuO_4 + NaCl + 3Na_2SO_4 + 3H_2O$$

RuO_4 为四面体结构，是微溶于水的黄色晶体，熔点 25.5 ℃。RuO_4 在水中溶解度较小，易溶于 CCl_4；RuO_4 有毒，对眼睛有刺激作用，因此，处理 RuO_4 时，要非常小心。

RuO_4 室温下呈介稳状态，加热 180 ℃以上发生爆炸性分解，产物为二氧化钌和氧气。

$$RuO_4 \xlongequal{\triangle} RuO_2 + O_2$$

RuO_4 为两性，可以与碱和酸反应：

$$2RuO_4 + 4OH^- = 2RuO_4^{2-} + 2H_2O + O_2\uparrow$$

$$2RuO_4 + 16HCl = 2RuCl_3 + 8H_2O + 5Cl_2$$

由于 OsO_4 比 RuO_4 稳定，将钌和锇与其他铂系金属分开即是利用这一点。采用适当氧化剂处理含有低价钌及锇的溶液，首先生成 OsO_4 挥发出来，然后才有 RuO_4 挥发出来。再利用一定的方法获得钌和锇的单质。

已报道过的锇的氧化物有 Os_2O_3、OsO_2、OsO_3、OsO_4 等多种。但能够单独存在的锇的固态氧化物只有 OsO_2 和 OsO_4 两种。

四氧化锇是锇的最重要的一种化合物。将金属锇在空气中加热氧化，或者将锇粉溶于热的浓硝酸中，都能得到 OsO_4。

$$Os + 2O_2 \xlongequal{\triangle} OsO_4$$

OsO_4 是浅黄色固体，熔点为 40 ℃，沸点为 130 ℃。OsO_4 易挥发，挥发的气体有毒，具有强烈的难闻气味，能刺激眼、鼻和喉部，所以在使用中必须十分小心。OsO_4 在 CCl_4 中的溶解度很大。OsO_4 的分子具有四面体的结构。固态时，OsO_4 中的 Os—O 键的键长为 174 pm，而气态时为 171 pm，分子具有抗磁性。OsO_4 是强氧化剂，其氧化能力稍弱于 RuO_4：

$$OsO_4 + 8HCl = OsCl_2 + 4H_2O + 3Cl_2$$

$$OsO_4 + 10HCl = H_2[OsCl_4] + 4H_2O + 3Cl_2$$

$$OsO_4 + 8HCl + 2KCl = K_2OsCl_6 + 4H_2O + 2Cl_2$$

$$OsO_4 + 9CO = Os(CO)_5 + 4CO_2$$

$$OsO_4 + 2C = Os + 2CO_2$$

OsO_4 是制备多种锇化合物的原料。OsO_4 的稀溶液还可作为生物染色剂，还可用作有机反应的催化剂。

二氧化锇是已知锇的氧化物中氧化态最低的氧化物。OsO_2 是一种深褐色的固体，晶体结构属于金红石型。可在氮的氧化物气流中加热锇到 650 ℃，或将锇在四氧化锇的气流中加热到 650 ℃来制备 OsO_2。

OsO_2 在空气中加热，可进一步被氧化为 OsO_4。若用氢气还原 OsO_2，可得到金属锇。可见，OsO_2 中的锇是锇的典型中间氧化态，其相应的化合物兼具有氧化性和还原性。

在氧气流中加热铑或 $RhCl_3$ 至 600 ℃，生成褐色 Rh_2O_3 固体。

$$4Rh + 3O_2 \xlongequal{\triangle} 2Rh_2O_3$$

$$4RhCl_3 + 3O_2 \xlongequal{\triangle} 2Rh_2O_3 + 6Cl_2$$

800 ℃时,Rh_2O_3 分解出的氧气压力约为 100 kPa。Rh_2O_3 表现出一些两性:它与某些+2氧化态的金属氧化物共熔,生成盐 $M^{II}Rh_2O_4$。用碱处理Rh(Ⅲ)的溶液时,得到黄色沉淀 $Rh_2O_3 \cdot 5H_2O$。$RhO_2 \cdot 2H_2O$ 是绿色固体,其水分子数目是可变的,因此又可写成 $RhO_2 \cdot xH_2O$。Rh_2O_3 能溶于酸,也能溶于碱中。

Rh_2O_3 是氧化剂,溶解于盐酸中有氯放出。在强氧化剂,如溴酸钠或次氯酸盐存在时,用碱处理Rh(Ⅲ)的溶液,生成 $RhO_2 \cdot 2H_2O$。

已确证铱的氧化物有 IrO_2 和 IrO_3。将铱粉在空气或氧中加热能得到 IrO_2。

$$Ir + O_2 \xlongequal{\triangle} IrO_2$$

小心地加碱于含有 $[IrCl_6]^{2-}$ 离子的热溶液中至棕色恰好转变为蓝色,将所得的蓝色沉淀在真空中干燥成蓝色粉末,分子式为 $Ir(OH)_4$ 或 $IrO_2 \cdot 2H_2O$,在氮气存在下加热至 350 ℃时脱水生成黑色的 IrO_2。

铱的三氧化物可由金属铱与 KOH 及 KNO_3 或 Na_2O_2 共热而制得,但从未自碱中分离出单独的产物,氧含量常低于理论值。IrO_3 是一个很强的氧化剂,很可能是过氧化物。IrO_3 不存在于固态,在约 1200 ℃时存在于气态中。IrO_3 不如 IrO_2 稳定。

$Ir(OH)_4$ 或 $IrO_2 \cdot 2H_2O$ 不溶于碱,能溶于 HCl 生成$[IrCl_6]^{2-}$;在 HBr 中生成$[IrBr_6]^{2-}$。

$$IrO_2 + 6HCl(浓) = H_2[IrCl_6] + 2H_2O$$

在 0 ℃电解 $Pt(OH)_4$ 的 KOH 溶液,在阳极可得到一种褐红色的组成接近于 PtO_3 的产物,它极不稳定,悬浮于水中会不断地放出 O_2,并能氧化 HCl 为 Cl_2。加热 $PtO_2 \cdot H_2O$ 可得到褐黑色粉末 PtO_2。$PtCl_4$ 与过量的 NaOH 沸煮,然后用乙酸酸化,得到一种白色沉淀物,浸煮后则生成黄色的 $PtO_2 \cdot 3H_2O$。

$$PtCl_4 + 4NaOH = Pt(OH)_4\downarrow + 4NaCl$$

$$PtCl_4 + 4OH^- + H_2O \xlongequal{\triangle} PtO_2 \cdot 3H_2O + 4Cl^-$$

$$PtO_2 \cdot 3H_2O \xlongequal{\triangle} PtO_2 + 3H_2O$$

$PtO_2 \cdot 3H_2O$ 和 $Pt(OH)_4$ 具有两性,能溶于碱生成 $M_2[Pt(OH)_6]$,易溶于盐酸,但难溶于硝酸与硫酸。

$$Pt(OH)_4 + 6HCl = H_2PtCl_6 + 4H_2O$$

$$Pt(OH)_4 + 2NaOH = Na_2[Pt(OH)_6]$$

$PtO_2 \cdot 3H_2O$ 是加氢反应的良好催化剂。在浓硫酸中,$PtO_2 \cdot 3H_2O$ 失去 1 分子水而成褐色的二水合物;在 100 ℃再失 1 分子水而成黑色的一水合物 $PtO_2 \cdot H_2O$。一水合物不溶于盐酸及王水中。

加热 $Pt(OH)_2$ 可得到一种不纯的+2 氧化态的铂的灰黑色氧化物 PtO。用热 KOH 溶液作用于$[PtCl_4]^{2-}$,可沉淀出 $Pt(OH)_2$。此外,还存在 Pt_3O_4 和 Pt_2O_3 这样的氧化物。PdO 是唯一稳定的钯氧化物,在高于 870 ℃时分解成 Pd 和 O_2。

2. 卤化物

铂系元素的卤化物主要是用单质与卤素直接反应而制得。温度不同则可生成组成不同的物质。卤化物多数是带有鲜艳颜色的固体。溴化物和碘化物的溶解度较小,常可从氯化物溶液中沉淀出来。

铂系元素的六氟化物可在一定温度下由铂系金属（Pd 除外）直接与 F_2 化合得到。

$$M+3F_2 \xlongequal{\triangle} MF_6 \qquad (\text{M 为除 Pd 外的铂系金属})$$

MF_6 都是具有很强的反应活性、挥发性和腐蚀性的物质，它们中的某些物质甚至在室温下能浸蚀玻璃，因而通常把它们保存在镍器皿中。OsF_6 是所有铂系金属的六氟化物中最为稳定的一种，分子结构为八面体，是具有体心立方晶格的黄色固体。在加热的锇粉中，通入一定浓度的 F_2 气进行反应，可制得 OsF_6。该氟化物极易潮解，易被水或硫酸分解为 OsF_4、OsF_2 及 HF，也能使皮肤及有机物变黑，并能腐蚀各种容器。暗褐色 RuF_6 的结构为正八面体。加热时易分解，与水相遇，发生剧烈反应。黑色 RbF_6 是铂系金属中稳定性最小的六氟化物。

铂系金属的五氟化物（Pd 除外）都是四聚体 $(MF_5)_4$（图 21-10），金属配位数为 6，4 个 MF_6 共用 4 个顶点 F 形成环状。

$(MF_5)_4$ 也具有强的反应活性，易水解。

$$(PtF_5)_4 \xlongequal{\quad} 2PtF_6+2PtF_4$$

在氟气中，加热金属钌至 300 ℃，或与 BrF_3 相互作用，都能生成暗绿色 $(RuF_5)_4$ 晶体，它易与水发生反应。放置空气中，$(RuF_5)_4$ 会冒烟，与 I_2 共热，生成 IF_5 及黄色 RuF_4 晶体。

OsF_5 可以用溶解在 IF_5 中的 I_2 与 OsF_6 反应，或用 $W(CO)_6$ 还原 OsF_6 等方式制备。

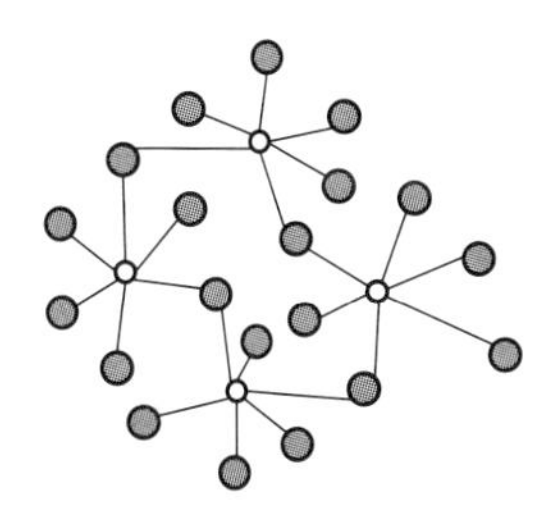

图 21-10　铂系金属的五氟化物的结构示意图

$$2OsF_6 \xlongequal{W(CO)_6} OsF_7+OsF_5$$

OsF_5 是蓝色晶体，熔化后转变为绿色，在气态时又呈无色。

铂系元素均能形成 MF_4。由 $Pd^{II}(Pd^{IV}F_6)$ 氧化可制得砖红色的 PdF_4。$Pd^{II}(Pd^{IV}F_6)$ 是用 BrF_3 处理 $PdBr_2$ 并将所得的加合物 $Pd_2F_6 \cdot 2BrF_3$ 加热至 723 ℃而制得的。

RuF_4、PtF_4 和 IrF_4 由下述反应制得：

$$10RuF_5+I_2 \xlongequal{\quad} 10RuF_4+2IF_5$$

$$RhCl_3 \xrightarrow{BrF_3} RhF_4 \cdot 2BrF_3 \xrightarrow{\triangle} RhF_4$$

$RhBr_3$ 或 $RhCl_3$ 与 BrF_3 反应，生成加合物 $RhF_4 \cdot 2BrF_3$，加热此化合物，即得 RhF_4。

$$2IrF_5+H_2 \xlongequal{\quad} 2IrF_4+2HF$$

$$Pt \xrightarrow{BrF_3} PtF_4 \cdot 2BrF_3 \xrightarrow{\triangle} PtF_4$$

Pt 可以与其他的卤素 Br_2、Cl_2、I_2 能形成四卤化物。

$$Pt+2Cl_2 \xlongequal{250\sim300\ ℃} PtCl_4$$

把铂溶解于王水得到 $H_2[PtCl_6] \cdot 6H_2O$，把此水合物加热至 823 ℃，可制得红棕色 $PtCl_4$。

$$3Pt+4HNO_3+18HCl \xlongequal{\quad} 3H_2[PtCl_6]+4NO+8H_2O$$

铂的另外两种四卤化物是暗棕色化合物，可由元素直接化合而制得。

OsF_4 可以由 OsF_6 进行还原来制得。在前述用 $W(CO)_6$ 还原 OsF_6 制备 OsF_5 时，也同时得到了 OsF_4，两者的分离可用真空蒸馏进行。OsF_4 是黄色不挥发固体，易溶于水，并在水中缓慢地水解，生成 OsO_2 和 HF。

铂系金属除 Pt 和 Pd 外，可以形成稳定的三卤化物：

$$2Rh + 3X_2 \xrightarrow{\triangle} 2RhX_3 \qquad (X=F、Cl、Br)$$

$$2RhCl_3 + 6KI = 2RhI_3 + 6KCl$$

$$2Ir + 3Cl_2 \xrightarrow{450\ ℃} 2IrCl_3$$

$$2Ir + 3Br_2 \xrightarrow{570\ ℃,\ 8\ atm,\ 密闭} 2IrBr_3$$

蒸发 RuO_4 或 RuO_2 的氢溴酸溶液,得到不纯的 $RuBr_3$。这种易潮解的晶体溶于水,生成褐色溶液。在 $RuCl_3$ 溶液中,加入 KI 产生黑色 RuI_3 沉淀。它不溶于水,易氧化,氧化时生成 I_2。

铂系金属元素中,Pd 和 Pt 的二卤化物最多。Pd 稳定氧化态为+2,能与所有的卤素形成二卤化物。由于合成条件不同,$PdCl_2$ 有 α-$PdCl_2$ 和 β-$PdCl_2$ 两种结构(图 21-11)。在 α-或 β-$PdCl_2$ 的结构中,Pd 都是四配位的平面正方形构型。

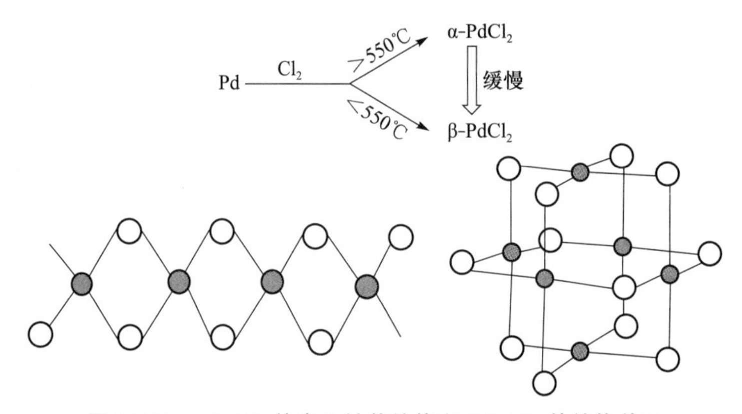

图 21-11 α-$PdCl_2$ 的扁平链状结构和 β-$PdCl_2$ 的结构单元

$PdCl_2$ 是一种重要的催化剂。乙烯在常温常压下,用 $PdCl_2$ 作催化剂能被氧化为乙醛,这是其催化作用的一个重要反应。$PdCl_2$ 容易被甲醛等还原成金属钯。利用 $PdCl_2$ 与 CO 作用生成黑色金属钯的反应可鉴定 CO 的存在,并估计 CO 含量。

$$PdCl_2 + CO + H_2O = Pd\downarrow + CO_2 + 2HCl$$

$PtBr_2$ 和 PtI_2 可用相应的四卤化物热分解来制备,但比较困难。加热 $H_2[PtBr_6]$也可以得到 $PtBr_2$。令 KI 和 I_2 与 K_2PtCl_4 反应,可得到黑色的 PtI_2。$PtBr_2$ 和 PtI_2 的热稳定范围很窄,两者均不溶于水及相应的氢卤酸中。

3. 铂系元素配位化合物

铂系元素与铁系元素一样可形成很多配合物,多数情况下是配位数为 6 的八面体结构。这六种元素都能生成氯配合物。将这些金属与碱金属的氯化物在氯气流中加热,即可形成氯配合物。在铂系元素的化合物中,以铂和钯的卤化物和配合物最为常见和重要。

(1) 卤素配合物

在铂系金属的许多卤代配阴离子中,以钯和铂的 F^-、Cl^- 配离子最为重要。暗红色的 PtF_6 是已知的最强的氧化剂之一。Bartlett 在研究了 PtF_6 可以氧化 O_2 生成深红色的 $O_2^+[PtF_6]^-$ 之后,基于 O_2 和 Xe 的电离能相近,他认为 PtF_6 可以氧化氙生成类似化合物,并在 1962 年第一次合成了稀有气体化合物。

$$PtF_6 + O_2 = O_2^+[PtF_6]^- \ (深红色)$$

$$PtF_6 + Xe \longrightarrow Xe^+[PtF_6]^-（橙黄色）$$

铂溶于王水或四氯化铂与盐酸作用，可以生成氯铂酸 $H_2[PtCl_6]$：

$$3Pt + 4HNO_3 + 18HCl \longrightarrow 3H_2[PtCl_6] + 4NO\uparrow + 8H_2O$$

$$PtCl_4 + 2HCl \longrightarrow H_2[PtCl_6]$$

将氯铂酸溶液蒸发，可以得到红棕色的 $H_2[PtCl_6]\cdot 6H_2O$ 柱状晶体。氯铂酸晶体的熔点为 60 ℃，易潮解，能溶于水、乙醇和丙酮。氯铂酸溶液可以用作镀铂的电镀液。

在 $H_2[PtCl_6]$溶液中分别加入 NH_4Cl 或 KCl，可沉淀出相应的盐：

$$H_2[PtCl_6] + 2NH_4Cl \longrightarrow (NH_4)_2[PtCl_6] + 2HCl$$

$$H_2[PtCl_6] + 2KCl \longrightarrow K_2[PtCl_6] + 2HCl$$

氯酸铂与硝酸盐也能发生氧化还原反应：

$$H_2[PtCl_6] + 6KNO_3 \longrightarrow PtO_2 + 6KCl + 4NO_2 + O_2 + 2HNO_3$$

加热氯铂酸至 360 ℃时，分解成氯化氢气体，并生成 $PtCl_4$。与 BF_3 接触剧烈反应，具有腐蚀性。此外，氯酸铂及其盐可以与 SO_2、$H_2C_2O_4$ 等还原剂反应，生成黄色的氯亚铂酸及其盐，例如：

$$H_2[PtCl_6] + SO_2 + 2H_2O \longrightarrow H_2[PtCl_4] + H_2SO_4 + 2HCl$$

$$K_2[PtCl_6] + K_2C_2O_4 \xrightarrow{\triangle} K_2[PtCl_4] + 2KCl + 2CO_2$$

氧化态为+2 的铂离子是 d^8 结构，可形成平面正方形的配合物。

除橙红色 $Na_2[PtCl_6]$易溶于水和乙醇外，氯铂酸的铵盐、钾盐、铷盐、铯盐都是难溶于水的黄色晶体。

$$PtCl_4 + 2KCl \rightleftharpoons K_2[PtCl_6]\downarrow$$

$$PtCl_4 + 2NH_4Cl \rightleftharpoons (NH_4)_2[PtCl_6]\downarrow$$

在分析化学上，利用难溶氯铂酸盐的生成可检验 NH_4^+、K^+、Rb^+、Cs^+ 等离子。将$(NH_4)_2[PtCl_6]$灼烧，可得到海绵状铂，这一方法可以用于铂的提纯。

$$(NH_4)_2[PtCl_6] \xrightarrow{灼烧} Pt + 2NH_4Cl + 2Cl_2\uparrow$$

$$3(NH_4)_2[PtCl_6] \xrightarrow{灼烧} 3Pt + 2NH_4Cl + 16HCl + 2N_2\uparrow$$

钯溶于王水可生成 $H_2[PdCl_6]$。$H_2[PdCl_6]$只存在于溶液中，若将其溶液加热蒸发至干，可得到 $H_2[PdCl_4]$或 $PdCl_2$，反应如下：

$$H_2[PdCl_6] \xrightarrow{\triangle} H_2[PdCl_4] + Cl_2\uparrow$$

$$H_2[PdCl_6] \xrightarrow{\triangle} PdCl_2 + 2HCl + Cl_2\uparrow$$

(2) 氨配合物

$PdCl_2$、$PtCl_2$ 溶液和 NH_3 作用得到黄色的$[PdCl_2(NH_3)_2]$、$[PtCl_2(NH_3)_2]$。它们均是反磁性物质。

$$PdCl_2 + 2NH_3 \longrightarrow [PdCl_2(NH_3)_2]$$

$$PtCl_2 + 2NH_3 \longrightarrow [PtCl_2(NH_3)_2]$$

与$[Ni(CN)_4]^{2-}$相似，$[PdCl_2(NH_3)_2]$、$[PtCl_2(NH_3)_2]$的中心离子 Pd^{2+}、Pt^{2+} 均是 d^8 电子结构，在强场下，形成正方形配合物的稳定化能最大，因而这些配离子均为平面四方结构。

实验发现，用不同方法制备得到的$[PtCl_2(NH_3)_2]$的颜色不同，偶极矩也不同。$H_2[PtCl_6]$

和过量的热 $NH_3 \cdot H_2O$ 作用,得到硫黄色产物,偶极矩为 0;冷 $H_2[PtCl_6]$溶液和热 $NH_3 \cdot H_2O$ 作用,得到绿黄色产物,偶极矩不为 0。两者互为异构体(图 21-12)。

$$K_2[PtCl_4] + NH_3 \xlongequal{} K[PtCl_3(NH_3)] + KCl$$

$$K[PtCl_3(NH_3)] + NH_3 \xlongequal{} cis\text{-}[PtCl_2(NH_3)_2] + KCl$$

$$K_2[PtCl_4] + 2NH_4Ac \xlongequal{\triangle,\ KCl,\ pH=7.4\sim7.8} cis\text{-}[PtCl_2(NH_3)_2] + 2KCl + 2HAc$$

$$K_2[PtCl_4] + 4NH_3 \xlongequal{} [Pt(NH_3)_4]Cl_2 + 2KCl$$

$$[Pt(NH_3)_4]Cl_2 \xlongequal{\triangle,\ HCl} trans\text{-}[PtCl_2(NH_3)_2] + 2NH_3$$

顺式的$[PtCl_2(NH_3)_2]$是一种抗癌药物。

(3) 乙烯配合物

1827 年,丹麦的药剂师蔡斯(W. C. Zeise)最早合成了蔡斯盐 $K[Pt(C_2H_4)Cl_3]$(图 21-13),这是人们制得的第一个不饱和烃与金属的配合物。将乙烯通入 $PtCl_3$ 的盐酸溶液中,然后加入 KCl,就可得到一种稳定的金黄色晶体 $K[Pt(C_2H_4)Cl_3]$。

$$[PtCl_4]^{2-} + C_2H_4 \xlongequal{} [Pt(C_2H_4)Cl_3]^- + Cl^-$$

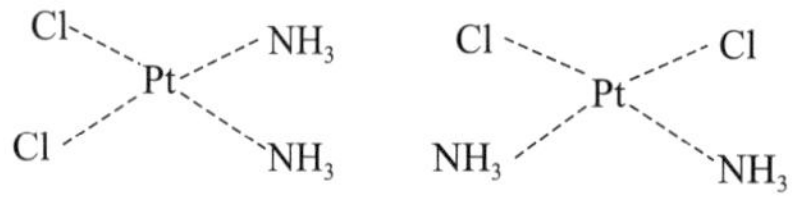

图 21-12 $[PtCl_2(NH_3)_2]$的顺式和反式结构

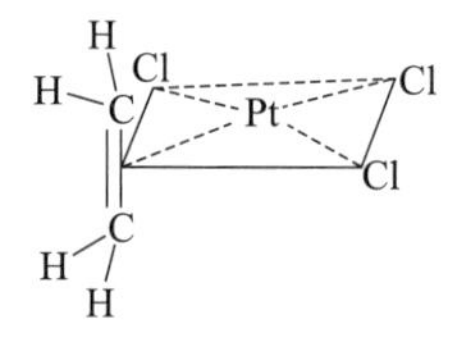

图 21-13 $K[Pt(C_2H_4)Cl_3]$的分子结构

Pt(Ⅱ)接受三个 Cl 的三对孤对电子和 C_2H_4 中的 π 电子形成四个 σ 键,同时 Pt(Ⅱ)充满电子的 d 轨道和 C_2H_4 的 π^* 反键空轨道,重叠形成反馈 π 键。Pt 与 C_2H_4 键间的反馈键和 σ 配键均起到了稳定配合物的作用,同时削弱了 C_2H_4 内部的 C—C 键,从而活化了乙烯分子,易打开双键,发生反应。

除 Pt(Ⅱ)外,Pd(Ⅱ)、Ru(0)、Ru(Ⅰ)均易形成乙烯配合物。不仅烯烃,其他不饱和烃基都可以与 d 轨道上含有电子的过渡金属离子形成 σ-π 配键。

(4) 羰基配位化合物

由于羰基配体与中心过渡金属之间的特殊化学键,致使铂系元素形成许多稳定的羰基配位化合物。单核的羰基配位化合物有$[Pd(CO)_4]$、$[Ru(CO)_5]$、$[Os(CO)_5]$;双核羰基配位化合物有$[Rh_2(CO)_8]$、$[Os_2(CO)_9]$等。许多稳定的羰基配位化合物都符合 18 电子规则。

$[Os(CO)_5]$中 Os 的氧化态为 0。在 200～300 atm、150～300 ℃时,在铜粉或银粉存在下,让 CO 与 OsI_3 进行反应,就可得到$[Os(CO)_5]$。制备$[Os(CO)_5]$的最优的方法是用 CO 在干燥条件下还原 OsO_4:

$$OsO_4 + 9CO \xlongequal{} [Os(CO)_5] + 4CO_2$$

$[Os(CO)_5]$为无色单分子液体,熔点 15 ℃,与 $Fe(CO)_5$ 一样,具有三角双锥的结构。

$[Os_2(CO)_9]$中 Os 的氧化态为 0,中心 Os 的杂化类型为 d^2sp^3 不等性杂化,形成六配位八面体构型(图 21-14)。

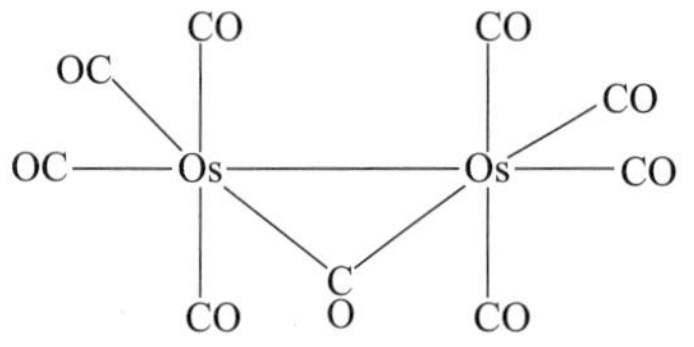

图 21-14 $[Os_2(CO)_9]$的分子结构

习　题

21-1 完成下列反应并配平方程式。

(1) $Fe + HNO_3$(热、浓)$\longrightarrow$　(2) $FeC_2O_4 \longrightarrow$

(3) $Fe_3O_4 + KHSO_4 + O_2 \longrightarrow$　(4) $Co(OH)_2 + Br_2 + NaOH \longrightarrow$

(5) $Ni(OH)_2 + NaOCl + H_2O \longrightarrow$　(6) $Co + HNO_3 + H_2SO_4 \longrightarrow$

(7) $Fe(OH)SO_4 + Fe_2(OH)_4SO_4 + Na_2SO_4 + H_2O \longrightarrow$　(8) $K_3[Fe(C_2O_4)_3] \longrightarrow$

(9) $Pd + HNO_3$(浓)$\longrightarrow$　(10) $OsO_4 + HCl + KCl \longrightarrow$

(11) $H_2[PtCl_6] + NH_4Cl \longrightarrow$　(12) $IrF_5 + H_2 \longrightarrow$

21-2 解释下列问题：

(1) 钴(Ⅲ)盐不稳定而其配离子稳定，钴(Ⅱ)盐则相反；

(2) 通常情况下 I_2 不能氧化 Fe^{2+}，但在 KCN 存在下，I_2 能氧化 Fe^{2+}；

(3) $CoCl_2$ 与 NaOH 作用所得到沉淀久置后再加浓 HCl 有氯气产生；

(4) 向$[Co(NH_3)_6]SO_4$ 溶液中滴加浓盐酸，溶液由棕黄转为粉红色，并进一步变为蓝色。

21-3 依据铂的化学性质指出铂器皿中是否能进行有下述各试剂参与的化学反应：

(1) Na_2CO_3　(2) $NaOH + Na_2O_2$　(3) $HCl + H_2O_2$　(4) 王水

(5) HF　(6) SiO_2　(7) $Na_2CO_3 + S$　(8) $NaHSO_4$

21-4 如何分离开并鉴定溶液中的 Fe^{3+} 和 Co^{2+}？

21-5 由 Co^{3+}、NH_3 和 Cl^- 组成的配合物，从 11.67 g 该配合物中沉淀出 Cl^- 离子，需要 8.5 g $AgNO_3$；分解同样量的该配合物可得到 4.48 L 氨气(标准状况)。已知该配合物的相对分子质量为 233.3，求其化学式，并指出其内界和外界组成。

21-6 为什么 $K_4[Fe(CN)_6] \cdot 3H_2O$ 可由 $FeSO_4$ 溶液与 KCN 混合直接制备，而 $K_3[Fe(CN)_6]$ 却不能由 $FeCl_3$ 溶液与 KCN 直接制备？那么如何制备 $K_3[Fe(CN)_6]$？

21-7 如何提纯含有少量金属 Fe 和 Co 杂质的金属 Ni?

21-8 利用杂化轨道理论分析说明 $Os_2(CO)_9$ 的结构、成键情况以及稳定性，并画出简图。$Os_2(CO)_9$ 的结构如下图所示：

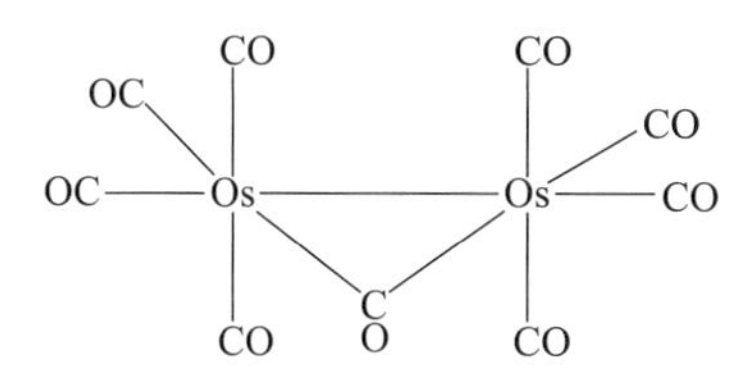

21-9 如何同时鉴定溶液中的 Fe^{3+}、Co^{2+} 和 Ni^{2+}？

21-10 根据下列各组配离子化学式后面括号内所给出的条件，确定它们各自的中心离子的价层电子排布和配合物的磁性，推断其为内轨型配合物，还是外轨型配合物，比较每组配合物的相对稳定性。

(1) $[Fe(en)_3]^{3+}$(高自旋)，$[Fe(CN)_6]^{3-}$(低自旋)；

(2) $[CoF_6]^{3-}$(高自旋)，$[Co(en)_3]^{3+}$(低自旋)。

21-11 请解释原因：$[Ni(NH_3)_4]^{2+}$ 和 $[NiCl_4]^{2-}$ 为四面体结构，磁性为顺磁性；而 $[Pt(NH_3)_4]^{2+}$ 和 $[PtCl_4]^{2-}$ 为平面四边形结构，磁性为反磁性。

21-12 Fe^{2+} 和 Fe^{3+} 分别与同种强场配体或弱场配体形成八面体配合物时，Fe^{2+} 和 Fe^{3+} 的 d 电子在 e_g 和 t_{2g} 轨道上如何分布？其磁矩(B. M.)分别为多少？

21-13 指出下列离子的颜色，并说明其显色机理：

$[Ti(H_2O)_6]^{3+}$，VO_4^{3-}，CrO_4^{2-}，MnO_4^{2-}，$[Fe(H_2O)_6]^{3+}$，$[Fe(H_2O)_6]^{2+}$，$[CoCl_4]^{2-}$，$[Ni(NH_3)_6]^{2+}$。

21-14 试计算 $E^{\ominus}([Fe(CN)_6]^{3-}/[Fe(CN)_6]^{4-})$的值。

已知 $E^{\ominus}(Fe^{3+}/Fe^{2+})=0.771$ V，$[Fe(CN)_6]^{3-}$的 $K_{稳}(1)=1.0\times10^{42}$，$[Fe(CN)_6]^{4-}$的 $K_{稳}(2)=1.0\times10^{35}$。

22-15 已知 $E^{\ominus}(Co^{3+}/Co^{2+})=1.95$ V，$E^{\ominus}([Co(NH_3)_6]^{3+}/[Co(NH_3)_6]^{2+})=0.10$ V，

$E^{\ominus}(Br_2/Br^-)=1.0775$ V，$K_f^{\ominus}([Co(NH_3)_6]^{3+})=1.58\times10^{35}$。

(1) 计算 $K_f^{\ominus}([Co(NH_3)_6]^{2+})$；

(2) 写出 $[Co(NH_3)_6]^{2+}$与 Br_2(l)反应的离子方程式，计算 25 ℃时该反应的标准平衡常数。

21-16 解释下列配位单元稳定性不同的原因：

(1) $HgI_4^{2-}>HgCl_4^{2-}$　(2) $Ni(EDTA)^{2-}>Ni(NH_3)_4^{2+}$　(3) $Fe(EDTA)^{-}>Fe(EDTA)^{2-}$

(4) $Hg(CN)_4^{2-}>Cd(CN)_4^{2-}$　(5) $Ag(S_2O_3)_2^{3-}>Ag(NH_3)_2^{+}$

21-17 银白色金属 M，在较高温度和压力下同 CO 作用生成淡黄色液体 A，A 在高温下分解为 M 和 CO。M 的一种红色化合物晶体 B 俗称赤血盐，具有顺磁性，B 在碱性溶液中能把 Cr(Ⅲ)氧化为 CrO_4^{2-}，而本身被还原为 C。溶液 C 可被氯气氧化为 B。固体 C 在高温下可分解，其分解产物为碳化物 D，以及剧毒的盐 E 和化学惰性气体 F。碳化物 D 经硝酸处理可得 M^{3+}离子，M^{3+}离子碱化后与 NaClO 溶液反应，可得紫色溶液 G，G 溶液酸化后立即变成 M^{3+}并放出气体 H。

(1) 试写出 M、A～H 所表示的物质的化学式；

(2) 写出下列的离子方程式：

(a)B 在碱性条件下，氧化 Cr(Ⅲ)；

(b)M^{3+}碱化后，与 NaClO 溶液的反应；

(c)G 溶液酸化的反应。

21-18 灰黑色化合物 A 溶于浓盐酸形成粉红色溶液，并放出气体 B，从溶液中析出粉红色物质 C，C 受热脱水转化为蓝色物质 D。将 C 的浓溶液用醋酸酸化并加入亚硝酸钾，则析出黄色晶体 F。D 加入氨水中，生成粉红色沉淀 G。当通入气体 B 时，G 转化为黑棕色沉淀 H。H 在盐酸中与氯化亚锡作用，生成 C 的粉红色溶液。试写出 A～H 所表示的物质的化学式及相关反应方程式。

21-19 金属 M 溶于稀 HCl 时生成氯化物，金属正离子的磁矩为 5.0 B. M.。在无氧操作下，MCl_2 溶液遇 NaOH 溶液，生成一白色沉淀 A。A 接触空气，就逐渐变绿，最后变为棕色沉淀 B。灼烧 B 生成棕红色粉末 C，C 经不彻底还原生成铁磁性的黑色物质 D。B 溶于稀 HCl 生成溶液 E，它能使 KI 溶液氧化为 I_2。若向 B 的浓 NaOH 悬浮液中通入 Cl_2 气，可得一紫红色溶液 F，加入 $BaCl_2$ 会沉淀出红棕色固体 G，G 是一种强氧化剂。

(1) 确定金属 M 及 A～G 的化学式，并写出各反应方程式。

(2) 金属 M 单质可形成一系列的配合物，并且有如下转换反应：

$$M(CO)_5 + \text{C}_5\text{H}_6\text{(环戊二烯)} \xrightarrow{-n\text{CO}} H \xrightarrow{-\text{CO}} I \xrightarrow[\text{二聚}]{-\text{H}} J$$

试确定 H、I、J 的结构式。

21-20 黑色过渡金属氧化物 A 溶于盐酸后得到绿色溶液 B 和气体 C。C 能使润湿的 KI-淀粉试纸变蓝；B 与 NaOH 溶液反应生成苹果绿色沉淀 D。D 可溶于氨水得到蓝色溶液 E，再加入丁二酮肟乙醇溶液，则生成鲜红色沉淀。试确定 A～E 所代表的物质的化学式，并写出有关的反应方程式。

第 22 章 钛族和钒族

22.1 钛 族

22.1.1 概述

钛族元素为周期表中ⅣB族，包括钛 Ti、锆 Zr、铪 Hf 三种元素。在地壳中的含量是钛 0.42%，锆 0.02%，铪 4.5×10^{-4}%。钛比锰和碳多，锆比铜和锌多，铪比锑和汞多，其含量可谓丰富，但仍称为稀有金属，因为它们不容易从矿石中分离出来。

钛族元素的若干特性常数列于表 22-1。它们的外层电子构型为$(n-1)d^2ns^2$，次层两个 s 电子不稳定，也参加化学键和金属键的形成，所以钛族元素的熔点、沸点、熔化热、气化热等都较第三副族和第四主族相应的元素高。但单个原子的性质如原子半径、离子半径、电离能等则介乎第三副族和第四主族之间，这与锗、锡、铅的 18 电子壳的屏蔽效应小和变形性高有关。在化学性质方面，钛族元素都以脱去四个电子为特征。最稳定的氧化态是+4，其次是+3，而+2 氧化态则较为少见。锆和铪生成低价化合物的趋势更小。

表 22-1 钛族元素的性质

性质	钛	锆	铪
符号	Ti	Zr	Hf
原子序数	22	40	72
相对原子质量	47.90	91.22	178.49
外层电子构型	$3d^24s^2$	$4d^25s^2$	$5d^26s^2$
主要化合价	+2、+3、+4	+3、+4	+4
密度/$(g\cdot cm^{-3})$	4.51	6.5	13.1
熔点/℃	1677	1852	2222
沸点/℃	3280	4380	5280
熔化热/$(kcal\cdot mol^{-1})$	3.7	4.0	5.2
气化热/$(kcal\cdot mol^{-1})$	102.5	138	153
电离能/eV	6.81	6.92	3.51
电负性	1.5	1.4	1.3
原子半径/nm	0.132	0.145	0.144

钛是 1790 年英国格列高尔(W. Gregory)从钛铁矿砂中发现的，因为提取它有许多困难，直到 1910 年才得到金属钛。锆是 1789 年由德国克拉普罗特(M. H. Klaproth)从锆英石矿中发现的，而很纯净的有延展性的锆在 1914 年用钠还原氯化锆才得到。考斯特(D. Coster)和黑弗西

(G. Hevesy)于1923年从锆矿石的X射线光谱中发现铪。在此之前,一切铪的研究都是以约含2%铪的锆为对象的。

22.1.2 钛族单质

1. 单质的性质

(1) 物理性质

钛族元素的单质都是有银白色光泽的高熔点金属,熔点均高于铁,并且依周期数增加而升高,密度也依周期数增加而增大。

(2) 化学性质

钛是一种非常活泼的金属,在高温时能直接与氢、卤素、氧、氮、碳、硼、硅、硫等反应。但是,在常温或者低温下金属钛是不活泼的,或者说是钝化金属,这是因为它的表面生成了一层薄致密的、钝性的、能自行修补裂缝的氧化膜,在室温下这种氧化膜不会同酸或碱发生作用。不过,钛能缓慢地溶解在热的浓盐酸或者浓硫酸中,生成 Ti^{3+}。

由于镧系收缩的影响,锆和铪的原子半径和离子半径非常接近,它们的化学性质也很相似,因而两者的分离工作也较困难。这些元素除主要的氧化态为+4的化合物外,钛还有氧化态为+3的化合物,但是生成+2的化合物就很少见。锆和铪生成低氧化态化合物的趋势更小。由于钛族元素的原子失去4个电子需要较高的能量,所以它们的M(Ⅳ)化合物主要以共价键结合。在水溶液中主要以 MO^{2+} 形式存在,并且容易分解。

钛分族的标准电势图为:

$E_A^\ominus/V$:

$$TiO^{2+} \xrightarrow{+0.10} Ti^{3+} \xrightarrow{-0.37} Ti^{2+} \xrightarrow{-1.63} Ti \quad (TiO^{2+} \xrightarrow{-0.86} Ti)$$

$$Zr^{4+} \xrightarrow{-1.54} Zr$$

$$Hf^{4+} \xrightarrow{-1.70} Hf$$

$E_B^\ominus/V$:

$$TiO_2 \xrightarrow{-1.69} Ti$$

$$H_2ZrO_3 \xrightarrow{-2.36} Zr$$

$$HfO(OH)_2 \xrightarrow{-2.50} Hf$$

① 与非金属反应:

$$Ti + O_2 \xlongequal{\text{红热}} TiO_2$$

$$3Ti + 2N_2 \xlongequal{\text{点燃}} Ti_3N_4$$

$$Ti + 4Cl_2 \xlongequal{300\ ℃} TiCl_4$$

所以钛是冶金中的消气剂。

② 与酸反应:不与稀酸反应。钛能溶于热浓盐酸或热硝酸中,但Zr和Hf则不溶,它们的最好溶剂是氢氟酸。

$$2Ti + 6HCl \xlongequal{} 2TiCl_3(\text{紫色}) + 3H_2\uparrow$$

$$Ti + 6HNO_3 \xlongequal{} [TiO(NO_3)_2] + 4NO_2\uparrow + 3H_2O$$

$$Ti + 6HF \xlongequal{} TiF_6^{2-} + 2H^+ + 2H_2\uparrow$$

$$Zr + 6HF \xlongequal{} ZrF_6^{2-} + 2H^+ + 2H_2\uparrow$$

2. 单质的制备

工业上常用硫酸分解钛铁矿 $FeTiO_3$ 的方法来制备 TiO_2,再由 TiO_2 制备金属钛。首先是用浓硫酸处理磨碎的钛铁矿精砂，此时钛和铁都变成硫酸盐。

$$FeTiO_3 + 3H_2SO_4 \xlongequal{} Ti(SO_4)_2 + FeSO_4 + 3H_2O$$

$$FeTiO_3 + 2H_2SO_4 \xlongequal{} TiOSO_4 + FeSO_4 + 2H_2O$$

同时，钛铁矿中铁的氧化物与硫酸发生反应。

$$FeO + H_2SO_4 \xlongequal{} FeSO_4 + H_2O$$

$$Fe_2O_3 + 3H_2SO_4 \xlongequal{} Fe_2(SO_4)_3 + 3H_2O$$

可加入铁屑，使溶液中 Fe^{3+} 离子还原为 Fe^{2+}，然后将溶液冷却至 0 ℃以下，使 $FeSO_4 \cdot 7H_2O$ 结晶析出。这样既除去钛液中的杂质，又获得副产品绿矾 $FeSO_4 \cdot 7H_2O$。

$Ti(SO_4)_2$ 和 $TiOSO_4$（硫酸氧钛或硫酸钛酰）容易水解而析出白色的偏钛酸沉淀。

$$Ti(SO_4)_2 + H_2O \xlongequal{} TiOSO_4 + H_2SO_4$$

$$TiOSO_4 + 2H_2O \xlongequal{} H_2TiO_3 \downarrow + H_2SO_4$$

煅烧所得的偏钛酸，即可制得 TiO_2。

$$H_2TiO_3 \xlongequal{\triangle} TiO_2 + H_2O$$

工业上一般采用 $TiCl_4$ 的金属热还原法制金属钛。将 TiO_2（或天然的金红石）和炭粉混合加热至 727～827 ℃，进行氯化处理，并使生成的 $TiCl_4$ 蒸气冷凝。

$$TiO_2 + 2C + 2Cl_2 \xlongequal{} TiCl_4 + 2CO \uparrow$$

在 797 ℃用熔融的镁在氩气气氛中还原 $TiCl_4$ 蒸气，可得海绵钛。再通过电弧熔融或感应熔融，制得钛锭。

$$TiCl_4 + 2Mg \xlongequal{} 2MgCl_2 + Ti$$

3. 单质的用途

钛的密度（$4.54\ g \cdot cm^{-3}$）比钢（$7.9\ g \cdot cm^{-3}$）轻，但钛的机械强度与钢相似。它还具有耐高温、抗腐蚀性等优点，在现代科学技术上有着广泛的用途，常被称为第三金属。钛用于制喷气发动机、超音速飞机和潜水艇（防雷达、防磁性水雷）以及海军化工设备等。在化学工业中，钛可代替不锈钢制作耐腐蚀设备。钛还能以钛铁的形式，在炼钢工业中用作脱氧、除氮、去硫剂，以改善钢的性能。钛在医学上有着独特的用途，可用它代替损坏的骨头，而被称为“亲生物金属”。锆则主要用于原子能反应堆技术中，如锆用于制造铀棒的套管，这是因为锆的热中子捕获截面小，不会“吃掉”原子能反应堆借以引起核反应的中子。此外，含有少量锆的钢有很高的强度和耐冲击的韧性，可用于制造炮筒、坦克和军舰等。铪用作灯丝、X 射线管的阴极等。

22.1.3　钛族的重要化合物

在钛的化合物中，以＋4 氧化态最稳定，在强还原剂作用下，也可呈现＋3 和＋2 氧化态，但不稳定。

1. 氧化物

(1) 二氧化钛（TiO_2）

TiO_2 是一种多晶型氧化物，它有三种晶型：锐钛矿型、板钛矿型和金红石型。图 22-1 表示出 TiO_2 的三种形态。在自然界中，锐钛矿和金红石以矿物形式存在，但很难找到板钛矿型的矿

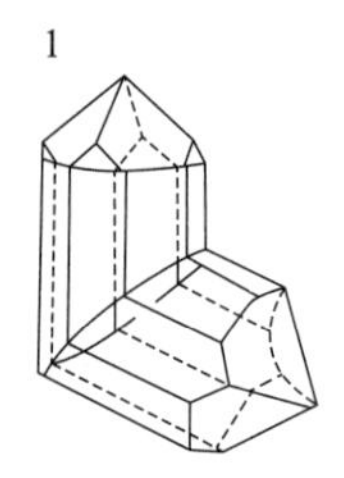

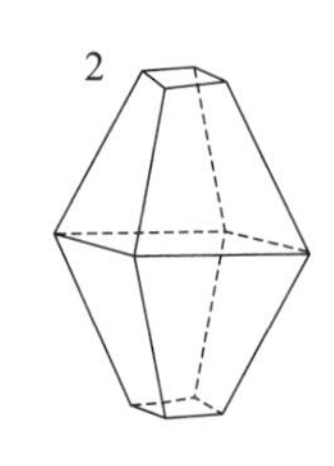

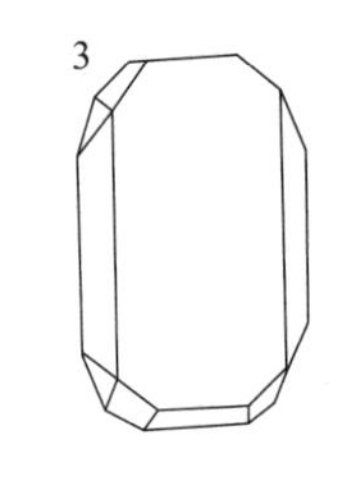

图 22-1 二氧化钛结晶形态图

1—金红石型;2—锐钛矿;3—板钛矿

物。因为它的晶型不稳定,在成矿时的高温下会转变成金红石型。板钛矿可人工合成,但不具有多大实际价值。在晶体化学中,按照鲍林(Pauling)关于离子晶体结构的第三规则:当配位多面体共棱,特别是共面时,晶体结构的稳定性会降低。这是因为与其共角顶时相比,共棱和共面时其中心阳离子之间的距离缩短,从而使得斥力增加,稳定性降低。又如果在几种晶型中,都是共棱不共面,则其稳定性随共棱数目的增加而降低。Ti^{4+} 离子的配位数为 6,它构成[TiO_6]八面体,Ti^{4+} 位于八面体的中心,O^{2-} 位于八面体的六个角顶,每一个 Ti^{4+} 被 6 个 O^{2-} 包围。TiO_2 三种变体的晶体结构都是以[TiO_6]八面体为基础的。但[TiO_6]八面体在金红石、板钛矿和锐钛矿三种变体中的共棱数不同,分别为 2、3 和 4。所以三种晶型结构中以金红石最稳定,其他两种晶型升高到一定温度,都将转变成金红石型结构。这也是在自然界中,天然金红石普遍存在,锐钛矿较少有,板钛矿更是罕见的原因。

锐钛矿和金红石两种变体的晶体结构分别如图 22-2 和图 22-3 所示。纯 TiO_2 是白色粉末,加热到高温时略显黄色。工业生产的 TiO_2 俗称钛白粉,是重要的白色颜料,被誉为“白色颜料之王”,不论锐钛型钛白,还是金红石型钛白,应用都很广泛。

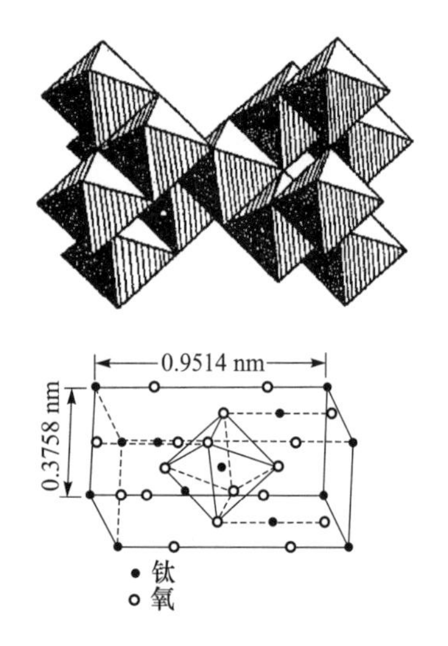

图 22-2 锐钛型 TiO_2 晶体结构

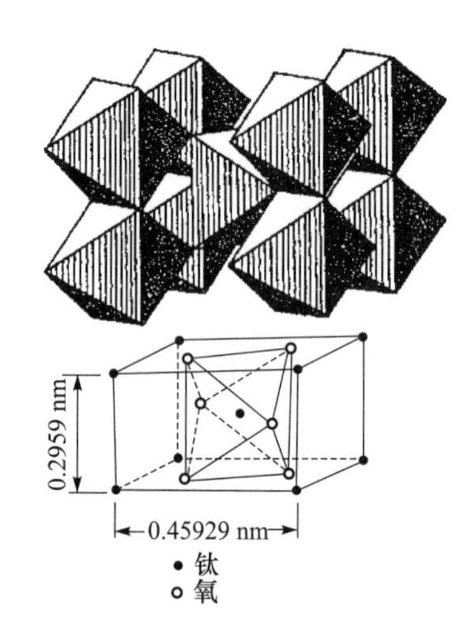

图 22-3 金红石型 TiO_2 晶体结构

TiO_2 的热稳定性较大,加热至 2200 ℃以上时,才会部分热分解放出 O_2 并生成 Ti_3O_5,进一步加热转变成 Ti_2O_3。

TiO_2 中 O—Ti 键结合力很强,因而 TiO_2 具有较稳定的化学性质。TiO_2 实际上不溶于水和稀酸,在加热条件下能溶于浓 H_2SO_4、浓 HCl 和浓 HNO_3,也可溶于 HF 中。在酸性溶液中,钛以 Ti^{4+} 离子或 TiO^{2+}(钛酰基)阳离子形式存在。在硫酸法钛白生产过程生成的钛液中就同时含有 $Ti(SO_4)_2$ 和 $TiOSO_4$。

$$TiO_2 + 6HF \xlongequal{\quad} H_2TiF_6 + 2H_2O$$

$$TiO_2 + 2H_2SO_4 \xlongequal{} Ti(SO_4)_2 + 2H_2O$$

$$TiO_2 + H_2SO_4 \xlongequal{} TiOSO_4 + H_2O$$

TiO_2 与强碱共熔可得到钛酸盐，如 K_2TiO_3、Na_2TiO_3，其他钛酸盐还有 $BaTiO_3$、$FeTiO_3$、$ZnTiO_3$ 等。

$$2KOH + TiO_2 \xlongequal{} K_2TiO_3 + H_2O$$

TiO_2 在有还原剂 C 存在的条件下，加热至 800～1000 ℃时，可被 Cl_2 氯化成 $TiCl_4$，是工业生产 $TiCl_4$ 的主要方法。

TiO_2 在高温下能被 H_2 和一些活泼金属，如 K、Na、Ca、Mg、Al 等还原，但常常还原不彻底，而生成低价钛的氧化物或 Ti(O)固溶体，这也就是为什么工业规模生产不用 TiO_2 而用 $TiCl_4$ 作原料来制取金属钛的道理。在高温下，TiO_2 也可与 NH_3、CS_2、C 作用生成相应的 TiN、TiS_2 和 TiC。TiO_2 在高温条件下也可与一些有机物，如 CH_4、CCl_4、C_2H_5OH 等发生反应，但无多大实际意义。

(2) 五氧化三钛(Ti_3O_5)

在 1200～1400 ℃温度下，用 C 还原 TiO_2，或是在 1400～1450 ℃下加热 TiO+$2TiO_2$ 或 Ti_2O_3 的混合物，均可得到 Ti_3O_5。具有实际意义的是，在电炉中用 C 还原熔炼钛铁精矿制钛渣时，以 Ti_3O_5 为基体的黑钛石是钛渣中的一种重要成分。

(3) 三氧化二钛(Ti_2O_3)

Ti_2O_3 可在 1100～1200 ℃下用 H_2 还原 TiO_2，或在 1350～1400 ℃下用 C 还原 TiO_2 制得。

Ti_2O_3 具有弱碱性和还原性。在空气中加热到很高温度时，Ti_2O_3 将转变成 TiO_2。Ti_2O_3 微溶于水。在加热条件下可溶于硫酸，形成三价钛的紫色硫酸盐溶液：

$$Ti_2O_3 + 3H_2SO_4 \xlongequal{} Ti_2(SO_4)_3 + 3H_2O$$

在用酸溶性钛渣生产硫酸法钛白时，因钛渣中含有部分 Ti_2O_3，因而酸解钛液因常含有少量 Ti^{3+} 离子而呈较深的颜色。

(4) 一氧化钛(TiO)

TiO 可由 TiO_2 和金属 Ti 粉混合，在真空条件下于 1550 ℃时加热制得。也可用 C 或金属 Mg、Al 在高温下还原 TiO_2 制得。TiO 可作为乙烯聚合反应的催化剂。

TiO 不溶于水，与 H_2SO_4 或 HCl 反应放出 H_2 并生成三价钛盐：

$$2TiO + 3H_2SO_4 \xlongequal{} Ti_2(SO_4)_3 + H_2\uparrow + 2H_2O$$

$$2TiO + 6HCl \xlongequal{} 2TiCl_3 + H_2\uparrow + 2H_2O$$

在沸腾的 HNO_3 中 TiO 被氧化成 TiO_2：

$$TiO + 2HNO_3 \xlongequal{} TiO_2 + 2NO_2 + H_2O$$

TiO 可与 F_2、Cl_2、Br_2 等反应生成四价钛的化合物，例如：

$$2TiO + 4F_2 \xlongequal{} 2TiF_4 + O_2$$

$$TiO + Cl_2 \xlongequal{} TiOCl_2$$

TiO 在空气中加热至 800 ℃，被氧化成 TiO_2。TiO 与 TiC、TiN 可形成连续固溶体。

2. 卤化物

(1) 四氯化钛($TiCl_4$)

常温下，纯 $TiCl_4$ 是无色透明、密度较大的液体，在空气中易挥发冒白烟，有强烈的刺激性气味。$TiCl_4$ 分子结构呈正四面体形,钛原子位于正四面体中心,四个顶点为氯原子。Ti—Cl 键长为 0.219 nm,Cl—Cl 键长为 0.358 nm。$TiCl_4$ 呈单分子存在,属非极性分子(偶极矩为零),分子间相互作用较弱,这正是 $TiCl_4$ 沸点低、蒸发潜热不很大的原因。$TiCl_4$ 不离解为 Ti^{4+} 离子,在含有 Cl^- 离子的溶液中可形成$[TiCl_6]^{2-}$配阴离子。$TiCl_4$ 固体是白色晶体,属于单斜晶系。$TiCl_4$ 的主要物理性质列于表 22-2。

表 22-2 液体 $TiCl_4$ 的主要物理性质

温度 t/℃	密度 ρ/(g·cm^{-3})	黏度 η/(Pa·s)	表面张力 γ/(N·m^{-2})	蒸气压 p/kPa
−10	1.7774	1.141×10^{-3}	36.54×10^{-3}	0.219
0	1.7609	1.014×10^{-3}	35.28×10^{-3}	0.411
10	1.7436	0.912×10^{-3}	34.03×10^{-3}	0.745
20	1.7265	0.829×10^{-3}	32.79×10^{-3}	1.273
30	1.7092	0.759×10^{-3}	31.56×10^{-3}	2.118
40	1.6917	0.701×10^{-3}	30.34×10^{-3}	3.411
50	1.6740	0.651×10^{-3}	29.14×10^{-3}	5.344
60	1.6561	0.607×10^{-3}	27.95×10^{-3}	8.183
70	1.6380	0.569×10^{-3}	26.78×10^{-3}	12.159
80	1.6197	0.536×10^{-3}	25.62×10^{-3}	17.656
90	1.6011	0.506×10^{-3}	24.48×10^{-3}	25.113
100	1.5823	0.479×10^{-3}	23.37×10^{-3}	35.067
110	1.5632	0.455×10^{-3}	22.13×10^{-3}	48.073
120	1.5438	0.433×10^{-3}	21.01×10^{-3}	64.849
130	1.5242	0.414×10^{-3}	19.90×10^{-3}	86.278
135	1.5142	0.404×10^{-3}	19.35×10^{-3}	98.606

$TiCl_4$ 对热很稳定,在 136 ℃沸腾而不分解。在 2227 ℃下只部分分解,在 4727 ℃高温下才能完全分解为钛和氯。

$TiCl_4$ 与某些氯化物能无限互溶生成连续溶液,如 TiCl-$SiCl_4$、$TiCl_4$-$VOCl_3$ 等,这在工业生产中给 $TiCl_4$ 的精制提纯带来一定困难。

$TiCl_4$ 遇水发生激烈反应,生成偏钛酸沉淀并放出大量反应热:

$$TiCl_4 + 3H_2O \xlongequal{\quad} H_2TiO_3 + 4HCl$$

在 300~400 ℃温度下,$TiCl_4$ 蒸气与水蒸气发生水解作用生成 TiO_2:

$$TiCl_4(g) + 2H_2O(g) \xlongequal{\quad} TiO_2 + 4HCl$$

有人曾对 $TiCl_4(g)$的水蒸气水解制钛白进行过研究,但腐蚀严重未形成工业化。

$TiCl_4$ 与 O_2(或空气中的 O_2)在高温下反应生成 TiO_2:

$$TiCl_4 + O_2 \xlongequal{\quad} TiO_2 + 2Cl_2$$

这个反应是工业上氯化法制钛白的基础。

$TiCl_4$ 在高温下可被 H_2 还原。H_2 浓度越大,温度越高,则还原能力越强:

$$2TiCl_4 + H_2 \xlongequal{500\sim800\ ℃} 2TiCl_3 + 2HCl$$

$$TiCl_4 + H_2 \xlongequal{650 \sim 850\ ℃} TiCl_2 + 2HCl$$

将温度提高到 1000 ℃以上，并有大量过剩 H_2 条件下，可被还原成金属钛：

$$TiCl_4 + 2H_2 \xlongequal{>1000\ ℃} Ti + 4HCl$$

但此反应并不用于工业上制钛，因为高温下 HCl 对设备腐蚀严重，H_2 耗量大并有燃爆危险，所得钛也含有大量氢杂质。

$TiCl_4$ 可被一些活泼金属(如 Na、K、Mg、Ca、Al 等)还原成海绵钛，这是工业上用金属热还原法生产海绵钛的基础：

$$TiCl_4(g) + 4Na(l) \xlongequal{130 \sim 750\ ℃} Ti + 4NaCl$$

$$TiCl_4 + 2Mg \xlongequal{> 750\ ℃} Ti + 2MgCl_2$$

$TiCl_4$ 可剧烈地吸收 NH_3 并放出大量热，随着时间的延长，能不断地饱和并生成 $TiCl_4 \cdot 4NH_3$。

纯 $TiCl_4$ 在常温下对铁几乎不腐蚀，因此可用钢和不锈钢制造储槽、高位槽等容器。但在 200 ℃以上时则有较大腐蚀性。当温度高于 850～900 ℃时，发现它们之间有明显的相互作用。

(2) 三氯化钛($TiCl_3$)

$TiCl_3$ 一般由 Ti 和 $TiCl_4$ 在高温下还原制得。$TiCl_3$ 水溶液为紫红色，$TiCl_3 \cdot 6H_2O$ 晶体有两种异构体，紫色的$[Ti(H_2O)_6]Cl_3$ 和绿色的$[Ti(H_2O)_4Cl_2]Cl \cdot 2H_2O$。

22.2　钒　　族

22.2.1　钒族单质

1. 钒族元素单质的性质

(1) 物理性质

钒 V、铌 Nb、钽 Ta 都是相当稀有的元素，它们的熔点都较高而且在同族中随着周期数增加而升高。三种元素的单质都为银白色，有金属光泽，具有典型的体心立方金属结构。纯净的金属硬度低、有延展性，当含有杂质时则变得硬而脆。

金属钒本身的用途很少，主要用于制造合金和特种钢。钒钢具有强度大、弹性好、抗磨损、抗冲击等优点，因此它是汽车和飞机制造业中特别重要的材料。

(2) 化学性质

单质钒在常温下化学活性较低，表明易形成致密的氧化膜而呈钝态。事实上，在许多方面单质钒都类似于钛，如高硬度、高熔点、抗腐蚀能力强。其抗腐蚀能力主要表现在室温下不与空气、水、碱以及除 HF 以外的非氧化性酸发生作用。钒与 HF 反应，因为生成配位化合物而溶解。

$$2V + 12HF \xlongequal{} 2H_3VF_6 + 3H_2(g)$$

钒能溶于浓 H_2SO_4、HNO_3 和王水等。

铌和钽极不活泼，不与除氢氟酸(HF)以外的所有酸作用，但能溶于熔融状态下的碱中。

高温下该族元素的单质能同许多非金属反应，并可与熔融的苛性碱作用，如

$$4V + 5O_2 \xlongequal{> 660\ ℃} 2V_2O_5$$

$$V + 2Cl_2 \xlongequal{\triangle} VCl_4$$

2. 钒族单质的制备

由于钒族单质在高温下有较强的反应活性,它们都很难提取。铁/钒合金(钒铁)是通过铝热法制备的,然后再将它添加到合金钢中。纯钒可以通过金属 Na 或 H_2 还原 VCl_3、单质 Mg 还原 VCl_4 来获得。所有的钒族金属均可以通过电解熔融氟的配位化合物,如 $K_2[NbF_7]$来制备。

铌的来源为钽铌矿,其分离过程极其复杂,成本也很高。

22.2.2 钒族的重要化合物

钒族元素能形成许多种不同氧化态的化合物,主要是氧化态为+2～+5 的化合物,其生成简单离子型化合物的倾向随着氧化态的升高而逐渐降低。如 VF_5 和 VCl_4 是共价化合物,在水溶液中生成 VO_2^+、VO_4^{3+} 和 VO^{2+} 等水合离子;VF_3 和 VF_2 都是离子化合物。铌和钽基本上不生成离子化合物,在水溶液中不存在简单阳离子,如氧化态为+5 的化合物大部分是易升华、易水解的共价化合物,这些性质都与非金属化合物相类似。

1. 氧化物

在同族中,自上而下钒族元素的氧化物 M_2O_5 的碱性递增。V_2O_5 是中性偏酸的氧化物,它易溶于 NaOH 生成钒酸盐,但也溶于浓度较大的 H_2SO_4 中,生成 VO_2^+ 离子。Nb_2O_5 和 Ta_2O_5 都不活泼,但也是两性的氧化物,它们有很微弱的酸性,仅同熔融状态下的 NaOH 作用生成铌酸盐和钽酸盐。

五氧化二钒(V_2O_5)是钒的重要化合物之一,为橙色至砖红色固体,无味、有毒(钒的化合物均有毒),微溶于水,其水溶液呈淡黄色并显酸性。目前工业上以含钒铁矿熔炼钢时所获得的富钒炉渣(含 $FeO \cdot V_2O_3$)为原料制取 V_2O_5。先与纯碱作用:

$$4FeO \cdot V_2O_3 + 4Na_2CO_3 + 5O_2 \xlongequal{\triangle} 8NaVO_3 + 2Fe_2O_3 + 4CO_2\uparrow$$

然后用水从烧结块中浸出 $NaVO_3$,用酸中和至 pH=5～6 时加入硫酸铵、调节 pH=2～3,可析出六聚钒酸铵,再设法转化为 V_2O_5。

$$2NH_4VO_3 \xlongequal{\triangle} V_2O_5 + 2NH_3 + H_2O$$

V_2O_5 为两性氧化物(以酸性为主),溶于强碱(如 NaOH)溶液中:

$$V_2O_5 + 2NaOH \xlongequal{\quad} 2NaVO_3 + H_2O$$

V_2O_5 也可溶于强酸(如 H_2SO_4),但得不到 V^{5+},而是形成淡黄色的 VO_2^+:

$$V_2O_5 + 2H^+ \xlongequal{\quad} 2VO_2^+ + H_2O$$

V_2O_5 为中强氧化剂,如与盐酸反应,V(Ⅴ)可被还原为 V(Ⅳ),并放出氯气:

$$V_2O_5 + 6HCl \xlongequal{\quad} 2VOCl_2 + Cl_2\uparrow + 3H_2O$$

Nb_2O_5 和 Ta_2O_5 都是白色固体,熔点高,较为惰性,它们很难与酸作用,但和 HF 反应能生成氟的配位化合物。

$$Nb_2O_5 + 12HF \xlongequal{\quad} 2HNbF_6 + 5H_2O$$

2. 含氧酸盐

钒酸盐的形式多种多样，在一定条件下向钒酸盐溶液中加酸，随着 pH 逐渐减小，钒酸根会逐渐脱水，缩合为多钒酸根。当 pH<1 时，形成淡黄色的 VO_2^+ 离子。

$$VO_4^{3-} \xrightarrow{pH=12\sim10} V_2O_7^{4-} \xrightarrow{pH=9.5} V_3O_9^{3-} \xrightarrow{pH=7} V_{10}O_{28}^{6-} \xrightarrow{pH=2} V_2O_5 \xrightarrow{pH=0.5} VO_2^+$$

钒酸盐在强酸性溶液中(以 VO_2^+ 形式存在)有氧化性，在酸性溶液中钒的标准电极电势如下：

$$E_A^\ominus/V:\quad VO_2^+ \frac{+1.000}{\quad} VO^{2+} \frac{-0.337}{\quad} V^{3+} \frac{-0.255}{\quad} V^{2+} \frac{+1.13}{\quad} V$$

VO_2^+ 可以被 Fe^{2+}、草酸等还原为 VO^{2+}：

$$VO_2^+ + Fe^{2+} + 2H^+ = VO^{2+} + Fe^{3+} + H_2O$$

$$2VO_2^+ + H_2C_2O_4 + 2H^+ = 2VO^{2+} + 2CO_2 + 2H_2O$$

上述反应可用于氧化还原法测定钒含量。

铌酸盐和钽酸盐能被弱酸或 CO_2 所分解。铌酸锂是最重要的光学晶体之一，具有机械、物理性能良好和成本低等优点，它作为非线性光学晶体、电光晶体、声光晶体和双折射晶体得到了广泛应用。

3. 卤化物

钒的五卤化物只有 VF_5，铌和钽的四种五卤化物 MX_5(M=F,Cl,Br,I)均可由金属与卤素单质直接化合制得。VF_5 为无色液体外，钽和铌的五卤化物都是易升华和易水解的固体，NbF_5、TaF_5 为白色；$NbCl_5$、NbI_5、$TaCl_5$、$TaBr_5$ 为深浅不同的黄色；$NbBr_5$ 为橙色；TaI_5 为黑色。钒族元素的五卤化物气态时都是单体，具有三角双锥结构。常温下 NbF_5 和 TaF_5 是四聚体，见图 22-4(a)；$NbCl_5$、$TaCl_5$、$NbBr_5$、$TaBr_5$ 是二聚体，见图 22-4(b)。

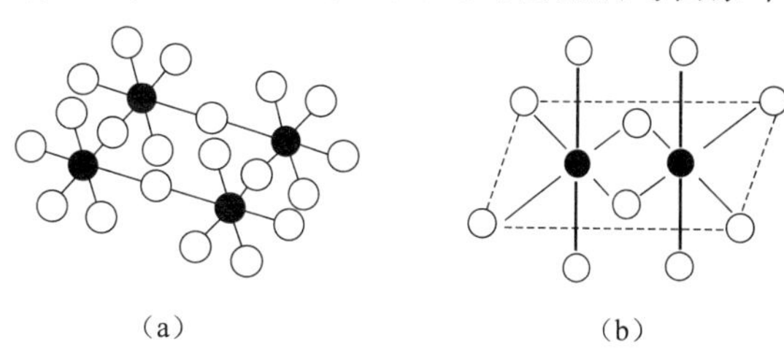

图 22-4 铌和钽的五卤化物的聚合结构示意图

(a)四聚体；(b)二聚体

习 题

22-1 完成并配平下列反应方程式：

(1) $TiCl_3 + Na_2CO_3 + H_2O \longrightarrow$　　(2) $TiOSO_4 + Zn + H_2SO_4 \longrightarrow$

(3) $NH_4VO_3 \xrightarrow{\triangle}$　　(4) $V_2O_5 + HCl(浓) \longrightarrow$

(5) $V_2O_5 + H_2C_2O_4 + H_2SO_4 \longrightarrow$　　(6) $V_2O_5 + NaOH \longrightarrow$

22-2 为什么打开装有 $TiCl_4$ 试剂的玻璃瓶时会冒白烟？写出相关的反应方程式。

22-3 当钛溶解于稀盐酸时，生成含钛(Ⅲ)离子的紫色溶液。该溶液在室温下迅速使酸化的高锰酸钾水溶液脱色。写出相关的离子反应方程式。

22-4 试分析 $Ti(H_2O)_6^{2+}$、$Ti(H_2O)_6^{3+}$、$Ti(H_2O)_6^{4+}$、$Zr(H_2O)_6^{2+}$ 离子中，哪些离子在溶液中不能存在？为什么？

22-5 为什么锆和铪元素以及它们的化合物在物理、化学性质上非常相似？如何分离它们？

22-6 解释下列实验现象：

(1) 冷却浓的 $TiCl_3$ 溶液析出的 $TiCl_3 \cdot 6H_2O$ 晶体为紫色，用乙醚萃取 $TiCl_3$ 溶液在一定条件下析出的 $TiCl_3 \cdot 6H_2O$ 晶体为绿色；

(2) $TiCl_3$ 溶液与 $CuCl_2$ 溶液反应后加水稀释有白色沉淀析出；

(3) 向酸性的 $VOSO_4$ 溶液中滴加 $KMnO_4$ 溶液,溶液由蓝色变黄。

22-7 给出实验现象和反应方程式:

(1) 向 $TiCl_4$ 溶液中加入浓盐酸和金属锌后充分反应;

(2) 向(1)反应后的溶液中缓慢加入 NaOH 溶液至溶液呈碱性;

(3) 将(2)的沉淀过滤出来,用硝酸将其溶解后再加入稀碱。

22-8 化合物 A 为无色液体。A 在潮湿的空气中冒白烟。取 A 的水溶液加入 $AgNO_3$ 溶液,则有不溶于硝酸的白色沉淀 B 生成,B 易溶于氨水。取锌粒投入 A 的盐酸溶液中,最终得到紫色溶液 C。向 C 中加入 NaOH 溶液至碱性,则有紫色沉淀 D 生成。将 D 洗净后置于稀硝酸中得无色溶液 E。将溶液 E 加热得白色沉淀 F。请给出各字母所代表的物质的化学式。

22-9 白色化合物 A 在煤气灯上加热转为橙色固体 B 并有无色气体 C 生成。B 溶于硫酸得到黄色溶液 D。向 D 中滴加适量 NaOH 溶液,又析出橙黄色固体 B,NaOH 过量时 B 溶解得无色溶液 E。向 D 中通入 SO_2 得蓝色溶液 F,F 可使酸性高锰酸钾溶液褪色。将少量 C 通入 $AgNO_3$ 溶液,有棕褐色沉淀 G 生成,通入过量的 C 后,沉淀 G 溶解得无色溶液 H。请给出各字母所代表的物质的化学式并给出相关的反应方程式。

第23章 镧系元素和锕系元素

内过渡元素包括两个系列元素，即第六周期ⅢB族的镧系和第七周期ⅢB族的锕系元素。镧系元素包括原子序数为第57号元素镧到第71号元素镥，为共15种元素的总称，用符号Ln表示。锕系元素是指原子序数为89～103号共15种元素的总称，用符号An表示，它们都是放射性元素。

镧系元素以及钪Sc、钇Y共17种元素统称为稀土元素，用RE表示。人们将La、Ce、Pr、Nd、Pm、Sm、Eu称为铈组稀土，亦称轻稀土；将Gd、Tb、Dy、Ho、Er、Tm、Yb、Lu、Sc、Y称为钇组稀土，亦称重稀土。虽然稀土元素在地壳中的丰度很大，但由于分布比较分散，性质彼此又十分相似，因此提取和分离比较困难，使得人们对它的系统研究开始得比较晚。

23.1 镧系元素

1839年，瑞典化学家Mosander从铈土中分离出氧化镧。镧的英文名称为Lanthanum，源自希腊语中的“lanthanein”，意为“隐藏起来”。因为要将镧从稀土中分离出来是非常困难的。

1803年，德国化学家Klaproth和瑞典化学家Berzelius、Hisinger各自独立地从瑞典的矿石——铈硅矿石中分离出氧化铈，当时把它称为“铈土”，从而发现了元素铈。铈的英文名称为Cerium，是由火星与木星之间的小行星——谷神星(Ceres)而得名的。

1885年，奥地利化学家Welsabach从混合稀土中分离出两种新元素——镨和钕。镨的英文名称为Praseodymium，源自希腊语“prason”，意为“绿色的孪生子”。这是因为镨和钕共生在一起，而且镨的氧化物Pr_2O_3为浅绿色。钕的英文名称为Neodymium，源自希腊语“neos(新)+didymos(双子)”，意为“新的孪生子”。

1945年，美国化学家Marinsky、Glendenin和Coryell在铀的裂变产物残渣中用离子交换法分离得到钷的同位素，从而发现了钷元素。钷的英文名称为Promethium，源自希腊神话中的“Prometheus”(盗火者)，意为“火神”。

1879年，法国化学家Boisbaudran从混合稀土中首先分离出氧化钐，当时称为“钐土”。经光谱研究，证明它是一种新元素，从而发现了钐。钐的英文名称为Samarium，源自萨马斯基矿石，以纪念一位俄罗斯的矿业官员萨马斯基。

1896年，法国化学家Demarcay从不纯的氧化钐中分离出氧化铕，并证明它是一种新元素。铕的英文名称为Europium，源自“欧洲”——Europe一词。

1880年，瑞典化学家Marignac从铌酸钇矿中首先分离出一种新的不纯的稀土氧化钆。1886年，法国化学家Boisbaudran从不纯的氧化钐中分离出氧化钆，并确定它是一种新元素。钆的英文名称为Gadoliniun，以纪念稀土元素的第一个发现人——芬兰的矿物学家Gadolin。

1843年，瑞典化学家Mosander从Ytterby镇所产的矿石——加多林矿中发现了一种新

“土”。他用氨水中和硝酸钆的酸性溶液，沉淀出氧化铽。铽的英文名称为 Terbium，以纪念这种矿石的产地“Ytterby”镇。

1886 年，法国化学家 Boisbaudran 用分级沉淀的方法从“钛土”中分离出钬和镝，并通过光谱研究证明后者是一种新金属。镝的英文名称为 Dysprosium，源自希腊语“dysprositos”，意为“难以找到”、“难以捉摸”，说明把它分离出来很困难。

1879 年，瑞典化学家 Cleve 从不纯的氧化铒中分离出两种新元素的氧化物——氧化铒和氧化铥。它们的英文名称为 Holmium 和 Thulium，以纪念 Cleve 的出生地——瑞典首都斯德哥尔摩(古人称其为“Holmia”)和他的祖国斯堪的那维亚半岛(古人称该地为“Thule”)。

1843 年，瑞典矿物学家、化学家 Mosander 从 Ytterby 镇产的矿石(硅铍钇矿)中分离出三种“土”，即三种元素的氧化物。其中一种为加多林在 1794 年发现的“钇土”，另外两种为新“土”。他用氨水中和硝酸钇的酸性溶液，沉淀出氧化铒。铒的英文名称为 Erbium，也源自瑞典的“Ytterby”镇这个名字。

1878 年，瑞典化学家 Mosander 从 Ytterby 镇所产的矿石中首先从不纯的氧化镱中分离出氧化镱——镱土，从而发现了 Ytterby 镇出产的矿物中含有的第四种“土”。镱的英文名称为 Ytterbium，源自瑞典的“Ytterby”镇这个名字。

1907 年，法国矿物学家 Urbain 从不纯的氧化镥中分离出氧化镥，命名为 Lutetium，源自法国首都巴黎的古代名称“Lutetia”。

23.1.1 镧系元素的性质

1. 镧系元素的通性

镧系元素原子核每增加一个质子，相应就有一个电子添加到 4f 轨道中。与 6s 和 5s、5p 轨道相比，4f 轨道对核电荷有较大的屏蔽作用。因此，随着原子序数的增加，有效核电荷增加缓慢，最外层电子受核的引力只是缓慢地增加，导致原子和离子半径虽呈减小的趋势，但减小的幅度很小。镧系元素之间半径相近，性质相似，容易共生，很难分离。

在镧系元素中，离子半径比原子半径的收缩更显著。这是因为离子比原子少一个电子层，镧系元素的原子失去最外层 6s 电子以后，4f 轨道则处于倒数第二层，这种离子状态的 4f 轨道比原子状态的 4f 轨道对核电荷的屏蔽作用小，从而使得离子半径的收缩效果比原子半径显著。

由于镧系收缩的结果，使钇 Y^{3+} 离子半径(88 pm)与铒 Er^{3+} (88.1 pm)相近，钪 Sc^{3+} 离子半径与镥 Lu^{3+} 接近。因而，在自然界中 Y、Sc 常同镧系元素共生，成为稀土元素的成员。

表 23-1 列出了镧系元素的电子层结构、原子半径和离子半径。

表 23-1 镧系元素的一些基本性质

原子序数	元素符号	元素名称	价电子结构	原子半径/pm	常见氧化态*	离子半径/pm		
						+2	+3	+4
57	La	镧	$5d^1 6s^2$	183	+3		103	
58	Ce	铈	$4f^1 5d^1 6s^2$	182	+3，+4		102	87
59	Pr	镨	$4f^3 6s^2$	182	+3，+4		99	85

续表

原子序数	元素符号	元素名称	价电子结构	原子半径/pm	常见氧化态*	离子半径/pm		
						+2	+3	+4
60	Nd	钕	$4f^4 6s^2$	181	+3		98	
61	Pm	钷	$4f^5 6s^2$	183	+3		97	
62	Sm	钐	$4f^6 6s^2$	180	+2,+3	—	96	
63	Eu	铕	$4f^7 6s^2$	208	+2,+3	117	95	
64	Gd	钆	$4f^7 5d^1 6s^2$	180	+3		94	
65	Tb	铽	$4f^9 6s^2$	177	+3,+4		92	76
66	Dy	镝	$4f^{10} 6s^2$	178	+2,+3	107	91	
67	Ho	钬	$4f^{11} 6s^2$	176	+3		90	
68	Er	铒	$4f^{12} 6s^2$	176	+3		89	
69	Tm	铥	$4f^{13} 6s^2$	176	+2,+3	103	88	
70	Yb	镱	$4f^{14} 6s^2$	193	+2,+3	102	87	
71	Lu	镥	$4f^{14} 5d^1 6s^2$	174	+3		86	

* 离子半径为六配位数据。

2. 金属单质

镧系金属为银白色，质地较软，随着原子序数的增加而逐渐变硬。金属具有延展性，但杂质的存在就大大减小延展性。它们都具有磁性。

镧系金属是活泼金属，它们的标准电极电势由 La 的 −2.52 V 递减至 Lu 的 −2.25 V。新切开的银白带灰色光泽的表面在空气中迅速变暗，覆盖上一层氧化膜，这个膜并不紧密，因此不能阻止空气的进一步作用。将金属加热至 200～400 ℃时，即生成氧化物。它们与冷水缓慢作用，与热水作用较快，可置换出氢。它们易溶于稀酸，但不溶于碱。

镧系金属是强的还原剂，因为它们的氧化物的生成热很大，例如 La_2O_3 的生成热为 1919 kJ/mol（铝热法中的 Al_2O_3 的生成热为 3687 kJ/mol）。因此，“混合镧系金属”是比铝更好的活泼金属还原剂。

在 200 ℃以上，金属单质能在卤素蒸气中剧烈燃烧，生成卤化物；在氮气中加热至 1000 ℃以上，可生成氮化物 LnN；在高温条件下，与炭作用生成乙炔型碳化物 LnC_2。镧系金属在室温条件下能缓慢吸收氢，在 300 ℃时较迅速，生成脆的无定形固体，具有不定的组成。这种氢化物在干燥空气中稳定，在潮湿空气中可着火。

3. 镧系离子的颜色

一些镧系金属+3 氧化态的离子具有很漂亮的不同颜色。如果阴离子为无色，在结晶盐和水溶液中都保持 Ln^{3+} 的特征颜色。从表 23-2 中可以看出，若以 Gd^{3+} 离子为中心，从 Gd^{3+} 到 La^{3+} 的颜色变化规律又在从 Gd^{3+} 到 Lu^{3+} 的过程中重演。这就是 Ln^{3+} 离子颜色的周期性变化。

表 23-2 Ln^{3+} 离子的颜色

离子	未成对电子数	颜色	未成对电子数	离子
La^{3+}	$0(4f^0)$	无色	$0(4f^{14})$	Lu^{3+}
Ce^{3+}	$1(4f^1)$	无色	$1(4f^{13})$	Yb^{3+}
Pr^{3+}	$2(4f^2)$	绿色	$2(4f^{12})$	Tm^{3+}
Nd^{3+}	$3(4f^3)$	淡紫色	$3(4f^{11})$	Er^{3+}
Pm^{3+}	$4(4f^4)$	粉红色,黄色	$4(4f^{10})$	Ho^{3+}
Sm^{3+}	$5(4f^5)$	黄色	$5(4f^9)$	Dy^{3+}
Eu^{3+}	$6(4f^6)$	无色	$6(4f^8)$	Tb^{3+}
Gd^{3+}	$7(4f^7)$	无色	$7(4f^7)$	Gd^{3+}

* Tb 为略带淡粉红色。

离子的颜色通常与未成对电子数有关,对于 4f 亚层未充满的镧系金属离子,其颜色主要是 4f 亚层中的电子跃迁引起的,发生这种 f-f 跃迁需要吸收一定的波长。由表 23-2 可以看出,具有 f^0～f^{14}结构的 La^{3+} 和 Lu^{3+} 是无色,是因为在波长 200～1000 nm(可见光区内)范围内无吸收光谱;具有 $f^1(Ce^{3+})$、$f^6(Eu^{3+})$、$f^8(Tb^{3+})$、$f^7(Gd^{3+})$的离子,由于吸收光谱带的波长全部或大部分在紫外区,所以这些离子是无色的;Yb^{3+} 吸收带的波长在近红外区域,因而也是无色的;剩下的 Ln^{3+} 在可见光区内有明显的吸收,因而常呈现特征颜色。

4. 镧系元素离子和化合物的磁性

镧系元素的磁性较为复杂,镧系元素由于 4f 电子能被 5s 和 5p 电子很好地屏蔽掉,受外电场的作用较小,轨道运动对磁矩的贡献并没有被周围配位原子的电场作用所抑制,所以在计算磁矩时必须同时考虑电子自旋和轨道运动两方面的影响。

镧系元素化合物中未成对电子数多,加上电子轨道运动对磁矩所作的贡献,使得它们具有很好的磁性,可用作良好的磁性材料,稀土合金还可作永磁材料。

我们知道:原子、离子或分子的磁效应来自电子的轨道运动和自旋运动,其磁性是轨道磁性和自旋磁性的组合,轨道磁性由轨道角量子 L 决定,自旋磁性由自旋角动量 S 产生。

$$\mu = g\sqrt{J(J+1)}$$

其中 J 为总角动量,g 为朗德(Lánde)因子:

$$g = 1 + \frac{S(S+1)+J(J+1)-L(L+1)}{2J(J+1)}$$

当 $n \geqslant 7$ 时,$J=L+S$;$n<7$ 时,$J=L-S$。

对于 d 区第一过渡元素,其轨道对磁性的贡献往往被作为环境的配体的电场的相互作用所抵消,致使其磁矩很符合简单自旋磁矩的计算公式。

$$\mu = g\sqrt{J(J+1)} = 2\sqrt{S(S+1)} = \sqrt{n(n+2)} \qquad (g \approx 2)$$

对于镧系离子，由于 4f 电子能被 5s 和 5p 电子很好地屏蔽，所以 4f 电子在轨道中运动的磁效应不能被抵消，计算磁矩时应同时考虑轨道运动和电子自旋两方面的影响。

以 Pr^{3+} 为例：$4f^2$，$n=2<7$，

$$S=2\times 1/2=1,\quad L=3+2=5,$$
$$J=L-S=5-1=4$$
$$g=1+\frac{1(1+1)+4(4+1)-5(5+1)}{2\times 4(4+1)}=\frac{4}{5}$$
$$\mu=\frac{4}{5}\sqrt{4(4+1)}$$

表 23-3 列出了镧系离子的自旋角动量、轨道角动量、总角动量、朗德因子及计算磁矩和实验磁矩。

表 23-3　+3 氧化态的镧系离子的基态电子分布、光谱项及磁矩

离子	4f 电子数	4f 轨道的磁量子数及其电子排布							L	S	J	基态光谱项	朗德因子 g	磁矩	
		3	2	1	0	−1	−2	−3						计算	实验
											$J=L-S$				
La^{3+}	0								0	2	0	$^1S_0$	0	0.0	0.0
Ce^{3+}	1	↑							3	1/2	5/2	$^2F_{5/2}$	6/7	2.54	2.40
Pr^{3+}	2	↑	↑						5	1	4	$^3H_4$	4/5	3.58	3.60
Nd^{3+}	3	↑	↑	↑					6	3/2	9/2	$^4I_{9/2}$	8/11	3.62	3.62
Pm^{3+}	4	↑	↑	↑	↑				7	2	4	$^5I_4$	3/5	2.68	—
Sm^{3+}	5	↑	↑	↑	↑	↑			5	5/2	5/2	$^6H_{5/2}$	2/7	0.85	1.54
Eu^{3+}	6	↑	↑	↑	↑	↑	↑		3	3	0	$^7F_0$	1	0.0	3.61
											$J=L+S$				
Gd^{3+}	7	↑	↑	↑	↑	↑	↑	↑	0	7/2	7/2	$^8S_{7/2}$	2	7.94	8.2
Tb^{3+}	8	↑↓	↑	↑	↑	↑	↑	↑	3	3	6	$^7F_6$	3/2	9.72	9.6
Dy^{3+}	9	↑↓	↑↓	↑	↑	↑	↑	↑	5	5/2	15/2	$^6H_{15/2}$	4/3	10.68	10.5
Ho^{3+}	10	↑↓	↑↓	↑↓	↑	↑	↑	↑	6	2	8	$^5I_8$	5/4	10.61	10.5
Er^{3+}	11	↑↓	↑↓	↑↓	↑↓	↑	↑	↑	6	3/2	15/2	$^4I_{15/2}$	6/5	9.58	9.5
Tm^{3+}	12	↑↓	↑↓	↑↓	↑↓	↑↓	↑	↑	5	1	6	$^3H_6$	7/6	7.56	7.2
Yb^{3+}	13	↑↓	↑↓	↑↓	↑↓	↑↓	↑↓	↑	3	1/2	7/2	$^2F_{7/2}$	8/7	4.54	4.4
Lu^{3+}	14	↑↓	↑↓	↑↓	↑↓	↑↓	↑↓	↑↓	0	0	0	$^1S_0$	0	0.0	0.0

由表可见，除 Sm^{3+} 和 Eu^{3+} 外，其他离子的计算值和实验值都很一致，Sm^{3+} 和 Eu^{3+} 的不一致被认为是在测定时包括了较低激发态的贡献。

从图 23-1 可以看出镧系离子的实验磁矩和计算磁矩。图中显示的双峰形状是由于镧系离子的总角动量呈现周期性变化所致。除 Sm^{3+} 和 Eu^{3+} 外，其他离子的计算值和实验值都很一致。

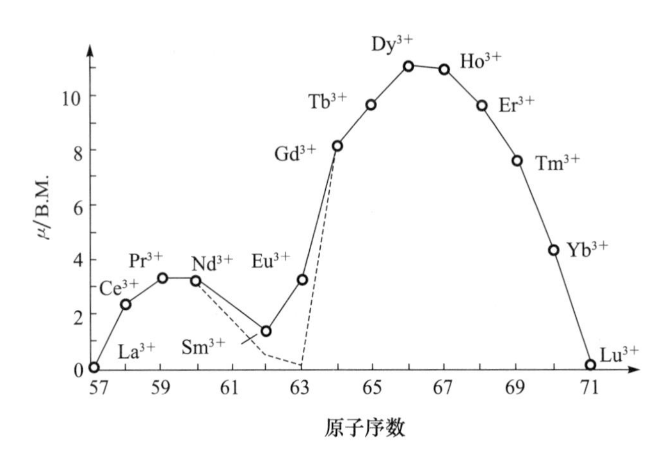

图 23-1 镧系离子的磁矩(虚线是计算值)

5. 镧系元素离子和化合物的光谱特性

镧系元素因其特殊的电子层结构，而具有一般元素所无法比拟的光谱性质，镧系离子的能级图见图 23-2。镧系离子发光几乎覆盖了整个固体发光的范畴，只要谈到发光，几乎离不开镧系元素。镧系元素的原子具有未充满的受到外层屏蔽的 4f5s 电子组态，因此有丰富的电子能级和长寿命激发态，能级跃迁通道多达 20 余万个，可以产生多种多样的辐射吸收和发射，构成众多的发光和激发材料。

镧系化合物的发光是基于它们的 4f 电子在 f-f 组态之内或 f-d 组态之间的跃迁。具有未充满的 4f 层的镧系原子或离子，其光谱大约有 3 万条可观察到的谱线，它们可发射从紫外光、可见光到红外光区的各种波长的电磁辐射。镧系离子丰富的能级和 4f 电子的跃迁特性，使其成为巨大的发光宝库，从中可发掘出更多新型的发光材料。

(1) 镧系离子的能级跃迁和光谱特性

大部分+3 氧化态的镧系离子的光吸收和发射来源于内层的 4f-4f 跃迁，根据光谱选律，这种 $\Delta l=0$ 的电偶极跃迁本应属于禁阻的，但由于 4f 组态与宇称相反的组态发生混合，或对称性偏离反演中心，使原是禁阻的 f-f 跃迁变为允许的。这种强制性的 f-f 跃迁有如下特点：① 光谱呈狭窄线状；② 谱线强度较低，在激发光谱中，这种特点不利于吸收激发能量，这是+3 氧化态的镧系离子发光效率不高的原因之一；③ 跃迁概率很小，激发态寿命较长，有些激发态的平均寿命长达 10^{-6}～10^{-2} s，而一般原子或离子的激发态的平均寿命只有 10^{-8}～10^{-6} s，这种长激发态称为亚稳态。由于受到 $5s^2 5p^6$ 外层电子所屏蔽，4f 电子跃迁发射波长是镧系离子自身的独特行为，受晶体场的影响很小，峰值波长基本不变。

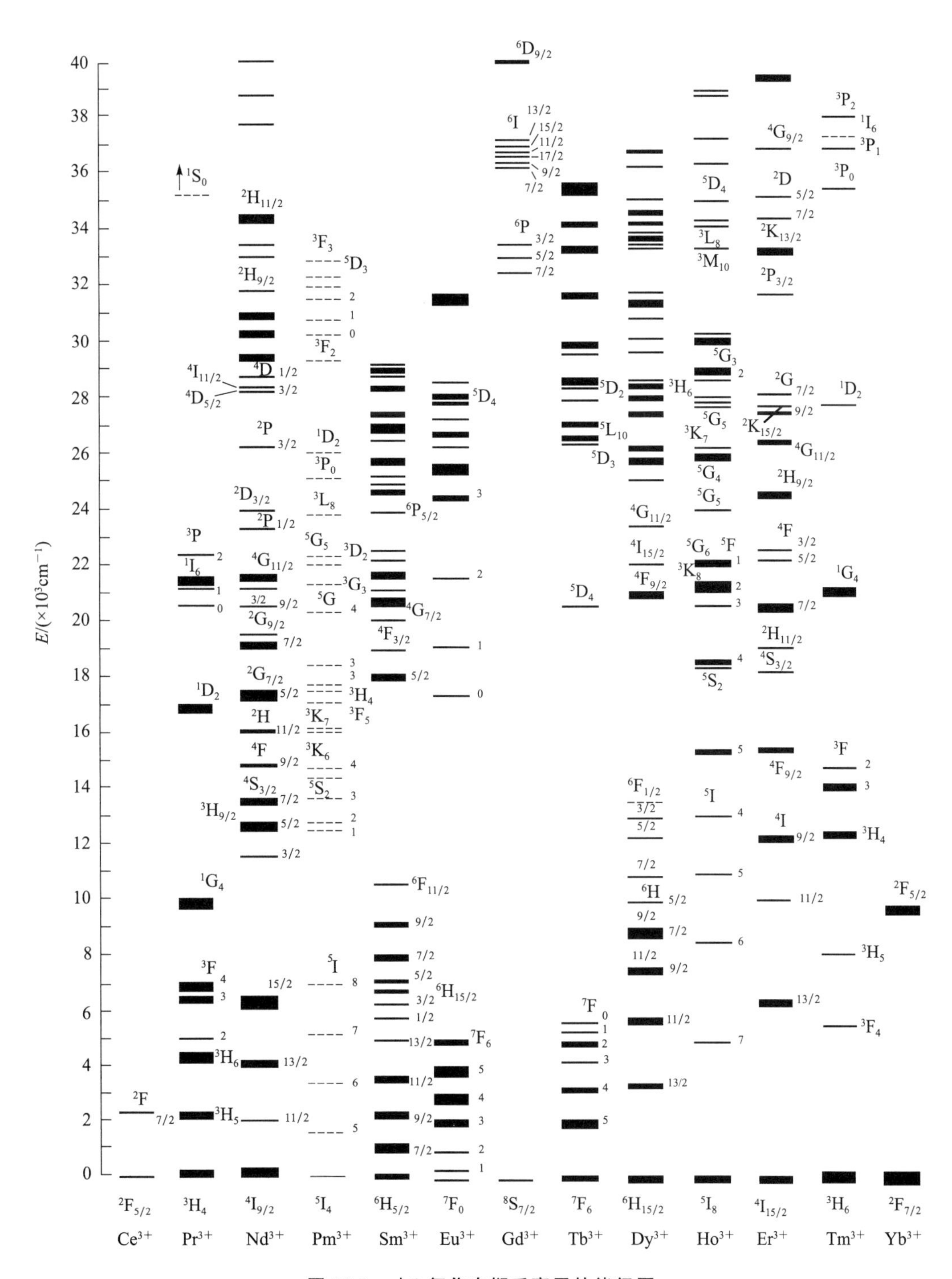

图 23-2　+3 氧化态镧系离子的能级图

除 f-f 跃迁外,三价镧系离子 Ce^{3+}、Pr^{3+}、Tb^{3+} 等还有 d-f 跃迁,其 $\Delta l=1$,根据光谱选律,这种跃迁是允许的。d-f 跃迁的特点与 f-f 跃迁几乎完全相反,其光谱呈现宽带,强度较高,荧光寿命短。由于 5d 处于外层,d-f 跃迁受晶体场影响较大。镧系中间元素 +3 氧化态离子的发射光谱主要是锐线谱,两端元素离子(Ce^{3+}、Yb^{3+})则呈现宽谱带或宽谱带加上线谱。线状光谱是 4f 亚层中各能级之间的电子跃迁,而连续光谱则是由 4f 中各能级与外层各能级之间的电子跃迁产生的。在光谱的远紫外区所有镧系元素都有连续的吸收带,这相应于外层中电子的跃迁。

综上所述,+3 氧化态镧系离子的发光特点如下:① 具有 f-f 跃迁的发光材料的发射光谱呈线状,色纯度高;② 荧光寿命长;③ 由于 4f 轨道处于内层,很少受到外界环境的影响,材料的发光颜色基本不受基质的不同而改变;④ 光谱形状很少随温度而变,温度猝灭小。

+3 氧化态镧系离子中,Y^{3+} 和 La^{3+} 无 4f 电子,Lu^{3+} 的 4f 亚层为全充满的,都具有密闭的壳层,因此它们属于光学惰性,适用于作基质材料。从 Ce^{3+} 到 Yb^{3+},电子依次填充在 4f 轨道,从 f^1 到 f^{13},其电子层中都具有未成对电子,其跃迁可产生发光,这些离子适于作为发光材料的激活离子。

(2) 几种主要稀土离子的光谱特性

(i) Eu^{3+} 的光谱

人们对 Eu^{3+} 的发光已有较多研究,它具有窄带发射,如果它在晶体格位中占据反演对称中心的格位时,将以允许的 $^5D_0\to{}^7F_1$ 的磁偶极跃迁发射橙色光(约 590 nm)为主。当 Eu^{3+} 处于 C_i、C_{2h} 和 D_{2h} 点群对称性时,$^5D_0\to{}^7F_1$ 跃迁可出现三条谱线,这是由于在此对称性晶体场中 $^7F_1$ 能级完全解除简并并劈裂成三个状态;当 Eu^{3+} 处于 C_{4h}、D_{4h}、D_{3d}、S_6、C_{6h} 和 D_{6h} 点群对称性时,$^7F_1$ 能级劈裂成两个状态而出现两条 $^5D_0\to{}^7F_1$ 跃迁的谱线;当 Eu^{3+} 处于对称性很高的立方晶系的 T_h 和 O_h 点群对称性时,$^7F_1$ 能级不劈裂,此时只出现一条 $^5D_0\to{}^7F_1$ 跃迁的谱线。

当 Eu^{3+} 处于偏离反演对称中心的格位时,常以 $^5D_0\to{}^7F_2$ 受迫电偶极跃迁发射红光为主。$J=0\to J=0$ 的 $^5D_0\to{}^7F_0$ 跃迁不符合跃迁选律,属于禁戒跃迁。但当 Eu^{3+} 处于 C_s、C_n 和 C_{nv} 点群对称性的格位时,由于在晶体场势能展开需要包括奇次晶场项,从而出现 $^5D_0\to{}^7F_0$ 跃迁发射(约 580 nm)。因为 $^5D_0\to{}^7F_0$ 跃迁不可能再为晶体场所劈裂,只有一个发射峰,即每个峰对应于一种格位,从而可利用 $^5D_0\to{}^7F_0$ 发射峰的数目来判断化合物中 Eu^{3+} 所处的 C_s、C_n 和 C_{nv} 的格位数。

当 Eu^{3+} 处于对称性很低的三斜晶系的 C_1 及单斜晶系的 C_s 和 C_2 三种点群的格位时,$^7F_1$ 和 $^7F_2$ 能级完全解除简并,分别劈裂成三个状态和五个状态,在光谱结构中可观察到一条 $^5D_0\to{}^7F_0$ 发射峰、三条 $^5D_0\to{}^7F_1$ 发射峰和五条 $^5D_0\to{}^7F_2$ 发射峰,其中以 $^5D_0\to{}^7F_2$ 跃迁发射红光为主。

(ii) Ce^{3+} 的光谱

Ce^{3+} 的发射属于 f-d 跃迁,而非一般三价稀土离子的 f-f 跃迁。Ce^{3+} 的基态光谱项为 ^2F_J,由于自旋-轨道耦合作用使 ^2F 能级分裂成两个光谱支项,即 $^2F_{7/2}$ 和 $^2F_{5/2}$。Ce^{3+} 的 4f 电子可以激发到能量较低的 5d 态,也可以激发到能量相当高的 6s 态或电荷迁移态。Ce^{3+} 自由离子 5d 激发态的光谱项为 ^2D_J($^2D_{5/2}$ 和 $^2D_{3/2}$)。由于 5d 轨道位于 5s5p 轨道之外,不像 4f 轨道那样被屏蔽在内层,因此,当电子从 4f 能级激发到 5d 态后,该激发态容易受到外场的影响,使 5d 态不再是分立的能级,而成为能带,由此从 5d 能级到 4f 能级的跃迁也就成为带谱。

一般说来,Ce^{3+} 离子的 5d 态能量还是比较高的。因此,$5d\to{}^2F_{7/2}$ 和 $^2F_{5/2}$ 所产生的两个发射带通常位于紫外或蓝光区范围内,但在 5d 能级受外场的作用时,其能级位置会降低很多,甚至使其发射带延伸至红光区。所以 Ce^{3+} 离子的发射带位置在不同的基质中差别很大，它可以从紫外区一直到红光区，其覆盖范围约 400 nm，如此宽的范围是其他三价稀土离子所不及的。在不同的基质中，Ce^{3+} 离子的激发峰的最短波长位于 190 nm 左右，而最长的激发峰约 490 nm，其激发峰可能出现的范围从短波紫外到可见，也约跨越 300 nm。

Ce^{3+} 离子具有强而宽的 4f-5d 吸收带，该吸收带可能有效地吸收能量，使 Ce^{3+} 离子本身发光或将能量传递给其他离子起敏化作用；Ce^{3+} 离子所具有的宽带发射随着基质不同而变化，则有利于与激活离子的吸收带匹配，保证具有高的能量传递效率；Ce^{3+} 离子的 4f-5d 跃迁是允许的电偶极跃迁，其 5d 组态的电子寿命非常短(一般为 30～100 ns)，具有较高的能量传递概率；在大多数基质中 Ce^{3+} 离子的吸收带在紫外或紫光区，而其发射带在紫光区和蓝光区，因此在灯用发光材料中更多地适用于作敏化离子。

Ce^{3+} 离子的能量传递和敏化作用在文献中已有不少报道。Ce^{3+} 有一个宽而强的 4f-5d 吸收峰，可有效地吸收能量，使本身发光，或将能量传递给其他离子而起敏化作用。Ce^{3+} 离子能敏化 Nd、Sm、Eu、Tb、Dy 和 Tm 等稀土离子，它也能敏化 Mn、Cr、Ti 等非稀土离子。在某些基质中 Ce^{3+} 离子也能被 Gd^{3+}、Th^{4+} 等离子所敏化。

(iii) Tb^{3+} 的光谱

Tb^{3+} 是常见的绿色发光材料的激活离子，其发射主要源自 $^5D_4 \rightarrow {}^7F_J$ ($J=0\sim6$)跃迁，Tb^{3+} 也有源于更高能级的 $^5D_3 \rightarrow {}^7F_J$ 蓝光或紫外发射，但很容易猝灭，这可能是通过 $Tb(^5D_3)+Tb(^7F_6) \longrightarrow Tb(^5D_4)+Tb(^7F_6)$ 传递过程产生的。

23.1.2　镧系元素的重要化合物

1. 氢化物

镧系元素属于 f 区内过渡元素，它们的氢化物处于离子型氢化物和间充型氢化物之间的过渡型。镧系元素的氢化物可以由金属与氢气直接反应制得，例如：

$$Ce + H_2 \xrightarrow{\triangle} CeH_2$$

镧系氢化物经常是组成不定的氢化物，其化学式可以写作 LnH_x ($0<x\leqslant3$)。

组成为 LnH_2 的氢化物，除 YbH_2 和 EuH_2 外，均相当于金属导体。若将其表示成 $Ln^{3+}(e^-)(H^-)_2$，则易于说明自由电子的存在。而组成接近 LnH_3 的氢化物，可以表示成 $Ln^{3+}(H^-)_3$，说明不存在自由电子，其相当于半导体。

镧系元素与过渡金属的合金是重要的储氢材料，例如 1 g 的 $LaNi_5$ 合金在几个大气压下就可以吸收多于 100 mL 氢气，减压时氢气即可以放出。

2. 氧化物和氢氧化物

+3 氧化态是镧系氧化物最常见的氧化态。它们难溶于水或碱性溶液，而易溶于强酸中。其在酸中的溶解性除随金属离子半径的减小而减弱外，还与生成氧化物时的灼烧温度有关。经过高温灼烧的 Ln_2O_3 在强酸中的溶解性较差，灼烧温度较低的其溶解性较好。

镧系的氧化物与酸反应形成镧系的盐类，例如：

$$La_2O_3 + 6HNO_3 = 2La(NO_3)_3 + 3H_2O$$

$$Sm_2O_3 + 6HCl(aq) = 2SmCl_3 + 3H_2O$$

将溶液浓缩后，均可得到结晶水合物。

氧化钇极易溶于盐酸,甚至经过高温熔融后仍可以溶于盐酸:

$$Y_2O_3 + 6HCl(aq) = 2YCl_3 + 3H_2O$$

氧化态为+4的镧系氧化物具有极强的氧化性,相关电对的电极电势较高,例如:$E^\ominus(Ce^{4+}/Ce^{2+}) = 1.72\ V$,$E^\ominus(Pr^{4+}/Pr^{3+}) = 3.2\ V$,$E^\ominus(Tb^{4+}/Tb^{3+}) = 3.1\ V$。下列事实可以很好地说明这一点。

CeO_2 可以将盐酸氧化成氯气,自身还原成+3氧化态离子:

$$2CeO_2 + 8HCl(aq) = 2CeCl_3 + 4H_2O + Cl_2\uparrow$$

PrO_2 只能存在与固体中,它不仅可以将盐酸氧化成氯气,而且可以将水氧化放出氧气:

$$4PrO_2 + 6H_2O = 4Pr(OH)_3 + O_2\uparrow$$

Tb的高氧化态氧化物与盐酸的反应生成氧气:

$$2Tb_4O_7 + 24HCl(aq) = 8TbCl_3 + 12H_2O + O_2\uparrow$$

可以认为将水氧化成氧气的是 Tb_4O_7 中的 Tb(Ⅳ)。

氧化态为+3的镧系盐类与碱反应,可以得到 $Ln(OH)_3$。例如向硫酸钐溶液中加入氨水,即可发生下面反应:

$$Sm_2(SO_4)_3 + 6NH_3 \cdot H_2O = 2Sm(OH)_3\downarrow + 3(NH_4)_2SO_4$$

向氯化钇溶液中加入氢氧化钠时,也有类似的反应:

$$YbCl_3(aq) + 3NaOH = Yb(OH)_3\downarrow + 3NaCl$$

镧系元素氢氧化物的碱性与碱土金属氢氧化物相近。且其碱性随着原子序数的递增而有规律地减弱,以至于 $Yb(OH)_3$ 和 $Lu(OH)_3$ 在高压下与浓氢氧化钠溶液共热,可以生成羟基酸盐 $Na_3[Yb(OH)_6]$ 和 $Na_3[Lu(OH)_6]$。这应该与 Yb(Ⅲ)和 Lu(Ⅲ)的离子半径较小,导致离子势 φ 值较大有关。

镧系元素氢氧化物在水中的溶解度远小于碱土金属的氢氧化物,且随着原子序数的递增而有规律地减小,溶于酸后生成盐溶液,例如:

$$Y(OH)_3 + 3HCl(aq) = YCl_3 + 3H_2O$$

$$2La(OH)_3 + 3H_2SO_4 = La_2(SO_4)_3 + 6H_2O$$

将 $Ln(OH)_3$ 加热,可以得到脱水的氢氧化物 LnO(OH),温度再升高时将生成氧化物 Ln_2O_3。

3. 盐类

(1) 氯化物

镧系金属及其氧化物、氢氧化物、碳酸盐等与盐酸反应,均可以得到氯化物。镧系金属氯化物都易溶于水,也易吸收水而潮解,其溶解度随温度的升高而显著增大。氯化物在水溶液中析出时,带有结晶水。

由于 Ln^{3+} 的电荷高,所以其水合氯化物受热脱水时可能产生水解生成碱式盐:

$$LnCl_3 \cdot nH_2O \xlongequal{\triangle} LnOCl + 2HCl\uparrow + (n-1)H_2O$$

因此用脱水的方法制备无水氯化物需要 HCl 气氛的保护:

$$LnCl_3 \cdot 6H_2O \xlongequal[\triangle]{HCl} LnCl_3 + 6H_2O$$

采用氧化物氯化的方法制备无水盐,需要在反应体系中加入炭粉,通过热力学耦合,使反应进行得完全:

$$Ln_2O_3+3C+3Cl_2 \xlongequal{\triangle} 2LnCl_3+3CO$$

制备无水氯化物的最佳方法应是金属的直接氯化。

(2) 含氧酸盐

硫酸与镧系金属、镧系氧化物、氢氧化物等反应，均可得到镧系的硫酸盐。硫酸与镧系碳酸盐等弱酸盐反应，亦可得镧系的硫酸盐。

从水溶液中析出的硫酸盐经常带有结晶水，它们受热时脱水形成无水盐。镧系硫酸盐水溶液的热效应较大，因此其溶解度随温度的变化较为明显。镧系硫酸盐在水中的溶解度规律性较强，依 Ce、Pr、Nd、Sm、Eu 次序递减，而依 Gd、Tb、Dy、Ho、Er、Tm、Yb、Lu 次序递增。镧系硫酸盐能与碱金属或碱土金属的硫酸盐形成复盐，不同复盐溶解度的差别较大，这种差别也被用于分离中。

镧系元素的草酸盐不仅难溶于水，也难溶于稀酸。利用这一特点可把镧系金属离子以草酸盐 $Ln_2(C_2O_4)_3 \cdot nH_2O$ 的形式从稀酸中析出，从而与其他多种金属离子分离。

灼烧分解草酸盐时，经过中间产物碳酸盐：

$$Ln_2(C_2O_4)_3 \xlongequal{\triangle} Ln_2(CO_3)_3+3CO\uparrow$$

最后得到相应的氧化物。

23.2 锕系元素

锕系元素(actinicles)又称 5f 过渡系，是元素周期表第 7 周期ⅢB 族中原子序数为 89～103 的 15 种化学元素的统称。它们化学性质相似，所以单独组成一个系列，在元素周期表中占有特殊位置。用符号 An 表示。

锕系元素包括锕(Ac)、钍(Th)、镤(Pa)、铀(U)、镎(Np)、钚(Pu)、镅(Am)、锔(Cm)、锫(Bk)、锎(Cf)、锿(Es)、镄(Fm)、钔(Md)、锘(No)、铹(Lr)，它们都是放射性元素。铀以后的原子序数为 93～109 的 17 种元素称为超铀元素。前四种元素锕、钍、镤、铀存在于自然界中，其余 11 种全部用人工核反应合成。人工合成的锕系元素中，只有钚、镎、镅、锔等年产量达到公斤级以上，锎仅为克级。锿以后的重锕系元素由于量极微，半衰期很短，仅应用于实验室条件下研究和鉴定核素性质。1789 年德国克拉普罗特(M. H. Klaproth)从沥青铀矿中发现了铀，它是被人们认识的第一种锕系元素。其后陆续发现了锕、钍和镤。铀以后的元素都是在 1940 年后用人工核反应合成的，称为人工合成元素。由于锕系元素都是金属，所以又可以和镧系元素统称为 f 区金属。

锕系元素与镧系元素一样，化学性质比较活泼。它们的氯化物、硫酸盐、硝酸盐、高氯酸盐可溶于水，氢氧化物、氟化物、硫酸盐、草酸盐不溶于水。大多数锕系元素能形成配位化合物。α 衰变和自发裂变是锕系元素的重要核特性，随着原子序数的增大，半衰期依次缩短，铀-238 的半衰期为 44.68 亿年，铹-260 的半衰期只有 3 分钟。锕系元素的毒性和辐射(特别是吸入人体内的 α 辐射体)的危害较大，必须在有防护措施的密闭工作箱中操作这些物质。

23.2.1 锕系元素的氧化态

表 23-4 列出了锕系元素的电子层结构、原子半径和常见氧化态。锕系元素与镧系元素的价

层电子结构相似,不仅其 6d 和 7s 电子可以作为价电子,而且 5f 轨道上的电子也可以参与成键,于是形成较稳定的高价态。Pa、U、Np、Pu、Am 等元素在水溶液中具有几种不同的氧化态就是基于这个原因。但是随着原子序数的递增,核电荷数增加,5f 电子与 6d 电子的能量差变大,不易失去或参与成键,结果从 Cm 开始,稳定氧化态是+3,而且氧化态也不再多样化了。由于锕系元素的 5f 轨道比镧系元素的 4f 轨道成键能力强,所以在形成化合物时锕系元素比镧系元素的共价性更强一些。

从表 23-4 可以看出,当 Ac、Th、Pa、U 所有的价电子都用于成键时,多表现的最稳定的氧化态分别是+3、+4、+5 和+6,以至于历史上曾误认为它们分别是ⅢB、ⅤB 和ⅥB 族的第七周期元素。

表 23-4 锕系元素的一些基本性质

原子序数	元素符号	元素名称	价电子结构	原子半径/pm	常见氧化态*
89	Ac	锕	$6d^1 7s^2$	187.8	$\underline{+3}$
90	Th	钍	$6d^2 7s^2$	179	(+3),$\underline{+4}$
91	Pa	镤	$5f^2 6d^1 7s^2$	163	+3,+4,$\underline{+5}$
92	U	铀	$5f^3 6d^1 7s^2$	156	+3,+4,+5,$\underline{+6}$
93	Np	镎	$5f^4 6d^1 7s^2$	155	+3,+4,$\underline{+5}$,+6,+7
94	Pu	钚	$5f^6 7s^2$	159	+3,$\underline{+4}$,+5,+6,+7
95	Am	镅	$5f^7 7s^2$	173	(+2),$\underline{+3}$,+4,+5,+6
96	Cm	锔	$5f^7 6d^1 7s^2$	174	$\underline{+3}$,+4
97	Bk	锫	$5f^9 7s^2$	—	$\underline{+3}$,+4
98	Cf	锎	$5f^{10} 7s^2$	186	(+2),$\underline{+3}$
99	Es	锿	$5f^{11} 7s^2$	186	(+2),$\underline{+3}$
100	Fm	镄	$5f^{12} 7s^2$	—	(+2),$\underline{+3}$
101	Md	钔	$5f^{13} 7s^2$	—	(+2),$\underline{+3}$
102	No	锘	$5f^{14} 7s^2$	—	(+2),$\underline{+3}$
103	Lr	铹	$5f^{14} 6d^1 7s^2$	—	$\underline{+3}$

* 标下划线的数字表示最稳定的氧化态;( )内的数字表示只存在于固相中的氧化态。

23.2.2 锕系元素的单质和化合物

1. 铀及其化合物

铀是一种软的银白色活泼金属,密度很大,与金相近,其最稳定的氧化态为+6。由于正电荷高,在溶液中 U(Ⅵ)经常以铀酰离子 UO_2^{2+} 形式存在。UO_2^{2+} 呈黄绿色并带荧光,能水解。在空气中,铀表面很快变黄,接着变成黑色氧化膜,但此膜不能保护金属。粉末状铀在空气中可以自燃。铀易溶于盐酸和硝酸,但在硫酸、磷酸和氢氟酸中溶解较慢,它不与碱作用,主要化合物有铀的氧化物、硝酸铀酰、六氟化铀等。

(1) 氧化物

铀的氧化物主要有 UO_2(暗棕色)、U_3O_8(暗绿)和 UO_3(橙黄色)。

$$2UO_2(NO_3)_2 \xlongequal{227\ ℃} 2UO_3 + 4NO_2\uparrow + O_2\uparrow$$

$$3UO_3 \xlongequal{2727\ ℃} U_3O_8 + 1/2O_2\uparrow$$

$$UO_3 + CO \xlongequal{250\ ℃} UO_2 + CO_2\uparrow$$

UO_3 具有两性，溶于酸生成铀氧基 UO_2^{2+}，溶于碱生成重铀酸根 $U_2O_7^{2-}$。U_3O_8 不溶于水，溶于酸生成相应的 UO_2^{2+} 的盐，UO_2 缓慢溶于盐酸和硫酸中，生成铀(Ⅳ)盐，但硝酸容易把它氧化成硝酸铀酰 $UO_2(NO_3)_2$。

(2) 硝酸铀酰(或硝酸铀氧基)

由溶液中析出的六水合硝酸铀酰晶体 $UO_2(NO_3)_2 \cdot 6H_2O$，带有黄绿色荧光，在潮湿空气中变潮。它易溶于水、醇和醚，UO_2^{2+} 离子在溶液中水解，其反应式复杂，可看成是 H_2O 失去 H^+ 后，发生 OH^- 桥的聚合而得到水解产物的 UO_2OH^+、$(UO_2)_2(OH)_2^{2+}$ 和 $(UO_2)_3(OH)_5^+$。硝酸铀酰与碱金属硝酸盐生成 $M(Ⅰ)NO_3 \cdot UO_2(NO_3)_2$ 复盐。

在硝酸铀酰溶液中加碱(如 NaOH)，可析出黄色的重铀酸钠 $Na_2U_2O_7 \cdot 6H_2O$。将此盐加热脱水，得无水盐，叫“铀黄”，用在玻璃及陶瓷釉中作为黄色颜料。

(3) 六氟化铀

铀的卤化物种类很多，一般都有颜色，如 UBr_3 为红色；UCl_3、UF_3、UCl_4、UCl_6 为绿色；UF_5 为淡蓝色；UF_6 为白色；UBr_4、UBr_5、UCl_5 为棕色；UF_3、UI_3、UI_4 为黑色。其中最重要的是 UF_6。UF_6 的分子构型为正八面体，56.5 ℃升华。目前工业上制备 UF_6 的主要方法是在高温下用 F_2 与 UF_4 反应：

$$UF_4(s) + F_2(g) \xlongequal{300\ ℃} UF_6(g)$$

UF_6 在干燥空气中稳定，但遇水蒸气即水解产生 HF，因此不能用玻璃器皿装存。

$$UF_6 + 2H_2O \xlongequal{\quad} UO_2F_2 + 4HF$$

UF_6 具有挥发性，利用 $^{238}UF_6$ 和 $^{235}UF_6$ 蒸气扩散速率的差别，使 ^{238}U 和 ^{235}U 分离，而得到纯铀-235 核燃料。

2. 钍及其化合物

钍的特征氧化态为＋4，在水溶液中，Th^{4+} 溶液为无色，能稳定存在，能形成各种无水的和水合的盐。重要化合物有氧化钍和硝酸钍等。

使粉末状钍在氧气中燃烧，或将氢氧化钍、硝酸钍、草酸钍灼烧，都生成二氧化钍(ThO_2)。ThO_2 是所有氧化物中熔点最高的(3287 ℃)，为白色粉末，经高温灼烧过的 ThO_2 只能缓慢溶于硝酸和氢氟酸所组成的混合液中。

钍最重要的工业用途与铀相似，是开发原子能的原料。自然丰度为 100% 的 $^{232}_{90}Th$ 受中子照射后转化成 $^{233}_{90}Th$，后者经两次 β 衰变得到重要的核裂变材料 $^{233}_{92}U$，有效地解决了 $^{235}_{92}U$ 在自然界中不足的问题。

23.3　核化学简介

核化学是用化学方法或化学与物理相结合的方法研究原子核及核反应的学科。核化学主要研究核性质、核结构、核转变的规律以及核转变的化学效应、奇特原子化学，同时还包括有关研究成果在各个领域的应用。核化学、放射化学和核物理在内容上既有区别,却又紧密地联系和交织在一起。

1. 核化学的发展历程

核化学起始于1898年居里夫妇对钋和镭的分离和鉴定。后来30年左右的时间内,通过大量化学上的分离和鉴定,以及物理上探测α、β和γ射线等技术的发展,确定了铀、钍和锕的三个天然放射性衰变系、指数衰变定律、母子体生长衰变性质,明确了一种元素可能具有不止一种核素的同位素概念,以及同一核素的不同能态等事实。此外,还陆续找到了其他十几种天然放射性元素。

1919年卢瑟福等发现由天然放射性核素发射的α粒子引起的原子核反应,导致1934年小居里夫妇制备出第一个人工放射性核素——磷-30。由于中子的发现和粒子加速器的发展,通过核反应产生的人工放射性核素的数目逐年增加,而1938年德国化学家奥托·哈恩(Otto Hahn)和弗里茨·斯特拉斯曼(Fritzstrassmann)发现中子使铀核发生裂变的事实,致使人类掌握了一种空前巨大的能源——核能。

1940年,美国科学家麦克米伦(E. M. Mcmillan)等制得93号元素镎Np,表明人类终于具备了制造出自然界不存在的超铀元素的能力。从此以后92号铀之后的人造元素一个接一个地被造出来,直到1961年制得锕系最后一种元素103号铹Lr。

核化学的重要研究内容,一是核裂变和核聚变的研究,直接涉及新能源的开发,二是新元素的合成,更倾向于基础理论的研究。

2. 核化学展望

由于粒子加速器、反应堆、各种类型的探测器和分析器、质谱仪、同位素分离器及计算机技术等的发展,核化学研究的范围和成果还在继续扩展和增加,如质量大于氦核的重离子引起的深度非弹性散射反应研究,107、108、109号元素的合成,双质子放射性和碳放射性的发现等。另外,核化学与核技术应用于化学、生物学、医学、地学、天文学和环境科学等方面,已取得了令人瞩目的进展。

核有不稳定和稳定之分,前者又称放射性核,放射性核经过衰变(如发射氦核、电子、光子、中子或质子,俘获电子和自发裂变等)最终成为稳定核。任何衰变过程必须遵从能量守恒、动量守恒、角动量守恒和量子力学方面的一些规则。核的不稳定性有程度上的差别,它表现为寿命或半衰期的长短,寿命越短,不稳定性越高,反之亦然。

除了衰变方式和稳定性外,核的其他性质有电荷、质量(包括能量)、半径、自旋、磁矩、电四极矩、宇称和统计性质等。另外,核不仅可处于相对稳定的基态,还可以处于能量稍高的激发态。处于激发态的核也有以上各种性质,一般以发射光子的方式到达基态。核性质反映了核的结构,通过对核性质的研究,可以更深入地认识原子核的本质。

核的转变包括原子核在其他原子核或粒子作用下发生的各种变化(即核反应)和不稳定的原子核自发发生的核衰变。核反应是取得新核的主要途径。

反应堆产生的中子引起的核反应是新核的一个重要来源,它主要包括中子俘获反应和中子裂变反应。这些反应产生的裂变核(包括目前尚未发现的新核)都处于β稳定线的丰中子的一面,并以发射电子,或随后再发射一个中子的方式衰变。

新核还可以用各类加速器所产生的不同能量的离子和电子,以及由核反应所产生的次级粒子轰击各种靶核来产生。根据轰击粒子的不同可将核反应分为中子核反应、带电粒子核反应、光核反应和重离子核反应等。按轰击粒子的能量又可将它们分为高、中和低能核反应。

目前每个核子的能量高于 100 亿电子伏的粒子称为高能粒子，高于 1 亿电子伏的为中能粒子，低于 1 亿电子伏以下的为低能粒子。但是，这类规定并不绝对，对于各种轰击粒子如重离子、电子和次级粒子，能量高低的含义有所不同。

根据以上两种途径，现已找到 2000 多种不稳定核素，但仍有很多尚待发现。它们的寿命极短，需要产物核的快速传输、快速化学分离和在线同位素分离技术才能鉴定它们。重离子核反应是发现新元素的主要途径。

此外，对核反应的研究还包括测量各种核反应截面及其与轰击粒子的能量的关系（称激发函数），测量出射粒子和产物核的质量、电荷、能量和角度（方向）的分布情况，并由此探索核反应的机理。这是深入了解核力和核子在核内运动和相互作用规律的重要方法。

在核转变中，产物核由于动量守恒获得反冲动能，这一能量足以使起始核所属原子与周围原子之间的化学键断裂，从而形成脱离原来分子的具有一定动能的热原子。在核衰变中，有时会因电子震脱或空穴级联而引起化学变化。核转变过程中产生的热原子与周围介质之间所起的化学变化就是热原子化学研究的内容。

核化学研究成果已广泛应用于各个领域。例如利用测定由中子俘获反应的中子活化分析，可较准确地测定样品中 50 种以上元素的含量，并且灵敏度一般很高。该法已被广泛应用于材料科学、环境科学、生物学、医学、地学、宇宙化学、考古学和法医学等领域。

一些短寿命（特别是发射正电子）核素的放射性标记化合物广泛应用于医学。热原子化学方法可用于制备某些标记化合物。正电子湮没技术已用于材料科学及化学动力学等方面的研究。

习　题

23-1 什么叫作“镧系收缩”？讨论出现这种现象的原因和它对第 6 周期中镧系后面各种元素的性质所产生的影响。

23-2 镧系元素 +3 氧化态离子中，为什么 La^{3+}、Gd^{3+} 和 Lu^{3+} 等是无色的，而 Pr^{3+} 和 Sm^{3+} 等却有颜色？

23-3 镧系元素的特征氧化态为 +3，为什么铈、镨、铽、镝常呈现 +4 氧化态，而钐、铕、铥、镱却能呈现 +2 氧化态？

23-4 为什么镧系元素形成的简单配位化合物多半是离子型的？试讨论镧系配位化合物的稳定性规律及其原因。

23-5 为什么镧系元素彼此之间在化学性质上的差别比锕系元素小得多？

23-6 根据铀的氧化物的性质，完成并配平下列反应方程式：

(1) $UO_3 \xrightarrow{700\ ℃}$　　(2) $UO_3 + HF(aq) \longrightarrow$

(3) $UO_3 + HNO_3(aq) \longrightarrow$　　(4) $UO_3 + NaOH(aq) \longrightarrow$

(5) $UO_3 + SF_4 \xrightarrow{300\ ℃}$　　(6) $UO_2(NO_3)_2 \xrightarrow{250\ ℃}$

23-7 锕系元素和镧系元素同是 f 区元素，为什么锕系元素的氧化态种类较镧系多？

附录　单质及其重要化合物的物理性质

化学式	颜色	熔点/℃	沸点/℃	密度/(g·cm^{-3})	溶解性	
					水	其他溶剂
Ac	银	1050	3200	10		
Ag	银	961.78	2162	10.5		
AgAc	白	分解		3.26	1.04^{20}	
$Ag_2C_2O_4$	白	140 爆炸		5.03	0.0043^{20}	
Ag_2CO_3	黄	218		6.077	0.0036^{20}	酸
$Ag_2Cr_2O_7$	红			4.770	微溶	
Ag_2CrO_4	棕-红			5.625	0.000014^{0}	
Ag_2MoO_4	黄	483		6.18	微溶	
Ag_2O	棕-黑	≈200 分解		7.2	0.0025	酸、碱
Ag_2S	灰-黑	825(高压)		7.23	不溶	酸
$Ag_2S_2O_3$	白	分解			微溶	氨水
Ag_2Se	灰	880		8.216	不溶	
Ag_2SeO_3		530	>550 分解	5.930	微溶	酸
Ag_2SeO_4				5.72	0.118^{20}	
Ag_2SO_3	白	100 分解			0.00046^{20}	酸、氨水
Ag_2SO_4	无色	660		5.45	0.84^{25}	
Ag_2Te	黑	955		8.4		
Ag_3AsO_4	红	分解		6.657	0.00085	氨水
Ag_3PO_4	黄	849		6.37	0.0064	微溶于稀酸
AgBr	黄	430	1502	6.47	0.000014^{25}	
$AgBrO_3$	白	360 分解		5.21	0.193^{25}	
AgCl	白	455	1547	5.56	0.00019^{25}	
$AgClO_3$	白	230	270 分解	4.430	17.6^{25}	微溶于乙醇
$AgClO_4$	无色	486 分解		2.806	558^{25}	苯、吡啶、有机溶剂
AgCN	白-灰	320 分解		3.95	0.0000011	
AgF	黄-棕	435	1159	5.852	172^{20}	
AgI	黄	558	1506	5.68	0.000003	
$AgIO_3$	白	>200		5.53	0.53^{25}	
$AgMnO_4$	紫	分解		4.49	0.091^{18}	与乙醇反应

续表

化学式	颜色	熔点/℃	沸点/℃	密度/(g·cm^{-3})	溶解性	
					水	其他溶剂
AgN_3		≈250 爆炸		4.9	0.00081^{20}	
$AgNO_2$	黄	140 分解		4.453	0.415^{25}	与酸反应
$AgNO_3$	无色	210	440 分解	4.35	234^{25}	微溶于乙醇、丙酮
AgO	灰	>100 分解		7.5	0.0027^{25}	碱
$AgPF_6$		102 分解				
$AgPO_3$	绿	490		6.37	不溶	硝酸、氨水
Al	银-白	660.323	2519	2.70	不溶	酸、碱
$Al(BH_4)_3$		−64.5	44.5		反应	
$Al(ClO_4)_3 \cdot 9H_2O$	白	82 分解		2.0	182.4^{0}	
$Al(NO_3)_3 \cdot 9H_2O$	白	73	135 分解	1.72	68.9^{25}	易溶于乙醇
$Al(OH)_3$	白			2.42	不溶	酸、碱
$Al(PO_3)_3$	无色	≈1525		2.78	不溶	
$Al_2(SO_4)_3$	白	1040 分解			38.5^{25}	
$Al_2(SO_4)_3 \cdot 18H_2O$	无色	86 分解		1.69	38.5^{25}	
$Al_2O_3(\alpha)$	白	2054	2977	3.99	不溶	微溶于碱
$Al_2O_3 \cdot 2SiO_2 \cdot 2H_2O$	白-黄			2.59	不溶	
Al_2S_3	黄-灰	1100		2.02		
Al_4C_3	黄	2100	>2200 分解	2.36	反应	
AlAs	橙	1740		3.76		
$AlBr_3$	白-黄	97.5	225	3.2	反应	苯、甲苯
$AlCl_3$	白	192.6	180 升华	2.48	45.1^{25}	CCl_4、苯、氯仿
$AlCl_3 \cdot 6H_2O$	无色	100 分解		2.398	45.1^{25}	乙醇、乙醚
AlF_3	白	2250 三相点(220 MPa)	1276 升华	3.10	0.5^{25}	
AlH_3	无色	>150 分解			反应	
AlI_3	白	188.28	382	3.98	反应	
$AlK(SO_4)_2 \cdot 12H_2O$	无色	≈100 分解		1.72	5.9^{20}	
AlN	蓝-白	3000		3.255	反应	
$AlNH_4(SO_4)_2 \cdot 12H_2O$	无色	94.5	>280 分解	1.65	溶	
AlP	绿或黄	2550		2.40	反应	
$AlPO_4$	白	>1460		2.56	不溶	微溶于酸
AlSb	棕	1065		4.26		
Am	银	1176	2011	12		酸

续表

化学式	颜色	熔点/℃	沸点/℃	密度/(g·cm^{-3})	溶解性	
					水	其他溶剂
Ar	无色	−189.36 三相点(69 kPa)	−185.847	1.633 g·L^{-1}	微溶	
As	灰	817	616 升华	5.75	不溶	
As_2O_3(白砷石)	白	314	460	3.74	2.05[25]	稀酸、碱
As_2O_3(砷华)	白	274	460	3.86	2.05[25]	
As_2O_5	白	315		4.32	65.8[20]	易溶于乙醇
As_2S_3	黄-橙	312	707	3.46	不溶	碱
As_2S_5	棕-黄	分解			不溶	碱
As_4S_4	红	320	565	3.5	不溶	微溶于苯;溶于碱
$AsBr_3$	无色或黄	31.1	221	3.40	反应	溶于烃、CCl_4;易溶于乙醚、苯
$AsCl_3$	无色	−16	130	2.150	反应	易溶于氯仿、CCl_4、乙醚
$AsCl_5$		≈−50 分解				
AsF_3	无色	−5.9	57.13	2.7	反应	乙醇、乙醚、苯
AsF_5	无色	−79.8	−52.8	6.945 g·L^{-1}	反应	乙醇、乙醚、苯
AsH_3	无色	−116	−62.5	3.186 g·L^{-1}	微溶	
AsI_3	红	141	424	4.73	微溶	苯、甲苯;微溶于乙醇、乙醚
At		302				硝酸、有机溶剂
Au	黄	1064.18	2836	19.3		王水
Au_2O_3	棕	≈150 分解			不溶	酸
Au_2S_3	黑	200 分解				
AuCl	黄	289 分解		7.6	0.000031[20]	
$AuCl_3$	红	>160 分解		4.7	68[20]	
AuF_3	橙-黄	>300	升华	6.75		
B	黑	2077	4000	2.34	不溶	
$B_{10}H_{14}$	白	98.78	213	0.94	微溶	苯、CCl_4、乙醇、CS_2
B_2H_6	无色	−164.85	−92.49	1.131 g·L^{-1}	反应	
B_2O_3	无色	450		2.55	2.2[20]	乙醇
$B_3N_3H_6$	无色	−58	53	0.824	反应	
B_4C	黑	2350	>3500	2.50	不溶	
B_4H_{10}	无色	−120	18	2.180 g·L^{-1}	反应	

续表

化学式	颜色	熔点/℃	沸点/℃	密度/(g·cm^{-3})	溶解性	
					水	其他溶剂
B_5H_{11}	无色	−122	65		反应	
B_5H_9		−46.6	60.0	0.60	与热水反应	
B_6H_{10}	无色	−62.3	108 分解	0.67	与热水反应	
BBr_3	无色	−46	91.3	2.6	反应	与乙醇反应
BCl_3	无色	−107.3	12.5	4.789 g·L^{-1}	反应	
BF_3	无色	−126.8	−99.9	2.772 g·L^{-1}	溶	
BI_3	无色	49.7	209.5	3.35	反应	
BN	白	2967		2.18	不溶	
Ba	银-黄	727	1845	3.62	反应	微溶于乙醇
$Ba(ClO_4)_2$	无色	505		3.20	312^{25}	易溶于乙醇
$Ba(N_3)_2$		≈120 分解		2.936	17.3^{20}	微溶于乙醇
$Ba(NO_2)_2$	无色	267		3.234	79.5^{25}	
$Ba(NO_3)_2$	白	590		3.24	10.3^{25}	微溶于乙醇、丙酮
$Ba(OH)_2$	白	408			4.91^{25}	
Ba_3N_2	黄-棕	>500 分解		4.78	反应	
$BaBr_2$	白	875	1835	4.781	100^{25}	
BaC_2O_4	白	400 分解		2.658	0.0075	
$BaCl_2$	白	961	1560	3.9	37.0^{25}	
$BaCl_2 \cdot 2H_2O$	白	≈120 分解		3.079	37.0^{25}	
$BaCO_3$	白	1380 分解 1555(高压)		4.308	0.0014^{20}	酸
$BaCrO_4$	黄	1380		4.50	0.00026^{20}	与酸反应
BaF_2	白色	1368	2260	4.893	0.161^{25}	
BaH_2	灰	1200		4.16	反应	
$BaHgI_4$	黄-红				易溶	易溶于乙醇
$BaHPO_4$	白	400 分解		4.16	0.015^{20}	稀酸
BaI_2	白	711		5.15	221^{25}	
BaO	白-黄	1973		5.72(cub)	1.5^{20}	稀酸、乙醇
BaO_2	灰-白	450 分解		4.96	0.091^{20}	与稀酸反应
BaS	无色或灰	2229		4.3	8.94^{25}	
$BaSiF_6$	白	300 分解		4.29	溶	乙醇；微溶于酸
$BaSO_3$	白	分解		4.44	0.0011^{25}	

续表

化学式	颜色	熔点/℃	沸点/℃	密度/(g·cm^{-3})	溶解性	
					水	其他溶剂
$BaSO_4$	白色	1580		4.49	0.00031^{20}	
$BaTiO_3$	白	1625		6.02	不溶	
$BaWO_4$	白	1475	1730	5.04	0.0016^{20}	
Be		1287	2468	1.85		碱、酸
$Be(ClO_4)_2 \cdot 4H_2O$		250 分解			198^{25}	
$Be(NO_3)_2 \cdot 3H_2O$	黄-白	≈30 分解			107^{20}	乙醇
$Be(OH)_2$	白	≈200 分解		1.92	微溶	酸;微溶于碱
Be_3N_2	灰	2200		2.71		与酸、碱反应
$BeBr_2$		508	473 升华	3.465	易溶	乙醇、吡啶
$BeCl_2$	白-黄	415	482	1.90	71.5^{25}	乙醇、乙醚、吡啶
$BeCO_3 \cdot 4H_2O$	白	100 分解			0.36^{0}	
BeF_2		552	1283	2.1	易溶	微溶于乙醇
BeH_2	白	250 分解		0.65	反应	
BeI_2		480		4.32	反应	乙醇
BeO	白	2578		3.01	不溶	微溶于酸、碱
BeS	无色	分解		2.36	与热水反应	
$BeSO_4$	无色	1127		2.5	41.3^{25}	
$BeSO_4 \cdot 4H_2O$	无色	≈100 分解		1.71	41.3^{25}	
Bi	灰-白	271.406	1564	9.79		酸
$Bi(NO_3)_3 \cdot 5H_2O$	无色	≈75 分解		2.83	反应	丙酮
$Bi(OH)_3$	白-黄			4.962	不溶	酸
$(BiO)_2CO_3$	白			6.86	不溶	酸
$Bi(C_2O_4)_3$	白				不溶	稀酸
$Bi_2(SO_4)_3$	白	405 分解		5.08	反应	与乙醇反应
Bi_2O_3	黄	825	1890	8.9	不溶	酸
Bi_2S_3	黄-棕	850		6.78	不溶	酸
$BiAsO_4$	白			7.14	不溶	溶于浓硝酸
$BiBr_3$	黄	219	462	5.72	反应	稀酸、丙酮
$BiCl_3$	黄-白	234	441	4.75	反应	酸、乙醇、丙酮
BiF_3	白-灰	727	900	8.3	反应	
BiF_5	白	151.4	230	5.55	反应	
BiH_3	无色	−67	≈17	8.665 g·L^{-1}		

续表

化学式	颜色	熔点/℃	沸点/℃	密度/(g·cm^{-3})	溶解性	
					水	其他溶剂
BiOCl	黑-棕	408.6	542	5.778	0.00078^{20}	乙醇
$BiPO_4$	白	575 分解		7.72	不溶	
				6.32	微溶	微溶于稀酸
Bk(α)		930 转变		14.78		
Br_2	红色	−7.2	58.8	3.1028	微溶	
C(金刚石)	无色	4440 (12.4 GPa)		3.513	不溶	
C(石墨)	黑	4489 三相点 (10.3 MPa)	3825 升华	2.2	不溶	
$(CN)_2$	无色	−27.83	−21.1	2.127 g·L^{-1}	微溶	乙醇;微溶于乙醚
C_{60}	黄	>280				有机溶剂
C_{70}	红-棕	>280				苯、甲苯
CO	无色	−205.02	−191.5		1.145	乙醇、氯仿
CO_2	无色	−56.558 三相点	−78.46 升华	1.799 g·L^{-1}	溶	
$COCl_2$	无色	−127.78	8	4.043 g·L^{-1}	微溶	苯、甲苯
CS_2	无色或黄	−112.1	46	1.2632^{20}	不溶	易溶于乙醇、苯
Ca	银-白	842	1848	1.54	反应	
$Ca(Ac)_2$	白	160 分解		1.50	溶	微溶于乙醇
$Ca(IO_3)_2$	白			4.52	0.306^{25}	硝酸
$Ca(NO_3)_2$	白	561		2.5	144^{25}	甲醇、乙醇、丙酮
$Ca(OH)_2$	白			≈2.2	0.160^{20}	酸
$Ca_2P_2O_7$	白	1353		3.09	不溶	稀酸
$Ca_3(PO_4)_2$	白	1670		3.14	0.00012^{20}	稀酸
Ca_3N_2	红-棕	1195		2.67	溶	酸
Ca_3P_2	红-棕	≈1600		2.51	反应	
CaC_2	灰-黑	2300		2.22	反应	
CaC_2O_4	白			2.2	0.00061^{20}	
$CaC_2O_4 \cdot H_2O$		200 分解		2.2	0.00061^{20}	稀酸
$CaCl_2$	白	775	1935	2.15	81.3^{25}	易溶于乙醇
$CaCl_2 \cdot 2H_2O$		175 分解		1.85	81.3^{25}	易溶于乙醇

续表

化学式	颜色	熔点/℃	沸点/℃	密度/(g·cm^{-3})	溶解性	
					水	其他溶剂
$CaCl_2 \cdot 6H_2O$	白色	30 分解		1.71	81.3^{25}	
$CaCO_3$(方解石)	白色	700～900 分解		2.71	0.00066^{20}	稀酸
$CaCO_3$(文石)	白色			2.653	0.001125	稀酸
CaF_2	白色	1418	2500	3.18	0.0016^{25}	微溶于酸
CaH_2	灰	1000		1.7	反应	与乙醇反应
CaO	灰-白	2613		3.34	反应	酸
CaO_2	白-黄	≈200 分解		2.9	微溶	酸
CaS	白-黄	2524		2.59	微溶	
$CaSO_4$		1460		2.96	0.205^{25}	
$CaSO_4 \cdot 0.5H_2O$	白				0.205^{25}	
$CaSO_4 \cdot 2H_2O$		150 分解		2.32	0.205^{20}	
$CaTiO_3$		1980		3.98		
Cd	银-白	321.069	767	8.69	不溶	与酸反应
$Cd(Ac)_2$	无色	255		2.34	溶	乙醇
$Cd(NO_3)_2$	白	360		3.6	156^{25}	乙醇
$Cd(NO_3)_2 \cdot 4H_2O$	无色	59.5		2.45	156^{25}	乙醇、丙酮
$Cd(OH)_2$	白	130 分解		4.79	0.00015^{20}	稀酸
$CdBr_2$	白	568	863	5.19	115^{25}	微溶于丙酮、乙醚
$CdCl_2$		568	964	4.08	120^{25}	丙酮;微溶于乙醇
$CdCO_3$	白	500 分解		5.026	不溶	酸
CdF_2		1075	1750	6.33	4.36^{25}	酸
CdI_2		388	744	5.64	86.2^{25}	乙醇、丙酮、乙醚
CdO	棕		1559 升华	8.15	不溶	稀酸
CdS	黄-橙	≈1480		4.826	不溶	酸
$CdSO_4 \cdot 8H_2O$	无色	40 分解		3.08	76.7^{25}	
Ce	银	799	3443	6.770		稀酸
Ce_2O_3	黄-绿	2210	3730	6.2	不溶	酸
$CeCl_3$	白	807		3.97	溶	乙醇
CeF_3	白	1430	2180	6.157	不溶	
CeF_4	白	≈600 分解		4.77	不溶	

续表

化学式	颜色	熔点/℃	沸点/℃	密度/(g·cm^{-3})	溶解性	
					水	其他溶剂
CeO_2	白-黄	2480		7.216	不溶	浓酸
Cf		900		15.1		
cis-$Pt(NH_3)_2Cl_2$	黄	270 分解			0.253^{25}	
Cl_2	绿-黄	−101.5	−34.04	2.898 g·L^{-1}	微溶	
Cl_2O	黄棕	−120.6	2.2	3.552 g·L^{-1}	易溶	
Cl_2O_7	无色	−91.5	82	1.9	反应	
ClF_3		−76.34	11.75	3.799 g·L^{-1}	反应	
ClF_5	无色	−103	−13.1	5.332 g·L^{-1}		
ClO_2	橙-绿	−59	11	2.757 g·L^{-1}	微溶	
Cm	银	1345	≈3100	13.51		
Co	灰	1495	2927	8.86		稀酸
$Co(Ac)_2 \cdot 4H_2O$	红			1.705	溶	乙醇、稀酸
$Co(Ac)_3$	绿				溶	乙醇
$Co(NH_3)_6Cl_3$	红			1.71	溶	
$Co(NO_3)_3$	绿			≈3.0	溶	与有机溶剂反应
$Co(OH)_2$	蓝绿	≈160 分解		3.6	微溶	酸
$Co(OH)_3$	棕	分解		≈4		酸
$Co_2(CO)_8$	橙	51 分解		1.78	不溶	乙醇、乙醚、CS_2
Co_2O_3	灰-黑	895 分解		5.18	不溶	稀酸
Co_2S_3	黑			4.8	反应	
$Co_3(PO_4)_2 \cdot 8H_2O$	粉			2.77	不溶	酸
Co_3O_4	黑	900 分解		6.11	不溶	酸、碱
$Co_4(CO)_{12}$	黑	60 分解		2.09		
$CoBr_2$	绿	678		4.91	113.2^{20}	甲醇、乙醇、丙酮
CoC_2O_4	粉	250 分解		3.02	0.0037^{20}	酸
$CoCl_2$	蓝	737	1049	3.36	56.2^{25}	乙醇、丙酮、乙醚、吡啶
$CoCl_2 \cdot 6H_2O$	粉-红	87 分解		1.924	56.2^{25}	乙醇、丙酮、乙醚
$CoCO_3$	粉	280 分解		4.2	0.00014^{20}	
$CoCrO_4$	黄-棕			≈4.0		酸
CoF_2	红	1127	≈1400	4.46	1.4^{25}	酸
CoF_3	棕	927		3.88	反应	
CoI_2	黑	520		5.60	203^{25}	
CoO	灰	1830		6.44	不溶	酸

续表

化学式	颜色	熔点/℃	沸点/℃	密度/(g·cm^{-3})	溶解性	
					水	其他溶剂
CoS	黑	1117		5.45	不溶	酸
$CoSO_4$	红	>700		3.71	38.3^{25}	
$CoSO_4 \cdot 7H_2O$	粉	41 分解		2.03	38.3^{25}	微溶于乙醇、甲醇
Cr	蓝-白	1907	2671		7.15	与稀酸反应
$Co(Ac)_3 \cdot 6H_2O$	蓝				溶	
$Cr(CO)_6$	无色	130 分解	升华	1.77	不溶	氯仿、乙醚
$Cr(NO_3)_3$	绿	>60 分解			易溶	
$Cr(NO_3)_3 \cdot 9H_2O$	绿-黑	66.3	>100 分解	1.80	易溶	
$Cr(OH)_3 \cdot 3H_2O$	蓝-绿				不溶	酸
$Cr_2(SO_4)_3$	红	>700 分解		3.1	64^{25}	酸
Cr_2O_3	绿	2320	≈3000	5.22	不溶	微溶于酸、碱
Cr_2S_3	棕-黑			3.8		
$CrBr_2$	白	842		4.236	溶	乙醇
$CrBr_3$	深绿	812		4.68	溶于热水	
$Cr(H_2O)_6Br_3$	紫				溶	
$CrC_2O_4 \cdot H_2O$	黄-绿			2.468	微溶	
$CrCl_2$	白	824	1120	2.88	溶	
$CrCl_3$	红-紫	1152	1300 分解	2.76	微溶	
CrF_2	蓝-绿	894		3.79	微溶	
CrF_3	绿	1425		3.8	不溶	
$CrF_3 \cdot 3H_2O$	绿			2.2	微溶	
CrF_6	黄	−100 分解				
CrI_2	红-棕	867		5.1		
CrI_3	深绿	500 分解		5.32	微溶	
CrO_2Cl_2	红	−96.5	117	1.91	反应	氯仿、苯
CrO_3	红	197	≈250 分解	2.7	169^{25}	
$CrPO_4$	蓝	>1800		4.6		
$CrPO_4 \cdot 3.5H_2O$	蓝-绿			2.15	不溶	
$CrPO_4 \cdot 6H_2O$	紫	>500 分解		2.121	不溶	酸、碱
Cs	银-白	28.5	671	1.873	反应	
Cs_2CO_3	白	793		4.24	261^{15}	乙醇、乙醚
Cs_2O	黄-橙	495		4.65	易溶	
Cs_2SO_4	白	1005		4.24	182^{25}	
$CsBr$	白	636	≈1300	4.43	123^{25}	乙醇

续表

化学式	颜色	熔点/℃	沸点/℃	密度/(g·cm^{-3})	溶解性	
					水	其他溶剂
CsCl	白	646	1297	3.988	191^{25}	乙醇
CsF	白	703		4.64	573^{25}	甲醇
CsH	白	528		3.42	反应	
CsI	无色	632	≈1280	4.51	84.8^{25}	乙醇、甲醇、丙酮
CsN_3		326		≈3.5	22^{40}	
$CsNO_3$	白	409		3.66	27.9^{25}	碱;微溶于乙醇
CsO_2	黄	432		3.77	反应	
CsOH	白-黄	342.3		3.68	300^{30}	乙醇
Cu	红	1084.62	2560	8.96		微溶于稀酸
$Cu(Ac)_2 \cdot H_2O$	绿	115	240 分解	1.88	溶	乙醇;微溶于乙醚
$Cu(ClO_3)_2 \cdot 6H_2O$	蓝-绿	65	100 分解		164^{18}	易溶于乙醇
$Cu(ClO_4)_2$	绿	130 分解			146^{30}	乙醚、二氧杂环己烷
$Cu(CN)_2$	绿				不溶	酸、碱
$Cu(IO_3)_2$	绿	分解		5.241	0.15^{20}	稀酸
$Cu(N_3)_2$	棕			≈2.6		
$Cu(NO_3)_2$	蓝-绿	255	升华		145^{25}	二氧杂环己烷
$Cu(NO_3)_2 \cdot 3H_2O$	蓝	114	170 分解	2.32	145^{25}	易溶于乙醇
$Cu(OH)_2$	蓝-绿			3.37	不溶	酸、浓碱
Cu_2O	红-棕	1244	1800 分解	6.0	不溶	
Cu_2S	蓝-黑	1129		5.6	不溶	微溶于酸
$Cu_2SO_3 \cdot 0.5H_2O$	浅黄				微溶	HCl、碱
$Cu_3(PO_4)_2 \cdot 3H_2O$	蓝-绿				不溶	酸、氨水
CuBr	白	483	1345	4.98	0.0012^{20}	
$CuBr_2$	黑	498	900	4.710	126^{25}	乙醇、丙酮
CuC_2O_4	蓝-白	310 分解			0.0026^{20}	氨水
CuCl	白	423	1490	4.14	0.0047^{20}	
$CuCl_2$	黄-棕	598	993	3.4	75.7^{25}	乙醇、丙酮
$CuCl_2 \cdot 2H_2O$	绿-蓝	100 分解		2.51	75.7^{20}	丙酮;易溶于乙醇、甲醇
$CuCO_3 \cdot Cu(OH)_2$	绿	200 分解		4.0	不溶	稀酸
CuF_2	白	836	1676	4.23	0.075^{25}	
$CuF_2 \cdot 2H_2O$	蓝	130 分解		2.934	0.075^{25}	

续表

化学式	颜色	熔点/℃	沸点/℃	密度/(g·cm^{-3})	溶解性	
					水	其他溶剂
CuI	白	591	≈1290	5.67	0.000020^{20}	
CuO	黑	1227		6.31	不溶	稀酸
CuS	黑	507 转变		4.76	不溶	
$CuSO_4$	白-绿	560 分解		3.60	22.0^{25}	
$CuSO_4 \cdot 5H_2O$	蓝	110 分解		2.286	22.0^{25}	甲醇;微溶于乙醇
Dy	银	1412	2567	8.55		稀酸
Dy_2O_3	白	2228	3900	7.81		酸
Er	银	1529	2868	9.07	不溶	酸
ErO_3	粉	2344	3920	8.64	不溶	酸
$ErCl_3$	紫	776		4.1	溶	
Es		860				
Eu	银	822	1529	5.24	反应	
Eu_2O_3	粉	2291	3790		不溶	酸
$EuCl_2$	白	731		4.9	溶	
$EuCl_3$	绿-黄	623		4.89		
$EuSO_4$	无色			4.99	不溶	
F_2	浅黄	−219.67	−188.11	1.553	反应	
Fe	银-白或灰	1538	2861	7.87		稀酸
$Fe(AlO_2)_2$	黑			4.3		
$Fe(C_5H_5)_2$	橙	172.5	249		不溶	乙醇、乙醚、苯、稀硝酸
$Fe(CO)_5$	黄	−20.5	103	1.46	不溶	乙醚、苯、丙酮
$Fe(NO_3)_2$	绿				87.5^{25}	
$Fe(NO_3)_2 \cdot 6H_2O$	绿	60 分解			87.5^{25}	
$Fe(NO_3)_3$					82.5^{20}	
$Fe(NO_3)_3 \cdot 9H_2O$	紫-灰	47 分解		1.68	82.5^{20}	易溶于乙醇、丙酮
$Fe(OH)_2$	白-绿			3.4	0.000052^{25}	
$Fe(OH)_3$	黄			3.12		
$Fe(SCN)_3$	红-紫	分解			溶	乙醇、丙酮
$Fe(SO_4)_3 \cdot 9H_2O$	黄	400 分解		2.1	440^{25}	
$Fe(CO)_9$	橙-黄	100 分解		2.85		
$Fe_2(Cr_2O_7)_3$	红-棕				溶	酸
$Fe_2(CrO_4)_3$	黄				不溶	酸

续表

化学式	颜色	熔点/℃	沸点/℃	密度/(g·cm^{-3})	溶解性	
					水	其他溶剂
$Fe_2(SO_4)_3$	灰-白			3.10	440^{25}	微溶于乙醇
Fe_2O_3	红-棕	1539		5.25	不溶	酸
$Fe_3(AsO_4)_2$	绿				不溶	
Fe_3O_4	黑	1597		5.17	不溶	酸
$FeAsO_4 \cdot 2H_2O$	绿-棕	分解		3.18	不溶	稀酸
$FeBr_2$	黄-棕	691	分解	4.636	120^{25}	易溶于乙醇
$FeBr_2 \cdot 6H_2O$	绿	27 分解		4.64	120^{25}	乙醇
$FeBr_3$	深红	分解		4.5	455^{25}	乙醇、乙醚
$FeCl_2$	白	677	1023	3.16	65.0^{25}	微溶于苯;易溶于乙醇、丙酮
$FeCl_3$	绿	307.6	≈316	2.90	91.2^{25}	乙醇、丙酮、乙醚
$FeCO_3$	灰-棕			3.944	0.000062^{20}	
$Fe(CrO_2)_2$	黑			5.0		
FeF_2	白	1100		4.09	微溶	稀 HF
FeF_3	绿	>1000		3.87	5.92^{25}	
$FeNaP_2O_7$	白			1.5	不溶	HCl
FeO	黑	1377		6.0	不溶	酸
FeO(OH)	红-棕			4.62	不溶	酸
FeP				6.07		
$FePO_4 \cdot 2HO$	灰-白			2.87	不溶	HCl
FeS	无色	1188	分解	4.7	不溶	与酸反应
FeS_2	黑	>600 分解		5.02	不溶	
$FeSO_4$	白			3.65	29.5^{25}	
$FeSO_4 \cdot 7H_2O$	蓝-绿	≈60 分解		1.895	29.5^{25}	
$FeTiO_3$	黑	≈1470		4.72		
Fm		1527				
Fr		27				
Ga	银或灰	29.7666	2229	5.91		与碱反应
$Ga(NO_3)_3$	白				溶	乙醇、乙醚
Ga_2O_3	白	1807		≈6.0		热酸
Ga_2S_3		1090		3.7		
GaAs	灰	1238		5.3176		
$GaCl_3$	无色	77.9	201	2.47		

续表

化学式	颜色	熔点/℃	沸点/℃	密度/(g·cm⁻³)	溶解性	
					水	其他溶剂
GaF_3	白或无色	>1000		4.47	不溶	
GaSb	棕	712		5.6137		
Gd	银	1313	3273	7.90		稀酸
Gd_2O_3	白	2339	3900	7.41	不溶	酸
$GdCl_3$	白	602		4.52	溶	
Ge	灰-白	938.25	2833	5.3234	不溶	
Ge_2H_6	无色	−109	30.8			
Ge_3N_4		900 分解			不溶	
$GeBr_4$	白	26.1	186.35	3.12	反应	
$GeCl_2$	白-黄	分解			反应	苯、乙醚
$GeCl_4$	无色	−51.50	86.55	1.88	反应	苯、乙醚、乙醇、四氯化碳
GeF_2	白	110	130 分解	3.64	反应	
GeF_4	无色	−15(三相点)	−36.5 升华	6.074	反应	
GeH_4	无色	−165	−88.1	3.133	不溶	
GeI_2	橙-黄	428	550 分解	5.4	反应	
GeI_4	红-橙	146	348	4.322	反应	
GeO	黑	700 分解				
GeO_2	白	1116		4.25	不溶	
GeS	灰	658		4.1		
GeS_2	黑	530		3.01		
H_2	无色	−259.16	−252.762	0.082	微溶	
H_2CrO_4					溶	
$H_2MoO_4 \cdot H_2O$	白				微溶	碱
H_2O	无色	0.00	99.974	0.9970^{25}		易溶于乙醇、甲醇、丙酮
H_2O_2	无色	−0.43	150.2	1.44	易溶	
$H_2PtCl_6 \cdot 6H_2O$	棕-黄	60		2.43	140^{18}	易溶于乙醇
H_2S	无色	−85.5	−59.55	1.393 $g \cdot L^{-1}$	溶	
H_2Se	无色	−65.73	−41.25	3.310 $g \cdot L^{-1}$	溶	
H_2SeO_3	白	70 分解		3.0	易溶	乙醇
H_2SeO_4	白	58	260 分解	2.95	易溶	与酸反应

续表

化学式	颜色	熔点/℃	沸点/℃	密度/(g·cm^{-3})	溶解性	
					水	其他溶剂
H_2SiF_6					溶	
H_2SiO_3	白				不溶	HF
H_2SO_3					溶	
H_2SO_4	无色	10.31	337.0	1.8302^{20}	易溶	
H_2SO_5	白	45 分解			易溶	
H_2Te	无色	−40	−2	5.298 g·L^{-1}	溶	乙醇、碱
H_2TeO_3	白	40 分解		3.0	微溶	稀酸、碱
H_2WO_4	黄	100 分解		5.5	不溶	碱
H_3BO_3	无色	170.9		1.5	微溶	乙醇
H_3PO_2		26.5	130	1.49	易溶	乙醇、乙醚
H_3PO_3	白	74.4	200	1.65	309^{0}	易溶于乙醇
H_3PO_4	无色	42.4	407		548^{20}	乙醇
$H_4P_2O_6$		73 分解			易溶	
$H_4P_2O_7$	白	71.5			709^{23}	
H_6TeO_6	白	136		3.07	50.1^{30}	
$HAuCl_4 \cdot 4H_2O$	黄			≈3.9	易溶	乙醇、乙醚
HBr	无色	−86.80	−66.38	3.307	易溶	乙醇
$HBrO_3$					溶	
HCl	无色	−114.17	−85	1.490	易溶	
$HClO_4$	无色	−112	≈90 分解	1.77	溶	
HF	无色	−83.36	20	0.818	易溶	易溶于乙醇;微溶于乙醚
He	无色		−268.93	0.164 g·L^{-1}	微溶	
Hf	灰	2233	4603	13.3		HF
$Hf(SO_4)_2$	白	>500 分解				
$HfCl_4$	白	432 三相点	317 升华		反应	
HfO_2	白	2800	≈5400	9.68	不溶	
Hg	深银	−38.829	356.619	13.5336	不溶	
$Hg(Ac)_2$	白-黄	179 分解		3.28	25^{10}	乙醇
$Hg(CN)_2$	无色	320 分解		4.00	11.4^{25}	乙醇;微溶于乙醚
$Hg(IO_3)_2$	白	175 分解			不溶	
$Hg(NH_2)Cl$	白		升华	5.38	不溶	热酸
$Hg(NO_3)_2$	无色	79		4.3	溶	

续表

化学式	颜色	熔点/℃	沸点/℃	密度/(g·cm^{-3})	溶解性	
					水	其他溶剂
$Hg(SCN)_2$		≈165 分解		3.71	0.070^{25}	稀盐酸
$Hg_2(NO_2)_2$	黄	100 分解		7.3	反应	
$Hg_2(NO_3)_3$					微溶	
$Hg_2(NO_3)_2 \cdot 2H_2O$	无色	70 分解		4.8	反应	
$Hg_2(SCN)_2$	无色	分解			0.03^{25}	盐酸、KCNS
Hg_2Br_2	白	345 分解		7.307	不溶	
Hg_2Cl_2	白	525 三相点	383 升华	7.16	0.0004^{25}	
Hg_2CO_3	黄-棕	130 分解			0.0000045	
Hg_2I_2	黄	290		7.70	不溶	
Hg_2O		分解 100		9.8	不溶	HNO_3
Hg_2SO_4	白-黄			7.56	0.051^{25}	稀 HNO_3
$Hg_3(PO_4)_2$	白-黄				不溶	酸
$HgBr_2$	白	241	318	6.05	0.61^{25}	甲醇、乙醇;微溶于氯仿
$HgCl_2$	白	277	304	5.6	7.31^{25}	甲醇、丙酮、乙醇、乙醚;微溶于苯
HgF_2	白	645 分解		8.95	反应	
HgI_2	黄	256	351	6.28	0.0055^{25}	微溶于乙醇、乙醚、丙酮
HgO	红或黄	500 分解		11.14	不溶	稀酸
HgS(黑)	黑	850		7.70	不溶	酸、乙醇
HgS(红)	红	344 转化为黑色 HgS		8.17	不溶	王水
$HgSO_4$	白			6.47	反应	
HI	无色或黄色	−50.76	−35.55	5.228 g·L^{-1}	易溶	有机溶剂
HIO_3	无色	110 分解		4.63	308^{25}	
$HIO_4 \cdot 2H_2O$		122 分解			溶	乙醇;微溶于乙醚
HN_3	无色	−80	35.7		溶	
HNO_3	无色	−41.6	83	1.5129^{20}	易溶	
Ho	银	1472	2700	8.80		稀酸
Ho_2O_3	黄	2330	3900	8.41		酸

续表

化学式	颜色	熔点/℃	沸点/℃	密度/(g·cm⁻³)	溶解性	
					水	其他溶剂
$HOCl$	黄绿				溶	
HPO_2		26.5	130	1.49	易溶	乙醇、乙醚
HPO_3					微溶	乙醇
$HReO_3$					易溶	易溶于有机溶剂
$HReO_4$					易溶	易溶于有机溶剂
I_2	蓝-黑	113.7	184.4	4.933	0.03^{20}	
I_2O_5	白	≈300 分解		4.98	253.4^{20}	
ICl	红	27.38	94.4 分解	3.24	反应	乙醇
ICl_3	黄	101 三相点 (16 atm)	64 升华分解	3.2	反应	乙醇、苯
IF_3	黄	−28 分解				
IF_5	黄	9.43	100.5	3.19	反应	
IF_7	无色	6.5 三相点	4.8 升华	10.62 $g \cdot L^{-1}$	溶	
In	白	156.6	2027	7.31		酸
$In(OH)_3$				4.4		
$In_2(SO_4)_3$	白			3.44	117^{20}	
In_2O_3	黄	1912		7.18	不溶	热酸
In_2S_3	橙	1050		4.45		
$InAs$	灰	942		5.67		
$InBr_3$	黄-白	420		4.74	414^{20}	
$InCl_2$	黄	583		4.0	195.1^{22}	乙醇
InF_3	白	1172	>1200	4.39	微溶	稀酸
InI_3	黄-红	207		4.69	1308^{22}	
InP	黑	1062		4.81		微溶于酸
$InPO_4$	白			4.9	不溶	
$InSb$	黑	524		5.7747		
Ir	银-白	2446	4428	22.562^{20}		王水
Ir_2O_3	蓝-黑	1000 分解			不溶	微溶于热 HCl
$IrCl_3$	棕	763 分解		5.30	不溶	
IrF_3	黑	250 分解		≈8.0	不溶	
IrF_6	黄	44	53.6	4.8	反应	
IrO_2	棕	1100 分解		11.7		
K	银-白	63.5	759	0.89	反应	

续表

化学式	颜色	熔点/℃	沸点/℃	密度/(g·cm^{-3})	溶解性	
					水	其他溶剂
$K[BF_4]$	无色	530		2.505	0.55^{25}	微溶于乙醇
$K[BH_4]$	白	≈500 分解		1.11	溶	
K_2AsO_4	无色			2.8	125^{25}	
$K_2B_4O_7 \cdot H_2O$	白				16.5^{30}	微溶于乙醇
$K_2C_2O_4$	白				微溶	
$K_2C_2O_4 \cdot H_2O$	无色	160 分解		2.13	36.4^{20}	
K_2CO_3	白	899	分解	2.29	111^{25}	
$K_2Cr_2O_7$	橙-红	398	≈500 分解	2.68	15.1^{25}	
K_2CrO_4	黄	974		2.73	65.0^{25}	
K_2HgI_4	黄			4.29	微溶	乙醇、乙醚、丙酮
K_2HPO_3	白	分解			170^{20}	
K_2HPO_4	白	分解			168^{25}	溶于乙醇
K_2MnF_6	黄				反应	
K_2MnO_4	绿	190 分解			溶	与 HCl 反应
K_2MoO_4	白	919			易溶	
K_2O	灰	740		2.35	溶	乙醇、乙醚
K_2O_2	黄	490			反应	
K_2PtCl_4	粉-红	500 分解		3.38	溶	
K_2PtCl_6	黄-橙	250 分解		3.50	0.77^{20}	
K_2S	红-黄	948		1.74	溶	乙醇
$K_2S_2O_3$	无色				165^{25}	
$K_2S_2O_5$	白	≈150 分解		2.3	49.5^{25}	与酸反应
$K_2S_2O_7$	无色	≈325		2.28	溶	
$K_2S_2O_8$	无色	≈100 分解		2.48	4.7^{20}	
K_2SiF_6	白	分解		2.27	0.084^{20}	
$K_2SO_3 \cdot 2H_2O$	白	分解			107^{20}	微溶于乙醇;在稀酸中分解
K_2SO_4	白	1069		2.66	12.0^{25}	
K_2TiO_3	白	1515		3.1	反应	
K_2WO_4		921		3.12	易溶	
$K_3Fe(CN)_6$	红	分解		1.89	48.8^{25}	
K_3PO_4	白	1340		2.564	106^{25}	
$K_3Fe(CN)_6 \cdot 3H_2O$	黄	60 分解		1.85	36.0^{25}	
$K_4P_2O_7 \cdot 3H_2O$	无色	300 分解			易溶	

续表

化学式	颜色	熔点/℃	沸点/℃	密度/(g·cm^{-3})	溶解性	
					水	其他溶剂
KAc	白	292			易溶	乙醇
$KAl(SO_4)_2$	白				5.9^{20}	
$KAlSi_3O_8$	无色			2.56	不溶	
$KAsO_3$	白	660				
KBO_2	白	947		≈2.3		
KBr	无色	734	1435	2.74	67.8^{25}	微溶于乙醇
$KBrO_3$	白	434 分解		3.27	8.17^{25}	
$KBrO_4$	白	275 分解			4.21^{25}	
KCl	白	771		1.988	35.5^{25}	
$KClO_3$	白	357	分解	2.34	8.61^{25}	
$KClO_4$	无色	525		2.52	2.08^{25}	
KCN	白	622		1.55	69.9^{20}	微溶于乙醇
KF	白	858	1502	2.48	102^{25}	
KH		619		1.43	反应	
KH_2PO_4	白	253 分解		2.34	25.0^{25}	微溶于乙醇
$KHCO_3$	无色	≈100 分解		2.17	36.2^{25}	
KHF_2	无色	238.9		2.37	36.2^{25}	
KHS	白	≈450			溶	乙醇
$KHSO_4$	白	≈200		2.32	50.6^{25}	
KI	无色	681	1323	3.12	148^{25}	微溶于乙醇
$KI_3 \cdot H_2O$	棕	225 分解		3.5	溶	与乙醇、乙醚反应
KIO_3	白	560 分解		3.89	9.22^{25}	
KIO_4	无色	582	爆炸	3.618	0.51^{25}	
$KMnO_4$	紫	分解		2.7	7.60^{25}	与乙醇反应
KN_3				2.04	49.7^{17}	
KNH_2	白或黄-绿	335			反应	与乙醇反应
KNO_2	白色	438	537 爆炸	1.915	312^{25}	微溶于乙醇
KNO_3	无色	334	400 分解	2.105	38.3^{25}	
KO_2	黄	380		2.16	反应	
KOH	白	406	1327	2.044	121^{25}	乙醇、甲醇
Kr	无色	−157.45	−153.34	3.425 g·L^{-1}	微溶	
KrF_2	无色	≈25 分解		3.24	反应	
KSCN	银	173	500 分解		238^{25}	乙醇
La	银	920	3464	6.15		稀酸

续表

化学式	颜色	熔点/℃	沸点/℃	密度/($g \cdot cm^{-3}$)	溶解性	
					水	其他溶剂
$La(NO_3)_3 \cdot 6H_2O$	白	≈40 分解			200^{25}	溶于丙酮;易溶于乙醇
$La(OH)_3$	白	分解			0.000020^{20}	
La_2O_3	白	2304	3620	6.51	不溶	稀酸
$LaCl_3$	白	858		3.84	95.7^{25}	
Li	银-白	180.50	1342	0.534	反应	
$LiBH_4$	灰白	268	380 分解			碱、乙醚、四氢呋喃
Li_2CO_3	白	732	1300 分解	2.11	1.30^{25}	酸
Li_2O	白	1438		2.013		
Li_2O_2	白			2.31	溶	
Li_2S	白	1372		1.64		
Li_2SiO_3	白	1201		2.52	不溶于冷水	与稀酸反应
Li_2SO_4	白	860		2.21	34.2^{25}	
Li_3AsO_4	无色			3.07	微溶	醋酸
Li_3N	黄	813		1.27	反应	
Li_3PO_4	白	1205		2.46	0.027^{25}	
$LiAlH_4$	灰-白	>125 分解		0.917	反应	乙醚、四氢呋喃
$LiBH_4$	白-灰	268	380 分解	0.66		碱、乙醚、四氢呋喃
$LiBO_2$	白	844		2.18	2.6^{20}	乙醇
LiCl	白	810	1383	2.07	84.5^{25}	乙醇、丙醇、吡啶
$LiClO_4$	白	236	430 分解	2.428	58.7^{25}	乙醇、丙酮、乙醚
LiF	白	848.2	1673	2.640	0.134^{25}	酸
LiH	灰	692		0.78	反应	与乙醇反应
LiH_2PO_4	无色	>100		2.461	126^{0}	
LiI	白	469	1171	4.06	165^{25}	
$LiIO_3$	白			4.502	77.9^{25}	
LiN_3				1.83	易溶	
$LiNO_3$	无色	253		2.38	102^{25}	乙醇
LiOH	无色	473	1626	1.45	12.5^{25}	微溶于乙醇
LiSCN	白				120^{25}	
Lu	银	1663	3402	9.84		稀酸
Lu_2O_3	白	2427	3980	9.41		

续表

化学式	颜色	熔点/℃	沸点/℃	密度/(g·cm^{-3})	溶解性	
					水	其他溶剂
Mg	银-白	650	1090	1.74		稀酸
$Mg(ClO_4)_2$	白	250 分解		2.2	100^{25}	
$Mg(NO_3)_2$	白色			≈2.3	71.2^{25}	
$Mg(NO_3)_2 \cdot 2H_2O$	白色	≈100 分解		1.45	71.2^{25}	乙醇
$Mg(NO_3)_2 \cdot 6H_2O$	无色	≈95 分解		1.46	71.2^{25}	乙醇
$Mg(OH)_2$	白	350		2.37	0.00069^{20}	稀酸
$Mg_2P_2O_7 \cdot 3H_2O$	白	100 分解		2.56	不溶	酸
$Mg_3(PO_4)_2 \cdot 5H_2O$	白	400 分解			0.00009^{20}	稀酸
Mg_3N_2	黄色	≈1500 分解		2.71		
Mg_3P_2	黄			2.06	反应	
$MgBr_2$	白	711		3.72	102^{25}	
$MgBr_2 \cdot 6H_2O$	无色	165 分解		2.0	102^{25}	乙酸
MgC_2O_4	白				0.038^{25}	
$MgC_2O_4 \cdot 2H_2O$	白				0.038^{25}	稀酸
$MgCl_2$	白	714	1412	2.325	56.0^{25}	
$MgCl_2 \cdot 6H_2O$	白	≈100 分解		1.56	56.0^{25}	乙醇
$MgCO_3$	白	990		3.10	0.18^{30}	酸
MgF_2	白	1263	2227	3.148	0.013^{25}	
MgH_2	白	327		1.45	反应	
MgI_2	白	634		4.43	146^{25}	
$MgI_2 \cdot 8H_2O$	白	41 分解		2.10	146^{25}	乙醇
MgO	白	2825	3600	3.6	微溶	
MgO_2	白	100 分解		≈3.0	不溶	稀酸
MgS	红-棕	2226		2.68	反应	
$MgS_2O_3 \cdot 6H_2O$	无色	170 分解		1.82	93^{25}	
$MgSiF_6 \cdot 6H_2O$	白	120 分解		1.79	39.3^{18}	
$MgSiO_3$	白	≈1550 分解		3.19	不溶	微溶于氢氟酸
$MgSO_3 \cdot 3H_2O$	无色			2.12	0.79^{25}	
$MgSO_4$	无色	1137		2.66	35.7^{25}	
$MgSO_4 \cdot 7H_2O$	无色	150 分解		1.67	35.7^{25}	微溶于乙醇
$MgTiO_3$	无色	1565		3.85		
$MgWO_4$	白			6.89	0.016^{20}	
Mn	灰	1246	2061	7.3		稀酸
$Mn(Ac)_2 \cdot 4H_2O$	红	80			溶	乙醇

续表

化学式	颜色	熔点/℃	沸点/℃	密度/(g·cm^{-3})	溶解性	
					水	其他溶剂
$Mn(NO_3)_2$	无色			2.2	161^{25}	四氢呋喃
$Mn(NO_3)_2 \cdot 4H_2O$	粉	37.1 分解		2.13	161^{25}	乙醇
$Mn(NO_3)_2 \cdot 6H_2O$	玫瑰	28 分解		1.8	161^{25}	易溶于乙醇
$Mn(OH)_2$	粉	分解		3.26	0.00034^{20}	
$Mn_2(CO)_{10}$	黄	154		1.75	不溶	有机溶剂
Mn_2O_3	黑	1080 分解		≈5.0	不溶	
Mn_2O_7	绿	5.9	95 爆炸	2.40	易溶	
$Mn_2P_2O_7$	白	1196		3.71	不溶	
Mn_3O_4	棕	1567		4.84	不溶	HCl
$MnB_4O_7 \cdot 8H_2O$	红				不溶	稀酸
$MnBr_2$	粉	698		4.385	151^{25}	
$MnC_2O_4 \cdot 2H_2O$	白	150 分解		2.45	0.032^{20}	酸
$MnCl_2$	粉	650		2.977	77.3^{25}	乙醇、吡啶
$MnCl_2 \cdot 4H_2O$	红	87.5		1.913	77.3^{25}	乙醇
$MnCO_3$	粉	>200 分解		3.70	0.00008^{20}	稀酸
MnF_2	红	900		3.98	1.02^{25}	
MnI_2	白	638	1190	5.04	溶	乙醇
MnO	绿	1842		5.37	不溶	酸
$MnO(OH)$	黑	250 分解		≈4.3	不溶	
MnO_2	黑	535 分解		5.08	不溶	
MnS	绿	1610		4.0	不溶	稀酸
MnS	红			3.3	不溶	稀酸
MnS	红			≈3.3	不溶	稀酸
$MnSiO_3$	红	1291		3.48	不溶	
$MnSO_4$	白	700	850 分解	3.25	63.7^{25}	
$MnSO_4 \cdot H_2O$	红			2.95	63.7^{25}	
$MnTiO_3$	红	1360		4.55		
$MnWO_4$	白			7.2	0.0054^{20}	
Mo	灰-黑	2622	4639	10.2	不溶	
$Mo(PO_3)_6$	黄			3.28	不溶	
Mo_2O_3	灰-黑				不溶	微溶于酸
$MoBr_3$	绿	500 分解		4.89	不溶	
$MoCl_2$	黄	500 分解		3.71	不溶	
$MoCl_3$	深红	400 分解		3.74	不溶	

续表

化学式	颜色	熔点/℃	沸点/℃	密度/(g·cm^{-3})	溶解性	
					水	其他溶剂
$MoCl_4$	黑	317			反应	微溶于 CCl_4
MoF_3	黄-棕	≈600		4.64	不溶	
MoF_6	白	17.5	34.0	2.54	反应	易溶于乙烷、CCl_4
MoI_3	黑	927			不溶	
MoO_2	棕	≈1100 分解		6.47	微溶	
MoO_3	白-黄	802	1155	4.70	0.14^{20}	酸、碱
N_2	无色	−210.00	−195.798	1.145 g·L^{-1}	微溶	
N_2H_4	无色	1.54	113.55	1.0036	易溶	易溶于乙醇、甲醇
$N_2H_4 \cdot 2HCl$	白	198 分解		1.42	溶	微溶于乙醇
$N_2H_4 \cdot H_2SO_4$	无色	254		1.378	微溶	
$N_2H_4 \cdot HCl$	白	89	240 分解	1.5	溶	
N_2O	无色	−90.8	−88.48	1.799	微溶	乙醇、乙醚
N_2O_3	蓝	−101.1	≈3 分解	1.4^{2}	反应	
N_2O_4	无色	−9.3	21.15	1.45^{20}	反应	
N_2O_5	无色		33 升华	2.0		氯仿；微溶于 CCl_4
NBr_3		−100 爆炸				
NF_3	无色	−206.79	−128.75	2.902	不溶	
NCl_3	黄	−40	71	1.653	不溶	CS_2、苯、CCl_4
NO	无色	−163.6	−151.74	1.226	微溶	
NO_2	棕		21.15	1.880	反应	
NOCl	黄	−59.6	−5.5	2.676	反应	
Na	银	97.794	882.940	0.97	反应	
$Na_2B_4O_7$	无色	743	1575	2.4	3.17^{25}	微溶于甲醇
$Na_2B_4O_7 \cdot 10H_2O$	白	75 分解		1.73	3.17^{25}	
Na_2BeF_4		575		2.47	微溶	
$Na_2C_2O_4$	白	≈250 分解		2.34	3.61^{25}	
Na_2CO_3	白	856		2.54	30.7^{25}	
$Na_2CO_3 \cdot 10H_2O$	无色	34 分解		1.46	30.7^{25}	
$Na_2CO_3 \cdot H_2O$	无色	100 分解		2.25	30.7^{25}	
$Na_2Cr_2O_7$	红	357	400 分解		187^{25}	
Na_2CrO_4	黄	794		2.72	87.6	微溶于乙醇
$Na_2HPO_4 \cdot 7H_2O$	无色	分解		≈1.7	11.8^{25}	

续表

化学式	颜色	熔点/℃	沸点/℃	密度/(g·cm^{-3})	溶解性	
					水	其他溶剂
Na_2HPO_4	白			1.7	11.8^{25}	
Na_2MoO_4	无色	687		≈3.5	65.0^{25}	
Na_2O	白	1134		2.27	反应	
Na_2O_2	黄	675		2.805	反应	
$Na_2PtCl_4\cdot4H_2O$	红	100			溶	乙醇
Na_2PtCl_6	黄				53^{16}	乙醇
Na_2S	白	1172		1.856	20.6^{25}	微溶于乙醇
$Na_2S\cdot9H_2O$	白-黄	≈50 分解		1.43	20.6^{25}	微溶于乙醇
$Na_2S_2O_3$	无色	100 分解		1.69	76.4^{25}	
$Na_2S_2O_3\cdot5H_2O$	无色	≈50 分解		1.69	76.4^{25}	
$Na_2S_2O_4$	灰-白	52 分解			24.1^{20}	微溶于乙醇
$Na_2S_2O_6\cdot2H_2O$	无色	110 分解		2.19	15.1^{20}	
$Na_2S_2O_8$	白				易溶	与乙醇反应
Na_2Se		>875		2.62	反应	
Na_2SeO_4	无色				58.5^{25}	
Na_2SiF_6	白	847		2.7	0.67^{20}	
Na_2SiO_3	白	1089		2.61	溶于冷水	与热水反应
Na_2SO_3	白	911		2.63	30.7^{25}	
Na_2SO_4	白	884		2.7	28.1^{25}	
$Na_2SO_4\cdot10H_2O$	无色	32 分解		1.46	28.1^{25}	
Na_2TeO_3	白				微溶	
Na_2TeO_4	白				0.8	
Na_2WO_4	白	695		4.18	74.2^{25}	
$Na_2WO_4\cdot2H_2O$	白	100 分解			易溶	
$Na_3(PO_3)_3$	白			2.49	22	
Na_3AlF_6	无色	1013		2.97	不溶	
$Na_3Co(NO_2)_6$	黄-棕				易溶	微溶于乙醇
$Na_3PO_3\cdot12H_2O$	无色	≈75		1.62	14.4^{25}	
Na_3VO_4	无色	860			溶	
$Na_4P_2O_7$	无色	988		2.53	7.09^{25}	
$Na_5P_3O_{10}$	白	622			20^{25}	
NaAc	无色	328.2		1.528	50.4^{25}	
$NaAc\cdot3H_2O$	无色	58 分解		1.45	50.4^{25}	微溶于乙醇
$NaAlCl_4$				2.1	溶	

续表

化学式	颜色	熔点/℃	沸点/℃	密度/($g \cdot cm^{-3}$)	溶解性	
					水	其他溶剂
$NaAlH_4$	白	174 分解		1.24		四氢呋喃
$NaAlO_2$	白	1650		4.63	易溶	
$NaAsO_2$	白-灰			1.87	易溶	
$NaAuCl_4 \cdot 2H_2O$	橙-黄	100 分解			150^{10}	乙醇、乙醚
$NaBF_4$	白	384		2.47	108^{20}	微溶于乙醇
$NaBH_4$	白	≈400 分解		1.07	55^{20}	与乙醇反应
$NaBIO_3$	黄-棕				不溶于冷水	与酸反应
$NaBO_2$	白	966	1434	2.46	溶	
NaBr	白	747	1390	3.200	94.6^{20}	乙醇
$NaBrO_3$	无色	381		3.34	39.4^{25}	
$NaC_2H_3O_2$	无色	328.2			溶	
NaC_2H_5O	白-黄				反应	乙醇
$NaCHO_2$	白	257.3	分解	1.92	94.9^{25}	微溶于乙醇
NaCl	无色	800.7	1456	2.17	36.0^{25}	微溶于乙醇
NaClO	溶液中稳定	无水形式爆炸			79.9^{25}	
$NaClO \cdot 5H_2O$	浅绿	18		1.6	溶	
$NaClO_2$	白	≈180 分解			64^{17}	
$NaClO_3$	无色	248	630 分解	2.5	100^{25}	微溶于乙醇
$NaClO_4$	白	482 分解		2.52	205^{25}	
NaCN	白	562		1.6	58.2^{20}	微溶于乙醇
NaF	无色	996	1704	2.78	4.13^{25}	
NaH	银	425 分解		1.39	反应	与乙醇反应
NaH_2PO_2	白				100^{25}	
NaH_2PO_4	无色	200 分解			94.9^{25}	
$NaH_2PO_4 \cdot 2H_2O$	无色	60 分解		1.91	94.9^{25}	
$NaHCO_3$	白	≈50 分解		2.20	10.3^{25}	
$NaHF_2$	白	>160 分解			溶	
NaHS	无色	350		1.79	溶	乙醇、乙醚
$NaHSO_3$	白			1.48	溶	微溶于乙醚
$NaHSO_4$	白	≈315		2.43	28.5^{25}	
NaI	白	661	1304	3.67	184^{25}	乙醇、丙酮
$NaIO_3$	白	422		4.28	9.47^{25}	
$NaIO_4$	白	≈300 分解		3.86	14.4^{25}	酸

续表

化学式	颜色	熔点/℃	沸点/℃	密度/(g·cm^{-3})	溶解性	
					水	其他溶剂
$NaMnO_4 \cdot 3H_2O$	红-黑	170 分解		2.47	144^{20}	与乙醇反应
NaN_3	无色	300 分解		1.846	40.8^{20}	微溶于乙醇
$NaNbO_3$		1422		4.55	不溶	
$NaNH_2$	白-绿	210		1.39	反应	
$NaNO_2$	白	284	>320 分解	2.17	84.8^{25}	微溶于乙醇;与酸反应
$NaNO_3$	无色	306.5		2.216	91.2^{25}	微溶于乙醇、甲醇
NaO_2	黄	552		2.2	反应	
NaOCN	无色	550		1.89	溶	微溶于乙醇
NaOH	白	323	1388	2.13	100^{25}	乙醇、甲醇
$NaPF_6 \cdot H_2O$	无色			2.369	103^{0}	乙醇、甲醇、丙酮
$NaReO_4$		300		5.39		
$NaSbF_6$	白			3.375	129^{20}	乙醇、丙酮
NaSCN	无色	287			151^{25}	
$NaVO_3$	无色	630			21^{25}	
Nb	灰	2477	4741	8.57		
Nb_2O_5	白	1500		4.47	不溶	HF
$NbBr_5$	橙	265.2	361.6	4.36	溶	乙醇
$NbCl_3$	黑					
$NbCl_4$	紫-黑	800 分解	275 升华	3.2	反应	
$NbCl_5$	黄	205.8	247.4	2.78	反应	HCl、CCl_4
NbF_4	黑	>350 分解		4.01		
NbF_5	无色	80	234	2.70	反应	微溶于 CS_2、氯仿
NbI_5	黄-黑	327		5.32	反应	
NbO	灰	1937		7.30		
NbO_2	白	1901		5.9		
$NbOCl_3$	白		升华	3.72		
Nd		1016	3074	7.01		
$Nd(NO_3)_3$	紫				152^{25}	乙醇
Nd_2O_3	蓝	2233	3760	7.24	不溶	稀酸
$NdCl_3$	紫	759	1600	4.13	100^{25}	易溶于乙醇
Ne	无色	−248.59	−246.053	0.825	微溶	
NH_2OH	白	33.1	58	1.21	易溶	易溶于甲醇

续表

化学式	颜色	熔点/℃	沸点/℃	密度/(g・cm^{-3})	溶解性	
					水	其他溶剂
NH_3	无色	−77.73	−33.33	0.696	易溶	乙醇、乙醚
NH_4Ac	白	114		1.073	1484	乙醇;微溶于丙醇
NH_4Cl	无色	520.1 三相点(分解)	338 升华	1.519	39.5^{25}	
NH_4F	白	238		1.015	83.5^{25}	微溶于乙醇
$NH_4H_2PO_4$	白	190		1.80	40.4^{25}	微溶于乙醇
$NH_4HC_2O_4\cdot H_2O$	无色	分解		1.56	微溶	微溶于乙醇
NH_4HCO_3	无色或白	107 分解		1.586	24.8^{25}	
NH_4HS	白	分解		1.17	128^{0}	微溶于丙醇
NH_4HSO_4	白	147		1.78	100^{20}	
NH_4NO_3	白	169.7	200～260 分解	1.72	213^{25}	微溶于甲醇
NH_4SCN	无色	≈149	分解	1.30	181^{25}	丙醇;易溶于乙醇
NH_4VO_3	白-黄	200 分解		2.326	4.8^{20}	
$(NH_4)_2B_4O_7\cdot 4H_2O$					溶	
$(NH_4)_2C_2O_4\cdot H_2O$	白	分解		1.50	5.20^{25}	微溶于乙醇
$(NH_4)_2CO_3$	无色	58 分解			100^{15}	
$(NH_4)_2Cr_2O_7$	橙-红	180 分解		2.155	35.6^{20}	
$(NH_4)_2CrO_4$	黄	185 分解		1.90	3725	微溶于甲醇、丙醇
$(NH_4)_2HPO_4$	白	155 分解		1.619	69.5^{25}	微溶于甲醇
$(NH_4)_2PtCl_4$	红	分解		2.936	溶	
$(NH_4)_2PtCl_6$	红-橙	380		3.065	0.5^{20}	
$(NH_4)_2S$	黄-橙	≈0 分解			溶	乙醇、碱
$(NH_4)_2S_2O_3$	白	150 分解		1.678	易溶	
$(NH_4)_2S_2O_8$	白	分解		1.982	83.5^{25}	
$(NH_4)_2SO_4$	白或棕	280 分解		1.77	76.4^{25}	
$(NH_4)_3PO_4\cdot 12MoO_3$	黄或绿	分解			0.02^{20}	
$(NH_4)_6Mo_7O_{24}\cdot 4H_2O$	无或绿-黄	90 分解		2.498	43	
Ni	白	1455	2913	8.90	不溶	微溶于稀酸
$Ni(NO_3)_2\cdot 6H_2O$	绿	56 分解		2.05	99.2^{25}	乙醇
$Ni(Ac)_2\cdot 4H_2O$	绿	250 分解		1.74	16^{20}	乙醇
$Ni(CO)_4$	无色	−19.3	42.1(≈60 爆炸)	1.31	不溶	乙醇、苯、丙酮、CCl_4

续表

化学式	颜色	熔点/℃	沸点/℃	密度/(g·cm^{-3})	溶解性	
					水	其他溶剂
$Ni(IO_3)_2$	黄			5.07	1.1^{30}	
$Ni(NO_3)_2$	绿				99.2^{25}	乙醇
$Ni(OH)_2$	绿	230 分解		4.1	0.00015^{20}	
$Ni(SCN)_2$	绿				55.0^{25}	
Ni_2O_3	灰-黑	≈600 分解			不溶	热酸
$NiBr_2$	黄	963	升华	5.10	131^{20}	
$NiCl_2$	黄	1031	985 升华	3.51	67.5^{25}	乙醇
$NiCl_2 \cdot 6H_2O$	绿				67.5^{25}	乙醇
$NiCO_3$	绿			4.389	0.0043^{20}	稀酸
NiF_2	黄	1380		4.7	2.56^{25}	
NiI_2	黑	800	升华	5.22	154^{25}	
NiO	绿	1957		6.72	不溶	酸
NiS	黄	976		5.5	不溶	
$NiSO_4$	黄-绿	840 分解		4.01	40.4^{25}	
$NiSO_4 \cdot 6H_2O$	蓝-绿	≈100 分解		2.07	40.4^{25}	微溶于乙醇
Np	银	644	3902	20.2		盐酸
NpO_2	绿	2457		11.1		
O_2	无色	−218.79	−182.985	1.308	微溶	微溶于乙酸
O_3	蓝	−193	−111.35	1.962	微溶	
OF_2	无色	−223.8	−144.3	2.207	微溶	
O_2F_2	红-橙	−163.5	−57	2.861		
Os	蓝-白	3033	5012	22.587^{20}		王水
$Os(CO)_{12}$	黄	224		3.48		
$OsCl_3$	灰	450 分解			不溶	浓酸
OsF_4	黄	230			反应	
OsF_5	蓝-绿	70	233		反应	
OsF_6	黄	33.4	47.5	4.1	反应	
OsO_2	黄-棕	500 分解		11.4	不溶	
OsO_4	黄	40.6	131.2	5.1	6.44^{20}	CCl_4、苯、乙酸、乙醚
P_2H_4	无色	−99	63.5 分解		反应	
P_2O_3	无色	23.8	173	2.13	反应	
P_2O_5	白	562	605	2.30	反应	与乙醇反应

续表

化学式	颜色	熔点/℃	沸点/℃	密度/(g·cm^{-3})	溶解性	
					水	其他溶剂
P_4(白)	无色	44.15	280.5	1.832	不溶	CS_2;微溶于苯、氯仿
P_4(黑)	黑	610		2.69		
P_4(红)	红-紫	579.2	431 升华	2.16	不溶	
P_4O_6	白	23.8	175.4			
PBr_3	无色	−41.5	173.2	2.8	反应	丙酮、CS_2;与乙醇反应
PBr_5	黄	≈100 分解		3.61	反应	CCl_4、CS_2;与乙醇反应
PCl_3	无色	−93	76	1.574	反应	苯、氯仿、乙醚;与乙醇反应
PCl_5	白-黄	167 三相点	160 升华	2.1	反应	CCl_4、CS_2
$PClF_4$	无色	−132	−43.4	5.821 g·L^{-1}		
PF_3	无色	151.5	−101.8	3.596 g·L^{-1}	反应	
PF_5	无色	−93.8	−84.6	5.149 g·L^{-1}	反应	
PH_3	无色	−133.8	−87.75	1.390 g·L^{-1}	不溶	微溶于乙醇、乙醚
PH_4I	无色	18.5	62.5	2.86	反应	与乙醇反应
PI_3	红-橙	61.2	227 分解	4.18	反应	溶于乙醇
$POCl_3$	无色	1.18	105.5	1.645	反应	与乙醇反应
Pa	银	1572		15.4		
Pb	银-灰	327.46	1749	11.3		浓酸
$Pb(ClO_3)_2$	无色	230 分解		3.9	144^{18}	易溶于乙醇
$Pb(Ac)_2$	白	280	分解	3.25	44.3^{20}	
$Pb(Ac)_2 \cdot 3H_2O$	无色	75 分解		2.55	易溶	微溶于乙醇
$Pb(BF_4)_2$					溶	
$Pb(C_2H_3O_2)_2$	白	280	分解	3.25	44.3^{20}	
$Pb(ClO_4)_2$	白				441^{25}	
$Pb(IO_3)_2$	白			6.50	0.0025^{25}	
$Pb(N_3)_2$	无色	≈350 爆炸		4.7	0.023^{18}	易溶于醋酸
$Pb(NO_3)_2$	无色	470		4.53	59.7^{25}	微溶于乙醇
$Pb(OH)_2$	白	145 分解		7.59	0.00012^{20}	酸、碱
$Pb(SCN)_2$	白-黄			3.82	0.05^{20}	
$Pb(VO_3)_2$	黄				不溶	与硝酸反应
Pb_2O_3	黑	530 分解		10.05	不溶	碱;与浓 HCl 反应

续表

化学式	颜色	熔点/℃	沸点/℃	密度/(g·cm^{-3})	溶解性	
					水	其他溶剂
$Pb_3(AsO_4)_2$	白	1042 分解		5.8	不溶	硝酸
$Pb_3(PO_4)_2$	白	1014		7.01	不溶	
Pb_3O_4	红	830		8.92	不溶	热的 HCl
$PbBr_2$	白	371	892	6.69	0.975^{25}	
PbC_2O_4	白	300 分解		5.28	0.00025^{20}	稀 HNO_3
$PbCl_2$	白	501	951	5.98	1.08^{25}	碱
$PbCl_4$	黄	−15	≈50 分解			
PbClF				7.05	0.035^{20}	
$PbCO_3$	无色	≈315 分解		6.582	不溶	
$PbCrO_4$	黄-橙	844		6.12	0.000017^{20}	稀酸、碱
PbF_2	白	830	1293	8.44	0.0670^{25}	
PbF_4	白	≈600		6.7		
PbI_2	黄	410	872 分解	6.16	0.076^{25}	
PbO(铅黄)	黄	887		9.64	不溶	稀 HNO_3
PbO_2	红	290 分解		9.64		
PbS	黑或银	1113		7.60	不溶	酸
PbS_2O_3	白	分解		5.18	不溶	酸
$PbSiF_6 \cdot 2H_2O$	无色	分解			易溶	
$PbSO_3$	白	分解			不溶	硝酸
$PbSO_4$		1087		6.29	0.0044^{25}	微溶于碱
PbTe	灰	924		8.164	不溶	
$PbTiO_3$	黄			7.9	不溶	与 HCl 反应
Pd	银-白	1554.8	2963	12.0		王水
$Pd(Ac)_2$	橙-棕	205 分解			不溶	氯仿、乙醚、乙腈
$Pd(NO_3)_2$	棕	分解			微溶	稀 HNO_3
$PdBr_2$	红-黑	250 分解		≈5.2	不溶	
$PdCl_2$	红	679		4.0	溶	乙醇、丙醇
PdO	绿-黑	750 分解		8.3	不溶	微溶于王水
PdS	灰			6.7		
Pm	银	1042	3000	7.26		
Pr		931	3520	6.77		
$Pr(NO_3)_3$	浅绿				165^{25}	乙醇
Pr_2O_3	白	2183	3760	6.9		
$PrCl_3$	绿	786		4.0	96.1^{25}	乙醇

续表

化学式	颜色	熔点/℃	沸点/℃	密度/(g·cm^{-3})	溶解性	
					水	其他溶剂
Pt	银-灰	1768.2	3825	21.5		王水
$PtBr_2$	红-棕	250 分解		6.65	不溶	
$PtCl_2$	绿	581 分解		6.0	不溶	HCl
$PtCl_3$	绿-黑	435 分解		5.26		
$PtCl_4$	红-棕	327 分解		4.30	142^{25}	
PtF_4	红	600				
PtF_6	红	61.3	69.1	≈4.0	不溶	
PtI_2	黑	325 分解		6.4	不溶	王水
PtO	黑	325 分解		14.1	不溶	浓酸、稀碱
PtO_2	黑	450		11.8		
PtS_2				7.85		
Pu	银-白	640	3228	19.7		
Pu_2O_3	黑	2085		10.5		
$PuCl_3$	绿	760		5.71	溶	
Ra	白	696		5		
$Ra(NO_3)_2$				13.9		
$RaBr_2$	白	728		5.79	70.6^{20}	乙醇
$RaCl_2$	白	1000		4.9	24.5^{20}	乙醇
$RaSO_4$	白				不溶	
Rb	银	39.30	688	1.53	反应	
Rb_2CO_3	无色	837			223^{20}	
Rb_2O	黄-棕	400 分解		4.0	反应	
Rb_2O_2	白	570		3.8	反应	
RbBr	白	692	1340	3.35	116^{25}	
RbCl	白	724	1390	2.76	93.9^{25}	微溶于乙醇
RbF	白	795	1410	3.2	300^{20}	
RbH	白	≈170 分解		2.60	反应	
RbI	白	656	1300	3.55	165^{25}	乙醇
RbN_3		317		2.79	107^{16}	
RbO_2		412		≈3.0		
RbOH	灰-白	385		3.2	173^{30}	乙醇
Re	银-灰	3185	5590	20.8		
$Re_2(CO)_{10}$	黄-白	170 分解		2.87		有机溶剂
Re_2O_7	黄	327	360	6.10	溶	乙醇、乙醚、吡啶

续表

化学式	颜色	熔点/℃	沸点/℃	密度/(g·cm^{-3})	溶解性	
					水	其他溶剂
Re_2S_7	棕-黑			4.87	不溶	
$ReBr_3$	红-棕		500 升华	6.10		甲醇、乙醇、丙醇
$ReBr_5$	棕	110 分解				
$ReCl_3$	红-黑	500 分解		4.81	溶	
$ReCl_4$	紫-黑	300 分解		4.9		
$ReCl_5$	棕-黑	220		4.9	反应	
ReF_4	蓝		>300 升华	7.49		
ReF_5	黄-绿	48	221.3			
ReF_6	黄	18.5	33.8	4.06		HNO_3
ReF_7	黄	48.3	73.7	4.32		
ReI_3	黑	分解				
ReO_2	灰	900 分解		11.4		
ReO_3	红	400 分解		6.9	不溶	
Rh	银-白	1963	3695	12.4		微溶于王水
Rh_2O_3	灰	1100 分解		8.2		
$RhCl_3$	红		717	5.38	不溶	碱
RhF_3	红			5.4		
RhF_6	黑	≈70		3.1		
RhO_2	黑			7.2		
Rn	无色	−71	−61.7	9.074 g·L^{-1}	微溶	
Ru	银-白	2333	4147	12.1		
$Ru_3(CO_3)_{12}$	橙	150 分解				
$RuCl_3$	黑-棕	≈500 分解		3.1	不溶	乙醇
RuF_3	棕	≈600 分解		5.36	不溶	
RuF_4	黄				反应	
RuF_5	绿	86.5	227	3.90		
RuO_2	灰-黑	1300 分解		7.05	不溶	
RuO_4	黄	25.4	40	3.29	2.03^{20}	微溶于 CCl_4;与乙醇反应
S_8(正交)	黄	95.2 转化为单斜晶形	444.61	2.07	不溶	CS_2;微溶于乙醇、苯、乙醚
S_8(单斜)	黄	115.21	444.61	2.00	不溶	CS_2;微溶于乙醇、苯、乙醚
SCl_2	红	−122	59.6	1.62	反应	

续表

化学式	颜色	熔点/℃	沸点/℃	密度/(g·cm^{-3})	溶解性	
					水	其他溶剂
SF_6	无色	−49.596 三相点	−63.8 升华	5.970 g·L^{-1}	微溶	乙醇
SO_2	无色	−75.5	−10.05	2.619 g·L^{-1}	溶	乙醇、氯仿、乙醚
$SO_2(OH)Cl$	无-黄	−80	152	1.75	反应	吡啶
SO_2Cl_2	无色	−51	69.4	1.680	反应	苯、甲苯、乙醇
SO_3	无色	16.8	44.5	1.90	反应	
$SOCl_2$	黄	−101	75.6	1.631	反应	苯、CCl_4、氯仿
SOF_2	无色	−129.5	−43.8	3.518 g·L^{-1}	反应	苯、乙醚
Sb	银	630.628	1587	6.68		
$Sb_2(SO_4)_3$	白	分解		3.62	微溶	
Sb_2O_3	无色	570 转相	1425	5.58	微溶	
Sb_2O_3	白	655	1425	5.7	微溶	
Sb_2O_5	黄	分解		3.78	0.3^{30}	
Sb_2S_5	橙-黄	75 分解		4.120	不溶	酸、碱
$SbBr_3$	黄	97	280	4.35	反应	苯、丙酮、氯仿
$SbCl_3$	无色	73.4	220.3	3.14	987^{25}	乙醇、苯、丙酮、酸
$SbCl_5$	无色或黄	4	140 分解	2.34	反应	氯仿、CCl_4
SbF_3	白	287	376	4.38	492^{25}	
SbF_5		8.3	141	3.10	反应	
SbH_5	无色	−88	−17	5.100 g·L^{-1}	微溶	乙醇
SbI_3	红	171	400	4.92	反应	乙醇、丙酮
SbOCl	白	170 分解			反应	
Sc	银	1541	2836	2.99		
$Sc(NO_3)_3$	白				169^{25}	乙醇
$Sc(OH)_3$	无色				不溶	稀酸
Se_2O_3	白	2489		3.864		浓酸
$SeCl_3$	白	967		2.4	溶	
SeF_3	白	1552			微溶	
Se	红	>120 转变成灰 Se	685	4.39	不溶	微溶于乙醚
Se	灰	220.8	685	4.809	不溶	
Se_2Br_3	红	5	225 分解	3.60	反应	氯仿、CS_2
Se_2Cl_2	黄-棕	−85	127 分解	2.774	反应	苯、氯仿、CS_2
Se_2S_5	橙	121.5		2.44		CS_2；微溶于苯

续表

化学式	颜色	熔点/℃	沸点/℃	密度/(g·cm⁻³)	溶解性	
					水	其他溶剂
Se_4S_4	红	113 分解		3.29		苯;微溶于 CS_2
$SeBr_4$	橙-红	123		3.29	反应	氯仿、CS_2
$SeCl_4$	白-黄	305 三相点	191.4 升华	2.6	反应	
SeF_4	无色	−9.5	101.6	2.75	反应	易溶于乙醇、乙醚
SeF	无色	−34.6 三相点	−46.6	7.887	不溶	
SeO_2	白	340 三相点	315 升华	3.95	264[21]	甲醇、乙醇;微溶于丙酮
SeO_3	白	118	升华	3.44	溶	有机溶剂
SeS_4	红-黄	100			不溶	酸
Si	灰或棕	1414	3265	2.3296	不溶	碱
Si_2H_4	无色	−129.4	−14.8	2.543	反应	乙醇、苯
Si_3H		−117.4	52.9	0.739	反应	
Si_3N_4	灰	1900		3.17		
Si_4H_{10}	无色	−89.9	108.1	0.792	反应	
Si_7H_{16}	无色	−30.1	226.8	0.859	反应	
$SiBr_4$	无色	5.39	154	2.8	反应	
SiC	绿-黑	2830		3.16	不溶	
$SiCl_4$	无色	−68.74	57.65	1.5	反应	
SiF_4	无色	−90.2	−86	4.254 g·L⁻¹	反应	
SiH_3Cl	无色	−118	−30.4	2.721 g·L⁻¹		
SiH_4	无色	−185	−111.9	1.313 g·L⁻¹	反应	
$SiHCl_3$		−128.2	33	1.331	反应	
SiI_4	白	120.5	287.35	4.1		
$SiO_3(\alpha)$	无色	573 转化为石英	2950	2.648	不溶	HF
$SiO_3(\beta)$	无色	867 转为鳞石英	2950	2.533	不溶	HF
SiS	黄-红	1090	940	1.85	反应	
SiS_2	白	1090	升华	2.04	反应	与乙醇反应
Sm	银	1072	1794	7.52		
Sm_2O_3	黄-白	2269	3780	7.6		
$SmCl_2$	棕	855		3.69	反应	
$SmCl_3$	黄	682		4.46	93.8[25]	

续表

化学式	颜色	熔点/℃	沸点/℃	密度/($g\cdot cm^{-3}$)	溶解性	
					水	其他溶剂
SmF_2	紫				反应	
$Sn(Ac)_2$	白	183	升华	2.31	分解	稀 HCl
$Sn(OH)_2$	白					
Sn(白)	银	231.928	2586	7.287		
Sn(灰)		13.2 转为白锡	2586	5.769		
$SnBr_2$	黄	215	639	5.12	85^{6}	乙醇、乙醚、丙酮
$SnBr_4$	白	29.1	205	3.34	易溶	乙醇
SnC_2O_4	白	280 分解		3.56	不溶	稀 HCl
$SnCl_2$	白	247	623	3.90	178^{10}	丙酮、乙醇、乙醚
$SnCl_2\cdot 2H_2O$	白	37 分解		2.71	178^{10}	乙醇、NaOH;易溶于 HCl
$SnCl_4$	无色	−34.07	114.15	2.234	反应	乙醇、乙醚、丙酮、苯
$SnCl_4\cdot 5H_2O$	黄-白	56 分解		2.04	易溶	乙醇
SnF_2	白	215	850	4.57	溶	
SnF_4	白	442	705 升华	4.78	反应	
SnH_4	无色	−146	−51.8	5.017 $g\cdot L^{-1}$		
SnI_2	红-橙	320	714	5.28	0.98^{20}	苯、氯仿、CS_2
SnI_4	黄-棕	143	364.35	4.46	反应	乙醇、苯、乙醚、氯仿
SnO	蓝-黑	1080 分解		6.45	不溶	酸
SnO_2	灰	1630		6.85	不溶	热的浓碱
SnS	灰	881	1210	5.08	不溶	浓酸
SnS_2	金-黄	600 分解		4.5	不溶	王水、碱
$SnSO_4$	白	378 分解		4.15	18.8^{19}	
SnTe	灰	790		6.5		
Sr	银白	777	1377	2.64	反应	乙醇
$Sr(ClO_3)_2$	无色	120 分解		3.15	176^{25}	微溶于乙醇
$Sr(ClO_4)_2$	无色				306^{23}	乙醇、甲醇
$Sr(NO_2)_2$	白-黄	240 分解		2.8	72.1^{30}	
$Sr(NO_3)_2$	白	570		2.99	80.2^{25}	微溶于乙醇、丙酮
$Sr(OH)_2$	无色	535	710 分解	3.625	2.25^{25}	
Sr_2SiO_4				4.5		

续表

化学式	颜色	熔点/℃	沸点/℃	密度/(g·cm^{-3})	溶解性	
					水	其他溶剂
$Sr_3(PO_4)_2$	白				0.000011^{20}	酸
$SrBr_2$	白	657		4.216	107^{25}	
$SrCl_2$	白	874	1250	3.052	54.7^{25}	
$SrCl_2 \cdot 6H_2O$	无色	100 分解		1.96	54.7^{25}	乙醇
$SrCO_3$	白色	1494		3.5	0.00034^{25}	稀酸
$SrCrO_4$	黄	分解		3.9	0.106^{20}	稀酸
SrF_2	白色	1477	2460	4.24	0.021^{25}	稀酸
SrH_2		1050		3.26	反应	
SrO	无色	2531		5.1	反应	
SrO_2	白	215 分解		4.78	反应	
SrS	灰	2226		3.70	微溶	酸
SrSe	白	1600		4.54		
$SrSeO_4$				4.25	0.115^{25}	热 HCl
$SrSO_3$	无色	分解			0.0015^{25}	硫酸、HCl
$SrSO_4$	白色	1606		3.96	0.0135^{25}	微溶于酸
Ta	灰	3017	5455	16.4		与 HF 反应
Ta_2O_3	白	1875		8.24	不溶	HF
$TaBr_5$	黄	265.8	349	4.99		
$TaCl_5$	黄	216.6	239	3.68	反应	乙醇
TaF_5	白	96.9	229.5	4.74	溶	乙醚;微溶于水、CS_2、CCl_4
TaI_5	黑	496	543	5.80		
TaO_2				10.0		
TaS_2	黑	>3000		6.86	不溶	
Tb	银	1359	3230	8.23		
$Tb(NO_3)_3$	粉				157^{20}	乙醇
Tb_2O_3	白	2303			7.91	
$TbCl_3$	白	582		4.35	溶	
Tc		2157	4262	11		
TcF_5	黄	50	分解			
TcF_6	黄	37.4	55.3	3.0		
Te	灰-白	449.51	998	6.232	不溶	
$TeBr_4$	黄-橙	380	≈420 分解	4.3	反应	乙醚
$TeCl_2$	黑	208	328	6.9	反应	

续表

化学式	颜色	熔点/℃	沸点/℃	密度/(g·cm^{-3})	溶解性	
					水	其他溶剂
$TeCl_4$	白	224	387	3.0	反应	乙醇、甲苯
TeF_6	无色	129	195 分解		反应	
TeF_4	无色	−37.6 三相点	−38.9 升华	9.875 g·L^{-1}	反应	
TeI_4	黑	280		5.05	反应	微溶于丙酮
TeO_2	白	733	1245	5.9	不溶	硫酸
TeO_3	黄-橙	430		5.07	不溶	
Th	灰-白	1750	4785	11.7		酸
$ThCl_4$	灰-白	770	921	4.59	溶	乙醇
ThF_4	白	1110	1680	6.1		
ThO_2	白	3350	4400	10.0	不溶	微溶于酸
Ti	灰	1670	3287	4.506		
$Ti(SO_4)_2$	白-黄	1502 分解			溶	
$Ti_2(SO_4)_3$	绿				不溶	稀 HCl
Ti_2O_3	黑	1842		4.486		热 HF
$TiBr_3$	紫	400 分解			溶	
$TiBr_4$	黄-橙	38.3	233.5	3.37	反应	
$TiCl_2$	黑	1035	15000	3.13	反应	乙醇
$TiCl_3$	红-紫	425 分解	960	2.64	反应	
$TiCl_4$	无色或黄	−24.12	136.45	1.73	反应	乙醇
TiF_4	白	377	284 升华	2.798	反应	乙醇
TiI_4	红	155	377	4.3	反应	
TiN	黄-棕	2957		5.21	不溶	王水
TiO	黄	1770	3227	4.95		
TiO_2(金红石)	白	1843	≈3000	4.17	不溶	浓酸
$TiOSO_4 \cdot H_2O$	无色			2.71	反应	
TiS	棕	1927		3.85		浓酸
TiS_2	黄-棕			3.37		硫酸
Tl	蓝-白	304	1473	11.8	不溶	与酸反应
$Tl(NO_3)_2$	无色				反应	
Tl_2CO_3	白	273		7.11	4.69^{30}	
Tl_2O	黑	579	≈1080	9.52	溶	乙醇
Tl_2O_3	棕	834		10.2	不溶	与酸反应

续表

化学式	颜色	熔点/℃	沸点/℃	密度/(g·cm^{-3})	溶解性	
					水	其他溶剂
Tl_2S	蓝-黑	457	1367	8.39	0.02^{30}	与酸反应
Tl_2SO_4	白	632		6.77	5.47^{15}	
TlBr	黄	460	819	7.5	0.059^{20}	
TlCl	白	431	720	7.0	0.33^{20}	
$TlCl_3$		155		4.7	易溶	易溶于乙醇、乙醚
$TlClO_4$	无色			4.8	19.7^{30}	
TlCN	白				溶	乙醇、酸
TlF	白	326	826	8.36	245^{25}	
TlF_2	白	550 分解		8.65	反应	
TlI	黄	441.7	824	7.1	0.0085^{20}	
$TlNO_2$				5.7	32.1^{25}	
$TlNO_3$	白	206	450 分解	5.55	9.55^{20}	
TlOH	黄	139 分解		7.44	34.3^{18}	
Tm	银	1545	1950	9.32		稀酸
Tm_2O_3	绿-白	2341	3945	8.6		微溶于酸
TmF_2	白	1158			溶	
trans-$Pt(NH_3)_2Cl_2$	浅黄	270 分解			0.036^{27}	DMF、DMSO
U	银-白	1135	4131	19.1		
UCl_4	绿	177		3.69		
UF_4	白	64.06 三相点	56.5 升华	5.09	反应	CCl_4、氯仿
UO_3	棕	2847		10.97	不溶	浓酸
UO_2Cl_2	黄	577			易溶	乙醇、丙酮
$UO_3(NO_3)_2$	黄				127^{25}	乙醚
$UO_3(NO_3)_2 \cdot 6H_2O$	黄	60	118 分解	2.81	127^{25}	乙醇、乙醚
UO_3	橙-黄			≈7.3	不溶	酸
U_2O_4	绿-黑	1300 分解		8.38		
V	灰-白	1910	3407	6.0	不溶	酸
$V(CO)_6$	蓝-绿	60 分解	升华			
$V_2(SO_4)_3$	黄	≈400 分解			微溶	
V_2O_3	黑	1957	≈3000	4.87	不溶	
V_2O_5	黄-棕	681	1750	3.35	0.07^{25}	浓酸、碱
V_2S_3	绿-黑	分解		4.7	不溶	盐酸
VBr_2	橙-棕		800 升华	4.58	反应	
VCl_2	绿	1350	910 升华	3.23	反应	乙醇、乙醚

续表

化学式	颜色	熔点/℃	沸点/℃	密度/(g・cm^{-3})	溶解性	
					水	其他溶剂
VCl_3	红-紫	500 分解		3.00	反应	乙醇、乙醚
VCl_4	红	−28	151	1.816	反应	乙醇、乙醚
VF_2	蓝				反应	
VF_3	黄-绿	1359	升华	3.363	不溶	
VF_4	绿	325 分解	升华	3.15	易溶	
VF_5	无色	19.5	48.3	2.50	反应	
VI_2	红-紫		800 升华	5.44	反应	
VO	灰-黑	1790		5.758		酸
VO_2	蓝-黑	1967		4.339	不溶	酸、碱
$VOCl_3$	红-黄	−79	127	1.829	反应	甲醇、乙醚、丙酮
VOF_3	黄	300	480	2.459	反应	
W	灰-白	3422	5555	19.3		
$W(CO)_6$	白	170 分解	升华	2.65	不溶	有机溶剂
WBr_5	棕-黑	286	333			
WBr_6	蓝-黑	309		6.9		
WCl_2	黄	500 分解			溶	
WCl_3	红	550 分解	升华		反应	
WCl_4	黑	450 分解		4.62	反应	
WCl_5	黑	253	286	3.88	反应	
WCl_6	紫	282	337	3.52	反应	乙醇、有机溶剂
WF_6	无色	1.9	17.1	3.44	反应	
WO_2	蓝	≈1500 分解	1730	10.8	不溶	
WO_2Cl_2	黄	265		4.67	不溶	
WO_3	黄	1473	≈1700	7.2	不溶	碱;微溶于酸
$WOCl_3$	绿			≈4.6		
WS_3	棕				微溶	碱
Xe	无色	−111.75	−108.09	5.366	微溶	
XeF_2	无色	129.03 三相点	114.35 升华	4.32	微溶	
$XeF_3Sb_2F_{11}$	黄-绿	82		3.98		
XeF_3SbF_6	黄-绿	≈110		3.92		
XeF_4	无色	117.10 三相点	115.75 升华	4.04	反应	
XeF_6	无色	49.48	75.6	3.56	反应	

续表

化学式	颜色	熔点/℃	沸点/℃	密度/(g·cm^{-3})	溶解性	
					水	其他溶剂
$XeOF_4$	无色	−46.2		3.17^{0}	反应	
XeO_2F_2	无色	30.8 爆炸		4.10		
XeO_3	无色	≈25 爆炸		4.55	溶	
XeO_4	黄	−35.9	≈0 分解			
Y	银	1522	3345	4.47	反应	稀酸
$Y(NO_3)_3$	白				149^{25}	乙醇
Y_2O_3	白	2439		5.03		稀酸
YCl_3	白	721	1482	2.61	75.1^{20}	
Yb	银	824	1196	6.90		稀酸
$Yb(NO_3)_3$	无色				239^{25}	乙醇
Yb_2O_3	无色	2355	4070	9.2		稀酸
$YbCl_3$	白	854			溶	
YbF_3	白	1157		8.2	不溶	
YCl_3	白	721		2.61	75.1^{20}	
YF_3	白	≈1150		4.0	不溶	
Zn	蓝-白	419.527	907	7.134		酸、碱
$Zn(C_2H_3O_2)_2 \cdot 2H_2O$	白	237 分解		1.735	30.0^{20}	乙醇
$Zn(CN)_2$	白			1.852	0.000042^{20}	与酸反应
$Zn(IO_3)_2$	白				0.64^{25}	
$Zn(NH_4)_2(SO_4)_2$	白				9.2^{20}	
$Zn(NO_2)_2$					反应	
$Zn(NO_3)_2$	白				120^{25}	
$Zn(NO_3)_2 \cdot 6H_2O$	无色	36 分解		2.067	120^{25}	易溶于乙醇
$Zn(OH)_2$	无色	125 分解		3.05	0.000042^{20}	
$Zn_2P_2O_7$	白			3.75	不溶	稀酸
Zn_2SiO_4	白	1509		4.1	不溶	
$Zn_3(PO_4)_2$	白	900		4.0	不溶	
Zn_3P_2	灰	1160		4.55	不溶	苯
$ZnBr_2$	白	402	≈670	4.5	488^{25}	乙醚；易溶于乙醇
$3Zn(OH)_2 \cdot 2ZnCO_3$	白					
ZnC_2O_4	白				0.0026^{25}	
$ZnCl_2$	白	290	732	2.907	408^{25}	乙醇、丙酮
$ZnCO_3$	白	140 分解		4.434	0.000091^{20}	稀酸、碱

续表

化学式	颜色	熔点/℃	沸点/℃	密度/(g·cm^{-3})	溶解性	
					水	其他溶剂
$ZnCrO_4$	黄	316		3.40	3.08	酸
ZnF_3	白	872	1500	4.9	1.55^{25}	
ZnI_2	白	450	625	4.74	438^{25}	乙醇、乙醚
ZnO	白	1974		5.6	不溶	稀酸
ZnO_2	黄-白	>150 分解	212 爆炸	1.57	不溶	
ZnS(闪锌矿)	灰-白	1020 转变为纤锌矿		4.04	不溶	稀酸
ZnS(纤锌矿)	白	1700	升华	4.09	不溶	稀酸
ZnS_2O_4	白	200 分解			40^{20}	
ZnSb	银-白	565		6.33	反应	
ZnSe	黄-红	>1100	升华	5.65	不溶	稀酸
$ZnSO_4$	无色	681 分解		3.8	57.7^{25}	
$ZnSO_4 \cdot 7H_2O$	无色	100 分解		1.97	57.7^{25}	
ZnTe	红	1239		5.9	不溶	
Zr	灰-白	1854	4406	6.25		热浓酸
$Zr(NO_3)_4 \cdot 5H_2O$	白	100 分解			易溶	乙醇
$Zr(OH)_4$	白	分解		3.25	不溶	酸
$Zr(SO_4)_2$	白	410 分解		3.22	溶	微溶于乙醇
$Zr(SO_4)_2 \cdot 4H_2O$	白	100 分解		2.80	易溶	
ZrB_2	灰	3050		6.17		
$ZrBr_4$	白	450 三相点	360 升华	3.98		
ZrC	灰	3532		6.73		HF
$ZrCl_2$	黑	772		3.16	反应	
$ZrCl_2O \cdot 8H_2O$		400 分解		1.91	易溶	易溶于乙醇
$ZrCl_4$	白	437 三相点	331 升华	2.80	反应	乙醇、乙醚
ZrF_4	白	910	912 升华	4.43	1.5^{25}	
ZrH_2	灰	800 分解		5.6	不溶	
ZrI_4	黄-橙	500	431 升华	4.85	易溶	
ZrO_2	白	2710	4300	5.68	不溶	微溶于酸
$ZrOCl_3$	白	250 分解			溶	乙醇
ZrS_2	红-棕	1550		3.87	不溶	

注：1. 本表摘自 Haynes，W. M. “CRC Handbook of Chemistry and Physics”，4-43-4-101，93rd ed，2012—2013。
2. 密度单位：固体和液体为 g·cm^{-3}；气体为 g·dm^{-3}。
3. 在水中的溶解度是指 100 g 水中固体物质溶解的质量(g)；气体物质的溶解度单位为 g·dm^{-3}。其中上角的数据表示温度数值，如 1.04^{20} 表示 20 ℃时的溶解度数据。

主要参考书目

[1] 武汉大学,吉林大学.无机化学.第3版.北京:高等教育出版社,1994.

[2] 大连理工大学无机化学教研室.无机化学.第5版.北京:高等教育出版社,2006.

[3] 严宣申,王长富.普通无机化学.第2版.北京:北京大学出版社,1999.

[4] 华彤文,陈景祖.普通化学原理.第3版.北京:北京大学出版社,2005.

[5] 唐宗薰.中级无机化学.第2版.北京:高等教育出版社,2009.

[6] 陈寿椿.重要无机化学反应.第2版.上海:上海科学技术出版社,1982.

[7] 徐家宁,井淑波.史苏华,等.无机化学例题与习题.第3版.北京:高等教育出版社,2011.

[8] 周公度,段连运.结构化学基础.第4版.北京:北京大学出版社,2008.

[9] 郭用猷,张冬菊,刘艳华.物质结构基本原理.北京:高等教育出版社,2011.

[10] 周公度.结构和物性.第2版.北京:高等教育出版社,2000.

[11] 张祖德.无机化学.修订版.合肥:中国科学技术大学出版社,2010.

[12] 项斯芬,姚光庆.中级无机化学.北京:北京大学出版社,2003.

[13] 宋天佑.无机化学教程.北京:高等教育出版社,2012.

[14] 宋天佑.简明无机化学.第2版.北京:高等教育出版社,2014.

[15] 郭保章.中国化学史.南昌:江西教育出版社,2006.

[16] 林承志.化学之路:新编化学发展简史.北京:科学出版社,2011.

[17] 北京师范大学无机化学教研室,华中师范大学无机化学教研室,南京师范大学无机化学教研室.无机化学.第4版.北京:高等教育出版社,2002—2003.

[18] 陈慧兰.高等无机化学.北京:高等教育出版社,2005.